U0249385

飞行器动态面自适应飞行控制

刘树光　张文倩　孙秀霞　刘　希　著

科学出版社

北京

内 容 简 介

本书针对战斗机过失速机动和高超声速飞行器巡航飞行两类飞行控制需求，力图利用动态面控制算法简单、过渡过程品质好、鲁棒性强的特点，将动态面控制与工程实践相结合，提出一系列动态面自适应飞行控制方法，有效解决两类飞行控制非线性、不确定、多变量耦合控制的难题。全书按照"建模→控制→仿真"的知识逻辑和"控制理论→飞行控制→仿真验证"的结构体系，划分为基础理论、模型建立、控制理论、飞行控制、仿真验证五个模块内容，研究飞行动力学模型建立以及严反馈块控、直接自适应、控制增益方向未知、预设性能、递归滑模、非线性增益递归滑模、有限时间等七类动态面自适应飞行控制算法，期望为两类飞行器飞行控制的工程实现提供新的思路和参考方法。

本书可供从事飞行器飞行控制理论方法与技术应用领域相关工作的科研工作者和工程技术人员参考使用，也可作为相关专业研究生的教材和参考书。

图书在版编目(CIP)数据

飞行器动态面自适应飞行控制 / 刘树光等著. —北京：科学出版社，2024.6

ISBN 978-7-03-075744-9

Ⅰ. ①飞… Ⅱ. ①刘… Ⅲ. ①飞行器-自适应控制-研究 Ⅳ. ①V47

中国国家版本馆CIP数据核字(2023)第102056号

责任编辑：张海娜 赵微微 / 责任校对：任苗苗
责任印制：肖 兴 / 封面设计：图阅社

科学出版社出版

北京东黄城根北街 16 号
邮政编码：100717
http://www.sciencep.com

涿州市般润文化传播有限公司印刷
科学出版社发行 各地新华书店经销

*

2024 年 6 月第 一 版 开本：720 × 1000 1/16
2024 年 6 月第一次印刷 印张：24
字数：484 000

定价：228.00 元

(如有印装质量问题，我社负责调换)

前　言

    高超声速飞行器由于超高的飞行速度和特殊的飞行环境，具有比传统飞行器更复杂的强耦合性、强非线性、强时变性及机体/发动机一体化、气动弹性变形的动力学特征，需要面临大包线、全速域、刚体/热弹性、飞行条件限制、多输入多输出等诸多控制难题。同时，过失速机动能力是新型战斗机的必备能力，过失速飞机的实际迎角远远超过其失速迎角，大迎角飞行状态下飞机参数和动力学特性具有高度不确定性，飞行动力学呈现强烈的非线性特性，也需要面临非线性、不确定、多变量耦合的控制难题。这些控制难题使得战斗机过失速机动和高超声速飞行器的动力学建模与飞行控制研究面临前所未有的挑战。

    本书针对两类飞行器的飞行控制需求，力图利用动态面控制算法简单、过渡过程品质好、鲁棒性强的特点，将动态面控制与工程实践相结合，提出一系列动态面自适应飞行控制方法，有效解决两类飞行控制非线性、不确定、多变量耦合控制的难题。本书作者及所在团队长期从事飞行器自适应飞行控制领域的研究工作，自 2011 年起先后承担与飞行器自适应飞行控制相关的国家自然科学基金项目、中国博士后科学基金项目、航空科学基金项目、国防重点科研项目，并取得了一定的研究成果。本书融合了作者及所在团队在飞行器飞行控制领域十余年的研究成果，重点梳理和总结了战斗机过失速机动和高超声速飞行器巡航飞行控制方面的研究工作，以期为两类飞行器飞行控制的工程实现提供新的思路和参考方法。

    本书按照"建模→控制→仿真"的知识逻辑和"控制理论→飞行控制→仿真验证"的结构体系撰写，共分为 10 章。第 1 章为绪论；第 2 章阐述动态面控制方法基础理论；第 3 章面向控制需求建立两类飞行器飞行动力学模型；第 4 章研究过失速机动飞行的严反馈块控动态面飞行控制；第 5 章研究两类飞行器的直接自适应动态面飞行控制；第 6 章研究高超声速飞行器控制增益方向未知时的动态面自适应飞行控制；第 7 章研究高超声速飞行器预设性能动态面自适应飞行控制；第 8 章研究高超声速飞行器递归滑模动态面自适应飞行控制；第 9 章研究高超声速飞行器的非线性增益递归滑模动态面自适应飞行控制；第 10 章研究高超声速飞行器的有限时间动态面自适应飞行控制。

    本书由空军工程大学刘树光、张文倩、孙秀霞、刘希共同撰写。第 1 章由刘树光、张文倩共同撰写，第 2～6 章由刘树光撰写，第 7 章由刘树光、张文倩共同撰写，第8、9章由刘希、孙秀霞、刘树光共同撰写，第10章由张文倩撰写。刘树光负责全书的统稿工作。本书的研究工作得到了国家自然科学基金面上项目（72271243）、中国博士后科学基金面上项目（2014M562629）、航空科学基金项目（20135896025、20155896025）、国防重点科研项目、国防技术基础项目等的资助。除了本书作者，本书研究成果的贡献者还包括程志浩、梁帅，在此一并表示感谢。此外，本书也参考及引用了部分国内外论文，谨向这些论文的作者表示衷心感谢。

　　由于作者水平有限，书中难免会存在疏漏和不足之处，恳请各位专家和读者批评指正。

刘树光

2023 年 10 月于西安浐河畔

目　　录

第1章 绪 论

飞行控制是飞行器的灵魂，在保障飞行安全、引导任务完成方面发挥着至关重要的作用。战斗机过失速机动和高超声速飞行器巡航飞行的动力学特性复杂、动态模型呈现高度非线性，其飞行控制的共同难点归结为非线性、不确定、多变量耦合控制，需要控制器能够有效处理非线性，并具有很强的鲁棒性。传统的控制方法无法满足这些控制需求，需要结合更先进的控制技术，对战斗机过失速机动和高超声速飞行器飞行控制问题开展研究。本书针对两类飞行器的飞行控制需求，力图利用动态面控制算法简单、过渡过程品质好、鲁棒性强的特点，提出一系列动态面自适应飞行控制方法，有效解决两类飞行控制非线性、不确定、多变量耦合控制的难题。

本章首先介绍高超声速飞行器与战斗机过失速机动的基本概念、技术内涵和发展概况；其次针对高超声速飞行器和战斗机过失速机动飞行控制问题，介绍应用和研究较广泛的几类非线性飞行控制律设计方法；再次综述动态面自适应控制研究的国内外现状与工程应用情况；最后给出本书内容的章节安排。

1.1 高超声速飞行器与战斗机过失速机动

本节首先介绍高超声速飞行器的基本概念、吸气式高超声速飞行器的发展简况，然后阐述战斗机过失速机动的技术内涵、基本动作和发展概况。

1.1.1 高超声速飞行器概念与发展

传统航空航天飞行器主要集中在距地 20km 以下稠密大气层内的航空领域和距地 100km 以上的航天领域。随着航空航天技术的快速发展，距地 20～100km 的临近空间飞行器特殊的战略价值日益凸显，成为各发达国家飞行器发展的热点。在众多的临近空间飞行器中，高超声速飞行器以其具备的飞行速度快、打击范围广、有效载荷大、突防能力和机动作战能力强等显著特点和在全球实时侦察、快速部署、远程精确打击、导弹防御等方面的广阔应用前景，而成为目前临近空间飞行技术的主要研究方向。高超声速技术被认为是航空史上继发明飞机、突破音障飞行之后第三个划时代的里程碑技术，是速度技术"下一个伟大的新领域"，将给世界军事带来重大变革。

1. 高超声速飞行器的基本概念

临近空间高超声速飞行器是指在临近空间区域内,以飞行马赫数大于 5 持续飞行、完成特定任务的飞行器。按照飞行方式进行分类,临近空间高超声速飞行器可以分为助推滑翔再入飞行器和吸气式高超声速飞行器[1]。助推滑翔再入飞行器是一种基于助推-滑翔弹道概念的高超声速飞行器。吸气式高超声速飞行器是指飞行马赫数大于 5、以超燃冲压发动机及其组合发动机为主要动力的高超声速飞行器。一般将吸气式高超声速飞行器的飞行任务分为四个阶段[2]。第一阶段是火箭助推段,结束的特征是助推火箭与飞行器分离;第二阶段是姿态调整过渡段,结束的特征是飞行器的整理罩分离,进气道堵盖打开,姿态调整到发动机点火允许的范围内;第三阶段是巡航飞行段,结束的特征是到达无动力飞行条件,发动机关机;第四阶段是再入返回段,从再入段起点开始无动力下滑,经末端能量管理段后返回,自主进场着陆,其主要目的是调整飞行姿态,利用气动阻力消耗飞行器能量,使飞行器以一个可接受的速度进入末端能量管理段,最终实现安全着陆。

2. 吸气式高超声速飞行器的发展简况

从 20 世纪 50 年代末开始研究超声速燃烧冲压发动机技术以来,经过几十年的探索,美国、俄罗斯、法国、德国、日本、英国、印度和澳大利亚等国分别提出了各自的研究计划,并投入大量的人力、物力和财力对吸气式高超声速飞行器进行研究、论证和研制,已经陆续取得了技术上的重大突破,并相继进行了地面和飞行试验[3],力图在未来的高超声速飞行器发展中占据优势。其中,具有代表性的国家是美国和俄罗斯。

美国是最早开展高超声速技术研究的国家之一,在高超声速飞行器发展方面处于领先地位。已通过 X 系列验证机的演示验证在诸多关键技术研究方面取得了突破性进展。代表性的研究计划[4]主要有 Hyper-X 计划、HyTech 计划、HyFly 计划、"猎鹰"(FALCON)计划、X-51A 计划。其中,Hyper-X 计划是迄今为止最引人瞩目的计划,其验证机代号为 X-43,根据演示验证任务的不同分为 X-43A、X-43B、X-43C、X-43D 四个型号。第一批验证机 X-43A 于 2004 年前后两次成功实现自主飞行试验,其试飞成功具有划时代的意义,为人类实现高超声速飞行跨出了艰难的革命性的第一步。俄罗斯在高超声速飞行器研究领域也进行了大量卓有成效的研究,先后开展了包括代号为"冷"、"彩虹-D2"、"针"、"鹰"和"鹰-31"等一系列高超声速技术发展计划,在高超声速动力学、超燃冲压发动机技术、耐高温防护材料等领域,处于领先地位。此外,法国、德国、日本、英国、印度和澳大利亚等国分别提出了各自的研究计划,积极探索研究了高超声速技术[3,5],未来吸气式高超声速飞行器技术将朝着察打一体化、隐身化、易维护等方向发展[6]。相关国家研究计划及吸气式高超声速飞行器具体发展情况参见文献[3]、[5]、[7]。

从目前国外公开的资料来看,美国的高超声速飞行器技术开发水平已经从以技术集成演示验证为目标的预先研究阶段,进入了以形成作战能力为目标的型号研制阶段[7]。各国主要应用目标近期为高超声速巡航导弹,中期为高超声速飞机,远期为吸气式推进的跨大气层飞行器、空天飞机。高超声速飞行器作为航空与航天技术的结合,具有很强的前瞻性、战略性和带动性,其关键技术涉及高超声速气动热力技术、推进技术、材料与结构、飞行控制、通信、有效载荷和机体/发动机一体化技术等诸多方面,具有相当的难度。在这些关键技术中,飞行控制系统是高超声速飞行器的运行中枢,是其安全飞行、完成任务的保证,飞行控制技术更是高超声速飞行器研制中的核心和关键技术之一,它已经不是对亚声速、超声速飞行器控制技术的简单延续,而是本质上的飞跃。高超声速飞行器由于超高的飞行速度和特殊的飞行环境,具有比传统飞行器远为复杂的强耦合、强非线性、强时变及机体/发动机一体化、气动弹性变形的动力学特征,需要面临飞行走廊限制、跨空域、大包线、全速域、刚体/热弹性、飞行条件限制、多输入多输出等诸多控制难题,使得高超声速飞行器动力学建模与控制系统的研究面临前所未有的挑战,很多新问题亟待解决[8]。从多种角度、用不同方法探讨解决高超声速巡航飞行控制问题,尽快对其飞行控制关键技术进行深入研究,具有迫切的军事需求和现实意义。

1.1.2 战斗机过失速机动内涵与发展

随着空空导弹和火控系统的发展,飞机超视距空战能力有了较大提高,但同时,由于飞机隐身性能的提高、各种导弹干扰措施的使用以及复杂战场条件的要求,为了获得战斗中的优势,战斗机必须具备相当强的近距格斗能力[9,10]。近距空战中,机头快速指向是战斗机占据主动地位的重要手段,它要求战斗机具有高瞬时过失速机动能力,即能够在飞行时快速转动自身平面,将瞄准轴线指向敌机,从而优先发射导弹,先敌开火[11]。具备过失速机动能力的战斗机相对传统战斗机而言,飞行包线得到进一步扩展,攻击能力、机动规避能力以及飞行员的空战效率都得到显著提高,作战效能更高,在空战中将会取得明显的战术优势[12-15]。过失速机动能力已与超视距攻击能力、隐身性、超声速巡航能力并列为第四代战斗机的主要特征[16],成为各军事强国特别强调的重点技术。

1. 过失速机动的技术内涵

战斗机的过失速机动是一种非常规机动动作,也称为"超机动"。它是指当飞机实际迎角超过失速迎角、在飞行速度很小的状态下,飞机还能处于受控状态,仍能按照有关操纵指令，迅速改变飞行速度矢量和机头指向的一种战术机动。这种过失速机动不需要很大的机动过载，有利于快速发射和回避格斗导弹，有效击敌机和保护自己。过失速机动的内涵是：驾驶员拉杆使飞机由常规飞行状态以高俯仰速度做大角度跃升，使其迎角迅速达到 30°~40° 的失速迎角，并在减速过程中使迎角增大到 70° 左右，此时驾驶仪还能正常操纵飞机绕速度矢量轴滚转或偏航，以便获得快速机头转向或快速机身瞄准能力，随后推杆减小迎角退出失速，转为俯冲增速恢复到常规飞行状态[17]。

一般认为，过失速机动必须依赖于推力矢量控制技术实现。具有过失速机动能力的飞机应具备两个基本特点：过失速飞机的实际迎角远远超过其失速迎角；在过失速状态下，飞机具有绕其三个轴转动的能力。同时具备这两个基本特点的飞机才是真正具有过失速机动的飞机。

2. 过失速机动的基本动作[18]

尽管现有研究提出了多种过失速机动动作，但是，进行过失速机动的目的是通过快速大幅度姿态变化，飞机机头能够迅速指向或迅速改变飞机的空间方位。现有的五种经典过失速机动为"眼镜蛇"(Cobra)机动、尾冲(Bell)机动、榔头(Hammer)机动、直升机(Helicopter)机动和 J 转弯(Herbst)机动。通过分析这些典型机动过程，将过失速机动总结为定直飞行运动、快速俯仰运动、绕速度矢量旋转运动三种基本动作的组合，如图 1.1~图 1.3 所示。

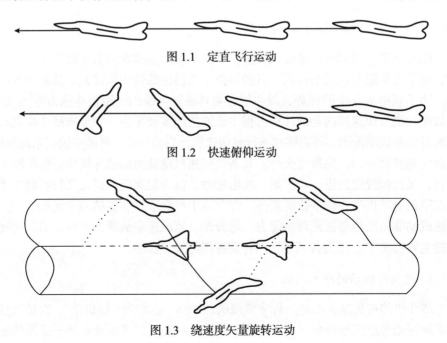

图 1.1　定直飞行运动

图 1.2　快速俯仰运动

图 1.3　绕速度矢量旋转运动

1)定直飞行运动

定直飞行运动是纵向平面内的基准运动。虽然该运动不是过失速机动，却为过失速机动提供了参数变化的初始值，为进入过失速机动做好准备。描述定直飞行运动的特征参数为初始迎角、初始高度、初始速度。

2)快速俯仰运动

快速俯仰运动是纵向平面内的过失速机动。通常在亚声速条件下，飞机在其对称面内绕横轴快速转动并超过失速迎角。在此过程中，飞机基本没有滚转和偏航，俯仰角和迎角变化较大且一致，飞机速度迅速减小，实现飞行姿态与航迹的解耦，完成纵向平面内的快速机头指向，达到目标跟踪瞄准发射或防御的目的。

飞机通过快速俯仰运动从小迎角状态动态进入大迎角，以此来评价飞机从基准运动到过失速机动的转换过渡能力。描述该运动的特征参数为初始迎角、最大迎角、俯仰角速度。

3)绕速度矢量旋转运动

绕速度矢量旋转运动是在快速俯仰运动的基础上，操纵飞机保持一定大迎角绕速度矢量迅速滚转，属于空间过失速机动。过程中飞机处于大迎角区，但迎角变化率很小，对气动力影响不大。俯仰和滚转角速度较小，偏航角速度很大，是影响气动力特性的主要参数。在不同迎角下进行该机动可以使机头指向前半空间中的任一点，构成攻击敌机的条件。也可以进行快速 180°轨迹转向，迅速截获敌机或摆脱敌机的攻击。

飞机绕速度矢量的旋转运动可以用于评估飞机在大迎角下的敏捷性和横航向的可控制能力。描述该运动的特征参数为迎角、侧滑角、绕速度矢量的滚转角速度。

3. 过失速机动的发展历史

在 20 世纪 80 年代初，德国的 Herbst 博士首先提出了"过失速机动"的概念，对推力矢量的定义、用途、分类等进行了研究，分析了过失速机动能力获得的条件及空战效能[11]，并推荐了一些超机动动作、失速机动的速度与高度范围及获得失速机动必需的飞机推重比和操纵效率。Herbst 博士所给出的结论对于过失速机动技术的研究和推力矢量控制技术的应用具有重要指导意义。

1985 年 6 月，美、德两国合作研制了 X-29A、X-31A 和 F-18HARV 系列验证机，来验证飞机的过失速机动能力。之后数年进行的飞行验证或航展表演中，X-29A 最大迎角达到了 68°，F-18HARV 实现了 70°迎角机动，X-31A 实现了 70°迎角可控飞行以及在该迎角条件下的绕速度轴滚转，同时还完成了大迎角机头转向、J 转弯机动、榔头机动和大迎角下滑倒转机动等特殊战术飞行动作。在 1989

年的巴黎国际航展上，苏联的苏-27 战斗机首次表演了"眼镜蛇"机动，令在场观众叹为观止。随后在 1996 年的巴黎国际航展上，俄罗斯的苏-37 战斗机成功完成了可控的"眼镜蛇"机动、极小半径的"库尔彼特"筋斗以及"钟"机动等过失速机动动作。在 2018 年的珠海航展上，国产歼-10B 矢量推进技术验证机(歼-10B TVC)表演了"眼镜蛇"、"落叶飘"等过失速机动飞行动作，引发了国内外对于中国航空技术发展的关注。

以 F-22、F-35、T-50 为代表的美俄第四代战斗机以及法国"阵风"、俄罗斯苏-35 等三代半战斗机，在设计之初就非常重视过失速机动设计，强调超机动空战性能。典型战斗机 F-22 已经达到迎角 60° 以上的超机动实战能力，T-50 的设计甚至要求飞机拥有 90° 迎角条件下较好的稳定性和操纵性。

最后，需要指出的是，过失速机动飞行的飞机处于大迎角状态(最大值超过 70°)，现代布局飞机的最大升力系数迎角为 35°~40°，而且从稳定性和操纵性条件来考虑，现代飞机的最大许用迎角一般仅为 25°。大迎角状态下空气动力操纵舵面的效率几乎降到零，为了获得足够的操纵力矩，必须具备推力矢量控制，另外，气动力严重耦合，飞机动力学特性表现为高度非线性，为了实现飞机在大迎角下良好的操纵性，完成对空中目标的瞄准，过失速机动飞机必须具备性能优越的操纵控制系统。飞机优异的稳定性和操纵性，使具有过失速机动能力飞机的飞行员在低空飞行时的心理上具有绝对优势。因为在这种条件下，对方飞机极有可能失速和丧失操纵能力而触地。对方飞机飞行员由于缺乏信心，就不可能全力去注意各种飞行状态限制和充分发挥自己飞机的机动潜力。而具有过失速机动能力飞机的飞行员则与此相反，他们完全可以无拘无束地展开战斗，这是因为具有过失速机动能力的飞机是不会失速的。所以，为了获得性能优良的操纵性能，必须对不同于常规飞行状态的过失速机动飞行控制进行深入研究。

1.2 飞行控制方法研究现状

从系统与控制的角度看，高超声速飞行器、先进战斗机等飞行器是非线性、多变量、强耦合、具有不确定性的高阶控制对象。面对这样高度复杂的控制对象，对其飞行控制的研究促进了控制理论的应用和发展，很多先进的控制理论在提出并发展到一定程度后，总是在飞行控制领域进行应用研究。反过来，飞行控制方法以控制理论的发展为基础，随着控制理论的发展，飞行控制方法也得到了广泛的研究和发展。本节着重针对高超声速飞行器和战斗机过失速机动飞行控制问题，介绍目前在非线性飞行控制领域中，应用和研究较广泛的几类控制律设计方法。

1. 增益调度控制

增益调度控制(gain scheduling control)的核心思想是用线性控制器的设计方法来解决非线性控制问题,传统的增益调度控制是在需要关注的某几个平衡点对系统线性化,针对每个平衡点设计线性反馈控制器,并把得到的一组线性控制器作为一个控制器执行,通过监测调度变量改变其参数。而增益调度飞行控制律正是根据调度变量(如动压、静压、迎角等)实时调节控制器参数,以适应飞机动力学模型的变化,如图 1.4 所示。设计的基本方法是首先在飞行全包线内将飞机模型按多个特定的飞行状态线性化,构造飞机的线性变参数(linear parameter varying,LPV)模型,即选择能覆盖整个飞行包线范围的多个平衡工作点,在每一个平衡工作点,构造对象的线性模型;接着针对每一个飞行状态设计线性控制器以满足对闭环性能的要求,不同状态的控制器形式相同而参数不同;然后采用插值或拟合策略使参数在设计选定的有限个线性模型之间连续变化,即将各个单独的控制器综合得到全局非线性控制器;最后在全包线范围内进行详尽的非线性仿真和飞行试验来验证控制律[19]。基于增益调度设计方法,设计了很多高度可靠、有效的飞行控制系统,这些飞行控制系统在第三代战斗机,如苏-27、苏-30 及 F-16 飞机中均得到了成功应用,是目前应用最广泛的飞行控制律设计方法。

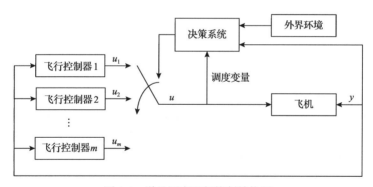

图 1.4 增益调度飞行控制结构图

传统的增益调度控制律方法存在设计工作量大、效率低(需要在全包线范围内,各平衡点做风洞和试飞试验)以及鲁棒性不强的缺点。作为一种实用的控制器设计方法,增益调度控制方法随着控制理论的发展也在不断地完善和改进。文献[20]研究了基于 H_∞ 鲁棒控制的增益调度控制器。将飞行包线范围分成若干个子区域,分别设计各子区域的鲁棒控制器,从而获得大包线范围内的鲁棒控制器,大幅度减少平衡工作点的个数以及调参工作量。文献[21]讨论了线性变参数系统的增益调度 H_∞ 控制,这类系统的 H_∞ 控制允许控制器参数跟随时变但可量测参数的变化进行变化。文献[22]讨论了非线性系统基于被控对象输出和调参变量的参数轨迹的增益调度，并分别给出了两种情况下能保持全局设计的稳定性、鲁棒性的条件。针对普通程序调参方法要求调参变量变化缓慢的特点，文献[23]给出了一种使用调参变量的导数信息进行快速调参的设计方法。文献[24]～[27]研究了基于模糊规则的调参方法。文献[28]、[29]研究了程序调参控制的稳定性问题。文献[30]针对倾转旋翼机转换机动中变动力学特性导致的复杂控制问题，提出了基于增益调度的线性二次最优控制与光滑切换控制结合的综合体系结构，实现了转动机动过程中的全局最优控制。但上述研究均是基于实际系统的简化模型，离实际应用还有一定距离。

虽然增益调度能够胜任第二、三代战斗机飞行控制系统的设计，但是难以应对第四代及未来战斗机对飞行控制系统提出的要求。增益调度的设计过程在一定程度上基于经验和试凑，仅能在调度变量变化较慢的情况下，在系统平衡点的邻域保证闭环系统的稳定性，当外部参考输入和调度变量急剧变化时，闭坏系统的全局稳定性和鲁棒性有可能遭到破坏。另外，增益调度在平衡点构造的线性化模型是近似的，反映不出飞机动力学模型的不确定性和未建模特性。因此，如何充分有效地利用外部输入和调度变量的相关信息而不仅仅是瞬时值，以及对局部的线性化模型同整体非线性模型之间等价的区域进行扩展，成为增益调度方法的重要研究方向[19]。

2. 非线性动态逆控制

反馈线性化是从 20 世纪 80 年代初发展起来的，包括微分几何方法和动态逆方法两个分支。微分几何方法在理论上比较容易展开，但是比较抽象，不便在工程上推广应用。对于飞行控制系统，动态逆是研究最广泛的反馈线性化方法。非线性动态逆控制(nonlinear dynamic inversion control)的基本思想是：通过恰当的非线性状态反馈和坐标变换(或动态补偿)，将一个非线性系统变换成(部分或全部的)线性系统，然后再用线性系统设计方法对变换后的线性系统进行设计，使系统满足设计指标要求[31]。非线性动态逆飞行控制器的一般结构如图 1.5 所示，用动态逆方法设计的系统不需要复杂的变增益调节，动态系统是一种简单的线性、解耦、时不变的低阶系统，所以可以用固定的增益来适应飞机动力学模型的变化，该增益的选取只与对象要求的响应特性有关。当对象参数发生变化时，只需要改变其对消的函数关系。理论上飞机运动方程形式是基本已知的，在不同条件下方程的参数也可以通过试验大致得到，所以通过动态逆对消能较好地实现系统的解耦线性化。近 30 年的研究表明，非线性动态逆控制在非线性飞控系统设计领域是一种有效的方法[32-38]，在大迎角超机动飞机、先进短距起降飞机、直升机和无人机等飞行控制系统中得到成功应用。其中，文献[32]～[34]设计了超机动飞机的动态逆控制律，文献[35]讨论了动态逆飞行控制律的稳定性和鲁棒性问题，文献[36]用反馈线性化方法设计了重构飞行控制律，文献[39]利用非线性增量动态逆飞行控制方法和控制器分层设计方法设计了无人机姿态控制系统。

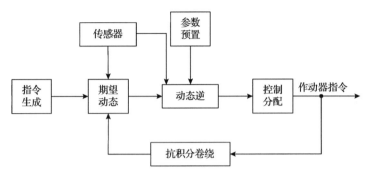

图 1.5　非线性动态逆飞行控制器的一般结构

非线性动态逆飞行控制的优点有：①可广泛用于不同的飞机模型；②在整个设计周期中，其设计具有很大的灵活性，能够适应飞机模型的变化；③能够满足像大迎角、超机动这样的非常规控制要求，增益预置并不要求在飞机的整个飞行包线中确保飞控系统的稳定性。但是，动态逆控制方法应用的前提条件是控制系统的逆系统存在，而且要求建立被控对象精确的非线性数学模型，以实现被控对象非线性动态的精确对消。当对象模型不精确时，非线性得不到合理对消，系统的鲁棒性没有保障。这个局限性严重限制了动态逆飞行控制方法的实际应用，因为许多实际系统很难得到精确模型。例如，要对飞机的非线性特性精确建模非常困难，而且飞机真实的参数和试验数据总是不可避免地存在一定的误差，这些因素造成动态逆方法有较大的误差。所以，很多文献对改善动态逆飞行控制方法的鲁棒性进行了研究[40-49]。文献[44]、[45]采用自适应模糊控制和滑动模态控制来补偿动态逆飞行控制方法的对消误差，文献[40]~[43]、[47]~[49]采用神经网络技术对动态逆飞行控制方法进行了补偿，文献[50]引入 L_1 自适应结构来增强动态逆飞行控制方法的鲁棒性，这些研究都有效地提高了动态逆飞行控制方法的鲁棒性。

3. 变结构控制

变结构控制(variable structure control)是一种十分有效的鲁棒控制策略，由苏联学者 Emelyanov 首次提出[51]。与前面提到的动态逆控制方法相比，变结构控制不需要系统精确的数学模型，在解决不确定非线性系统的控制问题上显示出了巨大的优势[52,53]。变结构控制的基本原理是：根据系统所期望的动态特性来设计系统的切换超平面，并通过滑动模态控制器使系统状态从超平面之外向切换超平面收束。系统一旦到达切换超平面，控制作用将保证系统沿切换超平面到达系统原点，这一沿切换超平面向原点滑动的过程称为滑模控制。当系统状态穿越状态空间的滑动超平面时，反馈控制的结构就发生变化，从而使系统性能达到某个期望指标。通过控制器本身结构的变化，变结构控制系统性能保持一直高于一般固定结构控制系统所能达到的性能，突破了经典线性控制系统的品质限制，使得系统在滑动模态下不仅保持对系统结构不确定性、参数不确定性以及外界干扰等不确定因素的鲁棒性，而且较好地解决了动态与静态性能指标之间的矛盾[53]。变结构控制对内部参数的变化以及对外部扰动的不敏感性，使得其在飞行控制设计领域有着广泛的应用前景。文献[54]、[55]应用滑模变结构控制方法对飞行重构系统进行设计，只需定义变结构控制的切换函数，而不依赖外界的扰动及对象的不确定性。文献[56]研究了滑模控制在空-空导弹飞行控制律设计中的应用。文献[57]针对高超声速飞行器动态模型中存在的非匹配不确定性，提出了一种基于Lyapunov方程的滑模变结构控制方法。

滑模控制的优点是能够克服系统的不确定性，对干扰和未建模动态具有很强的鲁棒性，尤其是对非线性系统的控制具有良好的控制效果。由于变结构控制系统算法简单，响应速度快，对外界噪声干扰和参数摄动具有鲁棒性，在飞行控制领域得到了推广应用。然而，由于不确定非线性系统的多样性、复杂性，变结构控制方法还存在很多不足。削弱和消除抖振是变结构控制应用于不确定非线性系统的重要问题，目前对于消除抖振都没有超出边界层方法的范畴，研究消除抖振的方法，对于变结构控制理论及其实际应用都具有重要意义。另外，变结构控制还存在需要知道不确定参数的上下界等问题[58]。针对这些问题，变结构控制通常和其他控制方法相结合，以达到互相补充的作用。文献[59]～[61]研究了自适应变结构控制方法，文献[62]将反馈线性化和变结构控制相结合，研究了一类参数不确定和外界干扰的仿射非线性系统鲁棒输出跟踪问题，并以飞行器的姿态控制为例，验证了方法的有效性。

4. 自适应控制

航空航天是自适应控制(adaptive control)应用最早的领域。从一定程度上讲，自适应控制理论与技术的不断发展同航空航天科技中的许多要求有着直接的关系。20世纪50年代末期，美国麻省理工学院的Whither教授首先提出了参考模型自适应控制方法，并将其应用于自动驾驶仪的设计[63]。之后，Narendra等提出稳定自适应控制方法，基本解决了自适应控制系统的稳定性问题[64]。Ioannou 等[65]提出鲁棒自适应控制方法，部分解决了对象存在未建模动态时的自适应控制问题。自适应控制在飞行控制领域获得了较多的应用研究。从60年代初期开始，相继对F-94C的纵向自适应自动驾驶仪、X-15试验机的自适应自动驾驶仪(三轴)进行了试飞，并对 X-20 试验机的自适应系统硬件进行了地面模拟验证性试验。到了80

年代，自适应控制首次成功地解决了高性能飞机的自适应自动驾驶仪问题。

反推自适应控制（backstepping adaptive control）是 20 世纪 90 年代 Kokotovic 等[66-68]提出的一种新型的不依赖于求逆的非线性系统自适应控制方法。其基本思想是针对级联线性/非线性系统，通过一步步适当选取 Lyapunov 函数，分步构造辅助控制输入的同时补偿不确定性的影响，最终得到稳定的控制律。这种方法的优点是可以避免对消有用的非线性信息，并且可以引入额外的非线性项来改善系统瞬态性能。近 30 年来，在处理线性和某些非线性系统时，反推自适应控制在改善过渡过程品质方面表现出较大的潜力，尤其在航空航天领域备受关注，大量的文献将其成功地应用于过失速机动飞机、导弹、无人机、直升机、飞艇、再入飞行器等航空航天器中[69-78]。文献[69]针对某复杂高性能飞机提出了反推自适应飞行控制律并对其进行了仿真研究。文献[70]对飞控系统的反推自适应控制进行了初步研究，并比较了不同的飞控系统设计方法（如模糊控制、反推自适应控制、变结构控制、非线性动态逆控制、间接自适应控制等）。文献[71]采用神经网络和反推自适应相结合的方法讨论了飞行控制器的设计问题。文献[72]、[73]分别就无人机、超机动战斗机的自适应反推控制器的设计问题进行了讨论。文献[74]研究了再入飞行器自动驾驶仪的反推设计方法。文献[77]针对气动参数不确定和状态受限的高超声速飞行器稳定跟踪控制问题，提出了基于固定时间干扰观测器的预定性能滤波反推控制策略。文献[78]针对存在参数不确定以及外界干扰的高超声速飞行器跟踪性能问题，提出了一种基于有限时间预设性能的反推控制方法。

尽管反推自适应控制在飞行控制领域取得了诸多成果，但仍然存在许多需要完善的地方。尤其随着被控对象相对阶的增加，现有的反推自适应控制方法控制律高度非线性、高度复杂，当其应用于导弹、飞机等复杂系统时，其计算量往往是机载计算机难以承受的，很难满足对飞机控制的实时性要求。如何减少非线性控制律的复杂程度，同时不降低其过渡过程品质，还有待进一步研究。

5. 智能控制

智能控制（intelligent control）是控制理论发展的高级阶段，主要用来解决那些用传统控制方法难以解决的复杂系统的控制问题，其研究对象具有模型不确定（模型未知或知之甚少）、高度非线性和任务要求异常复杂（如任务的自行规划和决策）等特征[79]。智能控制的核心在于高层控制，在于对实际环境和过程进行组织、决策和规划，实现对广义问题求解。智能控制的发展需要许多相关学科的配合和支撑，是一门边缘交叉学科。近年来，神经网络、模糊数学、专家系统、进化论等人工智能的发展，给智能控制注入了巨大的活力，由此产生了各种智能控制方法，如神经网络自适应控制、模糊变结构控制、模糊神经网络控制、模糊专家系统等。

　　智能控制是飞行控制领域的一个研究热点。在无人机路径规划、故障和损伤条件下的控制系统重构、飞机动态系统辨识、具有自适应自学习能力的自动驾驶仪[80-82]等方面取得了许多研究成果。人工神经网络智能控制技术从 20 世纪 90 年代开始进入飞行控制研究领域。在过失速机动控制领域，文献[83]采用神经网络技术对飞行器的气动参数进行辨识；文献[84]～[86]将非线性动态逆和人工神经网络相结合，研究新一代战斗机的过失速机动飞行控制问题；文献[87]运用神经网络进行飞行故障诊断及控制律重构研究；模糊控制作为智能控制的一种形式，在过失速机动控制领域也得到了很多研究和应用[88,89]。从 2003 年开始，美国的 NASA Dryden 研究中心针对一架经过改装的 F-15B 战斗机的飞控计算机，编写了神经网络软件，为飞行控制律自动调整和重构进行飞行试验。在高超声速飞行器控制领域，文献[90]、[91]分别提出了基于模糊逻辑控制和神经网络控制的高超声速飞行器自适应控制解决方法；文献[92]采用了二阶终端滑模方法为高超声速飞行器纵向模型设计控制器，该控制方法能够提供连续的控制律，实现参考指令的快速跟踪。文献[93]、[94]采用积分滑模控制方法对存在外界干扰的高超声速飞行器跟踪问题进行了有限时间控制的研究。文献[95]针对吸气式高超声速飞行器的纵向运动模型，研究了输入受限时控制系统的设计问题，提出了一种内外环相结合的自适应 Terminal 滑模控制方法。文献[96]将纵向模型中的一些非线性耦合项作为集总干扰，采用非线性干扰观测器补偿干扰，同时采用了有限时间控制技术，为高超声速飞行器设计了跟踪控制器。文献[97]基于非线性干扰观测器设计了鲁棒控制算法，处理高超声速飞行器跟踪控制中存在的非匹配干扰问题。在实际应用中，高超声速飞行器的升降舵往往会受到物理机理的约束，针对这方面的问题，文献[98]提出了基于抗饱和控制的高超声速飞行器控制方法。文献[99]考虑了系统中对状态和控制变量的非线性约束，提出了基于模型预测控制的高超声速飞行器纵向控制方法。

　　虽然智能控制作为一门新兴的研究领域具有很强的理论优越性，但并不是很成熟和完善，在工程实际中应用相对较少，需要进一步探索与开发。

　　综上所述，在处理线性和某些非线性系统时，反推自适应控制在改善过渡过程品质方面表现出较大的潜力，尤其在航空航天领域，因其成功应用于飞机和导弹控制而备受关注，在飞行控制领域取得了诸多成果。但同时也指出，现有反推自适应控制方法控制律的高度非线性和高度复杂性使其应用于导弹、飞机等复杂系统时，其计算量往往是机载计算机难以承受的。而动态面控制方法正是为解决反推自适应控制律的复杂性问题而提出的，其特点是不需要被控对象的精确数学模型，控制器结构简单，易于工程实现。根据高超声速飞行器巡航飞行和战斗机大迎角机动时空气动力学的特点[45,100]，高超声速飞行器巡航飞行和战斗机过失速机动飞行控制问题的共同难点归结为非线性、不确定性、多变量耦合控制，需要控制器能够有效处理非线性，并具有很强的鲁棒性，这些要求正是动态面控制具有的性能特点。因此，用动态面控制方法来解决两类飞行器的飞行控制难题不失为一种有益的尝试，无论对于实现相关飞行控制技术还是推进动态面控制方法的应用与发展都有重要的实际意义。

1.3 动态面自适应控制方法研究现状

本节对动态面自适应控制研究的国内外现状与工程应用情况进行综述，并对其存在的问题及可能的研究方向进行讨论。

1.3.1 理论研究现状

一般认为，用动态面方法改造反推控制的概念始于 Gerdes 的工作[101]，随后由 Song 等[102-108]应用于严反馈非线性系统的控制中，并给出了系统的稳定性分析。从动态面控制律是否设计为连续的角度，一般将动态面控制分为连续动态面控制和非平滑动态面控制两个方面。下面从这两个方面讨论国内外动态面控制的理论研究现状。

1. 连续动态面控制研究现状

这里的"连续"指每一步的动态面控制律均设计为连续的。连续动态面控制的研究主要集中在严反馈非线性系统方面，有关纯反馈非线性系统和线性多变量系统等其他系统的研究取得了少量成果。

1)严反馈非线性系统的动态面控制

(1)非自适应动态面控制方法。

文献[104]分别针对 Lipschitz 和非 Lipschitz 特性的非线性系统，给出了动态面控制方法。优点是：①解决了反推控制方法中复杂性随阶数或相对阶增加呈爆炸性增长的困难；②降低了被控对象的约束条件。事实上，若直接采用反推控制，在对象相对阶为 n 时，其中的非线性函数项需 n 次连续可微，这对大多数实际系统而言，过于苛刻。文献[104]所提方法的缺点是：①未引入自适应律，严格说是一种高增益控制，若非线性项是状态的未知函数，该方法将失效；②跟踪误差不再收敛到零。

进一步，文献[105]讨论了如何增大系统初始状态集合，从而允许控制输入扰动，继而又在文献[106]中讨论了如何估计这个集合的大小。文献[107]则从理论上分析了如何选取动态面方法中滤波器的时间常数，而此前这个时间常数一般凭经验选取，接着，文献[108]给出了如何系统化地选取合适的系统增益和滤波器时间常数。文献[109]将动态面控制思想推广到一类非仿射非线性系统上，并保证了闭环系统的有界稳定性。

(2)自适应动态面控制方法。

文献[110]首先将动态面控制与自适应技术结合,提出了自适应动态面控制方法,并借助于奇异扰动理论和 Lyapunov 稳定性理论,证明了闭环系统的半全局渐近稳定性,系统误差可渐近收敛到系统原点。由于引入低通滤波器,类似于引入了一个未建模动态,故这样的稳定性结果并不奇怪,在传统鲁棒自适应控制方法中,也有类似的结论[111]。在此基础上,针对同时含有未知参数和外界干扰的严反馈非线性系统,文献[112]设计了自适应动态面鲁棒跟踪控制器,文献[113]、[114]进一步将鲁棒技术和自适应边界技术结合起来处理系统中的不确定项,所提方法有效降低了由"微分爆炸"造成的复杂性,数值仿真表明系统具有满意的跟踪性能。随后,文献[115]又就一类具有磁滞输入的严反馈非线性系统,提出了一种鲁棒自适应动态面控制方法,基于 Lyapunov 稳定性定理证明闭环系统的半全局稳定性,且跟踪误差可收敛到任意小的残集内。文献[116]针对一类参数严反馈非线性系统设计了一种复合自适应动态面控制方法,所提出的复合自适应律同时使用表面误差和估计误差来更新参数。文献[117]研究了一类具有未知控制方向和扰动的不确定单输入单输出(single input single out, SISO)严反馈非线性系统的自适应跟踪控制问题,采用 Nussbaum 函数来处理控制增益方向的问题。文献[118]进一步研究了一类控制方向未知、执行器故障未知的不确定严反馈非线性系统的跟踪控制问题。文献[119]针对传感器故障、建模错误和外部干扰,提出了一种针对多输入多输出非线性系统的自适应容错控制方法。文献[120]研究了一种渐近自适应动态面跟踪控制策略,用于控制带有参数不确定性和外部干扰的不确定全状态约束非线性系统。文献[121]则研究了一类受传感器故障影响的严反馈非线性系统的自适应固定时间动态面容错控制问题。

(3)基于逼近器的自适应动态面控制方法。

文献[122]针对一类具有任意不确定性及控制增益系数为 1 的严反馈非线性系统,提出了一种新的自适应动态面控制方法。其基本思想是:在利用径向基函数对非线性函数进行逼近的基础上,将动态面技术与神经网络自适应控制相结合。对于任何光滑的参考输入信号,该方法均可保证系统的一致有界性及任意小的跟踪误差,这显然比文献[110]的结果要好。该方法的重要性在于,对一大类不确定严反馈非线性系统提供了一种自适应动态面控制模式。以此文献为基础取得了大量的研究成果,具体归纳如下。

①自适应神经网络控制方法。

在文献[122]的基础上,文献[123]针对具有摄动且虚拟控制增益为未知常数的严反馈非线性系统,提出了直接自适应动态面控制方法,文献[124]针对虚拟控制增益为未知函数的严反馈非线性系统，提出间接自适应动态面控制方法。进一步，文献[125]又研究了虚拟控制增益为未知函数且符号未知的严反馈非线性系统，通过定义积分型 Lyapunov 函数设计了直接自适应动态面控制器。文献[126]、[127]将文献[124]的结果推广到了多输入多输出非线性系统，在此基础上，文献[128]、[129]提出了一种改进的自适应鲁棒动态面控制，使得系统的过渡过程品质得到改善，并保证了系统在改进的控制律下仍具有良好的动态特性。而文献[130]针对自适应动态面控制参数选取随意性较大的问题，利用梯度法对控制器参数进行了优化。Zhang 等[131]针对不确定严反馈系统，提出了一种新的自适应神经网络控制器，其突出特点是算法简单，在每一递推设计步骤中，仅调节一个参数。而 Ren 等[132]就一类具有未知类间隙磁滞输入的不确定严反馈非线性系统，提出了鲁棒自适应动态面控制方法。随后，基于自适应神经网络控制方法的动态面控制已应用于具有周期时变扰动的不确定严反馈非线性系统[133,134]。文献[135]～[137]讨论了一系列具有不确定性的非线性系统的自适应神经网络控制问题和动态面控制方法。文献[138]解决了一类单输入单输出非线性系统的有限时间自适应神经网络动态面设计问题。采用神经网络来逼近未知的连续系统函数，为了避免"微分爆炸"问题，在控制设计中引入了一种新颖的非线性滤波器。所提出的控制算法使得跟踪误差在有限时间内收敛到一个小的原点邻域，验证了受控系统的所有信号都具有全局有限时间稳定性。文献[139]针对一类具有全状态约束、动态未建模的严反馈非线性系统，通过引入一种一对一非线性映射，将具有全状态约束的严反馈系统转化为一种新的无状态约束的纯反馈系统。利用改进的动态面控制，引入积分型 Lyapunov 函数，设计了自适应神经网络动态面控制方法。文献[140]提出了一种基于预测器的神经网络动态面控制设计方法，用于一类不确定严反馈非线性系统。与现有通常使用跟踪误差来更新神经网络权值的动态面控制方法相比，文献[140]所提方法为每个子系统设计了一个预测器，并使用预测误差来更新神经网络的自适应律，该方法能够平滑且快速地识别系统动力学，而不会产生高频振荡。文献[141]研究了一类具有不对称输入约束、执行器故障和外部不匹配干扰的不确定非线性系统的复合容错控制问题。文献[142]提出了一种新的基于非线性增益反馈的自适应神经网络动态面控制方法，用于控制一类存在不确定性和外部干扰的严反馈非线性系统。文献[143]研究了受未知系统动力学和不确定控制下，输出约束非线性系统的自适应神经网络动态面控制方法。文献[144]研究了由输入死区和执行器故障控制的扰动非线性系统的有限时间跟踪控制方法。文献[145]针对一类具有输出约束的严反馈非线性系统，提出了一种动态面自适应最优控制策略，引入非线性映射将约束系统转换为无约束系统，采用基于神经网络的自适应动态规划算法来逼近最优成本函数和最优控制律。以上方法均保证了闭环系统的半全局稳定性，且通过调节设计参数，可使跟踪误差收敛到任意小的残集内。

②自适应模糊控制方法。

与自适应神经网络控制方法类似，仅代替神经网络而将模糊逻辑系统作为逼近器。文献[146]~[155]分别针对具有输入饱和、有限时间控制、状态不可测、时变输出约束、输入约束、增益符号未知、外部扰动、未知非对称死区输入情况的非线性系统，设计了自适应模糊动态面控制方法，保证了系统跟踪误差的收敛性和所有闭环信号的有界性。

③基于输入-状态稳定(input-to-state stability, ISS)理论和小增益定理的自适应控制方法。

该方法的基本思想是：首先在神经网络(或模糊逻辑系统)对未知非线性函数进行逼近的基础上，采用连续函数分离技术[156]，将非线性逼近函数表达成一种矩阵相乘的特殊结构形式[157]，即$f(x)=S(x)Ax$；然后将动态面控制与神经网络(或模糊)自适应控制相结合，通过引入矩阵的 Frobenius 范数，将被控非线性闭环系统表示成两个耦合的互联子系统：

$$\Sigma_{\tilde{z}w}:\begin{cases}\dot{x}=f(x,w)\\ \tilde{z}=H(x)\end{cases}, \quad \Sigma_{w\tilde{z}}:\begin{cases}\dot{y}=g(y,\tilde{z})\\ w=K(y,\tilde{z})\end{cases}$$

最后以这两个子系统为研究对象，基于输入-状态稳定理论和小增益定理分析证明闭环系统的半全局稳定性。本方法的主要特点是控制器结构相对简单，简化了自适应参数调整方法，仅需在线调节较少的学习参数，从而降低了算法的复杂度。另外，控制器本身能够完全克服反馈线性化方法中可能出现的控制器奇异性问题。基于该方法的动态面控制研究工作主要由 Li 等完成，具代表性的工作参见文献[158]。

④大系统动态面控制方法。

在非线性关联大系统领域，动态面控制方法同样取得了部分成果。通过假设系统未知关联项满足$h_i^{\mathrm{T}}h_i<c$，其中$h_i(\cdot)$为未知关联函数的和，c为一已知常数，文献[103]和[159]将动态面控制和分散控制理论相结合，提出了一种分散动态面控制方法，并基于凸优化理论，证明各子系统的误差可以收敛到以系统原点为球心的一个超椭球体内，缺点是要求非线性项满足较严格的条件。随后，文献[160]针对不确定非线性关联大系统，提出了一种新的分散动态面控制方法，该方法通过使用新的神经网络权值更新律，使得闭环系统的所有信号渐近稳定。而文献[161]则讨论了带未知时滞关联大系统的自适应模糊分散动态面控制问题。进一步，文献[162]针对一类带未知时变时滞的关联大系统，讨论了一种基于神经网络的分散自适应动态面控制方法，未知时变时滞关联项被一个与状态有关的已知非线性函数界定，并通过构造适当的 Lyapunov-Krasovskii 函数和应用神经网络逼近

器对其进行补偿。接着，又在文献[163]中就一类带未知非对称死区输入的关联大系统，提出了分散自适应动态面控制方法。而文献[164]则研究了具有延迟不对称和时变全状态约束的切换大规模非线性系统的自适应模糊分散动态面控制问题，提出了一种凸组合技术用于新型自适应模糊分散控制器设计。文献[165]提出了一种自适应分散动态面控制方法，用于一类具有未知非线性函数、未知控制增益、时变延迟和存在未知执行器故障的大规模非线性系统。文献[166]提出了一种新的非线性增益反馈技术，用于基于观测器的分布式自适应神经网络动态面控制，对一类状态不可测、子系统间互连不确定的大规模非线性系统进行控制。

⑤时滞非线性系统动态面控制方法。

基于小波神经网络，文献[167]讨论了一类具有未知时滞和外干扰的不确定严反馈非线性系统的自适应动态面控制方法。设计中要求系统的未知时滞函数满足有界的假设条件，这个有界的条件可以看成在反推方法中对时滞函数有界条件的一种变形，而闭环系统的稳定性通过构造 Lyapunov-Krasovskii 泛函来确保，与文献[168]基于神经网络的反推自适应控制方法相比，可大幅度降低控制律的复杂程度。接着文献[169]和[170]提出了一类带未知时滞的参数化严反馈非线性系统的自适应动态面控制方法，系统结构中的未知参数和未知常数控制增益连同未知时滞均被考虑。而文献[171]就一类不确定非线性时变时滞系统，提出了一种简化的自适应模糊动态面控制，该方法取消了对系统时滞常做的假设，仅采用一个模糊逼近器便使所有的未知函数得到补偿，简化了控制器的结构。文献[172]研究了一类具有输入时滞的严反馈非线性系统的自适应模糊反推控制问题，引入了一个积分项来处理输入时滞，采用模糊逻辑系统识别未知非线性函数，引入动态面控制技术来避免"微分爆炸"问题。文献[173]研究了具有采样数据和时变输入延迟的非线性系统的自适应模糊动态面控制策略，设计了一种模糊估计器模型来估计状态信息以代替采样数据，随后设计了一个积分项来补偿时变输入延迟。文献[174]针对一类具有不对称滞后非线性的未知时滞非线性系统，提出了一种基于模糊逼近器的自适应动态面控制方法。

⑥基于输出反馈的动态面控制方法。

文献[102]针对非线性系统仅部分状态可测量的情况，提出了一种基于动态面控制的控制器/观测器非线性补偿设计方法，并证明采用控制器/观测器的闭环系统满足分离性原理。但该方法需要相对准确的参数信息，不能应用到对象参数完全未知或不确定性范围较大的情形。近来，针对动态面控制需要获得对象全部状态信息的问题，文献[175]提出了输出反馈自适应动态面控制方法，特别地，该方法通过适当地选择设计参数和初始化更新参数，可保证系统跟踪误差的 L_∞ 性能指标，且克服了反推设计中的过参数化(over-parametrisation)问题。文献[176]研究了一类切换非线性系统的自适应模糊跟踪控制问题，结合改进动态面技术和预设性能方法提出了一种新的切换自适应输出反馈控制方法。文献[177]针对一类更一般的非严反馈随机非线性系统解决了自适应输出反馈稳定问题,利用神经网络逼近和变量分离技术来处理未知子系统函数,设计了一种只包含一个待更新参数的自适应神经网络输出反馈控制器。文献[178]研究了一类具有全状态约束和未建模动力学的不确定严反馈非线性系统的输出反馈跟踪控制问题。

2) 纯反馈非线性系统的动态面控制

实际中,不确定纯反馈非线性系统较严反馈非线性系统更具普遍性,可以表示很多实际系统[179-182]。但是,纯反馈非线性系统的重叠和非仿射特性使其控制器设计变得困难,因而现有文献中针对纯反馈非线性系统动态面控制的研究仅取得了少量成果。

文献[183]首先提出了一类简单不确定纯反馈非线性系统的自适应动态面控制方法。在此基础上,文献[184]就一类具有死区输入且最后两个方程为仿射形式的较简单纯反馈系统,讨论了自适应神经网络动态面控制方法,方法中为避免控制器出现奇异性问题而引入了积分型 Lyapunov 函数,增加了计算复杂性,且在实际中难以实现。随后,文献[185]中针对一类具有死区输入且最后一个方程为仿射形式的纯反馈系统,提出了一种自适应模糊控制方法,与文献[184]相比,仅有较少的学习参数需要在线调节,降低了算法的复杂度,同时,不同于文献[184]的 Lyapunov 稳定性分析方法,基于输入-状态稳定理论和小增益定理分析证明了闭环系统的半全局稳定性。文献[186]针对一类具有全状态约束和动态不确定性的纯反馈非线性系统,通过一对一非线性映射函数,将具有全状态约束的纯反馈系统转化为一种新的无状态约束的纯反馈系统。利用改进的动态面控制和 Nussbaum 函数,提出了两种基于变换系统的自适应神经网络控制方法。所设计的控制策略去除了控制增益上界已知、虚拟控制系数下界和上界已知的条件。文献[187]基于神经网络和自适应动态面控制技术研究了一类具有未知时延和输入滞后非线性的纯反馈非线性系统。文献[188]针对一类具有未知类反斜线回滞和不可测状态的多输入多输出纯反馈非线性系统,提出了一种自适应神经网络输出反馈跟踪控制方法。

尽管文献[185]～[188]所提方法降低了控制算法的复杂性,但对于 n 阶单输入单输出纯反馈非线性系统,仍有 $2n$ 个参数需要在线更新,且要求未知控制增益函数下界为已知常数,此外,基于输入-状态稳定理论和小增益定理的稳定性证明也增加了分析的难度。本书中将探讨和解决这些问题。

3) 其他系统的动态面控制

除了以上的严反馈和纯反馈非线性系统动态面控制方法,其他类型系统的动态面控制研究介绍如下。

文献[189]研究了具有未知虚拟控制系数、死区和全状态约束的非严反馈非线性系统的自适应模糊动态面控制问题，引入了一种基于滑模微分器的动态面控制方法，采用 Nussbaum 增益技术来克服虚拟控制系数未知带来的困难。利用 tan 型障碍 Lyapunov 函数(barrier Lyapunov function，BLF)的信息，成功地实现了全状态约束的要求。

文献[68]的工作解决了线性多变量系统的输出反馈自适应动态面控制问题，其突出特点是算法简单，且保证了跟踪误差的 L_∞ 性能指标。

文献[190]中提出了随机非线性系统的输出反馈自适应动态面控制方法。文献[191]讨论了具有输入量化和输入未建模动力学的随机非严反馈约束非线性系统的随机自适应动态面控制问题。文献[192]讨论了随机非三角结构非线性系统的事件触发固定时间自适应神经网络动态面控制问题，结合固定时间稳定性理论、动态面控制技术和事件触发控制技术，设计了一种新颖的事件触发固定时间自适应控制器，同时保证了闭环稳定性和跟踪性能。

其他基于动态面控制方法的混沌系统跟踪和同步控制问题研究，可参见文献[193]～[195]。

文献[196]重点介绍参数不确定分数阶非线性系统的自适应动态面控制设计。在每个反推步骤中，虚拟控制器通过一个分数阶动态面来驱动，可以很容易地计算其分数阶导数，保证了在弱于持续激发的区间激励条件下跟踪误差收敛和准确的参数估计。文献[197]提出了一种分数阶反推动态面控制方法，解决了具有不确定性和外部扰动的分数阶非线性系统的稳定性问题。

文献[198]研究了不确定非仿射非线性系统的自适应控制问题，通过引入一个辅助积分器将非仿射系统转化为增强仿射系统，使显式控制设计可行。通过在每一步中引入改进的滑模滤波器，提出了一种新颖的自适应动态面控制器。

文献[199]研究了一类具有输出约束的单输入单输出高阶非线性系统的有限时间自适应模糊动态面控制问题，采用障碍 Lyapunov 函数解决输出约束问题，结合加幂积分器提出了一种模糊自适应有限时间动态面控制算法。

文献[200]研究了不确定严反馈非线性系统的领导者-跟随者一致性问题，提出了一种借助预测器、跟踪微分器的自适应动态面控制策略，实现了多智能体系统的输出一致性。

2. 非平滑动态面控制研究现状

非平滑动态面控制指在每一步的控制面设计中，其控制律是不连续的。典型地，采用变结构控制，通过低通滤波器隔离上一级对下一级的影响。在文献[201]和[202]中，虽未冠以"动态面"控制的名称，但除各级控制律为不连续外，基本思想和动态面控制一致，其突出优点是具有较强的鲁棒性和良好的跟踪性能，且成功应用于水下机器人等的控制。在国内，有关变结构模型参考鲁棒控制的理论及应用研究均较多，如文献[203]中提出的考虑输入输出干扰，或同时考虑输入输出干扰和未建模动态时的变结构模型参考鲁棒控制方法，可保证闭环系统的全局稳定性，且跟踪误差可任意小。文献[204]和[205]针对变结构模型参考自适应系统提出的增益切换方法，可使系统跟踪误差满足预先给定的过渡过程性能指标(超调量、过渡过程时间及稳态误差)。这一方法还被推广到了对象含高频增益符号未知、多变量系统等情形[206,207]。另外，文献[208]讨论了非 Lipschitz 非线性刹车系统的非平滑动态面控制问题。

1.3.2　工程应用现状

近年来，国内外文献对动态面控制在工程应用方面进行了若干探讨，主要如下。

1. 航空航天系统控制

文献[209]讨论了高超声速飞行器纵向运动控制器的自适应模糊动态面方法，而文献[210]则讨论了其自适应神经网络动态面方法，文献[211]又提出了高机动非线性导弹自动驾驶仪的动态面控制器设计方法，数值仿真结果均验证了方法的有效性。文献[212]中设计了过失速机动飞行的动态面反推控制器，新控制律在保留反推"递归"设计步骤的基础上，放弃了参数自适应律，通过构造滑动面变量并根据能达条件来设计中间虚拟控制信号和最终控制信号。与反推自适应飞行控制器相比较，文献[212]设计的控制器消除了其在工程化试验过程中的控制律复杂性问题。接着针对飞机气动参数的非线性和不确定性，文献[213]提出了神经网络动态面过失速机动飞行控制律设计方法，在考虑了系统不确定性的情况下，仿真结果显示所设计的控制器有较强的鲁棒性和控制精度。

2. 机器人控制

基于小波神经网络，文献[214]研究了带模型不确定性的柔性关节机器人动态面鲁棒控制器设计问题，所设计控制律结构简单，跟踪误差收敛速度较快，且在系统正常运作后的波动较小，有利于减少机械冲击，延长机器人使用寿命。文献[215]结合状态观测器设计了一种无需关节角速度测量的柔性关节机器人输出反馈动态面控制器。文献[216]研究了仅有关节角位移可测量、考虑作动器输入饱和的柔性关节机器人系统控制问题，提出了一种新的鲁棒输出反馈动态面控制器。文献[217]设计了非完整移动机器人的自适应动态面路径跟踪控制器。而针对不确定刚性串联机器人系统，文献[218]设计了动态面鲁棒跟踪控制器，文献[219]设计了自适应神经网络动态面轨迹跟踪控制器。文献[220]在实验室条件下验证了5 自由度柔性关节机器人的控制问题，通过试验表明，动态面控制器较反推控制器简单且控制精度高，这从侧面印证了动态面控制在工程应用方面的潜力。

3. 惯性轮摆和移动振动平台的稳定性控制

惯性轮摆和移动振动平台的稳定控制律设计均系经典的非线性控制问题，极具挑战性。文献[221]和[222]采用动态面控制成功地使系统趋于稳定，所得到的控制律比反推控制方法更简洁且物理意义更明确。

4. 磁悬浮系统控制

文献[223]～[225]将自适应动态面方法应用于某磁悬浮系统的位置跟踪控制律设计，同时利用非线性阻尼项保证了系统的输入-状态稳定性，减少了计算量。

5. 液压伺服系统控制

文献[226]介绍了在轿车防锁死刹车液压伺服系统中，对车轮纵向滑动采用动态面进行控制的方法，并详细给出了各种特殊情况下的仿真结果，与传统控制方式相比，表明采用动态面可显著减小刹车距离、增加系统的可操作性和稳定性。文献[208]则讨论了非 Lipschitz 非线性刹车系统的非平滑动态面控制问题。

6. 电液伺服系统控制

文献[227]讨论了单杆电液伺服系统的位置控制问题，首先建立了包括外干扰、摩擦及参数波动的非线性数学模型，较全面地描述了系统的行为。进而，采用动态面控制方法，对每一层控制设计一个切换面，而层与层之间用低通滤波器连接，避免直接微分。控制器保证了高精度的跟踪误差及鲁棒性能。

7. 电机控制

在文献[228]中，针对直流电机伺服系统，采用摩擦补偿对其位置进行定点控制，采用动态面控制获得平滑的自适应控制律，即使摩擦力存在不确定性，系统仍然能保持足够的快速响应和较好的鲁棒性。文献[229]设计了带部分未知状态伺服系统的自适应动态面鲁棒控制器。文献[230]讨论了利用文献[104]所给出的动态面控制方法，对处于混沌状态的永磁同步电机进行控制，数值仿真结果表明该方法是有效的。

除以上系统外，在船舶控制、无人系统编队控制等其他方面的自适应动态面控制研究，可以查阅相关参考文献。

1.4　本书内容安排

全书以实际工程应用为牵引，根据推力矢量飞机过失速机动和吸气式高超声速飞行器巡航飞行两类飞行控制需求，将多种控制方法与动态面自适应控制相融合，将数学推导与仿真分析相结合，从理论到应用，由浅入深，帮助读者逐步理解和掌握动态面自适应飞行控制方法。本书的编排并不拘泥于复杂、晦涩的理论阐述，而是通过严谨翔实、循序渐进的理论推导，结合飞行控制需求，与读者分享动态面自适应飞行控制策略的整个设计及改进过程，从多种角度、用不同方法为两类飞行器的飞行控制律设计提供新的思路和初步方法。

本书共10章，各章内容安排如下。

第1章为绪论。首先总结归纳高超声速飞行器的基本概念与发展概况、战斗机过失速机动的技术内涵与发展历史；其次针对高超声速飞行器和战斗机过失速机动飞行控制问题，综述目前在非线性飞行控制领域中应用较广泛的控制律设计方法；再次阐述动态面自适应控制方法的理论研究与工程应用现状；最后提出本书的内容安排以及所要达成的目标。

第2章为动态面控制方法基础理论。首先介绍书中用到的符号、数学概念和基本定理，给出严参数反馈、严反馈、纯反馈、多输入多输出、控制增益符号未知、匹配条件非线性控制系统的结构形式；然后以一类单输入单输出严反馈非线性系统的跟踪控制为例，呈现反推控制的"微分爆炸"问题，设计其多滑模面控制律；最后针对非线性函数已知和未知两种情况，分别阐述动态面控制的基本原理和设计方法，为后续研究奠定理论基础。

第3章为飞行器飞行动力学模型建立。首先介绍常用坐标系的定义、飞行器的运动参数、飞行器运动的自由度等内容，为确切描述飞行器的运动状态奠定基础；然后给出某型推力矢量飞机的六自由度全量非线性运动方程，建立飞机气动力和力矩模型、推力矢量模型以及发动机和作动器模型，并分析过失速机动飞行飞机状态变量的特点；最后介绍吸气式高超声速飞行器气动外形，描述飞行器巡航飞行纵向动力学模型，面向控制需求，将飞行器纵向模型转换为非线性系统严反馈单输入单输出形式，并从控制的角度分析飞行器巡航飞行控制的特点，为两类飞行器动态面自适应飞行控制律的设计奠定模型基础。

第4章研究严反馈块控动态面飞行控制。首先提出严反馈块控非线性系统满足L_∞跟踪性能的动态面鲁棒控制方法，具体为详细设计严反馈块控非线性系统的动态面控制器，证明闭环系统的稳定性并分析跟踪性能；然后提出一种严反馈块控动态面过失速机动飞行控制律设计方法，将飞机非线性方程转换为严反馈非线性块控形式，以此为研究对象详细给出控制律的设计过程和结构，并引入两种舵面指令分配算法；最后通过纵向大迎角过失速机动飞行仿真验证方法的有效性。

第 5 章研究直接自适应动态面飞行控制。首先提出纯反馈非线性系统的直接自适应动态面控制方法，具体为详细给出自适应神经网络动态面控制器的简化设计，证明闭环系统的半全局稳定性并分析跟踪性能；然后提出战斗机过失速机动的直接自适应动态面飞行控制方法，具体为设计飞机过失速机动直接自适应动态面飞行控制律，并分析闭环系统的稳定性，选择最典型的过失速机动动作——Herbst 机动进行飞行控制综合仿真研究，验证所设计控制律的有效性和鲁棒性；最后提出高超声速飞行器直接自适应动态面巡航飞行控制方法，具体为根据吸气式高超声速飞行器纵向模型的特点，分别设计直接自适应神经网络动态面高度控制器和神经网络动态逆速度控制器，利用神经网络直接逼近高度控制器的中间控制信号，以所有神经网络权值范数平方的最大值为唯一更新参数来设计高度控制器，解决神经网络更新参数数量成倍增多的问题，显著降低机载计算机的运算量。

第 6 章研究控制增益方向未知时的动态面自适应飞行控制。首先提出一类虚拟控制增益符号未知纯反馈系统的自适应动态面控制方法，具体为详细设计纯反馈非线性系统的动态面自适应控制器，证明闭环系统的稳定性；然后提出一种基于 Nassbaum 增益技术的动态面自适应巡航飞行控制方法，具体为设计高度通道和速度通道的动态面自适应巡航飞行控制律，分析纵向控制系统的稳定性，通过巡航飞行控制仿真验证控制方法的有效性。

第 7 章研究预设性能动态面自适应飞行控制。首先针对单输入单输出严反馈非线性系统，考虑不确定和输出误差约束影响，提出预设性能动态面自适应控制方法；然后针对一类不确定严反馈非线性多输入多输出系统，提出具有预设性能的直接自适应神经网络动态面控制方法；最后设计一种新型非仿射预设性能控制方法，通过设计新型性能函数对跟踪误差进行约束，使得误差收敛过程满足期望的动态性能与稳态性能。

第 8 章研究递归滑模动态面自适应飞行控制。首先提出非线性系统的递归滑模动态面自适应控制方法，具体为分析常规动态面控制反推策略的局限性，提出非线性系统的递归滑模动态面控制、自适应神经网络递归滑模动态面控制两种方法；然后提出高超声速飞行器的递归滑模动态面自适应巡航飞行控制方法，具体为设计递归滑模动态面自适应高度控制器和神经网络动态逆速度控制器，分析纵向控制系统的稳定性，仿真验证巡航飞行控制性能。

第 9 章研究非线性增益递归滑模动态面自适应飞行控制。首先提出非线性增益自适应神经网络递归滑模动态面飞行控制方法，具体为给出两种新型非线性增益函数，设计非线性增益自适应神经网络递归滑模动态面控制律，分析闭环系统稳定性；其次提出积分型非线性增益递归滑模动态面飞行控制方法，具体为设计积分型非线性增益递归滑模动态面控制律，分析闭环系统稳定性；再次给出递归滑模动态面飞行控制方法的控制参数设置与优化规则，基于积分型非线性增益递归滑模动态面飞行控制方法，提出一种新的无人机航迹倾斜角跟踪控制方法；最后提出一种基于非线性增益的递归滑模动态面巡航飞行控制方法，具体为设计非线性增益递归滑模动态面自适应高度控制器和自适应神经网络速度控制器，分析高度控制和速度控制子系统的稳定性，仿真验证巡航飞行控制性能。

第 10 章研究有限时间动态面自适应飞行控制。首先就一类非线性严反馈系统，提出一种全新的扰动观测器设计思路，并基于新型扰动观测器提出一类广义非线性严反馈系统的有限时间动态面跟踪控制方法；然后应用所提出的有限时间动态面跟踪控制方法，就具有执行器故障的高超声速飞行器巡航飞行控制，提出一种具有满足预设时间的高超声速飞行器容错跟踪控制方法，有效解决初始误差先验知识未知的限制，同时满足实际场景的特定需要。

参 考 文 献

[1] 秦伟伟, 刘刚, 赵欣, 等. 临近空间高超声速飞行器控制系统基本原理[M]. 北京: 北京航空航天大学出版社, 2019.

[2] 闫杰, 于云峰, 凡永华, 等. 吸气式高超声速飞行器控制技术[M]. 西安: 西北工业大学出版社, 2015.

[3] 齐瑞云, 姜斌, 孟亦真, 等. 高超声速飞行器容错制导与重构控制[M]. 北京: 科学出版社, 2021.

[4] 钟萍, 王颖, 陈丽艳. 国外高超声速技术计划回顾与展望[J]. 航空科学技术, 2011, (5): 12-15.

[5] 宗群, 田栢苓, 董琦, 等. 高超声速飞行器鲁棒自适应控制[M]. 北京: 科学出版社, 2018.

[6] 姜鹏, 匡宇, 谢小平, 等. 国外高超声速飞行器研究现状及发展趋势[J]. 飞航导弹, 2017, (7): 19-24.

[7] 张灿, 王轶鹏, 叶蕾. 国外近十年高超声速飞行器技术发展综述[J]. 战术导弹技术, 2020, (6): 81-86.

[8] 黄琳, 段志生, 杨剑影. 近空间高超声速飞行器对控制科学的挑战[J]. 控制理论与应用, 2011, 28(10): 1496-1505.

[9] Robert H. Future of missile defenses lies in advanced technology[J]. Aviation Week and Space Technology, 1999, 151(7): 71-73.

[10] 曲东才. 战斗机过失速机动与近距格斗空战[J]. 航空兵器, 2000, (4): 12-14.

[11] 张平, 欧阳光. 战斗机大迎角过失速机动的建模控制与评估[M]. 北京: 北京航空航天大学出版社, 2019.

[12] Herbst W B. Future fighter technologies[J]. Journal of Aircraft, 1980, 17(8): 561-566.

[13] 李中华. Su-27 飞机眼镜蛇机动及其战术意义[J]. 飞行力学, 2000, 18(1): 54-57.

[14] 孙金标, 张曙光, 张建康, 等. 过失速机动对抗战法研究[J]. 飞行力学, 2003, 21(3): 10-13.

[15] 林家谦. 空战机动飞行动力学[M]. 北京: 蓝天出版社, 1999.

[16] 姜明远, 胡英俊. 第四代战斗机作战需求研究[J]. 航空科学技术, 2003, (1): 29-30, 40.

[17] 百度百科. 过失速机动[EB/OL]. https://baike.baidu.com/item/过失速机动/6017550?fr= aladdin. [2022-07-12].

[18] 高慧琴, 高正红. 典型过失速机动运动规律建模研究[J]. 飞行力学, 2009, 27(4): 9-13.

[19] Rugh W J, Shamma J S. Reseach on gain scheduling[J]. Automatica, 2000, 36(10): 1401-1425.

[20] Hyde R A, Glover K. The application of scheduled H_∞ controllers to a VSTOL aircraft[J]. IEEE Transactions on Automatic Control, 1993, 38(7): 1021-1039.

[21] Apkarian P, Gahinet P. A convex characterization of gain-scheduled H_∞ controllers[J]. IEEE Transactions on Automatic Control, 1995, 40(5): 853-864.

[22] Shamma J S, Athans M. Analysis of gain-scheduled control for nonlinear plants[J]. IEEE Transactions on Automatic Control, 1990, 35(8): 898-907.

[23] Lee S H, Lim J T. Fast gain scheduling on tracking problems using derivative information[J]. Automatica, 1997, 33(12): 2265-2268.

[24] Blanchett T P, Kember G C, Dubay R. PID gain scheduling using fuzzy logic[J]. ISA Transactions, 2000, 39(3): 317-325.

[25] Palm R, Driankov D. Design of a fuzzy gain scheduler using sliding mode control principles[J]. Fuzzy Sets and Systems, 2001, 121(1): 13-23.

[26] Palm R, Driankov D. Improving the global performance of a fuzzy gain-scheduler by supervision[J]. Engineering Applications of Artificial Intelligence, 1999, 12(3): 297-307.

[27] Korba P, Babuska R, Verbruggen H B, et al. Fuzzy gain scheduling: Controller and observer design based on Lyapunov method and convex optimization[J]. IEEE Transactions on Fuzzy Systems, 2003, 11(3): 285-298.

[28] Kamen E, Khargonekar P. On the control of linear systems whose coefficients are functions of parameters[J]. IEEE Transactions on Automatic Control, 1984, 29(1): 25-33.

[29] Shahruz S M, Behtash S. Design of controllers for linear parameter-varying systems by the gain scheduling technique[J]. Journal of Mathematical Analysis and Applications, 1992, 168(1): 195-217.

[30] 余新, 陈仁良. 基于增益调度与光滑切换的倾转旋翼机最优控制[J]. 北京航空航天大学学报, 2021, 47(6): 1186-1198.

[31] 李春文, 冯元琨. 多变量非线性控制的逆系统方法[M]. 北京: 清华大学出版社, 1991.

[32] Bugajski D J, Enns D F. Nonlinear control law with application to high angle-of-attack flight[J]. Journal of Guidance, Control, and Dynamics, 1992, 15(3): 761-767.

[33] Snell S A, Enns D F, Garrard W L. Nonlinear inversion flight control for a super-maneuverable

aircraft[J]. Journal of Guidance Control and Dynamics, 1992, 15(4): 976-984.

[34] 朱恩, 郭锁凤, 陈传德, 等. 超机动飞机的非线性动态逆控制[J]. 航空学报, 1998, 19(1): 45-49.

[35] Brinker J S, Wise K A. Stability and flying qualities robustness of a dynamic inversion aircraft control law[J]. Journal of Guidance, Control, and Dynamics, 1996, 19(6): 1270-1277.

[36] Ochi Y, Kanai K. Design of restructurable flight control systems using feedback linearization[J]. Journal of Guidance, Control, and Dynamics, 1991, 14(5): 903-911.

[37] Wang J L, Sundararajan N. Extended nonlinear flight controller design for aircraft[J]. Automatica, 1996, 32(8): 1187-1193.

[38] Rysdyk R T, Calise A J. Adaptive model inversion flight control for tilt-rotor aircraft[J]. Journal of Guidance, Control, and Dynamics, 1999, 22(3): 402-407.

[39] 党小为, 唐鹏, 孙洪强, 等. 基于角加速度估计的非线性增量动态逆控制及试飞[J]. 航空学报, 2020, 21(4): 188-196.

[40] Kim B S, Calise A J. Nonlinear flight control using neural networks[J]. Journal of Guidance, Control, and Dynamics, 1997, 20(1): 26-33.

[41] 朱家强. 基于神经网络和动态逆的超机动飞行控制技术研究[D]. 南京: 南京航空航天大学, 2004.

[42] 朱荣刚, 姜长生, 邹庆元, 等. 新一代歼击机超机动飞行的动态逆控制[J]. 航空学报, 2003, 24(3): 242-245.

[43] 阮晓钢, 郭锁凤. 非线性动态逆神经元解耦飞行控制方法[J]. 航空学报, 1997, 18(1): 112-116.

[44] 胡孟权. 超机动飞行非线性动态逆-模糊自适应控制[J]. 飞行力学, 2001, 19(1): 22-25.

[45] 胡孟权. 推力矢量飞机非线性飞行控制律设计研究[D]. 西安: 西北工业大学, 2002.

[46] 马瀚融, 薛雅丽, 李寒雁. 基于动态逆的 L_1 自适应飞行控制方法研究[J]. 2023, 30(11): 5-10.

[47] 张曙光, 方振平. 反馈线性化飞行控制的应用问题研究[J]. 航空学报, 1998, 19(2): 142-146.

[48] 范子强, 方振平. 超机动飞机的非线性飞行控制研究[J]. 北京航空航天大学学报, 2000, 26(4): 404-407.

[49] 朱家强, 郭锁凤. 基于神经网络的超机动飞机自适应重构控制[J]. 航空学报, 2003, 24(3): 246-250.

[50] 李煜, 刘小雄, 明瑞晨, 等. 基于 L_1 自适应结构的动态逆飞行控制方法研究[J]. 西北工业大学学报, 2021, 39(5): 995-1004.

[51] 庄开宇. 变结构控制理论若干问题研究及其应用[D]. 杭州: 浙江大学, 2002.

[52] Bartolini G. A robust control design for a class of uncertain non-linear systems featuring a

second-order sliding mode[J]. International Journal of Control, 1999, 72(4): 321-331.

[53] Hung J Y, Gao W, Hung J C. Variable structure control: A survey[J]. IEEE Transactions on Industrial Electronics, 1993, 40(1): 2-22.

[54] 罗峰, 王绍光, 罗峰, 等. 变结构可重构飞控系统研究[J]. 西北工业大学学报, 2002, 20(2): 314-318.

[55] 罗峰, 丁凯峰, 邓建华. 分层变结构可重构飞行控制系统设计[J]. 飞行力学, 2002, 20(4): 31-35.

[56] Gu W J, Zhao H C, Pan C P. Sliding mode control for an aerodynamic missile based on backstepping design[J]. Journal of Control Theory and Applications, 2005: 71-75.

[57] 郭建国, 杨胜江, 鲁宁波, 等. 基于 Lyapunov 方程的高超声速飞行器变结构控制[J]. 现代防御技术, 2021, 49(6): 1-8.

[58] 胡跃明. 非线性控制系统理论与应用[M]. 北京: 国防工业出版社, 2002.

[59] Slotine J J E, Coetsee J A. Adaptive sliding controller synthesis for non-linear systems[J]. International Journal of Control, 1986, 43(6): 1631-1651.

[60] Xu J X, Hashimoto H. VSS theory-based parameter identification scheme for MIMO systems[J]. Automatica, 1996, 32(2): 279-284.

[61] Xu J X, Lee T H, Jia Q W. An adaptive robust control scheme for A class of nonlinear uncertain systems[J]. International Journal of Systems Science, 1996, 28(5): 279-284.

[62] 姜建芳, 向峥嵘. 不确定非线性系统的鲁棒输出跟踪[J]. 南京航空航天大学学报, 2001, 33(6): 591-595.

[63] Karl J A, Bjorn W. Adaptive Control[M]. 北京: 科学出版社, 2003.

[64] Narendra K S, Annaswamy A M. Stable Adaptive Systems[M]. Upper Saddle River: Prentice Hall, 1989.

[65] Ioannou P A, Sun J. Robust Adaptive Control[M]. Upper Saddle River: Prentice Hall, 1996.

[66] Kanellakopoulos I, Kokotovic P V, Morse A S. Systematic design of adaptive controllers for feedback linearizable systems[J]. IEEE Transactions on Automatic Control, 1991, 36(11): 1241-1253.

[67] Saberi A, Kokotovic P V, Sussmann H J. Global stabilization of partially linear composite systems[J]. SIAM Journal on Control and Optimization, 1990, 28(8): 1491-1503.

[68] Kokotovic P V, Arcak M. Constructive nonlinear control: Progress in the 90's[C]. Proceedings of IFAC 14th World Congress, Beijing, 1999: 49-78.

[69] Steinberg M L, Page A B. Nonlinear adaptive flight control with a backstepping design approach[C]. Proceedings of AIAA Guidance, Navigation, and Control Conference and Exhibit, Boston, 1998: 729-738.

[70] Steinberg M L. A comparison of intelligent, adaptive, and nonlinear flight control laws[C].

Proceedings of AIAA Guidance, Navigation, and Control Conference and Exhibit, Portland, 1999: 488-498.

[71] Lee T, Kim Y. Nonlinear adaptive flight control using backstepping and neural networks controller[J]. Journal of Guidance, Control, and Dynamics, 2001, 24(4): 675-682.

[72] 苏丙末, 曹云峰, 陈欣, 等. 基于 Backstepping 的无人机飞控系统设计研究[J]. 南京航空航天大学学报, 2001, 33(3): 250-253.

[73] 吴文海, 耿昌茂, 罗德林, 等. 现代战机超机动攻击研究[J]. 南京航空航天大学学报, 2004, 36(4): 417-421.

[74] Lian B H, Bang H, Hurtado J. Adaptive backstepping control based autopilot design for reentry vehicle[C]. Proceedings of the AIAA Guidance, Navigation, and Control Conference and Exhibit, Providence, 2004: 1-10.

[75] Raffo G V, Ortega M G, Rubio F R. Backstepping/nonlinear H_∞ control for path tracking of a quadrotor unmanned aerial vehicle[C]. American Control Conference, Seattle, 2008: 3356-3361.

[76] Azinheira J R, Moutinho A, de Paiva E C. Airship hover stabilization using a backstepping control approach[J]. Journal of Guidance, Control, and Dynamics, 2006, 29(4): 903-914.

[77] 李亚苹, 王芳, 周超. 全状态受限的高超声速飞行器的预定性能滤波反步控制[J]. 航空学报, 2020, 41(11): 623857(1-12).

[78] 韦俊宝, 李海燕, 李静, 等. 基于有限时间预设性能的高超声速飞行器反演控制[J]. 控制与决策, 2023, 38(6): 1593-1601.

[79] 刘金琨. 智能控制: 理论基础、算法设计与应用[M]. 北京: 清华大学出版社, 2019.

[80] Lin C, Su H. Intelligent control theory in guidance and control system design: An overview[J]. National Science Council, Part A: Physical Science and Engineering, 2000, 24(1): 15-30.

[81] Huang Y. Adaptive and Reconfigurable Flight Control[D]. Dayton: Air Force Institute of Technology, 2001.

[82] Ghanadan R. Adaptive Control of Nonlinear System with Applications to Flight Control Systems and Suspension Dynamics[D]. Annapolis: The University of Maryland, 1993.

[83] 张锐. 武装直升机大机动、高敏捷性神经网络鲁棒自适应飞行控制研究[D]. 南京: 南京航空航天大学, 2002.

[84] Rysdyk R, Agarwal R K. Nonlinear adaptive flight path and speed control using energy principles [C]. Proceedings of AIAA Guidance Navigation and Control Conference and Exhibit, Monterey, 2002: 1-11.

[85] Li M, Jiang C S, Ye W Q, et al. Study on intelligent control and 3D real-time distributed animation simulation for super-maneuver attack of the new generation fighter[J]. Chinese Journal of Aeronautics, 2001, 14(4): 235-244.

[86] 朱家强, 郭锁凤. 一种在线神经网络在补偿飞机模型不确定性误差中的应用[J]. 南京航空

航天大学学报, 2003, 35 (1): 86-90.

[87] 王源. 不确定非线性系统的神经网络自适应重构控制[D]. 南京: 南京航空航天大学, 2002.

[88] 尹江辉, 周娜, 刘昶. 模糊逻辑控制在过失速机动飞行中的应用[J]. 航空学报, 2000, 21 (3): 234-237.

[89] 尹江辉, 刘昶, 王立新. 模糊神经网络在过失速机动飞行中的应用[J]. 飞行力学, 2001, 19 (1): 42-44, 54

[90] 高道祥, 孙增圻, 罗熊, 等. 基于 Backstepping 的高超声速飞行器模糊自适应控制[J]. 控制理论与应用, 2008, 25 (5): 805-810.

[91] Xu H J, Mirmirani M, Ioannou P. Robust neural adaptive control of a hypersonic aircraft[C]. Proceedings of AIAA Guidance Navigation and Control Conference and Exhibit, Austin, 2003: 1-11.

[92] Zhang R M, Sun C Y, Zhang J M, et al. Second-order terminal sliding mode control for hypersonic vehicle in cruising flight with sliding mode disturbance observer[J]. Journal of Control Theory and Applications, 2013, 11 (2): 299-305.

[93] Sun H B, Li S H, Sun C Y. Finite time integral sliding mode control of hypersonic vehicles[J]. Nonlinear Dynamics, 2013, 73 (1-2): 229-244.

[94] Sun H B, Li S H, Sun C Y. Robust adaptive integral-sliding-mode fault-tolerant control for airbreathing hypersonic vehicles[J]. Proceedings of the Institution of Mechanical Engineers, Part I: Journal of Systems and Control Engineering, 2012, 226 (10): 1344-1355.

[95] 李静, 左斌, 段洣毅, 等. 输入受限的吸气式高超声速飞行器自适应 Terminal 滑模控制[J]. 航空学报, 2012, 33 (2): 220-233.

[96] Li S H, Sun H B, Sun C Y. Composite controller design for an airbreathing hypersonic vehicle[J]. Proceedings of the Institution of Mechanical Engineers, Part I: Journal of Systems and Control Engineering, 2012, 226 (5): 651-664.

[97] Yang J, Li S H, Sun C Y, et al. Nonlinear-disturbance-observer-based robust flight control for airbreathing hypersonic vehicles[J]. IEEE Transactions on Aerospace and Electronic Systems, 2013, 49 (2): 1263-1275.

[98] Groves K, Serrani A, Yurkovich S, et al. Anti-windup control for an air-breathing hypersonic vehicle model[C]. Proceedings of the AIAA Guidance, Navigation, and Control Conference and Exhibit, Keystone, 2006: 1-11.

[99] Vaddi S S, Sengupta P. Controller design for hypersonic vehicles accommodating nonlinear state and control constraints[C]. Proceedings of AIAA Guidance Navigation and Control Conference, Chicago, 2009: 1-12.

[100] 孙长银, 穆朝絮, 余瑶. 近空间高超声速飞行器控制的几个科学问题研究[J]. 自动化学报, 2013, 39 (11): 1901-1913.

[101] Gerdes J C. Decoupled Design of Robust Controllers for Nonlinear Systems: As Motivated by and Applied to Coordinated Throttle and Brake Control for Automated Highways[D]. Berkeley: University of California, 1996.

[102] Song B, Hedrick J K. Observer-based dynamic surface control for a class of nonlinear systems: An LMI approach[J]. IEEE Transactions on Automatic Control, 2004, 49(11): 1995-2001.

[103] Song B. Decentralized dynamic surface control for a class of interconnected nonlinear systems[C]. Proceedings of the American Control Conference, Minneapolis, 2006: 1-6.

[104] Swaroop D, Hedrick J K, Yip P P, et al. Dynamic surface control for a class of nonlinear systems[J]. IEEE Transactions on Automatic Control, 2000, 45(10): 1893-1899.

[105] Song B, Hedrick J K. Constrained stabilization for a class of nonlinear systems using dynamic surface control[C]. Proceedings of the American Control Conference, Anchorage, 2002: 1228-1233.

[106] Song B, Hedrick J K. Simultaneous quadratic stabilization for a class of non-linear systems with input saturation using dynamic surface control[J]. International Journal of Control, 2004, 77(1): 19-26.

[107] Song B, Adam H, Hedrick J K. Dynamic surface control design for a class of nonlinear systems[C]. Proceedings of the 40th IEEE Conference on Decision and Control, Orlando, 2001: 2797-2802.

[108] Song B, Hedrick J K, Howell A. Robust stabilization and ultimate boundedness of dynamic surface control systems via convex optimization[J]. International Journal of Control, 2002, 75(12): 870-881.

[109] Gerdes J C, Hedrick J K. "Loop-at-a-time" design of dynamic surface controllers for nonlinear systems[J]. Journal of Dynamic Systems, Measurement, and Control, 2002, 124(1): 104-110.

[110] Yip P P, Hedrick J K. Adaptive dynamic surface control: A simplified algorithm for adaptive backstepping control of nonlinear systems[J]. International Journal of Control, 1998, 71(5): 959-979.

[111] 张秀宇, 王建国, 孙灵芳, 等. 具有复杂非线性环节的一类严反馈形式非线性系统的鲁棒自适应动态面控制[J]. 东北电力大学学报, 2012, 32(3): 20-24.

[112] Zhu Y H, Jiang C S, Fei S M. Robust adaptive dynamic surface control for nonlinear uncertain systems[J]. Journal of Southeast University, 2003, 19(2): 126-131.

[113] Yoo S J, Park J B, Choi Y H. Robust adaptive control for nonlinear systems with H_∞ tracking performance: Dynamic surface design approach[C]. SICE-ICASE International Joint Conference, Busan, 2006: 745-750.

[114] Yoo S J, Park J B, Choi Y H. Adaptive dynamic surface control for disturbance attenuation of nonlinear systems[J]. International Journal of Control, Automation and Systems, 2009, 7(6):

882-887.

[115] Zhang X Y, Lin Y. A robust adaptive dynamic surface control for nonlinear systems with hysteresis input[J]. Acta Automatica Sinica, 2010, 36(9): 1264-1271.

[116] Soukkou Y, Labiod S, Tadjine M. Composite adaptive dynamic surface control of nonlinear systems in parametric strict-feedback form[J]. Transactions of the Institute of Measurement and Control, 2018, 40(4): 1127-1135.

[117] Ma H, Liang H J, Zhou Q, et al. Adaptive dynamic surface control design for uncertain nonlinear strict-feedback systems with unknown control direction and disturbances[J]. IEEE Transactions on Systems, Man, and Cybernetics: Systems, 2018, 49(3): 506-515.

[118] Deng X F, Zhang C, Ge Y. Adaptive neural network dynamic surface control of uncertain strict-feedback nonlinear systems with unknown control direction and unknown actuator fault[J]. Journal of the Franklin Institute, 2022, 359(9): 4054-4073.

[119] Khebbache H, Tadjine M, Labiod S. Adaptive sensor-fault tolerant control for a class of MIMO uncertain nonlinear systems: Adaptive nonlinear filter-based dynamic surface control[J]. Journal of the Franklin Institute, 2016, 353(6): 1313-1338.

[120] Yang X W, Ge Y W, Deng W X, et al. Adaptive dynamic surface tracking control for uncertain full-state constrained nonlinear systems with disturbance compensation[J]. Journal of the Franklin Institute, 2022, 359(6): 2424-2444.

[121] Li Y S, Chen M, Peng K X. Adaptive fixed-time dynamic surface fault-tolerant control of nonlinear systems with sensor faults[J]. International Journal of Robust and Nonlinear Control, 2022, 32(16): 9034-9052.

[122] Wang D, Huang J. Neural network-based adaptive dynamic surface control for a class of uncertain nonlinear systems in strict-feedback form[J]. IEEE Transactions on Neural Networks, 2005, 16(1): 195-202.

[123] 李红春, 张天平, 梅建东, 等. 基于动态面的直接自适应神经网络控制[J]. 中南大学学报(自然科学版), 2007, 38(S1): 15-20.

[124] 张天平, 李红春, 王芹. 基于动态面控制的间接自适应神经网络控制[C]. 第二十六届中国控制会议, 张家界, 2007: 756-760.

[125] Zhang T P, Ge S S. Direct adaptive NN control of nonlinear systems in strict-feedback form using dynamic surface control[C]. IEEE 22nd International Symposium on Intelligent Control, Singapore, 2007: 315-320.

[126] 李红春, 张天平. 基于动态面控制的 MIMO 自适应神经网络控制[J]. 扬州大学学报(自然科学版), 2006, 9(4): 17-22, 33.

[127] 李红春, 张天平, 孙妍. 基于动态面控制的间接自适应神经网络块控制[J]. 电机与控制学报, 2007, 11(3): 275-281.

[128] 周丽, 姜长生. 改进的非线性鲁棒自适应动态面控制[J]. 控制与决策, 2008, 23 (8): 938-943.

[129] 周丽, 姜长生, 都延丽. 基于 S 函数调节的非线性自适应动态面控制[J]. 信息与控制, 2008, 37 (6): 675-680.

[130] 王允建, 刘贺平, 王玲. 自寻优自适应动态面控制[J]. 控制与决策, 2010, 25 (6): 939-942, 957.

[131] Zhang T P, Zhu Q Q, Zhu Q. Adaptive NN dynamic surface control of strict-feedback nonlinear systems[C]. 2010 8th World Congress on Intelligent Control and Automation, Jinan, 2010: 2124-2129.

[132] Ren B B, San P P, Ge S S, et al. Adaptive dynamic surface control for a class of strict-feedback nonlinear systems with unknown backlash-like hysteresis[C]. American Control Conference, City of Saint Louis, 2009: 4482-4487.

[133] Chen W S, Jiao L C. Adaptive tracking for periodically time-varying and nonlinearly parameterized systems using multilayer neural networks[J]. IEEE Transactions on Neural Networks, 2010, 21 (2): 345-351.

[134] Chen W S. Adaptive backstepping dynamic surface control for systems with periodic disturbances using neural networks[J]. IET Control Theory & Applications, 2009, 3 (10): 1383-1394.

[135] Zhou Z Y, Tong D B, Chen Q Y, et al. Adaptive NN control for nonlinear systems with uncertainty based on dynamic surface control[J]. Neurocomputing, 2021, 421: 161-172.

[136] Shi X Y, Cheng Y H, Yin C, et al. Design of adaptive backstepping dynamic surface control method with RBF neural network for uncertain nonlinear system[J]. Neurocomputing, 2019, 330: 490-503.

[137] Zhang J J. State observer-based adaptive neural dynamic surface control for a class of uncertain nonlinear systems with input saturation using disturbance observer[J]. Neural Computing and Applications, 2019, 31 (9): 4993-5004.

[138] Li K W, Li Y M. Adaptive neural network finite-time dynamic surface control for nonlinear systems[J]. IEEE Transactions on Neural Networks and Learning Systems, 2020, 32 (12): 5688-5697.

[139] Zhang T P, Xia M Z, Yi Y. Adaptive neural dynamic surface control of strict-feedback nonlinear systems with full state constraints and unmodeled dynamics[J]. Automatica, 2017, 81: 232-239.

[140] Peng Z H, Wang D, Wang J. Predictor-based neural dynamic surface control for uncertain nonlinear systems in strict-feedback form[J]. IEEE Transactions on Neural Networks and Learning Systems, 2016, 28 (9): 2156-2167.

[141] Wang L, Gong H J, Liu C S. Disturbance observer-based adaptive fault-tolerant dynamic surface control of nonlinear system with asymmetric input saturation[J]. International Journal of Control, Automation and Systems, 2019, 17(3): 617-629.

[142] Gao S G, Dong H R, Ning B. Neural adaptive dynamic surface control for uncertain strict-feedback nonlinear systems with nonlinear output and virtual feedback errors[J]. Nonlinear Dynamics, 2017, 90(4): 2851-2867.

[143] Zhang S N, Tang Z L, Ge S S, et al. Adaptive neural dynamic surface control of output constrained non-linear systems with unknown control direction[J]. IET Control Theory & Applications, 2017, 11(17): 2994-3003.

[144] Xue G M, Lin F N, Li S G, et al. Adaptive dynamic surface control for finite-time tracking of uncertain nonlinear systems with dead-zone inputs and actuator faults[J]. International Journal of Control, Automation and Systems, 2021, 19(8): 2797-2811.

[145] Zhang T P, Xu H X. Adaptive optimal dynamic surface control of strict-feedback nonlinear systems with output constraints[J]. International Journal of Robust and Nonlinear Control, 2020, 30(5): 2059-2078.

[146] Edalati L, Khaki Sedigh A, Aliyari Shooredeli M, et al. Adaptive fuzzy dynamic surface control of nonlinear systems with input saturation and time-varying output constraints[J]. Mechanical Systems and Signal Processing, 2018, 100: 311-329.

[147] Wang H Q, Xu K, Liu P X, et al. Adaptive fuzzy fast finite-time dynamic surface tracking control for nonlinear systems[J]. IEEE Transactions on Circuits and Systems I: Regular Papers, 2021, 68(10): 4337-4348.

[148] Wang N, Tong S C, Li Y M. Observer-based adaptive fuzzy dynamic surface control of non-linear non-strict feedback system[J]. IET Control Theory & Applications, 2017, 11(17): 3115-3121.

[149] Wang P, Zhang X B, Zhu J H. Online performance-based adaptive fuzzy dynamic surface control for nonlinear uncertain systems under input saturation[J]. IEEE Transactions on Fuzzy Systems, 2018, 27(2): 209-220.

[150] Wan M, Liu Q Y, Zheng J W, et al. Fuzzy state observer-based adaptive dynamic surface control of nonlinear systems with time-varying output constraints[J]. Mathematical Problems in Engineering, 2019: 3683581.

[151] Gao S G, Dong H R, Ning B, et al. Single-parameter-learning-based fuzzy fault-tolerant output feedback dynamic surface control of constrained-input nonlinear systems[J]. Information Sciences, 2017, 385-386: 378-394.

[152] Long L J, Zhao J. Adaptive fuzzy output-feedback dynamic surface control of MIMO switched nonlinear systems with unknown gain signs[J]. Fuzzy Sets and Systems, 2016, 302: 27-51.

[153] Sun K K, Qiu J B, Karimi H R, et al. Event-triggered robust fuzzy adaptive finite-time control of nonlinear systems with prescribed performance[J]. IEEE Transactions on Fuzzy Systems, 2020, 29(6): 1460-1471.

[154] Yu J P, Shi P, Dong W J, et al. Adaptive fuzzy control of nonlinear systems with unknown dead zones based on command filtering[J]. IEEE Transactions on Fuzzy Systems, 2016, 26(1): 46-55.

[155] Li Y M, Li K W, Tong S C. Finite-time adaptive fuzzy output feedback dynamic surface control for MIMO nonstrict feedback systems[J]. IEEE Transactions on Fuzzy Systems, 2018, 27(1): 96-110.

[156] Lin W, Qian C J. Adaptive control of nonlinearly parameterized systems: The smooth feedback case[J]. IEEE Transactions on Automatic Control, 2002, 47(8): 1249-1266.

[157] Yang Y S, Li T S, Wang X F. Robust adaptive neural network control for strict-feedback nonlinear systems via small-gain approaches[C]. Proceedings of the Third International Symposium on Neural Networks, Chengdu, 2006: 888-897.

[158] Li T S, Wang D, Feng G, et al. A DSC approach to robust adaptive NN tracking control for strict-feedback nonlinear systems[J]. IEEE Transactions on Systems, Man, and Cybernetics Part B (Cybernetics), 2010, 40(3): 915-927.

[159] Song B. Robust stabilization of decentralized dynamic surface control for a class of interconnected nonlinear systems[J]. International Journal of Control, Automation, and Systems, 2007, 5(2): 138-146.

[160] Mehraeen S, Jagannathan S, Crow M L. Decentralized control of large scale interconnected systems using adaptive neural network-based dynamic surface control[C]. International Joint Conference on Neural Networks, Atlanta, 2009: 2058-2064.

[161] Guo T. Adaptive fuzzy decentralized dynamic surface control for interconnected time-delay systems[C]. International Conference on Measuring Technology and Mechatronics Automation, Changsha, 2010: 412-415.

[162] Yoo S J, Park J B. Neural-network-based decentralized adaptive control for a class of large-scale nonlinear systems with unknown time-varying delays[J]. IEEE Transactions on Systems, Man, and Cybernetics, Part B (Cybernetics), 2009, 39(5): 1316-1323.

[163] Yoo S J, Park J B, Choi Y H. Decentralized adaptive stabilization of interconnected nonlinear systems with unknown non-symmetric dead-zone inputs[J]. Automatica, 2009, 45(2): 436-443.

[164] Zhang J, Li S, Ahn C K, et al. Adaptive fuzzy decentralized dynamic surface control for switched large-scale nonlinear systems with full-state constraints[J]. IEEE Transactions on Cybernetics, 2021, 52(10): 10761-10772.

[165] Hashemi M, Askari J, Ghaisari J. Adaptive decentralised dynamic surface control for non-linear large-scale systems against actuator failures[J]. IET Control Theory & Applications, 2016, 10(1): 44-57.

[166] Gao S G, Dong H R, Ning B. Observer-based nonlinear feedback decentralized neural adaptive dynamic surface control for large-scale nonlinear systems[J]. International Journal of Adaptive Control and Signal Processing, 2017, 31(11): 1686-1703.

[167] Yoo S J, Park J B, Choi Y H. Adaptive neural control for a class of strict-feedback nonlinear systems with state time delays[J]. IEEE Transactions on Neural Networks, 2009, 20(7): 1209-1215.

[168] Ge S S, Hong F, Lee T H. Adaptive neural network control of nonlinear systems with unknown time delays[J]. IEEE Transactions on Automatic Control, 2003, 48(11): 2004-2010.

[169] Yoo S J, Park J B, Choi Y H. Adaptive dynamic surface control for stabilization of parametric strict-feedback nonlinear systems with unknown time delays[J]. IEEE Transactions on Automatic Control, 2007, 52(12): 2360-2365.

[170] Yoo S J, Park J B, Choi Y H. Robust stabilization of parametric strict-feedback nonlinear systems with unknown time delays: Dynamic surface design approach[C]. Proceedings of the 45th IEEE Conference on Decision and Control, San Diego, 2006: 3777-3782.

[171] 郭涛, 张军英. 一种简化的自适应模糊动态面控制[J]. 控制理论与应用, 2009, 26(12): 1387-1390.

[172] Zhou Q, Wu C W, Jing X J, et al. Adaptive fuzzy backstepping dynamic surface control for nonlinear input-delay systems[J]. Neurocomputing, 2016, 199: 58-65.

[173] Fan X D, Yu K T. Adaptive fuzzy dynamic surface control for nonlinear systems with time-varying input delay and sampled data[J]. International Journal of Fuzzy Systems, 2020, 22(7): 2236-2245.

[174] Zhang X Y, Xu Z S, Su C Y, et al. Fuzzy approximator based adaptive dynamic surface control for unknown time delay nonlinear systems with input asymmetric hysteresis nonlinearities[J]. IEEE Transactions on Systems, Man, and Cybernetics: Systems, 2017, 47(8): 2218-2232.

[175] Zhao Q C, Lin Y. Adaptive dynamic surface control for a class of output-feedback nonlinear systems with guaranteed L_∞ tracking performance[J]. International Journal of Systems Science, 2011, 42(8): 1351-1362.

[176] Zhai D, Xi C J, An L W, et al. Prescribed performance switched adaptive dynamic surface control of switched nonlinear systems with average dwell time[J]. IEEE Transactions on Systems, Man, and Cybernetics: Systems, 2016, 47(7): 1257-1269.

[177] Yu Z X, Li S G, Li F F. Observer-based adaptive neural dynamic surface control for a class of non-strict-feedback stochastic nonlinear systems[J]. International Journal of Systems Science,

2016, 47 (1): 194-208.

[178] Zhang J J, Sun Q M. Prescribed performance adaptive neural output feedback dynamic surface control for a class of strict-feedback uncertain nonlinear systems with full state constraints and unmodeled dynamics[J]. International Journal of Robust and Nonlinear Control, 2020, 30 (2): 459-483.

[179] Krstić M, Kanellakopoulos I, Kokotović P V. Nonlinear and Adaptive Control Design[M]. New York: John Wiley & Sons, 1995.

[180] Dong X N, Chen G R, Chen L. Adaptive control of the uncertain duffing oscillator[J]. International Journal of Bifurcation and Chaos, 1997, 7 (7): 1651-1658.

[181] Ferrara A, Giacomini L. Control of a class of mechanical systems with uncertainties via a constructive adaptive/second order VSC approach[J]. Journal of Dynamic Systems, Measurement, and Control, 2000, 122 (1): 33-39.

[182] Hunt L R, Meyer G. Stable inversion for nonlinear systems[J]. Automatica, 1997, 33 (8): 1549-1554.

[183] Wang D, Peng Z H, Li T S, et al. Adaptive dynamic surface control for a class of uncertain nonlinear systems in pure-feedback form[C]. Proceedings of the 48h IEEE Conference on Decision and Control held jointly with 28th Chinese Control Conference, Shanghai, 2009: 1956-1961.

[184] Zhang T P, Ge S S. Adaptive dynamic surface control of nonlinear systems with unknown dead zone in pure feedback form[J]. Automatica, 2008, 44 (7): 1895-1903.

[185] 张天平, 文慧. 基于 ISS 的非线性纯反馈系统的自适应动态面控制[J]. 控制与决策, 2009, 24 (11): 1707-1712.

[186] Zhang T P, Xia M Z, Yi Y, et al. Adaptive neural dynamic surface control of pure-feedback nonlinear systems with full state constraints and dynamic uncertainties[J]. IEEE Transactions on Systems, Man, and Cybernetics: Systems, 2017, 47 (8): 2378-2387.

[187] Wang X J, Li X Y, Wu Q H, et al. Neural network based adaptive dynamic surface control of nonaffine nonlinear systems with time delay and input hysteresis nonlinearities[J]. Neurocomputing, 2019, 333: 53-63.

[188] Li Y M, Li T S, Tong S C. Adaptive neural networks output feedback dynamic surface control design for MIMO pure-feedback nonlinear systems with hysteresis[J]. Neurocomputing, 2016, 198: 58-68.

[189] Wang L J, Chen C L P. Adaptive fuzzy dynamic surface control of nonlinear constrained systems with unknown virtual control coefficients[J]. IEEE Transactions on Fuzzy Systems, 2019, 28 (8): 1737-1747.

[190] Chen W S, Du Z B, Jiao L C. Output-feedback adaptive dynamic surface control of stochastic

non-linear systems using neural network[J]. IET Control Theory & Applications, 2010, 4(12): 3012-3021.

[191] Zhang T P, Chen P H. MT-filters-based adaptive quantized dynamic surface control of stochastic nonstrict-feedback nonlinear systems including input unmodeled dynamics[J]. International Journal of Robust and Nonlinear Control, 2021, 31(17): 8632-8657.

[192] Yao Y G, Tan J Q, Wu J, et al. Event-triggered fixed-time adaptive neural dynamic surface control for stochastic non-triangular structure nonlinear systems[J]. Information Sciences, 2021, 569: 527-543.

[193] 刘同栓, 关新平, 许皓. 基于动态面控制的超混沌自适应同步[J]. 信息与控制, 2006, 35(1): 43-46.

[194] 李文磊. 不确定混沌电力系统的鲁棒自适应跟踪控制[J]. 电机与控制学报, 2007, 11(2): 170-173.

[195] 李文磊, 刘士荣, 蒋刚毅. 不确定 Liu 混沌系统的动态面跟踪控制[J]. 系统工程与电子技术, 2006, 28(12): 1874-1877.

[196] Liu H, Pan Y P, Cao J D. Composite learning adaptive dynamic surface control of fractional-order nonlinear systems[J]. IEEE Transactions on Cybernetics, 2019, 50(6): 2557-2567.

[197] Song S, Zhang B Y, Song X N, et al. Adaptive neuro-fuzzy backstepping dynamic surface control for uncertain fractional-order nonlinear systems[J]. Neurocomputing, 2019, 360: 172-184.

[198] Liu Y H, Huang L P, Xiao D M. Adaptive dynamic surface control for uncertain nonaffine nonlinear systems[J]. International Journal of Robust and Nonlinear Control, 2017, 27(4): 535-546.

[199] Li K W, Li Y M. Adaptive fuzzy finite-time dynamic surface control for high-order nonlinear system with output constraints[J]. International Journal of Control, Automation and Systems, 2021, 19(1): 112-123.

[200] Wang W, Wang D, Peng Z H. Predictor-based adaptive dynamic surface control for consensus of uncertain nonlinear systems in strict-feedback form[J]. International Journal of Adaptive Control and Signal Processing, 2017, 31(1): 68-82.

[201] Hsu L, Lizarralde F, de Araujo A D. New results on output-feedback variable structure model-reference adaptive control: Design and stability analysis[J]. IEEE Transactions on Automatic Control, 1997, 42(3): 386-393.

[202] Hsu L, de Araujo A D, Costa R R. Analysis and design of I/O based variable structure adaptive control[J]. IEEE Transactions on Automatic Control, 1994, 39(1): 4-21.

[203] Wu Y Q, Yu X H. Variable structure control design for uncertain dynamic systems with

disturbances in input and output channels[J]. Automatica, 1999, 35(2): 311-319.

[204] Lin Y, Hsu L, Sun X X. A variable structure MRAC with expected transient and steady-state performance[J]. Automatica, 2006, 42(5): 805-813.

[205] Lin Y, Mao J Q. A robust VS-MRAC using switching scheme for the gain of control variables[J]. International Journal of Control, 2001, 74(3): 225-238.

[206] 林岩, 毛剑琴, 孙秀霞. 具有理想跟踪特性的多变量变结构模型参考自适应控制[J]. 自动化学报, 2002, 28(1): 41-49.

[207] Yan L, Hsu L, Costa R R, et al. Variable structure model reference adaptive control for systems with unknown high frequency gain[C]. The 42nd IEEE International Conference on Decision and Control, Maui, 2004: 3525-3530.

[208] Maciuca D B, Hedrick J K. Nonsmooth dynamic surface control of non-Lipschitz nonlinear systems with application to brake control[C]. Proceedings of the IEEE International Conference on Control Applications, Hartford, 1997: 711-716.

[209] Gao D X, Sun Z Q, Du T R. Dynamic surface control for hypersonic aircraft using fuzzy logic system[C]. Proceedings of the IEEE International Conference on Automation and Logistics, Jinan, 2007: 2314-2319.

[210] Butt W A, Yan L, Kendrick A S. Dynamic surface control for nonlinear hypersonic air vehicle using neural network[C]. Proceedings of the 29th Chinese Control Conference, Beijing, 2010: 733-738.

[211] 唐治理, 雷虎民, 刘代军, 等. 高机动导弹非线性自动驾驶仪动态面控制[J]. 系统工程与电子技术, 2008, 30(8): 1523-1525.

[212] Liu S G, Sun X X, Dong W H, et al. Control law design of aircraft super-maneuverable flight based on dynamic surface backstepping control[C]. Proceedings of the 21st Chinese Control and Decision Conference, Guilin, 2009: 1775-1779.

[213] 刘树光, 孙秀霞, 董文瀚. 动态面过失速机动飞行控制律的设计[J]. 系统工程与电子技术, 2010, 32(10): 2210-2213, 2251.

[214] Yoo S J, Park J B, Choi Y H. Adaptive dynamic surface control of flexible-joint robots using self-recurrent wavelet neural networks[J]. IEEE Transactions on Systems, Man, and Cybernetics Part B(Cybernetics), 2006, 36(6): 1342-1355.

[215] Yoo S J, Choi Y H, Park J B. Dynamic surface controller for flexible joint robots without velocity measurements[C]. International Conference on Control, Automation and Systems, Seoul, 2007: 1098-1102.

[216] Yoo S J, Park J B, Choi Y H. Adaptive output feedback control of flexible-joint robots using neural networks: Dynamic surface design approach[J]. IEEE Transactions on Neural Networks, 2008, 19(10): 1712-1726.

[217] Park B S, Yoo S J, Park J B, et al. A simple adaptive control approach for trajectory tracking of electrically driven nonholonomic mobile robots[J]. IEEE Transactions on Control Systems Technology, 2010, 18(5): 1199-1206.

[218] 张天平, 华森. 基于观测器的机器人动态面控制[J]. 控制工程, 2009, 16(5): 630-633.

[219] Guo X W, Wang Q J, Hu C G, et al. Adaptive neural network tracking control of robot manipulators including motor dynamics: Dynamic surface backstepping methodology[C]. The 2nd International Conference on Industrial Mechatronics and Automation, Wuhan, 2010: 52-55.

[220] Xiong G L, Xie Z W, Huang J B, et al. Dynamic surface control-backstepping based impedance control for 5-DOF flexible joint robots[J]. Journal of Central South University of Technology, 2010, 17(4): 807-815.

[221] Qaiser N, Iqbal N. TORA stabilization via dynamic surface control technique[C]. Proceedings of the IEEE Symposium on Emerging Technologies, Islamabad, 2005: 488-493.

[222] Qaiser N, Iqbal N, Hussain A. Stabilization of non-linear inertia wheel pendulum system using a new dynamic surface control based technique[C]. IEEE International Conference on Engineering of Intelligent Systems, Islamabad, 2006: 1-6.

[223] Yang Z J, Miyazaki K, Kanae S, et al. Adaptive robust dynamic surface control for a magnetic levitation system[C]. Proceedings of the 42nd IEEE Conference on Decision and Control, Maul, 2003: 4309-4314.

[224] Yang Z J, Miyazaki K, Jin C Z, et al. Dynamic surface control for a voltage-controlled magnetic levitation system[C]. Proceedings of the 41st IEEE Conference on Decision and Control, Las Vegas, 2002: 848-853.

[225] Yang Z J, Miyazaki K, Kanae S, et al. Robust position control of a magnetic levitation system via dynamic surface control technique[J]. IEEE Transactions on Industrial Electronics, 2004, 51(1): 26-34.

[226] Kazemi R, Zaviyeh K J. Development of a new ABS for passenger cars using dynamic surface control method[C]. Proceedings of the American Control Conference, Arlington, 2002: 677-683.

[227] Duraiswamy S, Chiu G T C. Nonlinear adaptive nonsmooth dynamic surface control of electro-hydraulic systems[C]. Proceedings of the American Control Conference, Denver, 2003: 3287-3292.

[228] Maulana A P, Ohmori H, Sano A. Friction compensation via smooth adaptive dynamic surface control[C]. Proceedings of the American Control Conference, San Diego, 2002: 540-541.

[229] Zhang G Z, Chen J, Lee Z P. Adaptive robust control for servo mechanisms with partially unknown states via dynamic surface control approach[J]. IEEE Transactions on Control

　　　　Systems Technology, 2010, 18 (3): 723-731.

[230] Wei D Q, Luo X S, Wang B H, et al. Robust adaptive dynamic surface control of chaos in permanent magnet synchronous motor[J]. Physics Letters A, 2007, 363 (1-2): 71-77.

第 2 章　动态面控制方法基础理论

本章首先介绍书中用到的符号、数学概念和基本定理，给出严参数反馈、严反馈、纯反馈、多输入多输出、控制增益符号未知、匹配条件非线性控制系统的结构形式；然后以一类 SISO 严反馈非线性系统的跟踪控制为例，呈现反推控制的"微分爆炸"问题，设计其多滑模面控制律；最后针对非线性函数已知和未知两种情况，分别阐述动态面控制的基本原理和设计方法，为后续研究奠定理论基础。

2.1　数　学　基　础

为便于阅读和理解，本节介绍书中用到的符号、数学概念和基本定理。

2.1.1　向量、矩阵和函数的范数

1. 符号

$\mathbf{R}$ 表示全体实数空间，$\mathbf{R}^n$ 为 $\mathbf{R}$ 上的 n 维欧氏向量空间，$\mathbf{R}^{m\times n}$ 表示 $m\times n$ 的实数矩阵空间。

2. 向量 $x=[x_1,\cdots,x_n]^{\mathrm{T}}\in\mathbf{R}^n$ 的范数

1-范数：$\|x\|_1=\sum_{i=1}^{n}|x_i|$。

2-范数：$\|x\|_2=\sqrt{x^{\mathrm{T}}x}=\sqrt{\sum_{i=1}^{n}x_i^2}$。

∞-范数：$\|x\|_\infty=\max_{1\leqslant i\leqslant n}|x_i|$。

3. 矩阵 $A=[a_{ij}]_{m\times n}\in\mathbf{R}^{m\times n}$ 的范数

1-范数：$\|A\|_1=\max\left(\sum_{i=1}^{m}|a_{ij}|,j=1,2,\cdots,n\right)$（列模和最大者）。

2-范数：$\|A\|_2=\sqrt{\lambda_{\max}(A^{\mathrm{T}}A)}$。

Frobenius 范数：$\|A\|_F=\sqrt{\mathrm{tr}(A^{\mathrm{T}}A)}=\sqrt{\sum_{i,j=1}^{n}|a_{ij}|^2}$。

∞-范数：$\|A\|_{\infty} = \max\left(\sum\limits_{j=1}^{n}|a_{ij}|, i=1,2,\cdots,m\right)$（行模和最大者）。

式中，$\mathrm{tr}(\cdot)$ 表示矩阵 A 的迹（即对角元之和）；$\lambda_{\max}(\cdot)$ 表示矩阵 A 的最大特征值。

若无特别声明，向量 $x=[x_1,\cdots,x_n]^{\mathrm{T}} \in \mathbf{R}^n$ 和矩阵 $A=[a_{ij}]_{m\times n} \in \mathbf{R}^{m\times n}$ 的范数分别定义为

$$\|x\| = \sqrt{x^{\mathrm{T}}x}, \quad \|A\| = \sqrt{\lambda_{\max}(A^{\mathrm{T}}A)}$$

如果 A 是对称正定矩阵，则对所有 x，对称正定矩阵 A 具有下列性质：

$$\lambda_{\min}(A)\|x\|^2 \leqslant x^{\mathrm{T}}Ax \leqslant \lambda_{\max}(A)\|x\|^2$$

式中，$\lambda_{\min}(A)$ 表示矩阵 A 的最小特征值。

4. 时间函数 $u(t)$ 的范数

L_1 范数：$\|u(t)\|_1 = \int_0^{\infty}|u(t)|\mathrm{d}\tau$，若 $\|u(t)\|_1 < \infty$，则称 $u(t)$ 的 L_1 范数存在，记为 $u(t) \in L_1$，或称 $u(t)$ 是绝对可积的。

L_2 范数：$\|u(t)\|_2 = \left(\int_0^{\infty}|u(t)|^2\mathrm{d}\tau\right)^{1/2}$，若 $\|u(t)\|_2 < \infty$，则称 $u(t)$ 的 L_2 范数存在，记为 $u(t) \in L_2$，或称 $u(t)$ 是平方可积的。

L_{∞} 范数：$\|u(t)\|_{\infty} = \sup\limits_{t>0}|u(t)|$，若 $\|u(t)\|_{\infty} < \infty$，则称 $u(t)$ 的 L_{∞} 范数存在，记为 $u(t) \in L_{\infty}$，或称 $u(t)$ 是有界的。

对于 $\|u(t)\|_p$ $(p=1,2,\infty)$ 具有性质：若 $\|u(t)\|_1 < \infty$ 且 $\|u(t)\|_{\infty} < \infty$，则有 $\|u(t)\|_2 < \infty$。

2.1.2 稳定性理论基础

本节介绍书中涉及的稳定性基本概念和基本定理。

1. 稳定性的基本概念

定义 2.1[1] 集合 S 是 $\mathbf{R}^n$ 空间的一个子集。如果对于子集 S 中的每一个向量 x，存在一个 ε 邻域：$\delta(x,\varepsilon) = \{z \in \mathbf{R}^n \mid \|z-x\| < \varepsilon\}$，使得 $\delta(x,\varepsilon) \subset S$，那么子集 S 是开集。当且仅当集合 S 在 $\mathbf{R}^n$ 空间的补集是开集，那么 S 是闭集（closed set）。如果对于所有的 $x \subset S$ 和 $r > 0$ 都有 $\|x\| < r$，那么 S 是有界的。如果集合 S 是有界的闭集，那么 S 是紧集（compact set）。如果 S 是紧集，那么对于每一个 $x,y \in S$ 和每一个实数 $\vartheta(0 < \vartheta < 1)$，都有 $\vartheta x + (1-\vartheta)y \in S$ 成立。

定义 2.2[1] 考虑连续时间非线性系统：

$$\dot{x} = f(x,t) \tag{2.1}$$

若系统的解 $x(t) \in \mathbf{R}^n$ 满足：对任意 $x(t_0) = x_0$，存在 $\varepsilon > 0$ 和 $T(\varepsilon_0, x_0)$，使得对于所有 $t \geqslant t_0 + T$ 有 $\|x(t)\| < \varepsilon$，则称方程的解 $x(t)$ 一致终结有界（uniformly ultimate boundness, UUB）。

定义 2.3[1] 考虑连续时间非线性系统 (2.1)，若系统的解 $x(t; t_0, x_0) \in \mathbf{R}^n$ 满足：存在一个紧集 $\Sigma \subset \mathbf{R}^n$，对于所有的 $x(t_0) = x_0 \in \Sigma$，存在 $\varepsilon > 0$ 和 $T(\varepsilon, x_0)$，使得对于所有的 $t \geqslant t_0 + T$ 满足 $\|x(t; t_0, x_0)\| < \varepsilon$，则称方程的解 $x(t) = x(t; t_0, x_0)$ 是半全局一致终结有界（semi-globally uniform ultimate boundedness，SGUUB）。

定义 2.4 如果对于所有 $x, z \in \mathbf{R}^n$，满足 $\|f(x) - f(z)\| \leqslant L\|x - z\|$，$L$ 为 Lipschitz 常数，则称 $f(x)$ 在 $\mathbf{R}^n$ 上 Lipschitz 连续。

定义 2.5[2] 如果连续函数 $N(s): \mathbf{R} \to \mathbf{R}$ 满足以下条件：

(1) $\lim\limits_{s \to +\infty} \sup \dfrac{1}{s} \int_0^s N(\varsigma) \mathrm{d}\varsigma = +\infty$；

(2) $\lim\limits_{s \to -\infty} \inf \dfrac{1}{s} \int_0^s N(\varsigma) \mathrm{d}\varsigma = -\infty$。

则称 $N(s)$ 是 Nussbaum 函数。

常用的 Nussbaum 函数包括 $\varsigma^2 \cos \varsigma$、$\varsigma^2 \sin \varsigma$ 和 $\exp \varsigma^2 \cos[(\pi/2)\varsigma]$。

定义 2.6 设矩阵 $A = [a_{ij}]_{m \times n}$，$B = [b_{ij}]_{p \times q}$，则称

$$A \otimes B = \begin{bmatrix} a_{11}B & \cdots & a_{1n}B \\ \vdots & & \vdots \\ a_{m1}B & \cdots & a_{mn}B \end{bmatrix}$$

为矩阵 A 和 B 的 Kronecker 积。

Kronecker 积具有如下性质（设 A、B、C、D 为适当维数的矩阵，$a \in \mathbf{R}$）：

(1) $a(A \otimes B) = (aA) \otimes B = A \otimes (aB)$；

(2) $A \otimes (B + C) = A \otimes B + A \otimes C$，$(A + B) \otimes C = A \otimes C + B \otimes C$；

(3) $(A \otimes B)(C \otimes D) = (AC) \otimes (BD)$；

(4) $(A \otimes B)^{\mathrm{T}} = A^{\mathrm{T}} \otimes B^{\mathrm{T}}$。

定义 2.7(投影算子[3]) 定义如下凸集合：

$$\Omega_c = \{\vartheta \in \mathbf{R}^n \mid \phi(\vartheta) \leqslant c, 0 \leqslant c \leqslant 1\}$$

式中，$\phi(\vartheta): \mathbf{R}^n \to \mathbf{R}$ 是一个光滑凸函数。投影算子定义如下：

$$\mathrm{Proj}(\vartheta,y)=\begin{cases}y-\dfrac{\nabla\phi(\vartheta)\left(\nabla\phi^{\mathrm{T}}(\vartheta)\right)}{\left\|\nabla\phi(\vartheta)\right\|^{2}}y\phi(\vartheta),&\phi(\vartheta)>0,\ y^{\mathrm{T}}\nabla\phi(\vartheta)>0\\y,&\text{其他}\end{cases}$$

式中，$\nabla\phi(\vartheta)=\left(\dfrac{\partial\phi(\vartheta)}{\partial\vartheta_1},\cdots,\dfrac{\partial\phi(\vartheta)}{\partial\vartheta_n}\right)^{\mathrm{T}}$。

对于给定 $\vartheta^*\in\Omega_0$，投影算子具有如下重要性质：

$$(\vartheta-\vartheta^*)(\mathrm{Proj}(\vartheta,y)-y)\leqslant0$$

式中，ϑ^* 是 ϑ 的理想值。

定义 2.8 K 类函数为一类连续严格递增的函数 $\alpha:[0,\alpha)\to[0,\infty)$ 且 $\alpha(0)=0$。例如，$\alpha(r)=r^c,c\in\mathbf{R}^+$ 为 K 类函数[4]。

定义 2.9 若某一 K 类函数定义域为 $\alpha:[0,\infty)\to[0,\infty)$，且 $r\to\infty$ 时 $\alpha(r)\to\infty$，则称该函数为 K_∞ 类函数[4]。

定义 2.10 KL(Kullback-Leibler) 类函数为一类连续函数 $\beta(r,s):[0,\alpha)\times[0,\infty)\to[0,\infty)$，若固定 s，$\beta(r,s)$ 相对于 r 为 K 类函数；若固定 r，$\beta(r,s)$ 相对于 s 为减函数，且 $s\to\infty$ 时 $\beta(r,s)\to0$。例如，$\beta(r,s)=r^c\mathrm{e}^{-s}$ 为 KL 类函数[4]。

考虑如下时变系统：

$$\dot{x}=f(x,u)\tag{2.2}$$

设计目标是设计一个反馈控制 $u=\alpha(x)$，使得闭环系统 $\dot{x}=f(x,\alpha(x))$ 在平衡点 $x=0$ 是稳定的。

选择 $V(x)$ 作为一个 Lyapunov 函数，令它的导数满足 $\dot{V}(x)\leqslant-W(x)$，其中 $W(x)$ 是半正定连续的，那么闭环系统的稳定性可由 LaSalle-Yoshizawa 定理得到，因此，需要找到 $\alpha(x)$ 来保证所有的 $x\in\mathbf{R}^n$，使得

$$\dot{V}(x)=\frac{\partial V(x)}{\partial x}f(x,\alpha(x))\leqslant-W(x)\tag{2.3}$$

定义 2.11 正定且径向无界的连续可微函数 $V:\mathbf{R}^n\to\mathbf{R}_+$，如果满足

$$\inf\left\{\frac{\partial V(x)}{\partial x}f(x,u)\right\}<0,\quad\forall x\neq0\tag{2.4}$$

那么，函数 V 称为系统 (2.2) 的控制 Lyapunov 函数[5]。系统 (2.2) 存在一个控制 Lyapunov 函数等价于平衡点是全局渐近稳定的。

2. 稳定性的基本定理

定理 2.1（Lyapunov 渐近稳定定理[6]）　对于系统 (2.1)，$f(0,t)=0(t \geqslant t_0)$。如果有连续一阶偏导数的标量函数 $\dot{V}(x,t)$ 存在，并且满足以下条件：

(1) $V(x,t)$ 是正定的；

(2) $\dot{V}(x,t)$ 是负定的。

则在原点处的平衡点是渐近稳定的。

定理 2.2（LaSalle-Yoshizawa 定理[7]）　对于系统 (2.1)：

$$\dot{x} = f(x,t)$$

式中，$x \in \mathbf{R}^n$，$f:D \to \mathbf{R}^n$ 是从定义域 $D \subset \mathbf{R}^n$ 到 $\mathbf{R}^n$ 的局部 Lipschitz 映射。假定 $x=0$ 是系统 (2.1) 的平衡点，正定且径向无界的 $V:\mathbf{R}^n \to \mathbf{R}_+$ 是连续可微函数，如果

$$\dot{V} = \frac{\partial V(x)}{\partial x} f(x,t) \leqslant -W(x) \leqslant 0 \tag{2.5}$$

式中，$W(x)$ 是半正定连续函数。

对于系统 (2.1) 所有的解 $x(t)$ 若满足

$$\lim_{t \to \infty} W(x(t)) = 0 \tag{2.6}$$

那么 $x(t)$ 是全局一致有界的，另外，若 $W(x)$ 是正定的，那么对于平衡点 $x=0$ 全局一致渐近稳定。

定理 2.3　考虑具有如下形式的线性时不变系统：

$$\dot{x} = Ax + Bu \tag{2.7}$$

若 A 为 Hurwitz 矩阵（也称为稳定矩阵），则 A 的所有特征值负实部小于 0，系统 (2.7) 为输入有界-状态有界，其解可写为

$$x(t) = e^{A(t-t_0)} x(t_0) + \int_{t_0}^{t} e^{A(t-\tau)} Bu(\tau) \mathrm{d}\tau$$

由 $e^{A(t-t_0)}$ 的有界性，可令 $\|e^{A(t-t_0)}\| \leqslant k e^{-\lambda(t-t_0)}$，$k, \lambda \geqslant 0$，可得

$$\|x(t)\| \leqslant k e^{-\lambda(t-t_0)} \|x(t_0)\| + \frac{k\|B\|}{\lambda} \sup_{\tau \in [t_0,t]} \|u(\tau)\|, \quad \forall k \geqslant 0 \tag{2.8}$$

由式 (2.8) 可知，线性时不变系统 (2.7) 相对于输入 u 和状态 x 是输入-状态稳定的[6]。

在此基础上，考虑具有如下形式的非线性系统：

$$\dot{x} = f(t,x,u) \tag{2.9}$$

式中，$f:[0,\infty)\times \mathbf{R}^n \times \mathbf{R}^m \to \mathbf{R}^n$ 为时域 t 上的分段连续函数，关于 x 和 u 为局部 Lipschitz。无输入 u 时的系统 $\dot{x}=f(t,x,0)$，称为名义（标称）系统。

定义 2.12 对于非线性系统 (2.9)，若存在 KL 类函数 β 及 K 类函数 γ，对于任意 $x(t_0)$ 和任意有界输入 $u(t)$，其解存在且满足

$$\|x(t)\| \leqslant \beta\left(\|x(t_0)\|, t-t_0\right) + \gamma\left(\sup_{\tau\in[t_0,t]} \|u(\tau)\|\right), \quad t \geqslant t_0 \geqslant 0$$

则系统 (2.9) 为非线性系统输入-状态稳定的[6]。

2.1.3 相关不等式和定理

本节介绍书中涉及的相关不等式和相关定理。

1. 相关不等式

不等式 1（三角不等式） 对于 $\forall x \in \mathbf{R}^n$，$y \in \mathbf{R}^n$，有

$$|x+y| \leqslant |x| + |y| \tag{2.10}$$

不等式 2（Cauchy 不等式） 对于 $\forall x \in \mathbf{R}^n$，$y \in \mathbf{R}^n$，有

$$\left|x^\mathrm{T} y\right| \leqslant |x||y| \tag{2.11}$$

不等式 3（矩阵范数的相容性） 对于 $\forall x \in \mathbf{R}^{m\times n}$，$y \in \mathbf{R}^{m\times l}$，有

$$\left\|x^\mathrm{T} y\right\|_F \leqslant \|x\|_F \|y\|_F \tag{2.12}$$

不等式 4（界化不等式[8]） 对于 $\forall x \in \mathbf{R}$ 和 $\forall \eta > 0$，有

$$0 \leqslant |x| - x\tanh\left(\frac{x}{\eta}\right) \leqslant \kappa\eta \tag{2.13}$$

式中，κ 是一个常数，满足 $\kappa = \mathrm{e}^{-(\kappa+1)}$，即 $\kappa = 0.2785$。在带有逼近器的控制器设计中，该不等式常用来处理逼近误差上界。

不等式 5（杨氏不等式）　设向量 $x \in \mathbf{R}^n$，$y \in \mathbf{R}^n$，常数 $p > 1, q > 1$，且 $\dfrac{1}{p} + \dfrac{1}{q} = 1$，$\varepsilon > 0$ 是任意的正常数，则有

$$x^{\mathrm{T}} y \leqslant \frac{1}{p \varepsilon^p} \|x\|^p + \frac{\varepsilon^q}{q} \|y\|^q \tag{2.14}$$

特别的，如果 $p = q = 2$，a 为任意的正常数，则有

$$x^{\mathrm{T}} y \leqslant \frac{1}{2a} \|x\|^2 + \frac{a}{2} \|y\|^2 \tag{2.15}$$

不等式 6[1]

(1) 对于 $\forall W \in \mathbf{R}^n$，若 $\tilde{W} = \hat{W} - W^*$，则有

$$2 \tilde{W}^{\mathrm{T}} \hat{W} \geqslant \|\tilde{W}\|^2 - \|W^*\|^2 \tag{2.16}$$

(2) 对于 $\forall V \in \mathbf{R}^{m \times n}$，若 $\tilde{V} = \hat{V} - V^*$，则有

$$2 \mathrm{tr}\{\tilde{V}^{\mathrm{T}} \hat{V}\} \geqslant \|\tilde{V}\|_F^2 - \|V^*\|_F^2 \tag{2.17}$$

不等式 7（Rayleigh-Ritz 不等式）[9]

(1) 对于 $\forall W \in \mathbf{R}^n$ 和任意常数矩阵 $\Gamma = \Gamma^{\mathrm{T}} > 0$，有

$$\lambda_{\min}(\Gamma^{-1}) \|W\|^2 \leqslant W^{\mathrm{T}} \Gamma^{-1} W \leqslant \lambda_{\max}(\Gamma^{-1}) \|W\|^2 \tag{2.18}$$

(2) 对于 $\forall V \in \mathbf{R}^{m \times n}$ 和任意常数矩阵 $\Gamma = \Gamma^{\mathrm{T}} > 0$，有

$$\lambda_{\min}(\Gamma^{-1}) \|V\|_F^2 \leqslant \mathrm{tr}\{V^{\mathrm{T}} \Gamma^{-1} V\} \leqslant \lambda_{\max}(\Gamma^{-1}) \|V\|_F^2 \tag{2.19}$$

2. 相关定理

定理 2.4　若函数 $V(t,x)$ 正定，且满足 $\dot{V} \leqslant -k_1 V + k_2$，$k_1 > 0$，$k_2 > 0$ 为有界常数，则对于所有时间 t 有

$$V(t,x) \leqslant \frac{k_2}{k_1} + \left(V(0) - \frac{k_2}{k_1} \right) \mathrm{e}^{-k_1 t} \tag{2.20}$$

证明 见文献[9]。

定理 2.4 表明，当 $t \to \infty$ 时，$|V| \leqslant k_2/k_1$；且若 $\gamma_1(|x|) \leqslant V(t,x)$，则有 $\lim\limits_{t \to \infty}|x| \leqslant \gamma_1^{-1}(k_2/k_1)$。

定理 2.5（隐函数定理[1]） 对于 $\forall (x,y) \in \mathbf{R}^n \times \mathbf{R}$，函数 $f(x,y): \mathbf{R}^n \times \mathbf{R} \to \mathbf{R}$ 连续可微，若存在常数 $d > 0$，使得任意 $x \in \mathbf{R}^n, y \in \mathbf{R}$，有 $\dfrac{\partial f(x,y)}{\partial y} > d$，则存在光滑连续函数 $\alpha^*(x)$，使得 $f(x,\alpha^*) = 0$。

定理 2.6（中值定理[1]） 若任意 $x \in \mathbf{R}^n$，函数 $f(x,y)$ 关于变量 y 在 $[a,b]$ 上连续，在 (a,b) 上可导，则存在 $0 < \lambda < 1$，使得

$$f(x,b) = \left.\frac{\partial f(x,y)}{\partial y}\right|_{y=y_\lambda}(b-a) + f(x,a) \tag{2.21}$$

式中，$y_\lambda = \lambda b + (1-\lambda)a$。

定理 2.7（Nussbaum 函数性质 1[10]） 已知 $V(\cdot)$、$\varsigma(\cdot)$ 是定义在区间 $[0,t_f]$ 上的光滑函数，且 $V(t) \geqslant 0, \forall t \in [0,t_f]$，$N(\cdot)$ 是 Nussbaum 函数，如果下列不等式成立：

$$V(t) \leqslant c_0 + \int_0^t (gN(\varsigma)+1)\dot{\varsigma}\mathrm{d}\tau, \quad \forall t \in [0,t_f) \tag{2.22}$$

式中，g 是非零常数；c_0 是一个合适的常数。那么，$V(t)$、$\varsigma(t)$ 和 $\int_0^t (gN(\varsigma)+1)\dot{\varsigma}\mathrm{d}\tau$ 一定在 $[0,t_f)$ 上有界。

定理 2.8（Nussbaum 函数性质 2[10]） 已知 $V(\cdot)$、$\varsigma(\cdot)$ 是定义在区间 $[0,t_f)$ 上的光滑函数，且 $V(t) \geqslant 0, \forall t \in [0,t_f]$，$N(\cdot)$ 是 Nussbaum 函数，如果下列不等式成立：

$$0 < V(t) \leqslant c_0 + \mathrm{e}^{-c_1 t}\int_0^t g(x(\tau))N(\varsigma)\dot{\varsigma}\mathrm{e}^{c_1\tau}\mathrm{d}\tau + \mathrm{e}^{-c_1 t}\int_0^t \dot{\varsigma}\mathrm{e}^{c_1\tau}\mathrm{d}\tau, \quad \forall t \in [0,t_f) \tag{2.23}$$

式中，常数 $c_1 > 0$，$g(x(\tau))$ 是在未知闭区间 $I := [l^-, l^+], 0 \notin I$ 内取值的时变参量，c_0 是一个合适的常数，那么，$V(t)$、$\varsigma(t)$ 和 $\int_0^t g(x(\tau))N(\varsigma)\dot{\varsigma}\mathrm{e}^{c_1\tau}\mathrm{d}\tau$ 一定在 $[0,t_f)$ 上有界。

定理 2.9[11] 对于任意给定的正常数 $t_f > 0$，若闭环系统的解在区间 $[0,t_f)$ 上有界，则 $t_f = \infty$。

2.2　非线性控制系统

本节给出严参数反馈、严反馈、纯反馈、多输入多输出、控制增益符号未知、匹配条件非线性系统的结构形式。

1. 严参数反馈非线性系统

若系统的状态空间模型具有如下上三角形式：

$$\begin{cases} \dot{x}_1 = x_2 + f_1^{\mathrm{T}}(x_1)\theta \\ \dot{x}_2 = x_3 + f_2^{\mathrm{T}}(x_1, x_2)\theta \\ \quad\vdots \\ \dot{x}_n = u + f_n^{\mathrm{T}}(x_1, x_2, \cdots, x_n)\theta \end{cases} \tag{2.24}$$

式中，$x \in \mathbf{R}^n$ 为状态；$u \in \mathbf{R}$ 为系统输入；$\theta \in \mathbf{R}^q$ 为未知参数向量；$f_i(x)$ 为光滑向量函数。式 (2.24) 的结构可以画成如图 2.1 所示的框图形式，系统除了积分项，就只有反馈通道，未知参数都配置在反馈通道中，则称系统 (2.24) 为严参数反馈非线性系统 (parametric strict-feedback nonlinear system)。

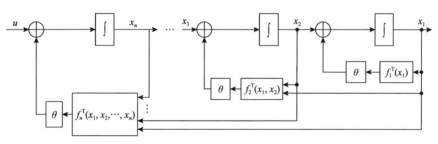

图 2.1　n 阶严参数反馈非线性系统结构框图

2. 严反馈非线性系统

若系统的状态空间模型具有如下形式：

$$\begin{cases} \dot{x}_i = f_i(\overline{x}_i) + g_i(\overline{x}_i)x_{i+1}, \quad 1 \leqslant i \leqslant n-1 \\ \dot{x}_n = f_n(\overline{x}_n) + g_n(\overline{x}_n)u \\ y = x_1 \end{cases} \tag{2.25}$$

式中，$\overline{x}_i = [x_1, \cdots, x_i]^{\mathrm{T}} \in \mathbf{R}^i (i=1,2,\cdots,n)$ 为系统状态空间向量；$u \in \mathbf{R}$ 为系统输入；

$y \in \mathbf{R}$ 为系统输出；$f_i(\overline{x}_i)$ 和 $g_i(\overline{x}_i)$ 为光滑非线性函数，且不能被线性参数化，$g_i(\overline{x}_i)$ 为控制增益。则称系统 (2.25) 为严反馈非线性系统 (strict-feedback nonlinear system)。

3. 纯反馈非线性系统

若系统的状态空间模型具有如下形式：

$$\begin{cases} \dot{x}_i = f_i(\overline{x}_i, x_{i+1}), & 1 \leqslant i \leqslant n-1 \\ \dot{x}_n = f_n(\overline{x}_n, u) \\ y = x_1 \end{cases} \tag{2.26}$$

式中，$\overline{x}_i = [x_1, \cdots x_i]^{\mathrm{T}} \in \mathbf{R}^i (i = 1, 2, \cdots, n)$ 为系统状态空间向量；$u \in \mathbf{R}$ 为系统输入；$y \in \mathbf{R}$ 为系统输出；$f_i(\overline{x}_i)$ 为光滑非线性函数。则称系统 (2.26) 为非仿射纯反馈非线性系统 (non-affine pure-feedback nonlinear system)。

若系统 (2.26) 可以进一步表示为

$$\begin{cases} \dot{x}_i = f_i(\overline{x}_i, x_{i+1}), & 1 \leqslant i \leqslant n-1 \\ \dot{x}_n = f_n(\overline{x}_n) + g_n(\overline{x}_n)u \\ y = x_1 \end{cases} \tag{2.27}$$

$g_n(\overline{x}_n)$ 为控制增益，则称系统 (2.27) 为仿射纯反馈非线性系统 (affine pure-feedback nonlinear system)。

4. 多输入多输出非线性系统

考虑如下的不确定多输入多输出 (multiple-input multiple-output，MIMO) 非线性系统：

$$\Sigma_j : \begin{cases} \dot{x}_{j,i_j} = f_{j,i_j}\left(\overline{x}_{j,i_j}\right) + g_{j,i_j}\left(\overline{x}_{j,i_j}\right)x_{j,i_j+1}, & i_j = 1, 2, \cdots, m_j - 1 \\ \dot{x}_{j,m_j} = f_{j,m_j}(X, \overline{u}_{j-1}) + g_{j,m_j}(X)u_j \\ y_j = x_{j,1}, & j = 1, 2, \cdots, n \end{cases} \tag{2.28}$$

式中，$\overline{x}_{j,i_j} = \left[x_{j,1}, \cdots, x_{j,i_j}\right]^{\mathrm{T}} \in \mathbf{R}^{i_j} (i_j = 1, 2, \cdots, m_j)$ 是第 j 个子系统的状态向量；$u_j \in \mathbf{R}$ 和 $y_j \in \mathbf{R}$ 分别表示第 j 个子系统的输入和输出；$\overline{u}_{j-1} = \left[u_1, \cdots, u_{j-1}\right]^{\mathrm{T}}$；$X = \left[\overline{x}_{1,m_1}^{\mathrm{T}}, \cdots, \overline{x}_{n,m_n}^{\mathrm{T}}\right]^{\mathrm{T}} \in \mathbf{R}^N (N = m_1 + m_2 + \cdots + m_n)$ 是整个系统的状态向量；$f_{j,i_j}(\cdot)$、$g_{j,i_j}(\cdot)$ 是未知的光滑非线性函数。

5. 控制增益符号未知的非线性系统

控制增益符号未知是指在控制系统模型中，与控制变量相乘的未知参数或未知增益函数的符号不确定。这些符号表示了系统在控制作用下的运动方向。以系统 (2.25) 为例，当非线性增益函数 $g_i(\bar{x}_i)$ 的符号未知时，称系统 (2.25) 为控制增益符号未知的非线性系统。

6. 匹配条件非线性系统

对于不确定仿射非线性系统：

$$\begin{cases} \dot{x} = f(x,t) + \Delta f(x,t) + [g(x,t) + \Delta g(x,t)]u + d(x,t) \\ y = h(x) \end{cases} \tag{2.29}$$

式中，$x \in \mathbf{R}^n$ 为系统状态向量；$u \in \mathbf{R}^m$ 和 $y \in \mathbf{R}^l$ 分别为系统的输入和输出；t 为时间变量；$f(x,t) \in \mathbf{R}^n$；$h(x) \in \mathbf{R}^l$ 为已知的非线性函数向量；$g(x,t) \in \mathbf{R}^{n \times m}$ 为已知的非线性函数矩阵；$d(x,t) \in \mathbf{R}^n$ 为加在系统上的未知外界干扰向量；$\Delta f(x,t)$、$\Delta g(x,t)$ 为具有相应维数的系统建模不确定性。如果 $\Delta f(x,t)$、$\Delta g(x,t)$、$d(x,t)$ 属于 $g(x,t)$ 张成的空间，即对于任意 $x \in \mathbf{R}^n$，如果存在连续函数 $\phi(x,t)$、$\varphi(x,t)$、$D(x,t)$，下列关系成立：

$$\Delta f(x,t) = \phi(x,t)g(x,t)$$
$$\Delta g(x,t) = \varphi(x,t)g(x,t)$$
$$d(x,t) = D(x,t)g(x,t)$$

则称 $\Delta f(x,t)$、$\Delta g(x,t)$、$d(x,t)$ 满足匹配条件，否则就是不匹配的。

从直觉上来看，满足匹配条件的不确定性与控制输入从同一个通道进入系统，因此可以用输入来抵消这些不确定性。满足匹配条件是对不确定性的一种结构限制。匹配不确定性比较容易克服，而对不满足匹配条件的不确定性来说，一般都没有直接的处理方法。

2.3　动态面控制方法基本原理

动态面控制是受多滑模面控制启发，在反推控制基础上提出的控制方法。为了更好地理解动态面控制方法的基本原理，本节针对一类非匹配不确定严反馈非线性系统的输出跟踪控制问题，首先设计其反推控制律，呈现反推控制的"微分爆炸"问题，然后阐述其多滑模面控制的设计原理，最后阐述非线性函数已知和未知两种情况下动态面控制的基本原理和设计方法，为后续研究奠定理论基础。

2.3.1 Backstepping 控制方法

Backstepping 控制方法，又称为反步控制法或反演控制法，它是一种递推设计方法。其核心思想是将复杂的非线性系统分解为不超过系统阶数的子系统，然后为每一个子系统分别设计稳定性函数和中间虚拟控制量，持续"反向推演"直至完成整个系统控制器的设计。最终控制信号通过一系列中间信号以递归的方式得到，中间信号事实上无须通过硬件，可直接经由计算产生。递归的每一步只需处理一个相对简单的误差系统，从而可以较灵活地选择控制信号，有效改善过渡过程品质。

1. 非线性控制系统的反推设计原理

反推控制的基本设计思路是：将复杂的非线性系统划分成一系列子系统，这些子系统的个数不能超过系统阶数，继而为划分出来的每一个子系统设计相应的 Lyapunov 稳定性函数和中间的虚拟控制变量，这样做到最后一步，就得到整个系统的控制律，最后将它们集合在一块，也就完成了对整个非线性系统的控制器设计。利用这种方法，可以系统地建立反馈控制律和相关的 Lyapunov 函数，保证非线性控制系统具有较强的全局或部分稳定性，有效改善过渡过程品质。在反推过程中，通过后续子系统的虚拟控制向前面子系统提供静态补偿使之达到镇定控制的目的。因此，反推控制要求系统结构必须为严参数反馈控制结构或经过状态重定义转化为严参数反馈控制结构。

考虑严参数反馈非线性系统(2.24)，采用递归设计控制器，将某些状态变量视为"虚拟控制"，并为其设计中间控制律：首先将系统(2.24)第一个等式视为一个独立的子系统，定义误差变量 $z_1 = x_1$，中间控制 x_2 用来稳定第一个等式。由于参数 θ 未知，采用自适应方法来完成该任务，则此时的控制器包含控制律 $\alpha_1(x_1) = (x_2)_d$ 以及调参律 $\dot{\hat{\theta}} = \tau(x_1)$；由于 x_2 并非最终的实际控制，反推的下一步定义误差变量 $z_2 = x_2 - \alpha_1$，中间控制 x_3 用来稳定包含第一、第二个等式的子系统，以下的设计类似于第一步，在每一步中产生一新的控制律和新的调参律，最后一个控制信号 α_n 则为最终控制 u。图 2.2 给出了非线性控制系统反推控制的基本原理。

上述方法的主要优点介绍如下。

(1)仍然基于 Lyapunov 方法，但克服了传统方法"匹配条件"的束缚。

(2)对于严参数反馈非线性系统，解决了全局稳定和跟踪收敛的难题，扩大了能够保证全局稳定性的参数未知非线性系统的种类。

(3)当参数未知时，传统的反馈线性化设计方法会抵消系统中有用的非线性特性，而反推控制较灵活，可通过增加附加非线性项来改善系统过渡过程性能。

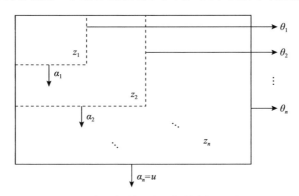

图 2.2　非线性控制系统反推控制的基本原理

2. 反推控制的"微分爆炸"问题

本节针对一类 SISO 严反馈非线性系统，设计其反推控制律，呈现反推控制的"微分爆炸"问题。

考虑如下一类 SISO 严反馈非线性系统：

$$\begin{cases} \dot{x}_1 = x_2 + f_1(x_1) \\ \dot{x}_i = x_{i+1} + f_i(\overline{x}_i), \quad 2 \leqslant i \leqslant n-1 \\ \dot{x}_n = u + f_n(\overline{x}_n) \end{cases} \tag{2.30}$$

式中，$\overline{x}_i = [x_1,\cdots,x_i]^{\mathrm{T}} \in \mathbf{R}^i$ 表示系统状态；$u,y \in \mathbf{R}$ 分别表示系统控制输入和输出；$f_i(\cdot):\mathbf{R}^i \to \mathbf{R}$ 为光滑函数，假定系统状态可测。

控制目标：设计控制律 u，使输出 $y = x_1$ 跟踪期望指令信号 y_r，且具有良好的过渡过程品质。

为达到控制目标，根据文献[7]提出的反推控制进行了如下设计。

步骤 1　定义坐标变换 $z_1 = x_1 - y_r$，其动态方程为

$$\dot{z}_1 = x_2 + f_1(x_1) - \dot{y}_r \tag{2.31}$$

若 x_2 为最终控制，则不难取控制：

$$x_2 = -k_1 z_1 - f_1(x_1) + \dot{y}_r$$

式中，$k_1 > 0$ 为控制增益。

以下步骤中相应参数类似定义。于是

$$\dot{z}_1 = -k_1 z_1 \tag{2.32}$$

定义第 1 个 Lyapunov 函数：

$$V_1 = \frac{1}{2} z_1^2 \tag{2.33}$$

对其求导并将式(2.32)代入得

$$\dot{V}_1 = -k_1 z_1^2 < 0 \tag{2.34}$$

事实上，x_2 并非最终控制，而为中间虚拟控制信号，记虚拟控制信号为

$$\alpha_1 = -k_1 z_1 - f_1 + \dot{y}_r \tag{2.35}$$

于是 z_1 的动态方程应为

$$\dot{z}_1 = -k_1 z_1 + x_2 - \alpha_1 \tag{2.36}$$

Lyapunov 函数修正为

$$\dot{V}_1 = -k_1 z_1^2 + z_1 (x_2 - \alpha_1) \tag{2.37}$$

步骤 i　定义坐标变换 $z_i = x_i - \alpha_{i-1} \, (2 \leqslant i \leqslant n-1)$，$\alpha_{i-1}$ 为中间虚拟控制信号，则

$$\dot{z}_i = x_{i+1} + f_i(\overline{x}_i) - \dot{\alpha}_{i-1} \tag{2.38}$$

类似步骤 1，取虚拟控制信号

$$\alpha_i = -z_{i-1} - k_i z_i - f_i(\overline{x}_i) + \dot{\alpha}_{i-1} \tag{2.39}$$

于是，有

$$\dot{z}_i = -k_i z_i - z_{i-1} + x_{i+1} - \alpha_i \tag{2.40}$$

定义第 i 个 Lyapunov 函数：

$$V_i = V_{i-1} + \frac{1}{2} z_i^2 \tag{2.41}$$

对其求导并将式(2.40)代入得

$$\dot{V}_i = -\sum_{l=1}^{i} k_l z_l^2 + z_i (x_{i+1} - \alpha_i) \tag{2.42}$$

步骤 n　同样定义坐标变换 $z_n = x_n - \alpha_{n-1}$，则有

$$\dot{z}_n = u + f_n(\overline{x}_n) - \dot{\alpha}_{n-1} \tag{2.43}$$

定义第 n 个 Lyapunov 函数：

$$V_n = V_{n-1} + \frac{1}{2}z_n^2 \tag{2.44}$$

设计最终控制律为

$$u = -z_{n-1} - k_n z_n - f_n(\overline{x}_n) + \dot{\alpha}_{n-1} \tag{2.45}$$

于是，有

$$\dot{z}_n = -k_n z_n - z_{n-1} \tag{2.46}$$

则有

$$\dot{V}_n = -\sum_{i=1}^{n} k_i z_i^2 \tag{2.47}$$

因此，基于 Lyapunov 稳定性理论，控制律(2.45)保证了跟踪误差渐近收敛于 0。

推导过程中虚拟控制导数的解析运算为

$$\dot{\alpha}_1 = -k_1 \dot{z}_1 - \frac{\partial f_1}{\partial x_1}\dot{x}_1 + \ddot{y}_r \tag{2.48}$$

$$\dot{\alpha}_i = -\dot{z}_{i-1} - k_i \dot{z}_i - \sum_{l=1}^{i} \frac{\partial f_l}{\partial x_l}\dot{x}_l + \ddot{\alpha}_{i-1}, \quad 2 \leqslant i \leqslant n-2 \tag{2.49}$$

$$\dot{\alpha}_{n-1} = -\dot{z}_{n-2} - k_{n-1}\dot{z}_{n-1} - \sum_{l=1}^{n-1} \frac{\partial f_l}{\partial x_l}\dot{x}_l + \ddot{\alpha}_{n-2} \tag{2.50}$$

从上面的推导过程可以看出，反推控制将中间虚拟控制信号和最终控制信号作为系统的一部分状态，因此能够处理系统的非线性，但同时存在以下问题。

(1)注意到 $\dot{\alpha}_i$ 的计算，其求导计算逐步递推进行，要得到最终控制信号 u，需要对中间虚拟控制信号 α_i 不断地进行微分，并且随系统阶次的增加呈爆炸性增长，"微分爆炸"初见端倪。

(2)由式(2.48)～式(2.50)可以发现，当系统阶次为 n 时，反推控制过程要求非线性函数项 $f_i(\overline{x}_i)$ 必须 $n-i+1$ 次连续可微，对大多数实际系统而言，过于苛刻，难以得到满足；另外，还要求期望指令信号 y_r 必须 n 阶连续可微，这大大限制了跟踪指令信号的范围。

2.3.2　多滑模面控制方法

为了更好地理解动态面控制的基本原理,本节阐述多滑模面控制的设计原理,首先引入面的概念。

1. 面的概念

根据文献[12],考虑动态系统:

$$x^{(n)} = f(x) + b(x)u \tag{2.51}$$

式中, $x = [x, \dot{x}, \cdots, x^{(n-1)}]^{\mathrm{T}}$ 为状态向量; u 为控制输入标量; $f(x)$ 为不严格已知的非线性函数; $b(x)$ 为控制增益。

控制目标是使状态 x 跟踪指定的时变状态 $x_c = [x_c, \dot{x}_c, \cdots, x_c^{(n-1)}]^{\mathrm{T}}$,设定初始条件 $x_c(0) = x(0)$,且 $f(x)$ 和 $b(x)$ 为系统的粗略模型。

令 $\tilde{x} = x - x_c = [\tilde{x}, \dot{\tilde{x}}, \cdots, \tilde{x}^{(n-1)}]^{\mathrm{T}}$ 为跟踪误差向量。同时在状态空间 $\mathbf{R}^n$ 中用标量方程 $v(x;t)$ 定义一个时变表面 $v(t)$ 。方程中

$$v(x;t) = \left(\frac{\mathrm{d}}{\mathrm{d}t} + \lambda\right)^{(n-1)} \tilde{x} \tag{2.52}$$

式中, λ 为严格正常数。

通常,称 $v(x;t)$ 为切换函数,是位置误差和速度误差的简单加权和。

在给定初始条件下,跟踪问题 $x \equiv x_c$ 就等效于对所有 $t > 0$ 使 x 保持在 $v(t)$ 表面上,称 $v(t)$ 面为切换面或滑动面。

跟踪 n 维向量 x_c 的问题,可以用关于 v 的一阶稳定问题来代替。事实上,由式(2.52)可知, $v(t)$ 的表达式包含 $\tilde{x}^{(n-1)}$,因此只需要对 $v(t)$ 微分一次就可使输入 u 在表达式中出现。

简化后的一阶问题,即保持标量 $v(t)$ 为零的问题,可以通过选择式(2.51)的控制律 u ,使得在 $v(t)$ 的外面满足

$$\frac{1}{2}\frac{\mathrm{d}}{\mathrm{d}t}v^{\mathrm{T}}v \leqslant \eta\|v\| \tag{2.53}$$

来得到解决,这里 η 为严格正常数。

满足条件式(2.53)即滑动条件,就使该表面成为一个不变集。式(2.53)在保持表面为不变集的同时能容忍某些干扰或动态特性的不确定性。这种特性由图2.3来表示,图中表面以外轨迹上的点可以运动,但它们始终指向该表面。系统一旦处

于该表面,其运动特性便呈滑动方式或滑动模态。则轨迹就由该不变集的方程本身来定义。

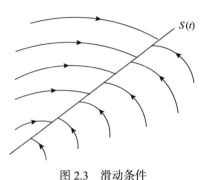

图 2.3　滑动条件

即

$$\left(\frac{\mathrm{d}}{\mathrm{d}t}+\lambda\right)^{(n-1)}\tilde{x}=0 \tag{2.54}$$

从这一点上讲,表面 $v(t)$ 既是空间的一个区域,也是一个动态系统。这也是能够在 $v(t)$ 上实现自适应调节的所在。

考虑 n 阶多变量系统状态方程为

$$\dot{x}=Ax+Bu+DF \tag{2.55}$$

在 n 维状态空间里设计 m 个切换超平面:

$$s_i=g_{i1}x_1+g_{i2}x_2+\cdots+g_{in}x_n=0 , \quad i=1,2,\cdots,m \tag{2.56}$$

定义它们的交集为系统的滑动模态域,即

$$S=[s_1 \quad s_2 \quad \cdots \quad s_m]^{\mathrm{T}}=Gx=0 , \quad S\in\mathbf{R} \tag{2.57}$$

根据上述定义,一旦系统状态 x 进入滑动模态域将只能沿其滑动面滑动运动,且满足

$$S=Gx=0 \tag{2.58}$$

多滑模面控制的原理同于滑模变结构控制的设计思想,目的是将位于状态空间任意位置的系统初始状态可靠地引入滑动模态域,且一旦进入就保持在其面上。根据文献[12],滑动模态域 $S=0$ 将二阶系统的状态平面分为两半。当状态 $S<0$ 时,控制律必须保证 $\dot{S}>0$,才能使系统最终实现 $S=0$;反之,当状态 $S>0$ 时,

必有 $\dot{S} < 0$ 。总之，该二阶系统最终能达到滑动模态域的条件是

$$SS < 0 \tag{2.59}$$

式(2.59)称为单变量滑模变结构控制系统的能达条件。

推广到更具一般性的多变量滑模变结构控制系统能达条件为

$$\frac{\mathrm{d}}{\mathrm{d}t}\left(S^{\mathrm{T}}QS\right) < 0 \ , \quad Q > 0 \ , \quad S \in \mathbf{R}^{m} \tag{2.60}$$

特殊地，取 $Q = I_{m \times m}$ ，则式(2.60)变为

$$\frac{\mathrm{d}}{\mathrm{d}t}\|S\|^{2} < 0 \quad \text{或} \quad S^{\mathrm{T}}\dot{S} < 0 \tag{2.61}$$

式(2.61)是多滑模面控制律设计必须满足的基本条件，在动态面控制中同样适用。

2. 多滑模面控制律设计

多滑模面控制律设计过程与反推控制设计过程类似。通过直接对虚拟控制进行估算或数值微分计算，使得在下一步的递推过程中避免对其进行求导运算，而克服了"微分爆炸"问题[13]。仍然针对系统(2.30)设计控制律。

首先定义滑模面 $S_1 = x_1 - y_r$ ，其动态方程为

$$\dot{S}_1 = x_2 + f_1(x_1) - \dot{y}_r \tag{2.62}$$

选择 $x_{2,d}$ 使得满足式(2.61)能达条件 $S\dot{S} < 0$ ， $x_{2,d}$ 的一个可行选择为

$$x_{2,d} = -K_1 S_1 - f_1 + \dot{y}_r \tag{2.63}$$

在下一步的设计中使得 x_2 能渐近跟踪 $x_{2,d}$ ，因此定义第二个滑模面 $S_2 = x_2 - x_{2,d}$ ，根据本节介绍的面的概念，选择 $x_{3,d}$ 使得 $S_2 \to 0$ ，那么 x_2 能渐近跟踪 $x_{2,d}$ 。

依此类推，定义第 i 个滑模面 $S_i = x_i - x_{i,d}$ ，其动态方程为

$$\dot{S}_i = x_{i+1} + f_i(\overline{x}_i) - \dot{x}_{i,d} \tag{2.64}$$

选择 $x_{i+1,d}$ 使得 $S_i \to 0$ ， $x_{i+1,d}$ 的一个可行选择为

$$x_{i+1,d} = -S_{i-1} - K_i S_i - f_i(\overline{x}_i) + \dot{x}_{i,d} \tag{2.65}$$

继续类推直到 $i = n-1$ ，定义 $S_n = x_n - x_{n,d}$ ，最终控制信号被选择为

$$u = -S_{n-1} - K_n S_n - f_n(\overline{x}_n) + \dot{x}_{n,d} \tag{2.66}$$

由以上推导可得动态方程为

$$\begin{cases} \dot{S}_1 = -K_1 S_1 + S_2 \\ \dot{S}_i = -K_i S_i - S_{i-1} + S_{i+1}, \quad 2 \leqslant i \leqslant n-1 \\ \dot{S}_n = -K_n S_n - S_{n-1} \end{cases} \tag{2.67}$$

定义 Lyapunov 函数:

$$V_n = \frac{1}{2} \sum_{i=1}^{n} S_i^2 \tag{2.68}$$

对其求导, 并将相应关系式代入得

$$\dot{V}_n = -\sum_{i=1}^{n} K_i S_i^2 \tag{2.69}$$

注意到式(2.65)、式(2.66)需要求解中间虚拟控制信号 $x_{i,d}$ 的微分信号 $\dot{x}_{i,d}$, 为了避免对它的解析运算, 直接对虚拟控制进行数值微分计算, 即

$$\dot{x}_{i,d} \approx \frac{x_{i,d}(n) - x_{i,d}(n-1)}{\Delta T} \tag{2.70}$$

式中, ΔT 为采样周期。

从上述推导过程可以看到, 多滑模面控制也需要求解虚拟控制的导数, 其通过直接对虚拟控制进行估算或数值微分计算, 而避免了在下一步的递推过程中对其进行求导运算。但事实上虚拟控制 $x_{i,d}$ 中一般含有不确定项, 因此其导数 $\dot{x}_{i,d}$ 往往难以计算。所以, 多滑模面控制仅仅在一定程度上克服了反推控制的"微分爆炸"问题, 没有从根本上解决, 并且存在计算虚拟控制输入导数的困难。

2.3.3　动态面控制方法的设计原理

动态面控制正是为从根本上解决反推控制的"微分爆炸"问题提出的。动态面控制代替多滑模面控制中直接对虚拟控制进行估算或数值微分计算, 而是在传统反推控制的前后两步控制律设计中, 增加了一阶低通滤波器, 从而避免了在下一步设计中对虚拟控制信号的微分。如果将传统反推控制方法视为一步一步进行的"纵向"式设计方法, 则对动态面控制而言, 滤波器的引入使得每一步控制律的设计与前一级的设计基本解耦, 只需处理一个更简单的"面"上控制问题, 从而使控制律的复杂程度大幅下降, 控制器设计非常简单。

本节仍以系统(2.30)为控制对象, 阐述非线性函数 $f_i(\bar{x}_i)$ 已知和未知两种情况

下的动态面控制设计原理。

1. 非线性函数已知时的动态面控制

当非线性函数 $f_i(\overline{x}_i)$ 已知时，文献[14]提出的动态面控制设计过程如下。

步骤 1　定义动态面 $S_1 = x_1 - x_{1,d}$ ， $x_{1,d} = y_r$ ，其动态方程为

$$\dot{S}_1 = x_2 + f_1(x_1) - \dot{y}_r \tag{2.71}$$

此时，虚拟控制律不难选择为

$$x_{2,d} = -K_1 S_1 - f_1 + \dot{y}_r \tag{2.72}$$

但是，根据文献[14]，在反推设计过程中，将使用 $x_{2,d}$ 的微分信号 $\dot{x}_{2,d}$ ，为了避免对它的解析运算，如果选择

$$\overline{x}_2 = -K_1 S_1 - f_1 + \dot{y}_r \tag{2.73}$$

且保证 $x_{2,d}$ 能渐近收敛到 $\overline{x}_2$ ，则同样可以保证 S_1 收敛到 0 附近的某个邻域中。故可考虑通过低通滤波器来获得 $x_{2,d}$ 和 $\dot{x}_{2,d}$ ，有

$$\tau_2 \dot{x}_{2,d} + x_{2,d} = \overline{x}_2 ， \quad x_{2,d}(0) := \overline{x}_2(0) \tag{2.74}$$

式中， K_1 为控制增益； τ_2 为滤波器时间常数。

以下步骤中相应参数类似定义。

步骤 i　定义动态面 $S_i = x_i - x_{i,d}$ ，其动态方程为

$$\dot{S}_i = x_{i+1} + f_i(\overline{x}_i) - \dot{x}_{i,d} \tag{2.75}$$

同样，选择虚拟控制输入和低通滤波器为

$$\overline{x}_{i+1} = -K_i S_i - f_i + \dot{x}_{i,d} \tag{2.76}$$

$$\tau_{i+1} \dot{x}_{i+1,d} + x_{i+1,d} = \overline{x}_{i+1} ， \quad x_{i+1,d}(0) := \overline{x}_{i+1}(0) \tag{2.77}$$

步骤 n　定义动态面 $S_n = x_n - x_{n,d}$ ，其动态方程为

$$\dot{S}_n = u + f_n(\overline{x}_n) - \dot{x}_{n,d} \tag{2.78}$$

选择最终控制为

$$u = -K_n S_n - f_n + \dot{x}_{n,d} \tag{2.79}$$

图 2.4 给出了动态面控制设计原理的结构图。

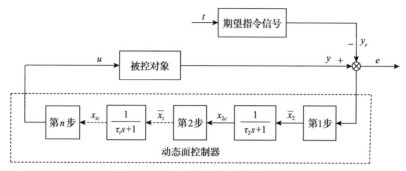

图 2.4　动态面控制设计原理结构图

动态面控制由于一阶低通滤波器的引入，跟踪误差不再收敛到零，而是收敛到某个与设计参数有关的残集内。定义滤波误差 $y_{i+1} := x_{i+1,d} - \bar{x}_{i+1}$，则有 $y_{i+1} = -\tau_{i+1} \dot{x}_{i+1,d}$，且 y_{i+1} 的导数为

$$\dot{y}_{i+1} = -\frac{y_{i+1}}{\tau_{i+1}} + K_i \dot{S}_i + \dot{f}_i - \ddot{x}_{i,d} \tag{2.80}$$

可见

$$\left| \dot{y}_{i+1} + \frac{y_{i+1}}{\tau_{i+1}} \right| \leqslant \eta_{i+1}(S_1, \cdots, S_{i+1}, y_1, \cdots, y_i, y_r, \dot{y}_r, \ddot{y}_r) \tag{2.81}$$

因此，有

$$\dot{y}_{i+1} y_{i+1} \leqslant -\frac{y_{i+1}^2}{\tau_{i+1}} + |y_{i+1}| \eta_{i+1}(\cdot) \leqslant -\frac{y_{i+1}^2}{\tau_{i+1}} + \frac{y_{i+1}^2}{2} + \frac{\eta_{i+1}^2(\cdot)}{2} \tag{2.82}$$

式中，$\eta_{i+1}(\cdot)$ 为某一连续函数，后续推导简记为 η_{i+1}。

由式(2.71)和式(2.73)可得

$$S_1 \dot{S}_1 = -K_1 S_1^2 + S_1 S_2 + S_1 y_2 \tag{2.83}$$

类似地，有

$$S_i \dot{S}_i = -K_i S_i^2 + S_i S_{i+1} + S_i y_{i+1} \tag{2.84}$$

$$S_n \dot{S}_n = -K_n S_n^2 \tag{2.85}$$

定义 Lyapunov 函数：

$$V = \sum_{i=1}^{n} \frac{1}{2} S_i^2 + \sum_{i=1}^{n-1} \frac{1}{2} y_{i+1}^2 \tag{2.86}$$

对其求导，将式(2.82)~式(2.86)代入，并根据杨氏不等式得

$$
\begin{aligned}
\dot{V} &\leqslant -\sum_{i=1}^{n} K_i S_i^2 + \sum_{i=1}^{n-1} |S_i|\left(|S_{i+1}| + |y_{i+1}|\right) + \sum_{i=1}^{n-1}\left(-\frac{y_{i+1}^2}{\tau_{i+1}} + \frac{y_{i+1}^2 \eta_{i+1}^2}{2\varepsilon} + \frac{\varepsilon}{2}\right) \\
&\leqslant -\sum_{i=1}^{n} K_i S_i^2 + \sum_{i=1}^{n-1} \frac{2S_i^2 + S_{i+1}^2 + y_{i+1}^2}{2} + \sum_{i=1}^{n-1}\left(-\frac{y_{i+1}^2}{\tau_{i+1}} + \frac{y_{i+1}^2 \eta_{i+1}^2}{2\varepsilon} + \frac{\varepsilon}{2}\right) \\
&\leqslant (-K_1 + 1)S_1^2 + \sum_{i=2}^{n-1}\left(-K_i + \frac{3}{2}\right)S_i^2 + \left(-K_n + \frac{1}{2}\right)S_n^2 \\
&\quad + \sum_{i=1}^{n-1}\left(\frac{y_{i+1}^2}{2} - \frac{y_{i+1}^2}{\tau_{i+1}} + \frac{y_{i+1}^2 \eta_{i+1}^2}{2\varepsilon}\right) + \frac{n\varepsilon}{2}
\end{aligned}
\tag{2.87}
$$

考虑式(2.30)构成的闭环系统，对于任意给定常数 $p > 0$ 和 $K_0 > 0$，集合 $\Pi_i = \left\{ \sum_{j=1}^{i} S_j^2 + \sum_{j=1}^{i-1} y_{j+1}^2 \leqslant 2p \right\}$ 和 $\Pi := \left\{ (y_r, \dot{y}_r, \ddot{y}_r): y_r^2 + \dot{y}_r^2 + \ddot{y}_r^2 \leqslant K_0 \right\}$ 分别是 $\mathbf{R}^{2i-1}$ 和 $\mathbf{R}^3$ 上的紧集，则 $\Pi_i \times \Pi$ 是 $\mathbf{R}^{2i+2}$ 上的紧集。因此，η_{i+1} 在 $\Pi_i \times \Pi$ 内存在一个最大值，记为 M_{i+1}。令 $K_1 \geqslant 1 + \alpha_0, K_i \geqslant \frac{3}{2} + \alpha_0, K_n \geqslant \frac{1}{2} + \alpha_0, \frac{1}{\tau_{i+1}} \geqslant \frac{1}{2} + \frac{M_{i+1}^2}{2\varepsilon} + \alpha_0$，则式(2.87)转化为

$$\dot{V} \leqslant -2\alpha_0 V + \frac{n\varepsilon}{2} \tag{2.88}$$

令 $\alpha_0 > n\varepsilon/(4p)$，则当 $V(t) = p$ 时 $\dot{V}(t) < 0$，即对于 $\forall t \geqslant 0$，若 $V(0) \leqslant p$，则 $V(t) \leqslant p$，说明 $V(t) \leqslant p$ 是一个不变集。

式(2.88)在 $[0, t]$ 内积分得

$$0 \leqslant V \leqslant \frac{n\varepsilon}{4\alpha_0} + \left(V(0) - \frac{n\varepsilon}{4\alpha_0}\right) e^{-2\alpha_0 t} \tag{2.89}$$

由式(2.86)可知

$$\sum_{i=1}^{n} S_i^2 \leqslant \frac{n\varepsilon}{2\alpha_0} + \left(2V(0) - \frac{n\varepsilon}{2\alpha_0}\right) e^{-2\alpha_0 t} \tag{2.90}$$

式(2.90)说明，对于给定的 $b \geqslant \sqrt{n\varepsilon/(2\alpha_0)}$，取 $\alpha_0 < n\varepsilon/(4p)$，存在 $T(\alpha_0) \geqslant 0$，使跟踪误差 S_1 满足

$$|S_1| = |x_1 - x_{1c}| \leqslant b , \quad \forall t \geqslant T(\alpha_0) \qquad (2.91)$$

即闭环系统的所有信号半全局一致终结有界，跟踪误差最终收敛到半径为 b 的球域内。适当调整参数 K_i、τ_{i+1} 和 ε，满足当 K_i 足够大，τ_{i+1}、ε 足够小时，跟踪误差 S_1 可收敛到期望指令信号的一个任意小邻域内。

从上面的推导过程可以发现，动态面控制与反推控制一样，将中间虚拟控制信号和最终控制信号作为系统的一部分状态，能够处理系统非线性的影响，并且有效解决了前述反推控制存在的问题。

(1)通过引入一阶低通滤波器，避免了传统反推控制对虚拟控制信号的微分，克服了"微分爆炸"问题。

(2)当系统阶次为 n 时，仅要求非线性函数项 $f_i(\bar{x}_i)$ 为一阶连续可导函数，降低了反推控制对 $f_i(\bar{x}_i)$ 的光滑性要求；另外，期望指令信号 y_r 仅需满足 $y_r \in \Pi = \left\{ (y_r, \dot{y}_r, \ddot{y}_r) \mid y_r^2 + \dot{y}_r^2 + \ddot{y}_r^2 \leqslant K_0 \right\}$，取消了反推控制要求 y_r 为 n 阶连续可导函数的限制，扩大了跟踪指令信号的范围。

从整个动态面控制器的设计过程和闭环系统的稳定性分析可以看出，虽然采用动态面控制方法，稳定性分析过程有些烦琐，且仅可以达到半全局一致终结有界的结果，但不管系统有多少阶，设计出的控制器结构是非常简单的，这毫无疑问对其实际应用是非常有帮助的。对于动态面控制方法的跟踪精度问题，可以由式(2.91)说明。式(2.91)意味着 $V(t)$ 将最终收敛到原点附近半径为 b 的小邻域内，即闭环系统的所有信号半全局一致终结有界。

2. 非线性函数未知时的动态面控制

在处理不确定非线性系统的控制问题中，当不确定项不满足参数线性化形式或界函数已知的条件时，一般将神经网络或模糊逻辑系统用作函数逼近器引入到控制器的构造中，来逼近系统中的未知非线性函数。

本节针对系统(2.30)非线性函数 $f_i(\bar{x}_i)$ 未知时的情况，引入神经网络对其逼近，完成动态面控制律设计。

1)神经网络逼近器

在不确定非线性系统控制问题中，神经网络或模糊逻辑系统常被用作函数逼近器引入到控制器的构造中，用于在线逼近未知的非线性不确定函数项。本书中使用径向基函数(radial basis function, RBF)神经网络在线逼近未知的非线性不确定函数项。RBF 神经网络为典型的局部逼近神经网络，结构简单，学习收敛速度

快，能够逼近任意非线性函数，其结构图如图 2.5 所示[1]。

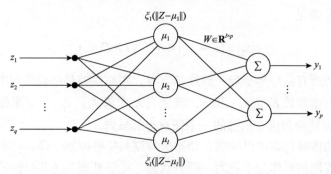

图 2.5　RBF 神经网络结构图

RBF 神经网络表达为 $W^{\mathrm{T}}\xi(Z)$，输入向量 $Z\in\Omega_Z\subset\mathbf{R}^q$，权值向量 $W\in\mathbf{R}^{l\times p}$，节点数 l，基函数向量 $\xi(Z)\in\mathbf{R}^l$。若 l 足够大，那么 $W^{\mathrm{T}}\xi(Z)$ 在紧集 Ω_Z 内能以任意精度逼近任一光滑函数。本书中，使用如下的 RBF 神经网络逼近一个光滑函数 $f:\Omega_Z\to\mathbf{R}$：

$$f(Z) = W^{\mathrm{T}}\xi(Z) \tag{2.92}$$

式中，$W=[w_1,w_2,\cdots,w_l]\in\mathbf{R}^{l\times p}$，$l>1$，$\xi(Z)=[\xi_1(Z),\cdots,\xi_l(Z)]^{\mathrm{T}}$，$\xi_i(Z)$ 通常被选作 Gaussian 函数：

$$\xi_i(Z) = \frac{1}{\sqrt{2\pi\eta_i}}\exp\left(-\frac{\|Z-\mu_i\|^2}{2\eta_i^2}\right), \quad i=1,2,\cdots,l \tag{2.93}$$

式中，$\mu_i=[\mu_{i1},\mu_{i2},\cdots,\mu_{iq}]^{\mathrm{T}}$ 为第 i 个节点的数据中心值；η_i 为 Gaussian 函数的宽度。

定理 2.10[15]　给定任意一个光滑非线性函数 $f:\Omega_Z\to\mathbf{R}^p$，则存在一个 RBF 向量 $\xi:\mathbf{R}^q\to\mathbf{R}^l$ 及理想权值矩阵 $W^*\in\mathbf{R}^{l\times p}$，使得

$$f(Z) = W^{*\mathrm{T}}\xi(Z) + \delta(Z) \tag{2.94}$$

式中，$\delta(Z)\in\mathbf{R}^p$ 为神经网络的逼近误差，$\|\delta(Z)\|\le\delta_M$，δ_M 为系统的设计参数。理想权值矩阵 W^* 取为在紧集 $\Omega_Z\subset\mathbf{R}^q$ 内使得 $\|\delta(Z)\|$ 最小的 W，定义为

$$W^* = \arg\min_{W\in\mathbf{R}^l}\left\{\sup_{Z\in\Omega_Z}\left\|f(Z)-W^{\mathrm{T}}\xi(Z)\right\|\right\} \tag{2.95}$$

实际中，RBF 中心值、宽度和节点数量的选择基于设计者的经验，它们的选择对控制器的性能有较大影响。根据文献[15]，Gaussian RBF 神经网络在 $\mathbf{R}^n$ 内均匀间隔取值能充分逼近定义在某一紧集内的光滑函数。因此，基函数的中心值和宽度分别在某一紧集内均匀取值。

2) 自适应神经网络动态面控制律设计

当非线性函数 $f_i(\bar{x}_i)$ 未知时，文献[16]提出的自适应动态面控制设计过程如下。

步骤 1　定义动态面 $S_1 = x_1 - x_{1,d}$，$x_{1,d} = y_r$，其动态方程为

$$\dot{S}_1 = x_2 + f_1(x_1) - \dot{y}_r \tag{2.96}$$

利用 RBF 神经网络逼近未知函数 $f_1(x_1)$，给定紧集 $\Omega_{x1} \in \mathbf{R}^1$，对于 $\forall x_1 \in \Omega_{x1}$ 有

$$f_1(x_1) = W_1^{*\mathrm{T}}\xi(x_1) + \delta_1 \tag{2.97}$$
$$|\delta_1| \leqslant \delta_1^*, \ \delta_1^* > 0$$

将式 (2.97) 代入式 (2.96) 得

$$\dot{S}_1 = x_2 + W_1^{*\mathrm{T}}\xi(x_1) - \dot{y}_r + \delta_1 \tag{2.98}$$

选择虚拟控制律和自适应律：

$$\bar{x}_2 = -\hat{W}_1^{\mathrm{T}}\xi(x_1) - k_1 S_1 + \dot{y}_r \tag{2.99}$$

$$\dot{\hat{W}}_1 = \Gamma_1\left(\xi(x_1)S_1 - \sigma\hat{W}_1\right) \tag{2.100}$$

式中，$\Gamma_1 = \Gamma_1^{\mathrm{T}} > 0$，$k_1 > 0$，$\sigma > 0$ 为设计参数。

以下步骤中相应参数类似定义。

将 $\bar{x}_2$ 通过时间常数为 τ_2 的低通滤波器，得到 $\bar{x}_2$ 的估计值 $x_{2,d}$，即

$$\tau_2\dot{x}_{2,d} + x_{2,d} = \bar{x}_2, \ x_{2,d}(0) = \bar{x}_2(0) \tag{2.101}$$

步骤 i　定义动态面 $S_i = x_i - x_{i,d}$，其动态方程为

$$\dot{S}_i = x_{i+1} + f_i(\bar{x}_i) - \dot{x}_{i,d} \tag{2.102}$$

同样，给定一紧集 $\Omega_{xi} \in \mathbf{R}^i$，对于 $\forall \bar{x}_i \in \Omega_{xi}$，选择虚拟控制律、自适应律和低通滤波器为

$$\bar{x}_{i+1} = -\hat{W}_i^{\mathrm{T}}\xi(\bar{x}_i) - k_i S_i + \dot{x}_{i,d} \tag{2.103}$$

$$\dot{\hat{W}}_i = \varGamma_i \left(\xi(x_i)S_i - \sigma \hat{W}_i \right) \tag{2.104}$$

$$\tau_{i+1}\dot{x}_{i+1,d} + x_{i+1,d} = \overline{x}_{i+1}, \quad x_{i+1,d}(0) := \overline{x}_{i+1}(0) \tag{2.105}$$

步骤 n 定义动态面 $S_n = x_n - x_{n,d}$，其动态方程为

$$\dot{S}_n = u + f_n(\overline{x}_n) - \dot{x}_{n,d} \tag{2.106}$$

给定一紧集 $\varOmega_{xn} \in \mathbf{R}^n$，对于 $\forall \overline{x}_n \in \varOmega_{xn}$，选择最终控制律和自适应律为

$$u = -\hat{W}_n^{\mathrm{T}} \xi(\overline{x}_n) - k_n S_n + \dot{x}_{n,d} \tag{2.107}$$

$$\dot{\hat{W}}_n = \varGamma_n \left(\xi(x_n)S_n - \sigma \hat{W}_n \right) \tag{2.108}$$

定义滤波误差 $y_{i+1} := x_{i+1,d} - \overline{x}_{i+1}$，则有 $y_{i+1} = -\tau_{i+1}\dot{x}_{i+1,d}$，且 y_{i+1} 的导数为

$$\begin{aligned}
\dot{y}_{i+1} &= -\frac{y_{i+1}}{\tau_{i+1}} + \dot{\hat{W}}_i^{\mathrm{T}} \xi(\overline{x}_i) + \hat{W}_i^{\mathrm{T}} \frac{\partial \xi(\overline{x}_i)}{\partial(x_1,\cdots,x_i)} \begin{bmatrix} \dot{x}_1 \\ \vdots \\ \dot{x}_i \end{bmatrix} + k_i \dot{S}_i + \frac{\dot{y}_{i+1}}{\tau_{i+1}} \\
&= -\frac{y_{i+1}}{\tau_{i+1}} + \eta_{i+1}(S_1,\cdots,S_{i+1}, y_1,\cdots,y_i, y_r, \hat{W}_1,\cdots,\hat{W}_i, y_r, \dot{y}_r, \ddot{y}_r)
\end{aligned} \tag{2.109}$$

式中，$\eta_{i+1}(\cdot)$ 为连续函数。

定义 $\tilde{W}_i = \hat{W}_i - W_i$，构造 Lyapunov 函数：

$$V = \frac{1}{2}\sum_{i=1}^n \left(S_i^2 + \tilde{W}_i^{\mathrm{T}} \varGamma_i^{-1} \tilde{W}_i \right) + \frac{1}{2}\sum_{i=1}^{n-1} y_{i+1}^2 \tag{2.110}$$

对其求导，将式 (2.96)～式 (2.109) 代入，并根据杨氏不等式，整理得

$$\begin{aligned}
\dot{V} \leqslant &\sum_{i=1}^{n-1} \left(-K_i S_i^2 + S_i S_{i+1} + S_i y_i + S_i \delta_i^* \right) + S_n \delta_n^* \\
&- K_n S_n^2 + \sum_{i=1}^{n-1} \left(-\sigma \hat{W}_i^{\mathrm{T}} \hat{W}_i \right) + \sum_{i=1}^{n-1} \left(-\frac{y_{i+1}^2}{\tau_{i+1}} + \left| y_{i+1}\eta_{i+1} \right| \right)
\end{aligned} \tag{2.111}$$

对于任意给定常数 $p > 0$ 和 $K_0 > 0$，集合

$$\varPi_i = \left\{ \sum_{j=1}^i S_j^2 + \sum_{j=1}^i \left(\tilde{W}_j^{\mathrm{T}} \varGamma_j^{-1} \tilde{W}_j \right) + \sum_{j=1}^{i-1} y_{j+1}^2 \leqslant 2p \right\}$$

$$\Pi := \left\{ (y_r, \dot{y}_r, \ddot{y}_r) : y_r^2 + \dot{y}_r^2 + \ddot{y}_r^2 \leqslant K_0 \right\}$$

分别是 $\mathbf{R}^{\sum\limits_{j=1}^{i} N_j + 2i - 1}$ 和 $\mathbf{R}^3$ 上的紧集，则 $\Pi_i \times \Pi$ 是 $\mathbf{R}^{\sum\limits_{j=1}^{i} N_j + 2i + 2}$ 上的紧集，N_j 为 $\tilde{W}_j$ 的维数。因此，$|\eta_{i+1}|$ 在 $\Pi_i \times \Pi$ 内存在一个最大值，记为 M_{i+1}。

令 $k_1 \geqslant 3 + \alpha_0, k_i \geqslant \dfrac{13}{4} + \alpha_0, k_n \geqslant \dfrac{5}{4} + \alpha_0, \dfrac{1}{\tau_{i+1}} \geqslant \dfrac{1}{4} + \dfrac{M_{i+1}^2}{2\varepsilon} + \alpha_0$，并根据杨氏不等式，将式 (2.111) 整理为

$$\dot{V} \leqslant -2\alpha_0 V + n e_M + \frac{n-1}{2}\varepsilon \tag{2.112}$$

式中，$\varepsilon > 0$ 为设计参数，$e_M = (1/4)\delta_m^2 + (\sigma/2)W_M^2$，$\|W_i^*\| \leqslant W_M$。

令 $\alpha_0 > (n e_M + (n-1)\varepsilon/2)/(2p)$，则当 $V(t) = p$ 时 $\dot{V}(t) < 0$，即对于 $\forall t \geqslant 0$，若 $V(0) \leqslant p$，则 $V(t) \leqslant p$，说明 $V(t) \leqslant p$ 是一个不变集。

式 (2.112) 在 $[0, t]$ 内积分得

$$0 \leqslant V \leqslant \frac{n e_M + \dfrac{(n-1)\varepsilon}{2}}{2\alpha_0} + \left[V(0) - \frac{n e_M + \dfrac{(n-1)\varepsilon}{2}}{2\alpha_0} \right] \mathrm{e}^{-2\alpha_0 t} \tag{2.113}$$

由式 (2.110) 可知：

$$\sum_{i=1}^{n} S_i^2 \leqslant \frac{n e_M + \dfrac{(n-1)\varepsilon}{2}}{\alpha_0} + \left[2V(0) - \frac{n e_M + \dfrac{(n-1)\varepsilon}{2}}{\alpha_0} \right] \mathrm{e}^{-2\alpha_0 t} \tag{2.114}$$

式 (2.114) 说明，对于给定的 $b \geqslant \sqrt{\dfrac{n e_M + (n-1)\varepsilon/2}{\alpha_0}}$，取 $\alpha_0 < \dfrac{n e_M + (n-1)\varepsilon/2}{2p}$，存在 $T(\alpha_0) \geqslant 0$，使跟踪误差 S_1 满足 $|S_1| = |x_1 - x_{1c}| \leqslant b$，$\forall t \geqslant T(\alpha_0)$。即闭环系统的所有信号半全局一致终结有界，跟踪误差最终收敛到半径为 b 的球域内。

上述方法的重要性在于，将动态面控制同神经网络学习算法相结合，为一大类不确定非线性系统提供了一种自适应动态面控制模式，解决了其鲁棒自适应控制器设计问题。

纵观 2.3.3 节两种情况下动态面控制律的设计过程和闭环系统的稳定性分析，可以发现，尽管采用动态面控制有效克服了反推控制的"微分爆炸"问题，简化

了控制算法，但仍存在以下几个缺点，制约了其工程实际应用。

(1) 动态面控制器每步设计都是相对标量系统进行的，从闭环系统的稳定性分析过程看，不易推广到每个子系统都是多变量的系统设计过程中。另外，动态面控制由于引入了低通滤波器，其跟踪误差不再收敛到零，而是收敛到一个较小的残集内。

(2) 神经网络动态面控制基于反推思想、逐阶递推得到最终的控制律，因此为了逼近系统中的不确定函数，每一步设计中都需要引入一个神经网络逼近器。而随着神经网络节点数量的增加，需要在线更新参数的数量显著增加，这无疑增加了控制器的复杂程度和计算量。

(3) 所设计的控制律仅能定性分析保证稳态误差收敛到与设计参数和某些未知有界项有关的残集内，而很难使控制律满足某一指定稳态或动态性能指标（即稳态误差、超调量和收敛速度）要求。

针对上述问题，本书将在后续章节中进行研究。

2.4　本章小结

本章首先介绍了书中涉及的数学符号、基本概念和相关定理，给出了几种非线性控制系统的结构形式，然后针对一类非匹配不确定严反馈非线性系统的输出跟踪控制，呈现了反推控制的"微分爆炸"问题，设计了多滑模面控制律，阐述了非线性函数已知和未知两种情况下动态面控制的基本原理和设计方法。设计推导过程和 Lyapunov 稳定性分析表明，一方面动态面控制方法能够有效解决反推控制的"微分爆炸"问题，降低被控对象的约束条件，简化控制算法。另一方面，反推控制方法可以保证跟踪误差全局一致终结有界，而动态面控制仅能保证半全局一致终结有界，这是在过渡过程性能和控制效能之间的一个折中。

参 考 文 献

[1] Ge S S, Hang C C, Lee T H, et al. Stable Adaptive Neural Network Control[M]. Boston: Kluwer, 2002.

[2] Nussbaum R D. Some remarks on a conjecture in parameter adaptive control[J]. Systems & Control Letters, 1983, 3(5): 243-246.

[3] Lavretsky E, Gibson T E. Projection operator in adaptive systems[EB/OL]. https://arxiv.org/abs/1112.4232.pdf. [2022-08-12].

[4] Rouche N, Habets P, Laloy M. Stability Theory by Lyapunov's Direct Method[M]. New York: Springer, 1997.

[5] Krstic M, Kanellakopoulos I, Kokotovic P V. Nonlinear design of adaptive controllers for linear

systems[J]. IEEE Transactions on Automatic Control, 1994, 39(4): 738-752.

[6] Hassan K K. Nonlinear Systems[M]. 3rd ed. Upper Saddle River: Prentice Hall, 2002.

[7] Krstić M, Kanellakopoulos I, Kokotović P V. Nonlinear and Adaptive Control Design[M]. New York: Wiley, 1995.

[8] Polycarpou M M, Ioannou P A. A robust adaptive nonlinear control design[J]. Automatica, 1996, 32(3): 423-427.

[9] Spooner J T, Maggiore M, Ordóñez R, et al. Stable Adaptive Control and Estimation for Nonlinear Systems: Neural and Fuzzy Approximator Techniques[M]. New York: Wiley Interscience, 2002.

[10] Ge S S, Hong F, Lee T H. Adaptive neural control of nonlinear time-delay systems with unknown virtual control coefficients[J]. IEEE Transactions on Systems, Man, and Cybernetics: Part B(Cybernetics), 2004, 34(1): 499-516.

[11] Ryan E P. A universal adaptive stabilizer for a class of nonlinear systems[J]. Systems and Control Letters, 1991, 16(3): 209-218.

[12] 庄开宇. 变结构控制理论若干问题研究及其应用[D]. 杭州: 浙江大学, 2002.

[13] Won M, Hedrick J K. Multiple-surface sliding control of a class of uncertain nonlinear systemsm[J]. International Journal of Control, 1996, 64(4): 693-706.

[14] Swaroop D, Hedrick J K, Yip P P, et al. Dynamic surface control for a class of nonlinear systems[J]. IEEE Transactions on Automatic Control, 2000, 45(10): 1893-1899.

[15] Sanner R M, Slotine J J E. Gaussian networks for direct adaptive control[J]. IEEE Transactions on Neural Networks, 1992, 3(6): 837-863.

[16] Wang D, Huang J. Neural network-based adaptive dynamic surface control for a class of uncertain nonlinear systems in strict-feedback form[J]. IEEE Transactions on Neural Networks, 2005, 16(1): 195-202.

第3章 飞行器飞行动力学模型建立

3.1 引　言

随着现代航空科技的发展，通过采用推力矢量技术，依靠先进的飞行控制系统，已经使飞机有可能超过失速迎角飞行，过失速机动能力成为第四代战斗机的必备特征性能[1,2]。过失速机动飞行时，飞行控制系统面临以下几个问题[3]：①大迎角飞行状态下飞机参数和动力学特性的高度不确定性；②自然飞机动力学的强烈非线性特性；③作动器的非线性特性，以及部分和全部作动器装置饱和对系统的影响。从控制角度看，过失速机动控制面对的是一个多变量、强耦合、非线性的不确定控制系统，使得传统的线性小扰动飞行控制律设计方法不再适用于过失速机动控制问题。

吸气式高超声速飞行器飞行任务分为火箭助推段、姿态调整过渡段、巡航飞行段、再入返回段等四个阶段。这四个阶段，动力学模型特点不同，飞行控制需求解决的问题各不相同。从控制的角度看，吸气式高超声速飞行器巡航飞行控制面临的是一个多变量、强耦合、快时变的不确定非线性系统建模与控制问题，复杂的动力学特性、未知的飞行环境和严格的控制要求极大地增加了飞行控制难度，若仍采用传统的基于线性小扰动的飞行控制律设计方法，也难以获得满意的控制效果。

针对推力矢量飞机的过失速机动飞行和吸气式高超声速飞行器的巡航飞行控制需求，从现有文献看，目前对两类飞行控制问题的研究包括增益预置、非线性动态逆、鲁棒控制、滑模控制、反推控制等方法，这些研究对于推进推力矢量飞机过失速机动飞行控制、高超声速巡航飞行控制的实际解决都有积极意义，但要把理论结果应用到工程实践还有待进一步研究。在这种情况下，从多种角度、用不同方法深入探讨解决两类飞行控制问题，并为其飞行控制律的设计提供新的思路和初步方法显得尤为重要。

飞行器飞行动力学模型是分析和设计高效飞行控制器的理论基础和前提条件。本章分别针对推力矢量飞机和吸气式高超声速飞行器建立过失速机动飞行动力学模型和纵向动力学模型，为两类飞行器动态面自适应飞行控制律的设计奠定基础。

本章首先介绍常用坐标系定义、飞行器的运动参数、飞行器运动的自由度等内容，为确切描述飞行器的运动状态奠定基础。其次给出某型推力矢量飞机的六自由度全量非线性运动方程，建立飞机气动力和力矩模型、推力矢量模型以及发动机和作动器模型，并分析过失速机动飞行飞机状态变量的特点。最后介绍吸气式高超声速飞行器气动外形，描述飞行器巡航飞行纵向动力学模型，面向控制需求，将飞行器纵向模型转换为非线性系统严反馈 SISO 形式，并从控制的角度分析飞行器巡航飞行控制的特点。

3.2　飞行器空间运动表示

3.2.1　常用坐标系定义

为了确切描述飞行器的运动状态，必须选择适当的坐标系。对于新型战斗机和吸气式高超声速飞行器，常用的坐标系有地面坐标系、机体坐标系、速度坐标系、航迹坐标系和地心赤道惯性坐标系[4]。

1. 地面坐标系 $S_g : Ox_g y_g z_g$

(1) 原点 O 取地面上某一点(对于吸气式高超声速飞行器一般为其发射点)。
(2) Ox_g 轴在水平面内并指向某一方向。
(3) Oz_g 轴垂直于地面并指向地心。
(4) Oy_g 轴也在水平面内且垂直于 Ox_g 轴，其指向按照右手定则确定。

2. 机体坐标系 $S : Oxyz$

(1) 原点 O 取在飞行器质心处，坐标系与飞行器固连。
(2) Ox 轴在飞行器对称平面内，并平行于飞行器设计轴线指向机头，向前为正，称为纵轴。
(3) Oz 轴在飞行器对称平面内，与 Ox 轴垂直并指向机身下方，向下为正，称为竖轴。
(4) Oy 轴垂直于飞行器对称平面指向机身右方，向右为正，称为横轴。

3. 速度坐标系 $S_a : Ox_a y_a z_a$

(1) 原点 O 取在飞行器质心处，坐标系与飞行器固连。
(2) Ox_a 轴沿飞行速度 v 方向，向前为正，称为阻力轴。
(3) Oz_a 轴在飞行器对称平面内且垂直于 Ox_a 轴，指向机腹下方为正，称为升力轴。
(4) Oy_a 轴垂直于 $Ox_a z_a$ 平面，向右为正，称为侧力轴。

4. 航迹坐标系 $S_k: Ox_k y_k z_k$

(1) 原点 O 取在飞行器质心处，坐标系与飞行器固连。

(2) Ox_k 轴沿飞行速度 v 方向，向前为正。

(3) Oz_k 轴在包含飞行速度 v 的铅垂面内，与 Ox_k 轴垂直，向下为正。

(4) Oy_k 轴垂直于铅垂平面 $Ox_k z_k$，其指向按照右手定则确定，向右为正。

5. 地心赤道惯性坐标系 $S_i: Ox_i y_i z_i$

(1) 原点 O 选取在地球中心。

(2) Ox_i 轴在赤道面内指向春分点。

(3) Oz_i 轴垂直于赤道平面，与地球自转轴重合，指向北极。

(4) Oy_i 轴垂直于 $Ox_i z_i$ 平面，其指向按照右手定则确定。

传统飞机一般在大气层内飞行，其飞行高度有限，为了简化所研究的问题，可以忽略地球曲率，即采用"平板地球假设"，认为地面坐标系为惯性坐标系。但是，吸气式高超声速飞行器在高超声速飞行时飞行马赫数大于 5，建立运动方程时考虑地球自转运动的影响非常必要。因此，用于描述高超声速巡航状态的坐标系不同于传统飞机运动的坐标系，由于地球绕太阳转动引起的惯性力非常微小，可以将地心赤道惯性坐标系作为吸气式高超声速飞行的惯性坐标系。

3.2.2　飞行器的运动参数

飞行器的运动参数通过坐标系之间的关系来定义，本节介绍的飞行器运动参数有姿态角、航迹角、气流角、角速度[4]。

1. 飞行器的姿态角

飞行器的姿态角有三个，由机体坐标系与地面坐标系之间的关系来定义，即通常所指的欧拉角。

(1) 偏航角 ψ：机体轴 Ox 在水平面 $Ox_g y_g$ 上的投影 k_1 与 Ox_g 轴之间的夹角。投影 k_1 在 Ox_g 轴的右侧时 ψ 为正。

(2) 俯仰角 θ：机体轴 Ox 在水平面 $Ox_g y_g$ 之间的夹角。飞行器抬头时 θ 为正。

(3) 滚转角 ϕ：飞行器 Oz 轴与包含 Ox 轴的铅垂面之间的夹角。飞行器的左机翼上抬、右机翼下沉时 ϕ 为正。

2. 飞行器的航迹角

飞行器的航迹角有三个，其中两个由地面坐标系和航迹坐标系之间的关系来定义，另一个由航迹坐标系和速度坐标系之间的关系定义。

(1)航迹方位角 χ：航迹坐标系的 Ox_k 轴在水平面 Ox_gy_g 上的投影 Ox_k' 与 Ox_g 轴之间的夹角。该投影线 Ox_k' 位于 Ox_g 轴的右侧时 χ 为正。

(2)航迹倾斜角 γ：航迹坐标系的 Ox_k 轴与水平面 Ox_gy_g 之间的夹角，也称为爬升角。飞行器向上飞时 γ 为正。

(3)航迹滚转角 μ：该角度是以航迹坐标系和速度坐标系之间的关系定义的。速度坐标系的 Oz_a 轴与包含飞行速度矢量的铅垂面之间的夹角为航迹滚转角 μ。飞行器右倾时 μ 为正。

3. 飞行器的气流角

飞行器的气流角有两个，由速度坐标系与机体坐标系之间的关系来定义。

(1)迎角 α：速度轴 Ox_a 在飞行器对称平面上的投影 Ox' 与机体轴 Ox 的夹角。速度轴 Ox_a 在飞行器对称平面上的投影 Ox' 在机体轴 Ox 的下方时，迎角 α 为正。按照习惯，迎角 α 为 $-180° \leqslant \alpha \leqslant 180°$。

(2)侧滑角 β：速度轴 Ox_a 与飞行器对称平面 Oxy 的夹角。速度矢量偏向飞行器右方时侧滑角 β 为正。按照习惯，侧滑角 β 的范围为 $-90° \leqslant \beta \leqslant 90°$。

4. 机体坐标系的角速度

机体坐标系的三个角速度 (p,q,r) 是机体坐标系相对于地面坐标系的转动角速度 Ω 在机体坐标系各个轴上的分量。

(1)滚转角速度 p 与机体轴 Ox 重合一致。

(2)俯仰角速度 q 与机体轴 Oy 重合一致。

(3)偏航角速度 r 与机体轴 Oz 重合一致。

3.2.3　飞行器运动的自由度

将飞行器视为刚体，飞行器在空间的运动有六个自由度，即质心的三个移动自由度和绕质心的三个转动自由度。对飞行器来说，质心的三个移动自由度是速度的增减运动、上下升降运动和左右侧移运动。三个转动自由度是俯仰角运动、偏航角运动和滚转角运动。

由于飞行器有一个对称面，可以假定飞行器不仅几何外形对称，而且内部质量分布也对称。利用这一假设条件，可以把具有六个自由度的飞行器运动用两组互不相关的运动微分方程来描述，每组微分方程包括三个自由度。

(1)纵向运动包括速度的增减、质心的升降和绕 Oy 轴的俯仰角运动。

(2)横向运动简称侧向运动，包括质心的侧向移动，绕 Oz 轴的偏航角运动和绕 Ox 轴的滚转角运动。

划分理由是每一组内部各自由度之间的气动力交联比较强，而两组之间的气动力交联很弱。这样划分可使问题大为简化,且已被长期的实践证明是成功的。

3.3　推力矢量飞机的过失速机动飞行动力学模型

本节以某加装轴对称矢量喷管的双发新型战斗机为对象,建立推力矢量飞机的过失速机动飞行数学模型。为研究问题方便,本节仅列出某型推力矢量飞机六自由度 12 个全量非线性运动方程以及大迎角状态下飞机气动力和力矩模型、推力矢量模型、发动机和作动器模型,各方程的具体推导过程和各符号的具体含义参见文献[5]、[6]。

本书中飞机的运动采用 3.2.1 节定义的坐标系,仿真所用的飞机模型结构参数和各舵面位置限制如表 3.1 所示[6]。

表 3.1　飞机模型结构参数和各舵面位置限制

飞机结构参数	参数值	舵面位置限制	参数值
飞机质量 m	16519kg	平尾同步偏转角 δ_h 限制	$\pm 25°$
惯性矩 I_x	12622kg·m^2	平尾差动偏转角 δ_d 限制	$\pm 5°$
惯性矩 I_y	53147kg·m^2	副翼偏转角 δ_a 限制	$\pm 20°$
惯性矩 I_z	63035kg·m^2	方向舵偏转角 δ_r 限制	$\pm 30°$
惯性积 I_{zx}	179kg·m^2	滚转推力矢量偏转角 δ_x 限制	$\pm 20°$
机翼展长 b	8.84m	俯仰推力矢量偏转角 δ_y 限制	$\pm 20°$
机翼参考面积 S	26.0m^2	偏航推力矢量偏转角 δ_z 限制	$\pm 20°$
平均气动翼弦长 $\bar{c}$	3.335m		
x 轴推力矢量力臂 x_T	7.5m		
y 轴推力矢量力臂 y_T	0.5m		

3.3.1　过失速机动飞行运动方程

假设地面坐标系为惯性坐标系,取活动坐标系为飞机的航迹坐标系,某型推力矢量飞机六自由度 12 个全量非线性运动方程如下:

$$\dot{x}_e = v\cos\gamma\cos\chi \qquad (3.1)$$

$$\dot{y}_e = v\cos\gamma\sin\chi \qquad (3.2)$$

$$\dot{z}_e = -v\sin\gamma \qquad (3.3)$$

$$\dot{v} = \frac{1}{m}\Big[\cos\alpha\cos\beta\big(X+T_x\big) + \sin\beta\big(Y+T_y\big) + \sin\alpha\cos\beta\big(Z+T_z\big)\Big] - g\sin\gamma \quad (3.4)$$

$$\dot{\chi} = \frac{1}{mv\cos\gamma}\Big[\big(\sin\alpha\sin\mu - \cos\alpha\sin\beta\cos\mu\big)\big(X+T_x\big) + \cos\beta\cos\mu\big(Y+T_y\big)$$
$$-\big(\cos\alpha\sin\mu + \sin\alpha\sin\beta\cos\mu\big)\big(Z+T_z\big)\Big] \quad (3.5)$$

$$\dot{\gamma} = \frac{1}{mv}\Big[\big(\sin\alpha\cos\mu + \cos\alpha\sin\beta\sin\mu\big)\big(X+T_x\big) - \cos\beta\sin\mu\big(Y+T_y\big)$$
$$-\big(\cos\alpha\cos\mu - \sin\alpha\sin\beta\sin\mu\big)\big(Z+T_z\big)\Big] - \frac{g}{v}\cos\gamma \quad (3.6)$$

$$\dot{\alpha} = -p\cos\alpha\tan\beta + q - r\sin\alpha\tan\beta + \frac{\cos\mu}{\cos\beta}\frac{g}{v}\cos\gamma$$
$$-\frac{\sin\alpha}{mv\cos\beta}\big(X+T_x\big) + \frac{\cos\alpha}{mv\cos\beta}\big(Z+T_z\big) \quad (3.7)$$

$$\dot{\beta} = p\sin\alpha - r\cos\alpha + \frac{g}{v}\sin\mu\cos\gamma - \frac{\cos\alpha\sin\beta}{mv}\big(X+T_x\big)$$
$$+\frac{\cos\beta}{mv}\big(Y+T_y\big) - \frac{\sin\alpha\sin\beta}{mv}\big(Z+T_z\big) \quad (3.8)$$

$$\dot{\mu} = p\frac{\cos\alpha}{\cos\beta} + r\frac{\sin\alpha}{\cos\beta} - \frac{g}{v}\cos\gamma\cos\mu\tan\beta + \frac{\tan\gamma\cos\beta\cos\mu}{mv}\big(Y+T_y\big)$$
$$+\frac{\tan\gamma\sin\mu + \tan\beta}{mv}\Big[\sin\alpha\big(X+T_x\big) - \cos\alpha\big(Z+T_z\big)\Big] \quad (3.9)$$
$$-\frac{\tan\gamma\cos\mu\sin\beta}{mv}\Big[\cos\alpha\big(X+T_x\big) + \sin\alpha\big(Z+T_z\big)\Big]$$

$$\dot{p} = \frac{I_z\big(L+L_T\big) + I_{zx}\big(N+N_T\big) + I_{zx}\big(I_x - I_y + I_z\big)pq + \big(I_yI_z - I_{zx}^2 - I_z^2\big)qr}{I_xI_z - I_{zx}^2} \quad (3.10)$$

$$\dot{q} = \frac{M + M_T + I_{zx}\big(r^2 - p^2\big) + \big(I_z - I_x\big)rp}{I_y} \quad (3.11)$$

$$\dot{r} = \frac{I_{zx}\big(L+L_T\big) + I_x\big(N+N_T\big) + \big(I_x^2 - I_xI_y + I_{zx}^2\big)pq + I_{zx}\big(I_y - I_z - I_x\big)qr}{I_xI_z - I_{zx}^2} \quad (3.12)$$

式中，x_e、y_e、z_e 分别为飞机质心位置在地轴系中的投影坐标；v、χ、γ、α、

β、μ 分别为飞机速度、航迹方向角、航迹倾斜角、迎角、侧滑角、航迹滚转角；T_x、T_y、T_z 分别为发动机推力矢量在飞机机体坐标系中三个方向的分量；X、Y、Z 分别为气动力在飞机机体坐标系中三个方向的分量；p、q、r 分别为飞机转动角速度在机体坐标系中三个方向的分量；I_x、I_y、I_z 分别为飞机对机体轴系三个坐标轴的惯性矩；I_{zx} 为惯性积，因飞机关于 Oxz 平面对称，$I_{xy} = I_{zy} = 0$；L_T、M_T、N_T 分别为推力矢量力矩在飞机机体坐标系中三个方向的分量，其近似表达式为式(3.22)；L、M、N 为气动力矩在飞机机体坐标系中三个方向的分量。

3.3.2　大迎角状态下飞机气动力和力矩模型

飞机在大迎角下的运动用机体坐标系分析较为方便，气动力在飞机机体坐标系中三个方向的分量为

$$\begin{cases} X = C_x \overline{q} S \\ Y = C_y \overline{q} S \\ Z = C_z \overline{q} S \end{cases} \tag{3.13}$$

气动力矩在飞机机体坐标系中三个方向的分量为

$$\begin{cases} L = C_l \overline{q} S b \\ M = C_m \overline{q} S \overline{c} \\ N = C_n \overline{q} S b \end{cases} \tag{3.14}$$

式中，$\overline{q}$ 为飞机动压；S 为机翼参考面积；$\overline{c}$、b 分别为飞机纵向和横向参考长度（平均气动翼弦长和机翼展长）；C_x、C_y、C_z、C_l、C_m、C_n 分别为沿机体轴 x、y、z 方向的气动系数和滚转、俯仰、偏航气动力矩系数。

为简化问题，将气动系数表示为定常状态下的静态气动系数与动态气动系数之和。在机体坐标系中表示的飞机气动系数、力矩系数为

$$C_x = C_{xt}(\alpha, \beta, \delta_h, \delta_{\text{lef}}) + C_{xq}(\alpha, \delta_{\text{lef}}) \frac{\overline{c}}{2v} q \tag{3.15}$$

$$C_y = C_{yt}(\alpha, \beta, \delta_h, \delta_a, \delta_r, \delta_{\text{lef}}) + C_{yp}(\alpha, \delta_{\text{lef}}) \frac{b}{2v} p + C_{yr}(\alpha, \delta_{\text{lef}}) \frac{b}{2v} r \tag{3.16}$$

$$C_z = C_{zt}(\alpha, \beta, \delta_h, \delta_{\text{lef}}) + C_{zq}(\alpha, \delta_{\text{lef}}) \frac{\overline{c}}{2v} q \tag{3.17}$$

$$C_l = C_{lt}(\alpha, \beta, \delta_a, \delta_h, \delta_r, \delta_d, \delta_{\text{lef}}) + C_{lp}(\alpha, \delta_{\text{lef}}) \frac{b}{2v} p + C_{lr}(\alpha, \delta_{\text{lef}}) \frac{b}{2v} r \tag{3.18}$$

$$C_m = C_{mt}(\alpha, \beta, \delta_h, \delta_{\text{lef}}) + C_{mq}(\alpha, \delta_{\text{lef}}) \frac{\overline{c}}{2v} q \tag{3.19}$$

$$C_n = C_{nt}(\alpha, \beta, \delta_a, \delta_h, \delta_r, \delta_d, \delta_{\text{lef}}) + C_{np}(\alpha, \delta_{\text{lef}}) \frac{b}{2v} p + C_{nr}(\alpha, \delta_{\text{lef}}) \frac{b}{2v} r \tag{3.20}$$

式中，δ_a、δ_r、δ_{lef} 分别为飞机副翼、方向舵、前缘襟翼偏转角；δ_h、δ_d 分别为平尾同步偏转角和差动偏转角。

3.3.3　推力矢量模型

任一矢量喷管轴线在飞机对称面内的投影与机体纵轴的夹角定义为俯仰推力矢量偏转角，用 δ_{yi}（i 分别取 l、r，表示左、右矢量喷管，下同）表示，矢量喷管轴线下偏（产生 $-z$ 方向的力和使飞机低头的力矩）时为正，总的俯仰推力矢量偏转角 $\delta_y = (\delta_{yl} + \delta_{yr})/2$。任一矢量喷管轴线和飞机对称面的夹角定义为偏航推力矢量偏转角，用 δ_{zi} 表示，从飞机尾部看，矢量喷管轴线左偏（产生 y 方向的力和使飞机左偏的力矩）时为正，总的偏航推力矢量偏转角 $\delta_z = (\delta_{zl} + \delta_{zr})/2$。左右喷管的俯仰推力矢量偏转角差值的一半定义为滚转推力矢量偏转角，用 δ_x 表示，$\delta_x = (\delta_{yr} - \delta_{yl})/2$，即产生使飞机左滚的力矩时 δ_x 为正。

发动机推力矢量在机体坐标系中三个方向的分量可近似表示为

$$\begin{bmatrix} T_x \\ T_y \\ T_z \end{bmatrix} = C_{\text{fg}} T \begin{bmatrix} 1 \\ \delta_z \\ -\delta_y \end{bmatrix} \tag{3.21}$$

发动机推力矢量力矩在机体坐标系中三个方向的分量可近似表示为

$$\begin{bmatrix} L_T \\ M_T \\ N_T \end{bmatrix} = C_{\text{fg}} T \begin{bmatrix} 0 & -\delta_x & -\delta_z \\ -\delta_y & 0 & -1 \\ -\delta_z & 0 & 0 \end{bmatrix} \begin{bmatrix} x_T \\ y_T \\ z_T \end{bmatrix} \tag{3.22}$$

式中，C_{fg}、T 分别为发动机的推力系数和矢量喷管未偏转时的发动机净推力。推力系数的值表示矢量喷管偏转时的推力损失。试验表明，二元矢量喷管的推力系数小于轴对称矢量喷管的推力系数。推力系数的值除与矢量喷管的形式有关外，还与飞行马赫数有关，为 92%～99%。

本书中均假设 z 轴推力矢量力臂 $z_T = 0$，按式 (3.21) 和式 (3.22) 分别得到推力矢量在机体坐标系中三个方向的力和力矩。

3.3.4   发动机和作动器模型

发动机模型结构如图 3.1 所示。

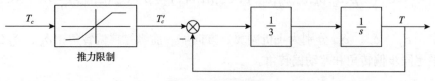

图 3.1   发动机模型

不考虑作动器位置和速率限制影响，作动器动力学模型由式(3.23)给出：

$$\dot{\delta} = \omega(\delta_{\mathrm{cmd}} - \delta) \tag{3.23}$$

式中，ω 为作动器带宽；δ_{cmd} 为舵面指令；δ 为实际舵面偏转角。

作动器带宽比较大，本书选为 30rad/s。若考虑作动器位置限制、速率限制和延时 τ 的影响，一阶作动器模型结构如图 3.2 所示。

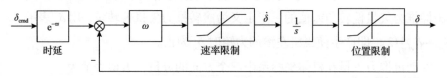

图 3.2   一阶作动器模型

3.3.5   过失速机动飞行飞机状态变量特点分析

推力矢量飞机运动方程的一般形式为

$$\dot{x} = f(x, \delta) \tag{3.24}$$

式中，飞机运动方程的状态向量 $x = [x_e, y_e, z_e, v, \chi, \gamma, \alpha, \beta, \mu, p, q, r]^{\mathrm{T}}$ 共有 12 个状态分量。控制变量 $\delta = [\delta_a, \delta_h, \delta_r, \delta_d, \delta_x, \delta_y, \delta_z]^{\mathrm{T}}$ 分别表示副翼、平尾同步、方向舵、平尾差动、滚转推力矢量、俯仰推力矢量、偏航推力矢量共 7 个舵面的偏转量。此外，本节假定飞机前缘襟翼的控制规律固定。

根据动态面控制原理，需要逐步回推选择虚拟控制变量和最终控制律。因此，首先分析 x 的 12 个状态分量的运动规律，然后再考虑引入回推设计方式，以得到合适的 δ 和 T 的控制律来实现飞机状态量的解耦控制。状态向量 x 的 12 个状态分量的变化在时间上存在明显差异，从快到慢可以分解成以下四组。

（1）$[p, q, r]^{\mathrm{T}}$ 为飞机转动角速度矢量。其变化率 $(\dot{p}, \dot{q}, \dot{r})$ 主要受控于飞机的合

外力矩，控制舵面 $\left(\delta_a, \delta_h, \delta_r, \delta_d, \delta_x, \delta_y, \delta_z\right)$ 直接影响它们的变化率。这组变量变化最快，称为快变量。

(2) $[\alpha, \beta, \mu]^{\mathrm{T}}$ 可看成飞机相对于速度轴系(航迹系)的姿态矢量，由角速度矢量经过一次积分形成，比角速度矢量变化慢，故称为慢变量。其变化率 $(\dot{\alpha}, \dot{\beta}, \dot{\mu})$ 主要受控于飞机的转动角速度，受控制舵面的直接影响很小。通过这组变量给出控制指令，控制飞机的大迎角机动。

(3) $[v, \chi, \gamma]^{\mathrm{T}}$ 为飞机相对于地面坐标系的速度矢量。它是由推力和相对于速度轴的姿态矢量产生的法向力和侧向力经过一次积分形成，故比 α、β、μ 变化更慢，称为非常慢变量。其变化率 $(\dot{v}, \dot{\chi}, \dot{\gamma})$ 受控于飞机的合外力。通过这组变量可以控制飞机的飞行轨迹。

(4) $[x_e, y_e, z_e]^{\mathrm{T}}$ 为飞机质心相对于地面坐标系的位置矢量。其变化率 $(\dot{x}_e, \dot{y}_e, \dot{z}_e)$ 受控于飞机的速度矢量，所以比速度矢量变化更慢，称为极慢变量。这组变量描述了飞机的位置信息，不直接包含在过失速机动飞行控制系统中。

根据飞行状态变量的特点，整个飞行控制系统可以看成由以上四组变量为子系统级联构成，每个子系统分别由三个状态变量组成。控制律设计的目标是逐步设计各子系统的控制律，使飞机相互耦合的状态逐步实现解耦，最终得到整个飞行控制系统的实际控制律。过失速机动控制属于轨迹控制，仅需要实现对前三组状态量的控制。

采用逐步回推设计方法对具有级联结构的飞机进行过失速机动控制律设计，不需要对状态变量进行时标分离的假设[7]。很多文献采用奇异摄动理论(即状态变量时标分离方法)来简化控制律的设计，即当快慢不同的状态变量的频带相差 3 倍以上时，在设计较慢回路的控制律时，可近似忽略较快回路的动态过程；在设计较快回路的控制律时，可将较慢变量作为常值进行处理。本书使用的控制设计方法在设计过程中采用逐步回推设计，不需要做时标分离的假设，最终得到的是一体化控制律，更能满足飞行控制的要求。

3.4 吸气式高超声速飞行器纵向动力学模型

建立吸气式高超声速飞行器动力学模型，是研究飞行器高空高速巡航飞行时气动特性和控制系统设计的重要前提。与传统飞行器相比，吸气式高超声速飞行器具有的强耦合、不确定性、参数时变和独特的气动特性，以及动力与机体一体化设计、气动热造成的弹性体效应等因素，使得高超声速飞行器的动力学建模变得非常复杂。为简化研究问题，本节以当前具有详细试验数据的、由 NASA Langley 研究中心提供的锥体加速器构型的高超声速飞行器为研究对象，基于机理建模方法建立吸气式高超声速飞行器纵向动力学模型，并面向控制需求，将飞行器纵向动力学模型转换为非线性系统严反馈 SISO 形式，最后从控制角度分析吸气式高超声速飞行器巡航飞行控制的特点，为飞行器巡航飞行控制律的设计奠定基础。

3.4.1　吸气式高超声速飞行器气动外形

目前研究采用的吸气式高超声速飞行器动力学模型主要有锥体加速器 (winged-cone) 构型和弹性乘波体构型两种[8]。本章以当前具有详细试验数据、由 NASA Langley 研究中心提供的锥体加速器构型的高超声速飞行器为研究对象，建立吸气式高超声速飞行器动力学模型[9-13]。该飞行器的前体是一个轴对称圆锥体，采用细长几何形状，具有三角形机翼、单垂直尾翼、可独立工作的左右升降副翼和可收缩的水平鸭翼，具有大长细比和大后掠角，升阻比较大，发动机模块环绕整个机体，其几何外形如图 3.3 所示。主要几何参数如表 3.2 所示，相关气动参数参考文献[9]～[13]。

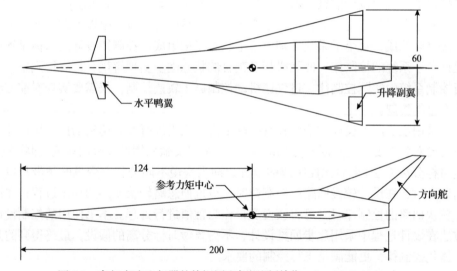

图 3.3　高超声速飞行器的俯视图和侧视图(单位：ft，1ft=0.3048m)

表 3.2　高超声速飞行器的主要几何参数

变量	参数值	变量	参数值
全机长度 L_0	200ft	平均气动翼弦长 $\bar{c}$	80ft
机翼展长 b	60ft	飞行器质量 m_0	9375kg
参考力矩中心与机头距离	124ft	惯性矩 I_y	$7 \times 10^6 \text{kg} \cdot \text{m}^2$
机翼参考面积 S	3603ft^2		

3.4.2　飞行器巡航飞行纵向动力学模型描述

由于吸气式高超声速飞行器的动力学特性非常复杂，又缺乏足够的试验数据，目前飞行器巡航飞行控制主要集中在纵向模态控制研究方面，即研究对象为简化了的飞行器纵向模型，并基于纵向模型进行飞行控制律设计。这是出于两点考虑：一是吸气式高超声速飞行器对姿态变化敏感，应避免横向机动；二是吸气式高超声速飞行器的纵向动力学特性对于控制问题而言已经足够复杂。

考虑到吸气式高超声速飞行器在巡航阶段高空、高速的飞行条件，区别于一般飞行器模型，本章建立巡航飞行纵向动力学模型需要进行如下假设。

假设 3.1　将地球考虑为一个圆球体，并以一定的角速度 ω_E 进行自转。

假设 3.2　锥形体构型的吸气式高超声速飞行器的质量一直在变化。

假设 3.3　随着高超声速飞行器位置的不同，其环境参数也在变化，包括大气密度、当地声速、重力常数。

由于高超声速飞行器非常复杂，建模过程中在保证不失一般性的前提下，必须忽略一些次要因素，做如下假设。

假设 3.4　高超声速飞行器几何外形、内部质量分布都对称，即惯性积 $I_{xy}=0$，$I_{zy}=0$。

假设 3.5　忽略高超声速飞行器在飞行中的弹性形变，不考虑发动机/机体一体化的耦合作用。

吸气式高超声速飞行器纵向运动是由飞行器在飞行平面或对称平面内的平移运动和绕 Oy 轴的转动运动构成的。对于飞行器的纵向模型，涉及的运动参数有速度 v、迎角 α、俯仰角 θ 和俯仰角速度 q，在高超声速巡航飞行阶段对纵向模型设计控制系统时，为了体现高空高速巡航时大气环境变化对纵向飞行控制产生的影响，还需要增加高度模态。忽略地球离心力、哥氏加速度和牵连加速度对飞行姿态变化带来的影响，得到简化后的吸气式高超声速飞行器巡航飞行纵向动力学模型[14,15]，具体如下：

$$\dot{v} = \frac{T\cos\alpha - D}{m} - \frac{\mu_g \sin\gamma}{r^2} \tag{3.25}$$

$$\dot{\gamma} = \frac{L + T\sin\alpha}{mv} - \frac{\mu_g - v^2 r}{vr^2}\cos\gamma \tag{3.26}$$

$$\dot{q} = M_y / I_y \tag{3.27}$$

$$\dot{\alpha} = q - \dot{\gamma} \tag{3.28}$$

$$\dot{H} = v\sin\gamma \tag{3.29}$$

式中，

$$L(v,\alpha) = \overline{q}SC_L$$

$$D(v,\alpha) = \overline{q}SC_D$$

$$T(v,\beta) = \overline{q}SC_T$$

$$r = H + R_e$$

$$M_y(v,\alpha, q,\delta_e) = \overline{q}S\overline{c}\left(C_M(\alpha) + C_M(\delta_e) + C_M(q)\right)$$

$$C_L = 0.6203\alpha$$

$$C_T = \begin{cases} 0.02576\beta_T, & \beta_T \leqslant 1 \\ 0.0224 + 0.00336\beta_T, & \beta_T > 1 \end{cases}$$

$$C_D = 0.6450\alpha^2 + 0.0043378\alpha + 0.003772$$

$$C_M(\alpha) = 0.035\alpha^2 + 0.036617\alpha + 5.3261 \times 10^{-6}$$

$$C_M(q) = (\overline{c}/2v)q\left(-6.796\alpha^2 + 0.3015\alpha - 0.2289\right)$$

$$C_M(\delta_e) = c_e(\delta_e - \alpha)$$

$\overline{q} = \rho v^2/2$ 为气动压力，v、γ、H、α、q 分别表示飞行器的速度、航迹倾斜角、高度、迎角和俯仰角速度；T、D、L 和 M_y 分别表示推力、阻力、升力和俯仰力矩；m、I_y、S、μ_g 和 $R_e = 6371001\text{m}$ 分别表示高超声速飞行器的质量、机翼俯仰惯性矩、参考面积、重力常数和地球平均半径；$\overline{c}$ 为平均气动翼弦长；c_e 为常数；δ_e 为升降舵偏转角。

考虑发动机二阶动态模型：

$$\ddot{\beta}_T = -2\xi\omega_n\beta_T - \omega_n^2\beta_T + \omega_n^2\beta_c \tag{3.30}$$

式中，β_T 为发动机节流阀调定值(油门开度)；β_c 为发动机节流阀调定值指令信号。

由式(3.29)可知，当 $-90° \leqslant \gamma < 90°$ 时，航迹倾斜角 γ 与高度 H 为精确的一一对应非线性关系(实际航迹倾斜角的变化远远小于这个范围)。若定义高度跟踪误差为 $\tilde{H} = H - H_d$，设计 $\dot{\tilde{H}} = k_p\tilde{H}$，则可以通过式(3.29)的逆变换，将高度控制指令 H_d 转换为航迹倾斜角控制指令 γ_d 来设计高度控制器，即

$$\gamma_d = \arcsin\left[\frac{-k_p(H_d - H) + \dot{H}_d}{v}\right] \tag{3.31}$$

式中，$k_p > 0$ 为控制增益。

3.4.3　飞行器纵向模型的严反馈形式

为便于高度控制器设计，做如下假设。

假设 3.6　假设迎角 α 较小，以致式(3.26)中的推力项 $T\sin\alpha$ 远小于升力项 L，故而可以忽略推力项影响，即 $T\sin\alpha \approx 0$。同时，$T\cos\alpha = T$。

假设 3.7　吸气式高超声速飞行器的飞行速度变化范围较小，且变化较慢。

基于假设 3.6，可以将吸气式高超声速飞行器纵向模型解耦为高度子系统(式(3.26)~式(3.29))和速度子系统(式(3.25))，并分别由升降舵偏转角 δ_e 和油门开度 β_T 进行控制。因此，在设计纵向飞行控制系统时，可以分别设计速度控制器和高度控制器。

根据姿态角定义，俯仰角 $\theta = \alpha + \gamma$。定义状态量 $x = [x_1, x_2, x_3]^T$ 为 $x_1 = \gamma$，$x_2 = \theta$，$x_3 = q$，控制量 $u = \delta_e$，进一步整理式(3.26)~式(3.29)，可将纵向模型中高度子系统转换为严反馈形式(3.32)，速度子系统转换为严反馈形式(3.33)，得到纵向模型的严反馈 SISO 形式：

$$\dot{v} = f_v(x_1, x_2, x_3, v) + g_v(x_1, x_2, v)\beta_T \tag{3.32}$$

$$\begin{cases} \dot{x}_1 = f_1(x_1, v) + g_1(v)x_2 \\ \dot{x}_2 = f_2 + g_2 x_3 \\ \dot{x}_3 = f_3(x_1, x_2, x_3, v) + g_3(v)u \end{cases} \tag{3.33}$$

式中，

$$\begin{cases} f_v(x_1, x_2, x_3, v) = \begin{cases} \dfrac{\bar{q}SC_D}{m} - \dfrac{\mu_g \sin\gamma}{r^2}, & \beta_T \leqslant 1 \\[3mm] \dfrac{0.0224\bar{q}S}{m} - \dfrac{\bar{q}SC_D}{m} - \dfrac{\mu_g \sin\gamma}{r^2}, & \beta_T > 1 \end{cases} \\[10mm] g_v(x_1, x_2, v) = \begin{cases} \dfrac{0.02576\bar{q}S}{m}, & \beta_T \leqslant 1 \\[3mm] \dfrac{0.000336\bar{q}S}{m}, & \beta_T > 1 \end{cases} \end{cases} \tag{3.34}$$

$$
\begin{cases}
f_1(x_1,v) = -\dfrac{\left(\mu_g - v^2 r\right)\cos\gamma}{vr^2} - g_1(v)\gamma \\[2mm]
f_2 = 0 \\[2mm]
f_3(x_1,x_2,x_3,v) = \overline{q}S\overline{c}\left(C_M(\alpha) + C_M(q) - c_e\alpha\right)/I_y \\[2mm]
g_1(v) = \overline{q}S \times 0.6203/(mv) \\[2mm]
g_2 = 1 \\[2mm]
g_3(v) = \overline{q}S\overline{c}c_e/I_y
\end{cases}
\tag{3.35}
$$

为便于稳定性分析，对式(3.35)中的 $f_i(\cdot)$、$g_i(\cdot)(i=1,3,v)$ 做如下假设。

假设 3.8　$f_1(x_1,v)$、$f_3(x_1,x_2,x_3,v)$、$g_1(v)$、$g_3(v)$、$f_v(x_1,x_2,x_3,v)$、$g_v(x_1,x_2,v)$ 为光滑函数，且存在正常数 g_m、g_M，使得 $g_m \leqslant g_i(\cdot) \leqslant g_M$。根据式(3.34)和式(3.35)可知 $g_i(\cdot) \geqslant 0 (i=1,3,v)$ 成立。

假设 3.9　期望指令信号 $y_r = \gamma_d$ 光滑有界，且 $y_r \in \Omega_r = \{(y_r,\dot{y}_r,\ddot{y}_r) : y_r^2 + \dot{y}_r^2 + \ddot{y}_r^2 \leqslant B_0\}$，$B_0$ 为已知正常数。

3.4.4　吸气式高超声速飞行器巡航飞行控制特点分析

与传统飞行器相比，吸气式高超声速飞行器飞行环境复杂、飞行包线跨度大、气动特性变化剧烈，这对飞行控制系统设计提出了许多新的挑战，使得高超声速飞行控制成为当前飞行控制领域的热点研究问题。从控制角度看，吸气式高超声速飞行器动力学模型呈现出非线性、强耦合性、快时变性和不确定性等主要特点[16-19]。

(1)非线性。吸气式高超声速飞行器巡航飞行跨越平流层和中间大气层，这一区域空气压力和大气密度的变化范围大，环境温度变化复杂，使得飞行器的气动特性随飞行高度、速度变化呈现出强烈的非线性特性[17]，主要包括飞行状态随气动力和气动力矩的非线性变化，气动系数和力矩系数随飞行状态和马赫数的非线性变化，气动力和气动力矩随外界环境因素的非线性变化等[18]。

(2)强耦合性。吸气式高超声速飞行器由于机体与发动机一体化设计、自身的弹性结构、高速飞行的特点，其耦合特性非常突出[16]。一是高超声速飞行器一般采用机体与发动机一体化设计，使得气动力与推进系统之间存在强烈的耦合，在控制上将表现为输入输出之间的耦合，使系统的解耦控制成为需要解决的问题。二是高超声速飞行器的细长体结构和轻质材料，使机体比一般飞行器更易发生弹性形变，并且弹性与刚体之间紧密耦合，导致其影响的结构动力学对控制回路产生干扰，控制与结构之间存在耦合效应。

(3)快时变性。高超声速飞行器由于大空域飞行、高超声速流场、质量变化等因素而具有明显的时变特性[16,19]。一是高超声速飞行器飞行过程中跨大空域、高速飞行,并且飞行器高低空气动力特性变化差异巨大,导致飞行器的动力学特征和模型参数在飞行中变化非常显著,体现了飞行器气动特性和模型参数的时变性。二是高超声速气流引起局部流场中激波与边界层的干扰,加剧了气动力的时变特性。三是高超声速飞行器燃料快速消耗,造成飞行器质心具有一定的时变特性,加之惯性力矩是飞行器质量的时变函数,使得整个飞行器系统体现一定的时变性。

(4)不确定性。由于高超声速飞行器飞行包线跨度大,高低空气动力特性的巨大差异导致控制模型参数变化剧烈,并且飞行环境复杂,尤其是大气特性测量和气动特性估算困难,使得高超声速飞行器动力学模型具有较大的不确定性[16,18]。一是飞行器表面流动特性复杂,目前的飞行试验、风洞模拟和计算流体力学都不足以对其精确分析,模型中的气动参数存在较大误差。二是高超声速飞行中严重的气动加热,导致飞行器结构振型和固有振动频率的变化,使飞行器结构动力学特性产生不确定性。三是高超声速飞行器所处的临近空间环境复杂多变,随机的大气干扰、复杂的气流特性加重了模型和参数的不确定性。

3.5 本章小结

本章分别针对推力矢量飞机和吸气式高超声速飞行器建立了过失速机动飞行动力学模型和纵向动力学模型。以某加装轴对称矢量喷管的双发新型战斗机为对象,列出了某型推力矢量飞机的六自由度 12 个全量非线性运动方程,建立了大迎角状态下飞机气动力和力矩模型、推力矢量模型、发动机和作动器模型。以当前具有详细试验数据的、由 NASA Langley 研究中心提供的锥体加速器构型的高超声速飞行器为研究对象,采用机理建模方法建立了吸气式高超声速飞行器纵向动力学模型,并面向控制需求,将飞行器纵向模型转换为非线性系统严反馈 SISO 形式。飞行器纵向动力学模型的建立为下一步两类飞行器动态面自适应飞行控制律的设计奠定了基础。

参 考 文 献

[1] 曲东才. 战斗机过失速机动与近距格斗空战[J]. 航空兵器, 2000, (4): 12-15.

[2] 孙金标, 张曙光, 张建康, 等. 过失速机动对抗战法研究[J]. 飞行力学, 2003, 21 (3): 10-13.

[3] Calise A J, Johnson M, Shin Y. Adaptive flight control of advanced fighter aircraft at high angles of attack[R]. Tulsa: IEEE Midwest Symposium on Circuits and Systems, 2002.

[4] 吴森堂. 飞行控制系统[M]. 2 版. 北京: 北京航空航天大学出版社, 2013.

[5] 胡孟权. 推力矢量飞机非线性飞行控制律研究[D]. 西安: 西北工业大学, 2002.

[6] 熊治国. 基于自抗扰控制方法的超机动飞行控制律研究[D]. 西安: 空军工程大学, 2005.

[7] Sharma M, Farrell J A, Polycarpou M, et al. Backstepping flight control using on-line function approximation[C]. Proceedings of AIAA Guidance Navigation and Control Conference, Austin, 2003: 1-10.

[8] 唐硕, 祝强军. 吸气式高超声速飞行器动力学建模研究进展[J]. 力学进展, 2011, 41(2): 187-200.

[9] Xu H J, Ioannou P A, Mirmirani M. Adaptive sliding mode control design for a hypersonic flight vehicle[J]. Journal of Guidance, Control and Dynamics, 2004, 27(5): 829-838.

[10] Shaughnessy J D, Pinckney S Z, McMinn J D, et al. Hypersonic vehicle simulation model: Winged-cone configuration[R]. Washington D.C.: National Aeronautics and Space Administration, 1990.

[11] Keshmiri S, Colgren R. Six DoF nonlinear equations of motion for a generic hypersonic vehicle[C]. Proceedings of AIAA Atmospheric Flight Mechanics Conference and Exhibit, Hilton Head Island, 2007: 954-981.

[12] Keshmiri S, Mirmirani M, Colgren R. Six-DOF modeling and simulation of a generic hypersonic vehicle for conceptual design studies[C]. Proceedings of AIAA Modeling and Simulation Technologies Conference and Exhibit, Rhode Island, 2004: 1-12.

[13] Keshmiri S, Colgren R, Mirmirani M. Six-DOF modeling and simulation of a generic hypersonic vehicle for control and navigation purposes[C]. Proceedings of AIAA Guidance, Navigation, and Control Conference and Exhibit, Keystone, 2006: 1-10.

[14] 程志浩. 高超声速飞行器建模与控制律设计[D]. 西安: 空军工程大学, 2013.

[15] 高道祥, 孙增圻, 罗熊, 等. 基于 Backstepping 的高超声速飞行器模糊自适应控制[J]. 控制理论与应用, 2008, 25(5): 805-810.

[16] 张超凡, 宗群, 董琦, 等. 高超声速飞行器模型及控制若干问题综述[J]. 信息与控制, 2017, 46(1): 90-102.

[17] 孙长银, 穆朝絮, 余瑶. 近空间高超声速飞行器控制的几个科学问题研究[J]. 自动化学报, 2013, 39(11): 1901-1912.

[18] 方洋旺, 柴栋, 毛东辉, 等. 吸气式高超声速飞行器制导与控制研究现状及发展趋势[J]. 航空学报, 2014, 35(7): 1776-1786.

[19] 宗群, 田栢苓, 董琦, 等. 高超声速飞行器鲁棒自适应控制[M]. 北京: 科学出版社, 2018.

第4章 严反馈块控动态面飞行控制

4.1 引　言

对于 MIMO 非线性系统,由于各状态变量和输入信号相互耦合,其分析和控制变得较为复杂。尽管现有文献对 MIMO 非线性系统的动态面控制问题也取得了一些研究成果,但大部分研究的设计步骤仍然类似于 SISO 系统的设计过程,每一步的设计均相对标量系统进行,不易推广到每个子系统都是多变量的系统设计过程中。然而,大部分的实际工程系统具有非线性和多变量特性,如飞机、导弹等多变量非线性系统,其数学模型往往可以转化为每个子系统都是向量的不确定严反馈块控非线性(nonlinear block controllable, NBC)形式的 MIMO 系统[1-4]。因此,研究不确定严反馈块控非线性 MIMO 系统的动态面控制具有实际意义。另外,由于动态面控制引入了低通滤波器,跟踪误差不再收敛到零,而是收敛到一个较小的残集内,能否引入一种技术使得跟踪误差的 L_∞ 性能指标被保证也成为一个值得研究的内容。

处于过失速机动飞行状态的飞机是一个多变量、强耦合、非线性的不确定性控制系统,对于这样的复杂控制对象,目前仍然鲜有通用的控制律设计方法,在过失速机动控制问题中研究最多的还是非线性动态逆方法。该方法通过引入非线性对消,能实现回路间的解耦,被控对象的改变不影响控制器的结构和增益,只需根据对象参数的变化,改变其对消的函数关系。该方法的难点是需要获得被控对象的精确数学模型,否则,系统的鲁棒性难以得到保障。但是,大迎角飞行条件下飞机气动力和气动参数的非定常性,使得过失速机动状态下的飞机无法精确建模。为此,文献[5]提出了一种过失速机动飞行的非线性反推自适应控制方法。该方法不需要飞机的精确数学模型,但在对该方法进行工程化试验的过程中发现,尽管设计的控制律在理论推导上不存在问题,但控制律的具体实现过于复杂,机载计算机难以承受其计算量。

基于以上分析,本章首先就一类可转化为不确定严反馈块控非线性形式的 MIMO 系统,提出其满足 L_∞ 跟踪性能的动态面鲁棒控制方法;然后将提出的严反馈块控动态面控制方法应用到飞行控制律设计中,提出一种严反馈块控动态面过失速机动飞行控制律设计方法,控制律设计过程中不需要飞机的精确数学模型和时标分离的假设,并且克服了反推自适应飞行控制的控制律复杂性问题,简化了控制算法。

4.2　严反馈块控非线性系统的动态面控制

本节就一类可转化为不确定严反馈块控非线性形式的 MIMO 系统,提出其满足 L_∞ 跟踪性能的动态面鲁棒控制方法。基本思路为将子系统的多个变量作为一个整体定义动态面变量;通过引入动态面修正及初始化技巧,保证系统各个输出跟踪误差的 L_∞ 性能指标;基于 Lyapunov 稳定性定理证明闭环系统的半全局稳定性。

4.2.1　问题描述

考虑下面一类可转化为不确定严反馈非线性块控形式的 MIMO 系统:

$$\begin{cases} \dot{x}_i = f_i(X_i) + G_i(X_i)x_{i+1} + \Delta f_i(X_i,t), & i=1,\cdots,n-1 \\ \dot{x}_n = f_n(X_n) + G_n(X_n)u + \Delta f_n(X_n,t) \\ y = x_1 \end{cases} \tag{4.1}$$

式中,$x_i \in \mathbf{R}^{m_i}$,$X_i = [x_1^{\mathrm{T}},\cdots,x_i^{\mathrm{T}}]^{\mathrm{T}}$,$i=1,2,\cdots,n$ 是状态向量,$m_1,m_2,\cdots,m_n$ 是每个子系统的维数,$\sum_{i=1}^{n} m_i = N$;$f_i(X_i) \in \mathbf{R}^{m_i}$ 和 $G_i(X_i) \in \mathbf{R}^{m_i \times m_{i+1}}$ 分别是已知光滑函数向量和矩阵,满足 $f_i(0)=0$;$\Delta f_i(X_i,t) \in \mathbf{R}^{m_i \times 1}$ 是不确定光滑函数向量;$u \in \mathbf{R}^{m_{n+1}}$ 是控制输入;$y \in \mathbf{R}^m$ 是系统输出。

控制目标:针对不确定非线性系统(4.1),设计动态面控制律 u,消除不确定对系统的影响,使输出 $y=x_1$ 跟踪期望指令信号 y_r,且具有良好的过渡过程品质。

4.2.2　动态面鲁棒控制律设计

为设计动态面控制系统,现做如下假设。

假设 4.1　矩阵 $G_i(X_i)$ 是行满秩的,$G_i = (g_{ipq})_{m_i \times m_{i+1}}$,且存在常数 $g_{i1} \geqslant g_{i0} > 0$,使得 $g_{i0} \leqslant |g_{ipq}| \leqslant g_{i1}$。

假设 4.2　期望信号 y_r 是关于 t 的光滑函数向量,且 $y_r \in \Pi := \{(y_{ri},\dot{y}_{ri},\ddot{y}_{ri}) | \|y_{ri}\|^2 + \|\dot{y}_{ri}\|^2 + \|\ddot{y}_{ri}\|^2 \leqslant K_0, 1 \leqslant i \leqslant m_1\}$,$K_0$ 是已知正常数。

假设 4.3　$\Delta f_i(X_i,t)$ 满足 $\|\Delta f_i(X_i,t)\| \leqslant \rho_i(X_i)$,且 $\rho_i(X_i)$ 为已知光滑函数。

针对系统(4.1),设计动态面控制律如下。

步骤 1　定义动态面变量:

$$S_1 = x_1 - y_r \tag{4.2}$$

式中，$S_1 = [s_{11}, \cdots, s_{1m_1}]^{\mathrm{T}}$，以下步骤中类似定义。

其微分为

$$\dot{S}_1 = f_1(X_1) + G_1(X_1)x_2 + \Delta f_1(X_1, t) - \dot{y}_r \tag{4.3}$$

此时，虚拟控制律不难选择为

$$x_{2c} = G_1^+\left(-f_1 - K_1 S_1 - S_1 \frac{\rho_1^2(X_1)}{2\varepsilon} + \dot{y}_r\right) \tag{4.4}$$

但是，根据文献[6]，在反推设计过程中，将使用 x_{2c} 的微分信号 $\dot{x}_{2c}$，为了避免对它的解析运算，如果选择

$$\bar{x}_2 = G_1^+\left(-f_1 - K_1 S_1 - S_1 \frac{\rho_1^2(X_1)}{2\varepsilon} + \dot{y}_r\right) \tag{4.5}$$

且保证 x_{2c} 能渐近收敛到 $\bar{x}_2$，则同样可以保证 S_1 收敛到 0 的某个邻域中。故可考虑通过低通滤波器来获得 x_{2c} 和 $\dot{x}_{2c}$，有

$$\tau_2 \dot{x}_{2c} + x_{2c} = \bar{x}_2, \quad x_{2c}(0) := \bar{x}_2(0) \tag{4.6}$$

式中，$\varepsilon > 0$ 为跟踪参数；$K_1 = \mathrm{diag}\{k_{11}, \cdots, k_{1m_1}\} > 0$ 为控制增益；τ_2 为滤波器时间常数，以下步骤中相应参数类似定义。

步骤 i　定义第 i 个动态面变量：

$$S_i = x_i - x_{ic} - c_i, \quad 2 \leqslant i \leqslant n-1 \tag{4.7}$$

式中，$c_i = [c_{i1}, \cdots, c_{im_i}]^{\mathrm{T}}$ 为设计常数向量，以下步骤中类似定义。

其微分为

$$\dot{S}_i = f_i(X_i) + G_i(X_i)x_{i+1} + \Delta f_i(X_i, t) - \dot{x}_{ic} \tag{4.8}$$

选择虚拟控制输入和低通滤波器为

$$\bar{x}_{i+1} = G_i^+\left(-f_i - K_i S_i - \frac{S_i \rho_i^2(X_i)}{2\varepsilon} + \dot{x}_{ic}\right) \tag{4.9}$$

$$\bar{x}_{i+1} = \tau_{i+1} \dot{x}_{(i+1)c} + x_{(i+1)c}, \quad x_{(i+1)c}(0) = \bar{x}_{i+1}(0) \tag{4.10}$$

步骤 n　定义第 n 个动态面变量：

$$S_n = x_n - x_{nc} - c_n \tag{4.11}$$

其微分为

$$\dot{S}_n = f_n(X_n) + G_n(X_n)u + \Delta f_n(X_n, t) - \dot{x}_{nc} \tag{4.12}$$

选择最终控制为

$$u = G_n^+ \left(-f_n - K_n S_n - \frac{S_n \rho_n^2(X_n)}{2\varepsilon} + \frac{\overline{x}_n - x_{nc}}{\tau_n} \right) \tag{4.13}$$

注 4.1　式(4.5)、式(4.9)、式(4.13)中的非线性阻尼项 $S_i \dfrac{\rho_i^2(X_i)}{2\varepsilon}$ 用于补偿不确定性项 $\Delta f_i(X_i)$。$G_i^+ = G_i^{\mathrm{T}} \left(\eta I_i + G_i G_i^{\mathrm{T}} \right)^{-1}$，$\eta$ 为小正常数，$I_i \in \mathbf{R}^{m_i \times m_i}$ 为单位矩阵。

注 4.2　在上述设计步骤中，动态面变量定义为 $S_i = x_i - x_{ic} - c_i$，代替使用现有文献定义 $S_i = x_i - x_{ic} (2 \leqslant i \leqslant n)$，用于保证跟踪误差的 L_∞ 性能。

4.2.3　闭环系统稳定性和跟踪性能分析

定义系统的边界层误差：

$$y_{i+1} = x_{(i+1)c} - \overline{x}_{i+1} \tag{4.14}$$

式中，$y_{i+1} = [y_{(i+1)1}, \cdots, y_{(i+1)m_{i+1}}]^{\mathrm{T}}$。

由式(4.10)可得

$$\dot{x}_{(i+1)c} = -\frac{y_{i+1}}{\tau_{i+1}} \tag{4.15}$$

由于 y_2 关于时间 t 的导数为

$$\begin{aligned}
\dot{y}_2 = \dot{x}_{2c} - \dot{\overline{x}}_2 = &-\frac{y_2}{\tau_2} - \dot{G}_1^+ \left(-f_1 - K_1 S_1 - S_1 \frac{\rho_1^2}{2\varepsilon} + \dot{y}_r \right) \\
&- G_1^+ \left(-\frac{\partial f_1}{\partial X_1^{\mathrm{T}}} \dot{X}_1 - K_1 \dot{S}_1 - \dot{S}_1 \frac{\rho_1^2}{2\varepsilon} - S_1 \frac{\rho_1}{\varepsilon} \frac{\partial \rho_1}{\partial X_1^{\mathrm{T}}} \dot{X}_1 + \ddot{y}_r \right)
\end{aligned} \tag{4.16}$$

可见

$$\sum_{j=1}^{m_2}\left|\dot{y}_{2j}+\frac{1}{\tau_2}y_{2j}\right| \leqslant \sum_{j=1}^{m_2}C_{2j}(S_1,S_2,y_2,y_r,\dot{y}_r,\ddot{y}_r) \tag{4.17}$$

故

$$y_2^{\mathrm{T}}\dot{y}_2 \leqslant \sum_{j=1}^{m_2}\left(-\frac{1}{\tau_2}y_{2j}^2+\left|y_{2j}\right|C_{2j}\right)=-\frac{y_2^{\mathrm{T}}y_2}{\tau_2}+\sum_{j=1}^{m_2}\left(\left|y_{2j}\right|C_{2j}\right) \tag{4.18}$$

式中，$C_{2j}(S_1,S_2,y_2,y_r,\dot{y}_r,\ddot{y}_r)$ 是某一连续函数。

类似地，有

$$\begin{aligned}
\dot{y}_{i+1}=\dot{x}_{(i+1)c}-\dot{\bar{x}}_{i+1}&=-\frac{y_{i+1}}{\tau_{i+1}}-\dot{G}_i^+\left(-f_i-K_iS_i-S_i\frac{\rho_i^2}{2\varepsilon}+\dot{x}_{ic}\right)\\
&-G_i^+\left(-\frac{\partial f_i}{\partial X_i^{\mathrm{T}}}\dot{X}_i-K_i\dot{S}_i-\dot{S}_i\frac{\rho_i^2}{2\varepsilon}-S_i\frac{\rho_i}{\varepsilon}\frac{\partial \rho_i}{\partial X_i^{\mathrm{T}}}\dot{X}_i+\ddot{x}_{ic}\right)
\end{aligned} \tag{4.19}$$

利用归纳法可知

$$\begin{aligned}
y_{i+1}^{\mathrm{T}}\dot{y}_{i+1} &\leqslant \sum_{j=1}^{m_{i+1}}\left(-\frac{1}{\tau_{i+1}}y_{(i+1)j}^2+\left|y_{(i+1)j}\right|C_{(i+1)j}\right)\\
&=-\frac{y_{i+1}^{\mathrm{T}}y_{i+1}}{\tau_{i+1}}+\sum_{j=1}^{m_{i+1}}\left(\left|y_{(i+1)j}\right|C_{(i+1)j}\right)
\end{aligned} \tag{4.20}$$

式中，$C_{(i+1)j}(S_1,\cdots,S_{i+1},y_2,\cdots,y_{i+1},y_r,\dot{y}_r,\ddot{y}_r)$ 是某一连续函数向量。

由式 (4.3) 和式 (4.5) 可得 S_1 动态值，即

$$\begin{aligned}
\dot{S}_1 &= G_1(S_2+y_2+c_2)-K_1S_1-S_1\frac{\rho_1^2}{2\varepsilon}+\Delta f_1\\
&+\eta I_1\left(\eta I_1+G_1G_1^{\mathrm{T}}\right)^{-1}\left(f_1+K_1S_1+S_1\frac{\rho_1^2}{2\varepsilon}-\dot{y}_r\right)
\end{aligned} \tag{4.21}$$

利用杨氏不等式，可得

$$\begin{aligned}
S_1^{\mathrm{T}}\dot{S}_1 &\leqslant \sum_{q=1}^{m_2}\sum_{p=1}^{m_1}\left(3g_{1pq}^2s_{1p}^2+\frac{1}{4}s_{2q}^2+\frac{1}{4}y_{2q}^2+\frac{1}{4}c_{2q}^2\right)-\sum_{p=1}^{m_1}(k_{1p}s_{1p}^2)+\frac{\varepsilon}{2}+\|S_1\|^2+\frac{1}{4}\|\delta_1\|^2\\
&=\sum_{p=1}^{m_1}\left[\sum_{q=1}^{m_2}(3g_{1pq}^2)-k_{1p}+1\right]s_{1p}^2+\frac{m_1}{4}\sum_{q=1}^{m_2}s_{2q}^2+\frac{m_1}{4}\sum_{q=1}^{m_2}y_{2q}^2+\frac{m_1}{4}\sum_{q=1}^{m_2}c_{2q}^2+\frac{\varepsilon}{2}+\frac{1}{4}\|\delta_1\|^2
\end{aligned} \tag{4.22}$$

式中，$\delta_1(S_1, x_{1c}, \dot{x}_{1c})$ 为连续函数向量，且满足

$$\left\| \eta I_1 \left(\eta I_1 + G_1 G_1^{\mathrm{T}} \right)^{-1} \left(f_1 + K_1 S_1 + S_1 \frac{\rho_1^2}{2\varepsilon} - \dot{y}_r \right) \right\| \leqslant \delta_1(S_1, y_r, \dot{y}_r) \tag{4.23}$$

类似地，有

$$\dot{S}_i = G_i(S_{i+1} + y_{i+1} + c_{i+1}) - K_i S_i - S_i \frac{\rho_i^2}{2\varepsilon} + \Delta f_i$$
$$+ \eta I_i \left(\eta I_i + G_i G_i^{\mathrm{T}} \right)^{-1} \left(f_i + K_i S_i + S_i \frac{\rho_i^2}{2\varepsilon} - \dot{x}_{ic} \right) \tag{4.24}$$

$$S_i^{\mathrm{T}} \dot{S}_i \leqslant \sum_{p=1}^{m_i} \left[\sum_{q=1}^{m_{i+1}} 3 g_{ipq}^2 - k_{ip} + 1 \right] s_{ip}^2 + \frac{m_i}{4} \sum_{q=1}^{m_{i+1}} s_{(i+1)q}^2$$
$$+ \frac{m_i}{4} \sum_{q=1}^{m_{i+1}} y_{(i+1)q}^2 + \frac{m_i}{4} \sum_{q=1}^{m_{i+1}} c_{(i+1)q}^2 + \frac{\varepsilon}{2} + \frac{1}{4} \|\delta_i\|^2 \tag{4.25}$$

$$\dot{S}_n = -K_n S_n - S_n \frac{\rho_n^2}{2\varepsilon} + \Delta f_n + \eta I_n \left(\eta I_n + G_n G_n^{\mathrm{T}} \right)^{-1} \left(f_n + K_n S_n + S_n \frac{\rho_n^2}{2\varepsilon} - \dot{x}_{nc} \right) \tag{4.26}$$

$$S_n^{\mathrm{T}} \dot{S}_n \leqslant \sum_{p=1}^{m_n} (-k_{np} + 1) s_{np}^2 + \frac{\varepsilon}{2} + \frac{1}{4} \|\delta_n\|^2 \tag{4.27}$$

式中，$\delta_i(S_i, x_{ic}, \dot{x}_{ic})$ 为连续函数向量，且满足

$$\left\| \eta I_i \left(\eta I_i + G_i G_i^{\mathrm{T}} \right)^{-1} \left(f_i + K_i S_i + S_i \frac{\rho_i^2}{2\varepsilon} - \dot{x}_{ic} \right) \right\| \leqslant \delta_i(S_i, x_{ic}, \dot{x}_{ic}), \quad 2 \leqslant i \leqslant n \tag{4.28}$$

定理 4.1　考虑式 (4.1) 构成的闭环系统，定义 Lyapunov 能量函数：

$$V(t) = \frac{1}{2} \sum_{i=1}^{n} S_i^{\mathrm{T}} S_i + \frac{1}{2} \sum_{i=1}^{n-1} y_{i+1}^{\mathrm{T}} y_{i+1} \tag{4.29}$$

在满足假设 4.1～假设 4.3 的条件下，控制律选择为式 (4.13)，则对于任意给定正常数 p，若 $V(0) \leqslant p$，那么存在设计参数 K_i、η、$\tau_{i+1}(i=1,2,\cdots,n)$、$\varepsilon$，使闭环系统的所有信号半全局一致终结有界[7]，且适当调节设计参数，可使跟踪误差 S_1 收敛到原点的一个小邻域内。进一步，通过恰当选择设计参数及初始化动态面变量，系统各个输出跟踪误差的 L_∞ 性能被保证。

证明　求 $V(t)$ 对时间 t 的导数，并将式 (4.20)、式 (4.22)、式 (4.25)、式 (4.27) 代入整理得

$$
\begin{aligned}
\dot{V}(t) &= \sum_{i=1}^{n} S_i^{\mathrm{T}} \dot{S}_i + \sum_{i=1}^{n-1} y_{i+1}^{\mathrm{T}} \dot{y}_{i+1} \\
&\leqslant \sum_{p=1}^{m_1} \left(\sum_{q=1}^{m_2} 3 g_{1pq}^2 - k_{1p} + 1 \right) s_{1p}^2 + \frac{m_1}{4} \sum_{q=1}^{m_2} s_{2q}^2 + \frac{m_1}{4} \sum_{q=1}^{m_2} y_{2q}^2 \\
&\quad + \frac{m_1}{4} \sum_{q=1}^{m_2} c_{2q}^2 + \frac{1}{4} \|\delta_1\|^2 + \cdots + \sum_{p=1}^{m_i} \left(\sum_{q=1}^{m_{i+1}} 3 g_{ipq}^2 - k_{ip} + 1 \right) s_{ip}^2 \\
&\quad + \frac{m_i}{4} \sum_{q=1}^{m_{i+1}} s_{(i+1)q}^2 + \frac{m_i}{4} \sum_{q=1}^{m_{i+1}} y_{(i+1)q}^2 + \frac{m_i}{4} \sum_{q=1}^{m_{i+1}} c_{(i+1)q}^2 + \frac{1}{4} \|\delta_i\|^2 \\
&\quad + \cdots + \sum_{p=1}^{m_n} (-k_{np} + 1) s_{np}^2 + \frac{n\varepsilon}{2} + \frac{1}{4} \|\delta_n\|^2 \\
&\quad + \sum_{i=1}^{n-1} \left[-\frac{y_{i+1}^{\mathrm{T}} y_{i+1}}{\tau_{i+1}} + \sum_{j=1}^{m_{i+1}} \left(\left| y_{(i+1)j} \right| C_{(i+1)j} \right) \right]
\end{aligned}
\tag{4.30}
$$

由假设 4.2 和定理 4.1 表述可知，对于任意 $K_0 > 0$ 和 $p > 0$，集合

$$
\Pi = \{ (y_{ri}, \dot{y}_{ri}, \ddot{y}_{ri}) \mid \|y_{ri}\|^2 + \|\dot{y}_{ri}\|^2 + \|\ddot{y}_{ri}\|^2 \leqslant K_0, 1 \leqslant i \leqslant m_1 \}
$$

$$
\Pi_i = \left\{ \sum_{j=1}^{i} S_j^{\mathrm{T}} S_j + \sum_{j=1}^{i-1} y_{j+1}^{\mathrm{T}} y_{j+1} \leqslant 2p \right\}, \quad i = 1, 2, \cdots, n
$$

分别是 $\mathbf{R}^3$ 和 $\mathbf{R}^{2i-1}$ 内的紧集，那么，$\Pi \times \Pi_i$ 也是 $\mathbf{R}^{2i+2}$ 内的紧集。因此，$C_{(i+1)j}$ 在集合 $\Pi \times \Pi_i$ 内存在一个最大值 M_{i+1}，$\|\delta_i\|$ 在集合 $\Pi \times \Pi_i$ 内存在一个最大值 Δ_i。由杨氏不等式可知，对于任意 $\mu > 0$ 有

$$
\begin{aligned}
\sum_{j=1}^{m_{i+1}} \left(\left| y_{(i+1)j} \right| C_{(i+1)j} \right) &\leqslant \sum_{j=1}^{m_{i+1}} \left(\frac{y_{(i+1)j}^2 M_{i+1}^2}{2\mu} + \frac{\mu}{2} \right) \\
&= \frac{M_{i+1}^2}{2\mu} y_{i+1}^{\mathrm{T}} y_{i+1} + \frac{m_{i+1}\mu}{2}
\end{aligned}
\tag{4.31}
$$

将式 (4.31) 代入式 (4.30) 得

$$\dot{V}(t) \leqslant \sum_{p=1}^{m_1}\left(\sum_{q=1}^{m_2}3g_{1pq}^2 - k_{1p}+1\right)s_{1p}^2 + \sum_{i=2}^{n-1}\sum_{p=1}^{m_i}\left(\sum_{q=1}^{m_{i+1}}3g_{ipq}^2 - k_{ip}+1+\frac{m_{i-1}}{4}\right)s_{ip}^2$$

$$+\sum_{p=1}^{m_n}\left(-k_{np}+1+\frac{m_{n-1}}{4}\right)s_{np}^2 + \sum_{i=1}^{n-1}\frac{m_i}{4}\|c_{i+1}\|^2 + \frac{n\varepsilon}{2}+\frac{1}{4}\sum_{i=1}^{n}\varDelta_i^2 \qquad (4.32)$$

$$+\sum_{i=1}^{n-1}\left(-\frac{1}{\tau_{i+1}}+\frac{m_i}{4}+\frac{M_{i+1}^2}{2\mu}\right)y_{i+1}^{\mathrm{T}}y_{i+1}+\frac{(N-m_1)\mu}{2}$$

选择设计参数：

$$\begin{cases} k_{1p} \geqslant 3\sum_{q=1}^{m_2}g_{1pq}^2+1+0.5\alpha_0 \\ k_{ip} \geqslant 3\sum_{q=1}^{m_{i+1}}g_{ipq}^2+1+\frac{m_{i-1}}{4}+0.5\alpha_0 \\ k_{np} \geqslant 1+\frac{m_{n-1}}{4}+0.5\alpha_0 \\ \frac{1}{\tau_{i+1}} \geqslant \frac{m_i}{4}+\frac{M_{i+1}^2}{2\mu}+0.5\alpha_0 \end{cases}, \quad p=1,2,\cdots,m_i,\quad i=2,3,\cdots,n-1 \quad (4.33)$$

则式(4.32)表示为

$$\dot{V}(t) \leqslant -\alpha_0 V(t) + e_M + \frac{(N-m_1)\mu}{2} \qquad (4.34)$$

式中，$e_M = \sum_{i=1}^{n-1}\frac{m_i}{4}\|c_{i+1}\|^2 + \frac{n\varepsilon}{2}+\frac{1}{4}\sum_{i=1}^{n}\varDelta_i^2$。

令

$$\alpha_0 > \left[e_M + \frac{(N-m_1)\mu}{2}\right]\bigg/p \qquad (4.35)$$

则当$V(t)=p$时$\dot{V}(t)\leqslant 0$，说明$V(t)\leqslant p$是一个不变集，即对于$\forall t\geqslant 0$，若$V(0)\leqslant p$，则$V(t)\leqslant p$。对式(4.34)两边在$[0,t]$内积分可得

$$0\leqslant V(t)\leqslant\left[e_M+\frac{(N-m_1)\mu}{2}\right]\bigg/\alpha_0 + \left\{V(0)-\left[e_M+\frac{(N-m_1)\mu}{2}\right]\bigg/\alpha_0\right\}\mathrm{e}^{-\alpha_0 t}, \quad \forall t\geqslant 0$$

$$(4.36)$$

那么，有

$$\lim_{t \to \infty} V(t) = \left[e_M + \frac{(N-m_1)\mu}{2} \right] \Big/ \alpha_0 \tag{4.37}$$

因此，闭环系统的所有信号即 S_i、y_{i+1} 等均半全局一致终结有界。按式 (4.33) 适当选择设计参数，使 α_0 足够大，则跟踪误差 S_1 能被取得任意小。

注 4.3　与传统的反推控制相比，低通滤波器的引入解决了反推控制的"微分爆炸"问题，使得设计的控制器结构非常简单。然而，代价是仅能保证系统的半全局稳定性，且跟踪误差不能收敛到零，而是收敛到一个与设计参数有关的残集内。

下面给出跟踪误差的 L_∞ 性能。

若令 $y_r(0) = x_1(0)$，则由式 (4.2) 可知 $S_1(0) = 0$，接着由式 (4.5) 和式 (4.6) 可知 $x_{2c}(0) = \bar{x}_2(0) = 0$；再令 $c_i = x_i(0)$，$2 \leqslant i \leqslant n$，则由式 (4.7) 可知 $S_2(0) = x_2(0) - x_{2c}(0) - c_2(0) = 0$。依次递推，可得到

$$\bar{x}_{i+1}(0) = 0 \Rightarrow x_{(i+1)c}(0) = 0 , \quad 1 \leqslant i \leqslant n-1 \tag{4.38}$$

$$S_i(0) = 0 , \quad 1 \leqslant i \leqslant n \tag{4.39}$$

再由式 (4.6)、式 (4.10)、式 (4.14) 可得

$$y_{i+1}(0) = x_{(i+1)c}(0) - \bar{x}_{i+1}(0) = 0 , \quad 1 \leqslant i \leqslant n-1 \tag{4.40}$$

因此，由式 (4.29) 可知 $V(0) = 0$，由式 (4.36) 可得

$$0 \leqslant V(t) \leqslant \left[e_M + \frac{(N-m_1)\mu}{2} \right] \Big/ \alpha_0 \tag{4.41}$$

结合式 (4.29) 可知

$$\sum_{j=1}^{m_1} s_{1j}^2 = S_1^{\mathrm{T}} S_1 \leqslant 2 \left[e_M + \frac{(N-m_1)\mu}{2} \right] \Big/ \alpha_0 \tag{4.42}$$

因此，有

$$\left\| s_{1j} \right\|_\infty \leqslant \sqrt{2 \left[e_M + \frac{(N-m_1)\mu}{2} \right] \Big/ \alpha_0} , \quad j = 1, 2, \cdots, m_1 \tag{4.43}$$

式 (4.43) 表明，通过增大参数 α_0 可以有效提高系统各个输出跟踪误差的 L_∞ 性能。

定理得证。

4.2.4　数值仿真与分析

考虑如下非线性系统[8]:

$$\begin{cases} \dot{x}_1 = f_1(X_1) + G_1(X_1)x_2 + \Delta f_1(X_1, t) \\ \dot{x}_2 = f_2(X_2) + G_2(X_2)u + \Delta f_2(X_2, t) \\ y = x_1 \end{cases} \tag{4.44}$$

式中，$x_1 = [x_{1,1}, x_{1,2}]^T$，$x_2 = [x_{2,1}, x_{2,2}]^T$，$u = [u_1, u_2]^T$，$y = [y_1, y_2]^T$，$f_1(X_1) = [x_{1,1}e^{-0.5x_{1,1}}, 0.5x_{1,2}]^T$，$\Delta f_1(X_1, t) = [0.5x_{1,1}^2 \sin t, 0.6 \sin x_{1,2}]^T$，$G_1(X_1) = \mathrm{diag}\{1 + x_{1,1}^2, 2 + \sin x_{1,1}\}$，$f_2(X_2) = [x_{1,1}x_{2,1}^2, x_{1,2}x_{2,2}^2]^T$，$G_2(X_2) = \mathrm{diag}\{3 + \cos(x_{1,1}x_{2,1}), 2 + \cos x_{1,2}\}$，$\Delta f_2(X_2, t) = [0.2\cos(x_{1,1}^2 + x_{2,1}^2)\cos t, 0.5\sin^3 t]^T$。

初始状态为 $x_1(0) = [0, -0.2]^T$，$x_2(0) = [0, -0.2]^T$。

控制目标是使得系统输出 y_1、y_2 跟踪参考轨迹 $y_{r1} = 0.5(\sin t + \sin(0.5t))$ 和 $y_{r2} = \sin t$。

定义动态面变量:

$$S_1 = x_1 - y_r \tag{4.45}$$

$$S_2 = x_2 - x_{2c} - c_2 \tag{4.46}$$

虚拟控制律、最终控制律和低通滤波器选择为

$$\bar{x}_2 = G_1^+ \left(-f_1 - K_1 S_1 - S_1 \frac{\rho_1^2(X_1)}{2\varepsilon} + \dot{y}_r \right) \tag{4.47}$$

$$u = G_2^+ \left(-f_2 - K_2 S_2 - \frac{S_2 \rho_2^2(x)}{2\varepsilon} + \frac{\bar{x}_2 - x_{2c}}{\tau_2} \right) \tag{4.48}$$

$$\tau_2 \dot{x}_{2c} + x_{2c} = \bar{x}_2, \quad x_{2c}(0) := \bar{x}_2(0) \tag{4.49}$$

选择 $\|\Delta f_1(X_1, t)\| \leqslant \rho_1(X_1) \Rightarrow \rho_1^2(X_1) = 0.25x_{1,1}^4$，$\|\Delta f_2(X_2, t)\| \leqslant \rho_2(X_2) \Rightarrow \rho_2^2(X_2) = 0.65$，$\varepsilon = 0.01$，$\eta = 0.001$，$c_2 = [0, -0.2]^T$。控制器参数: $\tau_2 = 0.05$，$K_1 = \mathrm{diag}\{65\}$，$K_2 = \mathrm{diag}\{15\}$。仿真结果如图 4.1～图 4.3 所示。可以看到，输出 y 能较好地跟踪期望指令信号 y_r，跟踪误差均在1%以内，验证了所提控制方法的有效性。

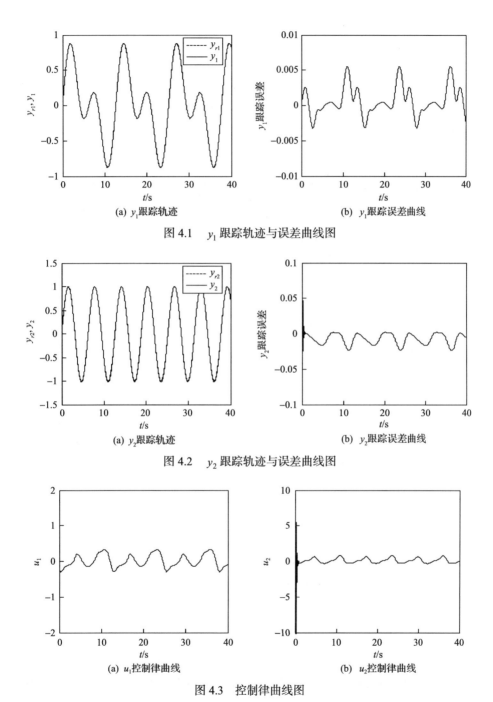

(a) y_1 跟踪轨迹　　　　　　　(b) y_1 跟踪误差曲线

图 4.1　y_1 跟踪轨迹与误差曲线图

(a) y_2 跟踪轨迹　　　　　　　(b) y_2 跟踪误差曲线

图 4.2　y_2 跟踪轨迹与误差曲线图

(a) u_1 控制律曲线　　　　　　　(b) u_2 控制律曲线

图 4.3　控制律曲线图

4.3 过失速机动飞行控制律设计

本节首先将飞机六自由度全量非线性方程转换为严反馈非线性块控形式，以此为研究对象，应用 4.2 节提出的严反馈块控动态面控制方法来设计过失速机动飞行控制律。

4.3.1 飞机运动方程的严反馈块控形式

飞机运动方程共包含 12 个状态向量，为完成过失速机动轨迹控制，需用到前三组状态变量 $[p,q,r]^{\mathrm{T}}$、$[\alpha,\beta,\mu]^{\mathrm{T}}$、$[v,\chi,\gamma]^{\mathrm{T}}$。这三组变量中，直接响应飞行员驾驶杆操纵指令的变量为 $[\alpha,\beta,\mu]^{\mathrm{T}}$，而 $[\alpha,\beta,\mu]^{\mathrm{T}}$ 的控制又必须通过实现 $[p,q,r]^{\mathrm{T}}$ 的控制来完成。$[v,\chi,\gamma]^{\mathrm{T}}$ 用于控制飞行轨迹，由预定轨迹可以得到 $[\alpha,\beta,\mu]^{\mathrm{T}}$ 的指令，再通过实现 $[\alpha,\beta,\mu]^{\mathrm{T}}$ 的跟踪来完成轨迹控制。所以，实现过失速机动控制的基础是 $[p,q,r]^{\mathrm{T}}$ 和 $[\alpha,\beta,\mu]^{\mathrm{T}}$ 的控制。

取状态变量 $x_1=[\alpha,\beta,\mu]^{\mathrm{T}}$，$x_2=[p,q,r]^{\mathrm{T}}$，将包含状态 x_1 的飞机动力学方程 (3.7)～(3.9) 化为

$$\dot{x}_1 = F_1(x_s) + B_1(x_s)x_2 + \Delta F_1(x_s) + \tilde{B}_1(x_s)x_2 + \tilde{F}_1(x_s,\delta) \tag{4.50}$$

式中，$x_s=[\alpha,\beta,\mu,v,\gamma]^{\mathrm{T}}$ 为飞机运动状态中与慢状态变化相关的分量；$\Delta F_1(x_s)=A_1(x_s)\omega_1$，$\omega_1=[\hat{X},\hat{Y},\hat{Z}]^{\mathrm{T}}$ 为飞机除舵面操纵力之外的所有静态气动力在机体坐标系中三个方向的分量；各矩阵具体表达式如下：

$$A_1(x_s)=\frac{1}{mv}\begin{bmatrix} -\dfrac{\sin\alpha}{\cos\beta} & 0 & \dfrac{\cos\alpha}{\cos\beta} \\ -\cos\alpha\sin\beta & \cos\beta & -\sin\alpha\sin\beta \\ (\tan\gamma\sin\mu+\tan\beta)\sin\alpha & \tan\gamma\cos\beta\cos\mu & -(\tan\gamma\sin\mu+\tan\beta)\cos\alpha \\ -\tan\gamma\cos\mu\sin\beta\cos\alpha & & -\tan\gamma\cos\mu\sin\beta\sin\alpha \end{bmatrix} \tag{4.51}$$

$$F_1(x_s)=\frac{1}{mv}\begin{bmatrix} \sec\beta mg\cos\mu\cos\gamma-T\sin\alpha\sec\beta \\ mg\sin\mu\cos\gamma-T\cos\alpha\sin\beta \\ -mg\cos\gamma\cos\mu\tan\beta+T[(\tan\gamma\sin\mu+\tan\beta)\sin\alpha-\tan\gamma\cos\mu\sin\beta\cos\alpha] \end{bmatrix} \tag{4.52}$$

忽略阻尼力的影响，$\dot{x}_1$ 与 x_2 之间的运动学关系矩阵可写为

$$B_1(x_s) = \begin{bmatrix} -\cos\alpha\tan\beta & 1 & -\tan\beta\sin\alpha \\ \sin\alpha & 0 & -\cos\alpha \\ \cos\alpha\sec\beta & 0 & \sin\alpha\sec\beta \end{bmatrix} \tag{4.53}$$

由于 $|B_1(x_s)| = -\sec\beta$，按照习惯侧滑角 β 的范围为 $-90° \leqslant \beta \leqslant 90°$（实际飞行中侧滑角的变化远小于该范围，几乎不可能达到 $90°$）。因此，可以认为 $B_1^{-1}(x_s)$ 总是存在的。

阻尼力的影响为

$$\tilde{B}_1(x_s)x_2 = \begin{bmatrix} 0 & B_1(1,2) & 0 \\ \dfrac{\bar{q}Sb}{2mv^2}\cos\beta C_{yq}(\alpha) & B_1(2,2) & \dfrac{\bar{q}Sb}{2mv^2}\cos\beta C_{yr}(\alpha) \\ B_1(3,1) & B_1(3,2) & B_1(3,3) \end{bmatrix} x_2 \tag{4.54}$$

式中，

$$B_1(1,2) = \frac{\bar{q}S\bar{c}}{2mv^2\cos\beta}\left(\cos\alpha C_{zq}(\alpha) - \sin\alpha C_{xq}(\alpha)\right)$$

$$B_1(2,2) = -\frac{\bar{q}S\bar{c}\sin\beta}{2mv^2}\left(\cos\alpha C_{xq}(\alpha) + \sin\alpha C_{zq}(\alpha)\right)$$

$$B_1(3,1) = \frac{\bar{q}Sb}{2mv^2}\left(\tan\gamma\cos\beta\cos\mu C_{yq}(\alpha)\right)$$

$$B_1(3,2) = \frac{(\tan\gamma\sin\mu + \tan\beta)\bar{q}S\bar{c}}{2mv^2}\left(\sin\alpha C_{xq}(\alpha) - \cos\alpha C_{zq}(\alpha)\right)$$
$$\quad - \frac{\tan\gamma\cos\mu\sin\beta\bar{q}S\bar{c}}{2mv^2}\left(\cos\alpha C_{xq}(\alpha) + \sin\alpha C_{zq}(\alpha)\right)$$

$$B_1(3,3) = \frac{\bar{q}Sb}{2mv^2}\left(\tan\gamma\cos\beta\cos\mu C_{yr}(\alpha)\right)$$

舵面偏转产生的力为

$$\tilde{F}_1(x_s,\delta) = \begin{bmatrix} -\dfrac{\sin\alpha}{mv\cos\beta}\tilde{X} + \dfrac{\cos\alpha}{mv\cos\beta}\tilde{Z} - T\delta_y \\[2mm] -\dfrac{\cos\alpha\sin\beta}{mv}\tilde{X} + \dfrac{\cos\beta}{mv}(\tilde{Y} + T\delta_z) - \dfrac{\sin\alpha\sin\beta}{mv}(\tilde{Z} - T\delta_y) \\[2mm] \left(\dfrac{\tan\gamma\sin\mu + \tan\beta}{mv}\sin\alpha - \dfrac{\tan\gamma\cos\mu\sin\beta}{mv}\cos\alpha\right)\tilde{X} + \dfrac{\tan\gamma\cos\beta\cos\mu}{mv} \\[2mm] (\tilde{Y} + T\delta_z) - \left(\dfrac{\tan\gamma\sin\mu + \tan\beta}{mv}\cos\alpha + \dfrac{\tan\gamma\cos\mu\sin\beta}{mv}\sin\alpha\right)(\tilde{Z} - T\delta_y) \end{bmatrix}$$

$$\tag{4.55}$$

包括常规舵面偏转产生的力分量 $[\tilde{X}, \tilde{Y}, \tilde{Z}]$ 和推力矢量偏转产生的力分量 $[\delta_x, \delta_y, \delta_z]$ 两部分。$\tilde{X}$、$\tilde{Y}$、$\tilde{Z}$ 表示飞机常规舵面偏转产生的力在机体坐标系中三个方向的分量。由于飞机舵面偏转主要产生力矩，相对来说舵面偏转产生的力较小，对慢状态的影响约为舵面操纵力矩影响的 1/20。因此，为简化设计，在本章控制器设计过程中先忽略这部分模型，在第 5 章考虑这部分模型误差对控制系统的影响。忽略舵面偏转产生的力和阻尼后，式(4.50)简化为

$$\dot{x}_1 = F_1(x_s) + B_1(x_s)x_2 + \Delta F_1(x_s) \tag{4.56}$$

将包含状态 x_2 的飞机动力学方程(3.10)~(3.12)化为

$$\dot{x}_2 = F_2(x_f) + B_2(x_f)\delta + \Delta F_2(x_f) \tag{4.57}$$

式中，$x_f = [p,q,r,\alpha,\beta,\mu,v,\gamma]^{\mathrm{T}}$ 为飞机运动状态中与快慢状态变化相关的分量；$\Delta F_2(x_f) = A_2\omega_2$，$\omega_2 = [L', M', N']^{\mathrm{T}}$ 为飞机除舵面操纵力矩外的所有气动力矩在机体坐标系中三个方向的分量(即滚转、俯仰、偏航力矩)；各矩阵具体表达式如下：

$$A_2 = \begin{bmatrix} \dfrac{I_z}{I_xI_z - I_{zx}^2} & 0 & \dfrac{I_{zx}}{I_xI_z - I_{zx}^2} \\[3mm] 0 & \dfrac{1}{I_y} & 0 \\[3mm] \dfrac{I_{zx}}{I_xI_z - I_{zx}^2} & 0 & \dfrac{I_x}{I_xI_z - I_{zx}^2} \end{bmatrix} \tag{4.58}$$

$$F_2(x_f) = \begin{bmatrix} \dfrac{I_{zx}(I_x - I_y + I_z)pq + (I_yI_z - I_{zx}^2 - I_z^2)qr}{I_xI_z - I_{zx}^2} \\[4mm] \dfrac{I_{zx}(r^2 - p^2) + (I_z - I_x)rp}{I_y} \\[4mm] \dfrac{(I_x^2 - I_xI_y + I_{zx}^2)pq + I_{zx}(I_y - I_z - I_x)qr}{I_xI_z - I_{zx}^2} \end{bmatrix} \tag{4.59}$$

$$B_2(x_f) = \begin{bmatrix} b_{p\delta_a}(x_f) & b_{p\delta_h}(x_f) & b_{p\delta_r}(x_f) & b_{p\delta_d}(x_f) & \vdots & b_{p\delta_x}(x_f) & 0 & b_{p\delta_z}(x_f) \\ 0 & b_{q\delta_h}(x_f) & 0 & 0 & \vdots & 0 & b_{q\delta_y}(x_f) & 0 \\ b_{r\delta_a}(x_f) & b_{r\delta_h}(x_f) & b_{r\delta_r}(x_f) & b_{r\delta_d}(x_f) & \vdots & b_{r\delta_x}(x_f) & 0 & b_{r\delta_z}(x_f) \end{bmatrix}$$

$$= [B_{2a} \vdots B_{2t}] \tag{4.60}$$

式中，

$$b_{pj}(x_f) = \frac{(I_z C_{lj} + I_{zx} C_{nj})\overline{q}sb}{I_x I_z - I_{zx}^2}, \quad j = \delta_a, \delta_h, \delta_r, \delta_d$$

$$b_{p\delta_x}(x_f) = -\frac{I_z T y_T}{I_x I_z - I_{zx}^2}, \quad b_{p\delta_z}(x_f) = -\frac{I_{zx} T x_T}{I_x I_z - I_{zx}^2}$$

$$b_{q\delta_h}(x_f) = \frac{C_{m\delta_h}\overline{q}s\overline{c}}{I_y}, \quad b_{q\delta_y}(x_f) = -\frac{T x_T}{I_y}$$

$$b_{rj}(x_f) = \frac{(I_{zx} C_{lj} + I_x C_{nj})\overline{q}sb}{I_x I_z - I_{zx}^2}, \quad j = \delta_a, \delta_h, \delta_r, \delta_d$$

$$b_{r\delta_x}(x_f) = -\frac{I_{zx} T y_T}{I_x I_z - I_{zx}^2}, \quad b_{r\delta_z}(x_f) = -\frac{I_x T x_T}{I_x I_z - I_{zx}^2}$$

综上，将飞机运动方程写成如下形式：

$$\dot{x}_1 = F_1(x_s) + B_1(x_s)x_2 + A_1(x_s)\omega_1 \tag{4.61a}$$

$$\dot{x}_2 = F_2(x_f) + B_2(x_f)\delta + A_2\omega_2 \tag{4.61b}$$

$$y = x_1 \tag{4.61c}$$

从各表达式可以看出，A_1、A_2、B_1、B_2 是可确定的矩阵，F_1、F_2 是可确定的向量，ω_1、ω_2 是由飞机气动参数变化引起的不确定向量，$B_2(x_f)$ 为 3×7 的控制分布矩阵。

控制目标是对式(4.61a)～式(4.61c)构成的系统，设计控制律 δ，使输出信号 $y = x_1 = [\alpha, \beta, \mu]^T$ 能够跟踪过失速机动飞行时的飞机操纵指令 $[\alpha_c, \beta_c, \mu_c]^T$。

4.3.2　飞行控制律设计

本节应用动态面控制方法设计过失速机动飞行控制律，并给出动态面飞行控制系统的结构。为完成设计现做如下假设。

假设 4.4　期望信号 x_{1c} 是关于 t 的光滑函数向量，且 $x_{1c} \in \Pi := \{(x_{1c}, \dot{x}_{1c}, \ddot{x}_{1c}) | \|x_{1c}\|^2 + \|\dot{x}_{1c}\|^2 + \|\ddot{x}_{1c}\|^2 \leqslant K_0\}$，$K_0$ 是已知正常数。

假设 4.5　飞机在过失速机动过程中，气动参数的摄动范围总是有界且可得到的，记 $\|\omega_1\|$ 和 $\|\omega_2\|$ 的上界分别为 $\max(\|\omega_1\|)$ 和 $\max(\|\omega_2\|)$。

假设 4.6　存在已知正常数 $\alpha_m, \beta_m, \gamma_m \in \mathbf{R}$，对于所有满足 $|\alpha| \leqslant \alpha_m$，$|\beta| \leqslant \beta_m$，$|\gamma| \leqslant \gamma_m$ 的 $\alpha, \beta, \gamma \in \mathbf{R}$，$A_1$、$B_1$ 及其导数有界。

步骤 1　定义动态面变量：

$$S_1 = x_1 - x_{1c} \tag{4.62}$$

则由式 (4.61a) 得变量 S_1 的动态值为

$$\dot{S}_1 = F_1(x_s) + B_1(x_s)x_2 + A_1(x_s)\omega_1 - \dot{x}_{1c} \tag{4.63}$$

此时，虚拟控制律不难选择为

$$x_{2c} = B_1^{-1}(-A_1\omega_1 - K_1 S_1 - F_1 + \dot{x}_{1c}) \tag{4.64}$$

为了避免在反推设计过程中对 $\dot{x}_{2c}$ 的解析运算，取不确定项 $A_1(x_s)\omega_1$ 上界为 $\|A_1(x_s)\| \cdot$ $\max(\|\omega_1\|)$，如果选择

$$\bar{x}_2 = B_1^{-1}\left[-F_1 - K_1 S_1 - S_1 \frac{\left(\|A_1(x_s)\| \max(\|\omega_1\|) \right)^2}{2\varepsilon} + \dot{x}_{1c} \right] \tag{4.65}$$

且保证 x_{2c} 能渐近收敛到 $\bar{x}_2$，则同样可以保证 S_1 收敛到 0 的某个邻域中。故可考虑通过低通滤波器来获得 x_{2c} 和 $\dot{x}_{2c}$，有

$$\tau_2 \dot{x}_{2c} + x_{2c} = \bar{x}_2, \quad x_{2c}(0) := \bar{x}_2(0) \tag{4.66}$$

式中，$\varepsilon > 0$ 为跟踪参数；$K_1 = K_1^{\mathrm{T}} > 0$ 为控制增益；τ_2 为滤波器时间常数。

步骤 2　定义动态面变量：

$$S_2 = x_2 - x_{2c} \tag{4.67}$$

则由式 (4.61b) 得变量 S_2 的动态值为

$$\dot{S}_2 = F_2(x_f) + B_2(x_f)\delta + A_2\omega_2 - \dot{x}_{2c} \tag{4.68}$$

选择最终的控制律：

$$\delta = [B_2]^+ \left[-F_2 - K_2 S_2 - B_1^{\mathrm{T}} S_1 - S_2 \frac{\left(\|A_2(x_f)\| \max(\|\omega_2\|) \right)^2}{2\varepsilon} + \frac{\bar{x}_2 - x_{2c}}{\tau_2} \right] \tag{4.69}$$

式中，$K_2 = K_2^{\mathrm{T}} > 0$ 为控制增益。

动态面飞行控制系统稳定性分析类似 4.2.3 节，这里不再赘述。选择设计参数，

使闭环系统的所有信号半全局一致终结有界，通过适当调节设计参数及初始化动态面变量，跟踪误差 S_1 可收敛到原点的一个小邻域内。

需要指出的是，式(4.69)中的 $[B_2]^+$ 是 B_2 的广义逆。由于 B_2 是 3×7 的矩阵，因此 $[B_2]^+$ 的形式并不唯一，需要通过一定的舵面分配算法合理地分配控制量，该问题将在 4.3.4 节中详细阐述。动态面过失速机动飞行控制系统结构如图 4.4 所示。

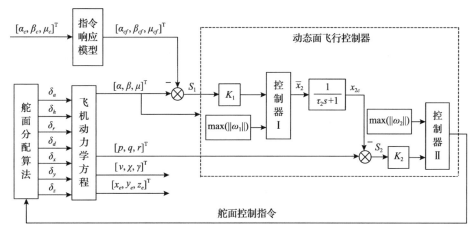

图 4.4　动态面过失速机动飞行控制系统结构图

从上述设计过程可以看出，最终控制信号 δ 的得到仅需要系统的输入输出信号，并不需要精确的飞机动力学模型。由于动态面控制可以选择非线性被控对象的一部分状态，作为控制器的中间虚拟控制信号和最终控制信号，故能够处理过失速机动飞行时严重耦合的非线性影响。此外，与文献[5]的反推自适应飞行控制器相比，取消了控制律中虚拟控制信号的微分解析计算，消除了其在工程化试验过程中的控制律复杂性问题，控制器结构简单，易于工程实现。

4.3.3　飞行指令响应模型

在过失速机动控制系统中，迎角指令 α_c 由驾驶员推拉操纵杆给出；侧滑角指令 β_c 由驾驶员通过脚蹬给出，在实际飞行中总是希望保持侧滑角为零；绕速度矢量滚转角速度指令 $\dot\mu_c$ 由驾驶员侧压操纵杆给出。所以飞机的滚转通道有一定的特殊性，按动态面控制律设计方法，在仿真中只能用 μ_c 作为滚转通道的输入指令来控制飞机滚转。为此，令 $\int_0^t \dot\mu_c(\tau)\mathrm{d}\tau = \mu_c(t)$ 作为控制系统的输入，仿真时直接给出 μ_c 作为指令。

飞行指令响应模型按照战斗机飞行品质要求设计。迎角和侧滑角指令响应模型为二阶模型，滚转角速度指令响应模型为一阶模型。

1. 迎角和侧滑角指令响应模型

迎角和侧滑角指令响应模型的传递函数分别为

$$\frac{\alpha_{cf}}{\alpha_c} = \frac{\omega_\alpha^2}{s^2 + 2\xi_\alpha\omega_\alpha + \omega_\alpha^2} \qquad \frac{\beta_{cf}}{\beta_c} = \frac{\omega_\beta^2}{s^2 + 2\xi_\beta\omega_\beta + \omega_\beta^2} \qquad (4.70)$$

式中，ξ_α、ξ_β 和 ω_α、ω_β 分别为理想的阻尼和带宽；模型输出 α_{cf} 表示驾驶员推拉操纵杆给定指令 α_c 时期望的系统动态响应；β_{cf} 表示驾驶员通过脚蹬给定指令 β_c 时期望的系统动态响应。

2. 滚转角速度指令响应模型

滚转角速度指令响应模型的传递函数为

$$\frac{\dot{\mu}_{cf}}{\dot{\mu}_c} = \frac{\omega_\mu}{s + \omega_\mu} \qquad (4.71)$$

式中，ω_μ 为理想的带宽；模型输出 $\dot{\mu}_{cf}$ 表示驾驶员侧压操纵杆给定指令 $\dot{\mu}_c$ 时期望的系统动态响应。

4.3.4　舵面指令分配算法

由方程 (4.69) 可见，为得到飞机的舵面偏角，必须求解矩阵 B_2 的逆矩阵。但 B_2 为 3×7 矩阵，从物理本质上看，飞机布局中包括了气动舵面和推力矢量舵面，独立的控制量有 7 个，用它们来控制三个自由度的转动，控制量具有余度。舵面指令分配算法的目的就在于合理地使用这些控制量来实现控制目标。主要的控制量分配算法有链式递增分配算法和加权极小范数舵面分配算法两种[9]。

1. 链式递增分配算法

这种分配算法以气动舵面为主舵面，全时间工作，推力矢量为辅助舵面。当飞机进行常规机动时不使用推力矢量舵面，只使用气动舵面保证飞机的可操纵性。当飞机进行大迎角机动时，气动舵面达到最大允许偏转角后仍不足以提供控制所需的力矩，这时才使用推力矢量舵面。显然，这种方法能减小推力矢量舵面的使用频率，有助于延长其使用寿命。

令

$$\left[-F_2 - K_2 S_2 - B_1^{\mathrm{T}} S_1 - S_2 \frac{\left(\left\| A_2(x_f) \right\| \max\left(\left\| \omega_2 \right\| \right) \right)^2}{2\varepsilon} + \frac{\overline{x}_2 - x_{2c}}{\tau_2} \right] = \begin{bmatrix} \delta_{pc} \\ \delta_{qc} \\ \delta_{rc} \end{bmatrix} \quad (4.72)$$

则链式递增分配算法结构如图 4.5 所示。

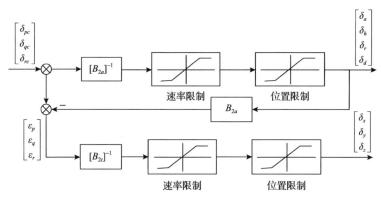

图 4.5 链式递增分配算法结构图

由图 4.5 可见，当气动舵面回路信号处于速率限制和位置限制之内时，误差信号 $[\varepsilon_p, \varepsilon_q, \varepsilon_r]^{\mathrm{T}}$ 为零，推力矢量不工作，飞机的操纵力矩全部由气动舵面提供，此时 B_2 可简化为 B_{2a}。当气动舵面回路信号处于速率和位置限制之外时，误差信号 $[\varepsilon_p, \varepsilon_q, \varepsilon_r]^{\mathrm{T}}$ 不为零，它通过 B_{2t} 的逆 $[B_{2t}]^{-1}$ 驱动推力矢量舵面工作，以弥补气动舵面操纵力矩的不足。

2. 加权极小范数舵面分配算法

这种分配算法是一种全时间联动方法，即无论飞行条件如何，气动舵面和推力矢量都始终工作，舵面的偏转按最小控制能量原则分配。

设加权最小能量控制的代价函数为

$$J = \sqrt{\sum_{i=1}^{7} \left(\frac{\delta_i}{\left| \delta_{i\,\max} \right|} \right)^2}, \quad i = \delta_a, \delta_h, \delta_r, \delta_d, \delta_x, \delta_y, \delta_z \quad (4.73)$$

此代价函数与舵面偏角的平方和成正比，体现了控制能量，可以看成是总的控制舵面偏转的度量。$1/\left| \delta_{i\,\max} \right|$ 为舵面的加权系数。加权极小范数舵面分配算法要求在满足指令控制力矩的同时使代价函数 J 最小。

为此，构造权重系数矩阵：

$$\varLambda_{\max} = \text{diag}\{\delta_{a\max}, \delta_{h\max}, \delta_{r\max}, \delta_{d\max}, \delta_{x\max}, \delta_{y\max}, \delta_{z\max}\} \qquad (4.74)$$

式中，对角元为各控制舵面的最大允许偏转量，本节分别取为

$$\delta_{a\max} = 20°, \quad \delta_{h\max} = 25°, \quad \delta_{r\max} = 30°, \quad \delta_{d\max} = 5°$$
$$\delta_{x\max} = 20°, \quad \delta_{y\max} = 20°, \quad \delta_{z\max} = 20°$$

用权函数矩阵对控制舵面 δ 加权后得

$$\tilde{\delta} = \varLambda_{\max}^{-1} \cdot \delta = \begin{bmatrix} \delta_a/\delta_{a\max} \\ \delta_h/\delta_{h\max} \\ \delta_r/\delta_{r\max} \\ \delta_d/\delta_{d\max} \\ \delta_x/\delta_{x\max} \\ \delta_y/\delta_{y\max} \\ \delta_z/\delta_{z\max} \end{bmatrix} \qquad (4.75)$$

显然，$\tilde{\delta}$ 的 Euclidean 范数等价于 δ 的加权 2-范数，即代价函数 J，而

$$B_2\delta = B_2\varLambda_{\max} \cdot \tilde{\delta} \qquad (4.76)$$

具有最小 2-范数的控制向量 $\tilde{\delta}$ 可由式(4.72)和式(4.75)得到，即

$$\tilde{\delta} = [B_2\varLambda_{\max}]^+ \begin{bmatrix} \delta_{pc} \\ \delta_{qc} \\ \delta_{rc} \end{bmatrix} \qquad (4.77)$$

式中，$[B_2\varLambda_{\max}]^+$ 是 $B_2\varLambda_{\max}$ 的 Moore-Penrose 广义逆。因此，舵面分配算法可定义为

$$\varLambda_{\max} \cdot [B_2\varLambda_{\max}]^+$$

采用加权极小范数舵面分配算法实现最小能量分配的过程如图 4.6 所示。气动舵面和推力矢量舵面的操纵效率不同。气动舵面的效率与飞机动压成正比，且受飞机迎角的影响，飞机动压越小，飞行迎角越大，气动舵面效率越低；而推力矢量的操纵效率主要与发动机推力成正比，受外界飞行条件(飞机迎角、飞行动压等)的影响较小。经过优化后的舵面分配算法可以充分发挥两种不同性能舵面联动的效能，使得飞机在获得同样操纵力矩的情况下，大量使用效率高、权限大的舵面，少量使用效率低、权限小的舵面，并使所有的舵面偏角尽量小。

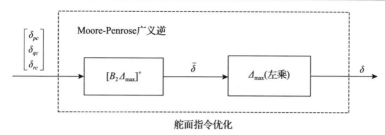

图 4.6　采用加权极小范数舵面分配算法实现最小能量分配过程

4.3.5　纵向大迎角机动仿真与分析

纵向大迎角机动是过失速机动中最简单，也是最基本的一个单元。本节以该机动验证设计的动态面过失速机动飞行控制律[10,11]。所做机动为：3s 时刻进入 90°超大迎角，同时绕速度矢量滚转 20°，6s 时刻退出过失速机动。

作为仿真输入的迎角指令 α_c 和绕速度矢量滚转角指令 μ_c 为方波信号。其中，在 0～3s 和 6～10s 指令均保持为 0；3～6s 指令为 $\alpha_c=90°$，$\mu_c=20°$；整个仿真期间侧滑角指令 β_c 保持为 0。

仿真初始条件设置为：高度 $H_0=1000\text{m}$，速度 $v_0=150\text{m/s}$，初始航迹倾斜角 $\gamma_0=0°$，初始航迹方位角 $\chi_0=0°$，初始迎角 $\alpha_0=5°$，初始侧滑角 $\beta_0=0°$，初始航迹滚转角 $\mu_0=0°$，初始角速度和舵偏量均为 0，在仿真中不考虑发动机推力的变化，固定为 90kN。控制分配算法选择加权极小范数舵面分配算法。按式 (4.71) 设计飞行控制律，期望信号为 $x_{1c}=[\alpha_{cf},\beta_{cf},\mu_{cf}]^{\mathrm{T}}$，控制器参数选择为 $K_1=\text{diag}\{5\}$，$K_2=\text{diag}\{10\}$，$\tau_2=0.05\text{s}$。图 4.7 为飞机状态变量和控制舵面的动态曲线。

可以看到，在迎角 α_c 跟踪大迎角指令 α_c 的同时，绕速度轴滚转角 μ 完成了对指令 μ_c 的跟踪，并且侧滑角 β 基本保持在 0°左右。α、μ 的稳态误差不超过 2%，且过渡过程良好。

由角速度 p、q、r 的响应可见，系统对由图 4.4 控制器 I 生成的指令 p_c、q_c、r_c 的跟踪非常迅速。俯仰角速度 q 较大，以满足纵向大迎角机动的要求。

由舵面的动态过程可见，舵面均未达到饱和。需要说明的是，大迎角时纵向和横侧向的耦合作用比较大，空气动力不对称，机头下坠过程中由于陀螺力矩作用还会产生向右偏转，所以包括推力矢量在内的横侧向舵面都参与了控制，主要是抵消这些因素的影响，保持飞机的航向不变。

综上所述，控制律推导过程和数值仿真结果表明，动态面过失速机动飞行控制律可以很好地完成可控的纵向大迎角机动，控制器结构简单，计算量小，且跟踪误差可收敛到与设计参数有关的任意小残集内，但同时存在以下问题。

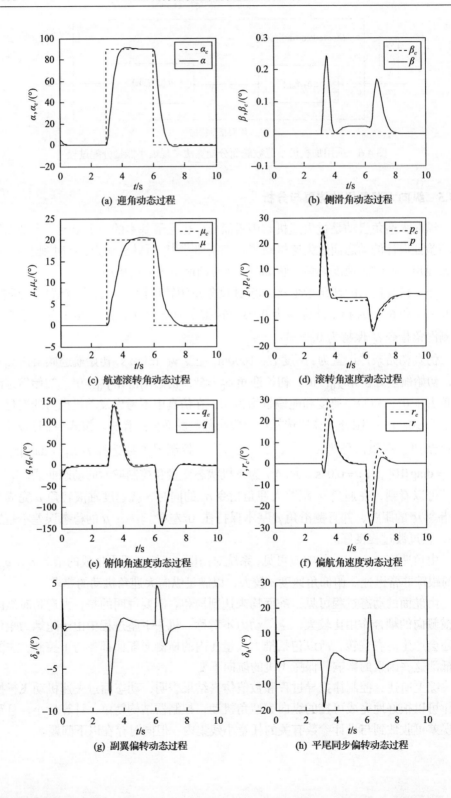

(a) 迎角动态过程

(b) 侧滑角动态过程

(c) 航迹滚转角动态过程

(d) 滚转角速度动态过程

(e) 俯仰角速度动态过程

(f) 偏航角速度动态过程

(g) 副翼偏转动态过程

(h) 平尾同步偏转动态过程

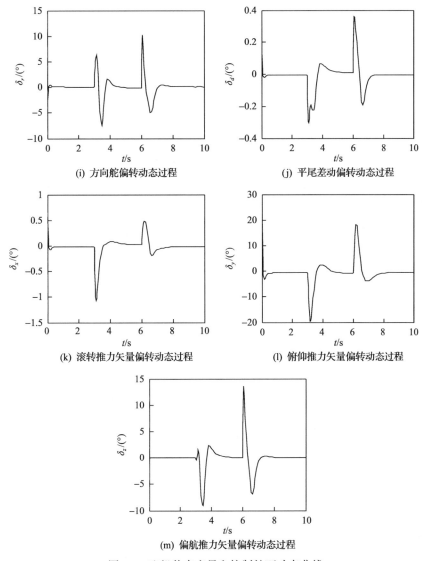

(i) 方向舵偏转动态过程

(j) 平尾差动偏转动态过程

(k) 滚转推力矢量偏转动态过程

(l) 俯仰推力矢量偏转动态过程

(m) 偏航推力矢量偏转动态过程

图 4.7 飞机状态变量和控制舵面动态曲线

(1)大迎角条件下气动参数大幅摄动,使得气动力和气动力矩的不确定性上界难以知道,假设 4.5 中气动参数摄动范围有界且可得到的条件不易满足。另外,本节控制律设计中为简化问题,未考虑飞机运动方程中函数矩阵 $B_2(x_f)$ 的不确定性。

(2)忽略舵面偏转产生的力和阻尼力的影响也会带来误差。

(3)系统的不确定性还包括飞机受到的随机外界干扰,它是无法精确建模的,在实际控制系统设计中应考虑其影响。

为解决以上三个问题,本书在后续章节提出了基于神经网络动态面控制的过失速机动飞行控制律设计方法。

4.4　本 章 小 结

　　本章首先针对一类不确定严反馈块控非线性系统,提出了一种满足 L_∞ 跟踪性能的动态面鲁棒控制方法。该方法每步设计针对多变量子系统进行,简化了控制器结构,克服了传统反推控制带来的"微分爆炸"问题。通过 Lyapunov 稳定性定理证明了闭环系统的半全局稳定性,且适当调节设计参数,可使跟踪误差收敛到任意小的残集内。特别地,通过引入动态面修正及初始化技巧,保证了系统各个输出跟踪误差的性能指标。数值仿真验证了本章方法的有效性。然后将动态面控制方法应用于过失速机动飞行控制中,提出了一种基于严反馈块控非线性动态面控制方法的过失速机动飞行控制律设计方法。该方法在飞行控制律设计过程中不需要飞机的精确数学模型和时标分离的假设,与反推自适应飞行控制器相比,消除了其在工程化试验过程中的控制律复杂性问题,简化了控制算法。最后以纵向大迎角过失速机动飞行为例进行了仿真验证。

参 考 文 献

[1] Luk'yanov A G. Nonlinear block control with sliding mode[J]. Automation and Remote Control, 1998, 59(7): 916-933.

[2] Zhao L, Feng L, Hao Y. Multiple sliding surface control for systems of nonlinear block controllable form[J]. Cybernetics and Systems: An International Journal, 2005, 36(5): 513-526.

[3] 胡云安, 晋玉强, 张友安, 等. 基于神经网络的严反馈块非线性系统的鲁棒控制[J]. 控制与决策, 2004, 19(7): 808-812.

[4] Zhou S L, Hu Y N, Li J. Adaptive neural block control design for a class of nonlinear system[C]. Proceedings of the 5th World Congress on Intelligent Control and Automation, Hangzhou, 2004: 801-804.

[5] 董文瀚, 孙秀霞, 林岩. 超机动飞行的非线性反推自适应控制[J]. 飞行力学, 2007, 25(2): 39-42.

[6] Swaroop D, Hedrick J K, Yip P P, et al. Dynamic surface control for a class of nonlinear systems[J]. IEEE Transactions on Automatic Control, 2000, 45(10): 1893-1899.

[7] Ge S. S, Hang C C, Lee T H, et al. Stable Adaptive Neural Network Control[M]. Boston: Kluwer Academic, 2002.

[8] 李红春, 张天平, 孙妍. 基于动态面控制的间接自适应神经网络块控制[J]. 电机与控制学报, 2007, 11(3): 275-281.

[9] 胡孟权. 推力矢量飞机非线性飞行控制律设计研究[D]. 西安: 西北工业大学, 2002.

[10] 刘树光, 孙秀霞, 董文瀚, 等. 一类严反馈块控非线性 MIMO 系统的动态面控制[J]. 信息与控制, 2011, 40(6): 767-771.

[11] 宋鸿飞, 孙秀霞, 董文瀚, 等. 超机动飞行的动态面 Backstepping 控制[J]. 飞行力学, 2009, 27(3): 28-31.

第5章 直接自适应动态面飞行控制

5.1 引 言

第4章提出了一类不确定严反馈块控非线性系统的动态面鲁棒控制方法，该方法基于非线性不确定性是参数线性化形式或界函数已知的假设。但在工程实践中，很多系统的不确定性都具有结构未知、难以建模和不可重复的特性。为了处理这种不确定性，一般将神经网络或模糊逻辑系统用作函数逼近器引入到控制器的构造中，来逼近系统中的未知非线性函数[1,2]。

近20年，采用反推设计思想，已经将基于逼近器的自适应控制方法，如自适应神经网络控制技术[3]、自适应模糊控制技术[4,5]，拓展到了一类具有强不确定性的严反馈非线性系统[6]。与反推控制方法类似，基于逼近器的自适应动态面控制也取得了大量的研究成果，该方法最早由 Wang 等[7]针对一类控制增益为1的严反馈非线性系统提出，随后由李红春等[8,9]扩展到控制增益为未知常数[10]或未知函数[11]以及 MIMO 严反馈非线性系统的控制器设计中，后期的研究又扩展到具有死区[12]或磁滞[13]输入，以及具有未知时滞[14]或周期时变扰动[15]不确定性的严反馈非线性系统中。

事实上，不确定纯反馈非线性系统较严反馈非线性系统更具普遍性，可以表示很多实际系统[16-19]。但是，纯反馈非线性系统的重叠和非仿射特性使得其控制器设计变得困难。文献[20]～[25]针对具有下三角结构的纯反馈非线性系统，讨论了自适应神经网络反推控制方法。为了解决反推控制的"微分爆炸"问题，文献[12]在文献[20]的基础上，提出了一类纯反馈非线性系统的自适应神经网络动态面控制方法。注意到文献[12]、[23]、[24]研究的纯反馈非线性系统均为最后一个方程或两个方程为仿射形式的较简单纯反馈系统。

另外，对飞行器非线性飞行控制律设计较为成熟的方法仍然是反馈线性化方法[26,27]，该方法的主要难点是需要被控对象的精确数学模型，当模型不精确时，非线性得不到合理对消，就不能保证系统的鲁棒性。而反推控制方法不需要被控对象的精确数学模型，与神经网络或模糊逻辑系统结合解决了一大类不确定非线性系统的鲁棒自适应控制器设计问题，并已应用于非线性飞行控制律设计中，取得了良好的控制效果[28-33]。然而，反推控制由于需要对中间虚拟信号进行大量的求导计算，使得控制律高度复杂、高度非线性，当反推控制应用于导弹、飞机等多变量非线性系统时，其计算量往往是机载计算机难以承受的。

在上述理论研究和工程应用文献中，神经网络(或模糊逻辑系统)用于逼近未知非线性不确定性，动态面(或反推)控制方法用于构造控制器，所设计的自适应控制器可以保证控制系统的所有信号一致终结有界。然而，自适应神经网络(或模糊逻辑系统)方法的一个共同缺点是更新参数的数量依赖于神经网络节点(或模糊规则基)的数量，而设计中为了取得较高的逼近精度，往往需要选取大量的神经网络节点(或模糊规则基)。因此，随着神经网络节点(或模糊规则基)数量的增加，需要更新参数的数量显著增加，使得在线学习时间难以接受。为解决此问题，文献[34]、[35]针对严反馈非线性系统创造性地提出了一种直接自适应神经网络(模糊)控制方法，有效减少了需要更新参数的数量，但传统反推控制固有的"微分爆炸"问题仍然存在。

基于以上分析，本章首先针对一类完全非仿射纯反馈非线性系统提出一种直接自适应动态面控制方法，对于 n 阶 SISO 纯反馈非线性系统，仅需要在线更新一个参数，而与神经网络节点数无关，计算量显著减少。在此基础上，为解决现有神经网络飞行控制器更新参数多、计算量大的问题，从工程实用的角度出发，分别针对飞机过失速机动飞行和高超声速飞行器巡航飞行控制问题，提出鲁棒自适应动态面飞行控制律设计方法，控制器结构简单，计算量显著减少，大大减轻了机载计算机的运行负担，同时，跟踪性能良好，控制效果优越。

5.2　纯反馈非线性系统的直接自适应动态面控制

本节就一类完全非仿射纯反馈非线性系统，提出一种直接自适应动态面控制方法。具体思路为：基于隐函数定理和中值定理将未知非仿射输入函数进行分解，使其含有显式的控制输入；利用神经网络逼近未知非线性函数，以所有神经网络权值范数平方的最大值为更新参数来设计控制器，仅一个参数更新；利用动态面控制方法完成控制律设计；通过 Lyapunov 稳定性定理证明闭环系统的半全局稳定性。最后，通过两个仿真实例验证方法的有效性。

5.2.1　问题描述和基本假设

考虑如下一类完全非仿射纯反馈非线性系统：

$$\begin{cases} \dot{x}_i = f_i\left(\overline{x}_i, x_{i+1}\right) + d_i(x,t), & 1 \leqslant i \leqslant n-1 \\ \dot{x}_n = f_n\left(\overline{x}_n, u\right) + d_n(x,t) \\ y = x_1 \end{cases} \tag{5.1}$$

式中，$x = [x_1, \cdots, x_n]^{\mathrm{T}} \in \mathbf{R}^n$ 为系统状态向量；$u, y \in \mathbf{R}$ 为系统的输入和输出；

$\bar{x}_i = [x_1, \cdots, x_i]^T$ ，$i = 1, 2, \cdots, n$ ；$f_i(\cdot)$ 为未知光滑非线性函数；$d_i(x,t)$ 为未知不确定干扰。

控制目标：对系统(5.1)设计控制律 u ，使得闭环系统的所有信号有界，且系统输出 $y = x_1$ 跟踪期望信号 y_r 的误差可收敛到 0 的一个邻域内。

为研究纯反馈非线性系统，引入引理 5.1。

引理 5.1   设对于 $\forall (x,u) \in \mathbf{R}^n \times \mathbf{R}$ ，函数 $f(x,u) : \mathbf{R}^n \times \mathbf{R} \to \mathbf{R}$ 连续可微，且存在一正常数 d ，使得 $\partial f(x,u)/\partial u > d > 0$ ，那么存在一连续(光滑)函数 $u^* = u(x)$ ，使得 $f\left(x, u^*\right) = 0$ 。

证明   见文献[20]。

对于纯反馈系统(5.1)，定义

$$g_i\left(\bar{x}_i, x_{i+1}\right) = \frac{\partial f_i\left(\bar{x}_i, x_{i+1}\right)}{\partial x_{i+1}}, \quad 1 \leqslant i \leqslant n - 1 \tag{5.2}$$

$$g_n\left(\bar{x}_n, u\right) = \frac{\partial f_n\left(\bar{x}_n, u\right)}{\partial u} \tag{5.3}$$

为方便控制器设计，定义 $x_{n+1} = u$ ，并做如下假设。

假设 5.1 $g_i(\cdot)(i = 1, 2, \cdots, n)$ 符号已知，且存在正常数 g_{im} 和 g_{iM} ，使得 $g_{im} \leqslant |g_i(\cdot)| \leqslant g_{iM}$ 。不失一般性，假设 $g_i(\cdot) > 0$ 。

假设 5.2   期望信号 y_r 光滑有界，且 $y_r \in \Omega_d = \left\{ \left(y_r, \dot{y}_r, \ddot{y}_r\right) \middle| y_r^2 + \dot{y}_r^2 + \ddot{y}_r^2 \leqslant B_0 \right\}$ ，B_0 为已知正常数。

假设 5.3   存在非负光滑函数 $\rho_i\left(\bar{x}_i\right)$ 和未知正常数 p_i^* ，对于 $(x,t) \in \mathbf{R}^n \times \mathbf{R}_+$ ，使得 $|d_i(x,t)| \leqslant p_i^* \rho_i\left(\bar{x}_i\right)$ ，$i = 1, 2, \cdots, n$ 。

假设 5.4   神经网络理想权值矩阵 W_i^* 有界，即可令 $\left\| W_i^* \right\| \leqslant W_m$ ，W_m 为已知正常数，$i = 1, 2, \cdots, n$ 。

注 5.1   假设 5.1 对于保证系统(5.1)的可控性是必要的。但是，设计过程中 g_{im} 和 g_{iM} 仅用于稳定性分析，并未在控制律设计中使用，无需已知。

5.2.2   自适应神经网络动态面控制器的简化设计

本节针对完全非仿射纯反馈非线性系统(5.1)，提出其直接自适应神经网络动态面控制。设计过程包括 n 步，在第 $i(1 \leqslant i \leqslant n)$ 步利用神经网络 $W_i^{*T} \xi(Z_i)$ 逼近未知非线性函数，在最后一步设计出实际控制信号 u 。首先定义常数：

$$\phi := \max\left\{\left\|W_i^*\right\|^2, 1 \leqslant i \leqslant n\right\} \tag{5.4}$$

下面给出控制器设计的具体步骤。

步骤 1　定义动态面变量：

$$S_1 = x_1 - \omega_1 \tag{5.5}$$

式中，$\omega_1 = y_r$。

其导数为

$$\dot{S}_1 = f_1(x_1, x_2) + d_1(x, t) - \dot{\omega}_1 \tag{5.6}$$

由假设 5.1 可知，$\partial f_1(x_1, x_2)/\partial x_2 \geqslant g_{1m} > 0$，定义

$$v_1 = -\dot{\omega}_1 \tag{5.7}$$

考虑事实 $\partial v_1/\partial x_2 = 0$，则

$$\frac{\partial\left(f_1(x_1, x_2) + v_1\right)}{\partial x_2} \geqslant g_{1m} > 0 \tag{5.8}$$

根据引理 5.1，对于任意 x_1 和 v_1，存在光滑理想控制输入 $x_2 = \alpha_1^*(x_1, v_1)$，使得

$$f_1\left(x_1, \alpha_1^*\right) + v_1 = 0 \Rightarrow f_1\left(x_1, \alpha_1^*\right) = -v_1 \tag{5.9}$$

由中值定理可知，存在 $\lambda_1(0 < \lambda_1 < 1)$ 使得

$$f_1(x_1, x_2) = f_1\left(x_1, \alpha_1^*\right) + g_{1\lambda_1}\left(x_2 - \alpha_1^*\right) \tag{5.10}$$

式中，$g_{1\lambda_1} = g_1\left(x_1, x_{2\lambda_1}\right)$，$x_{2\lambda_1} = \lambda_1 x_2 + (1 - \lambda_1)\alpha_1^*$，$g_{1\lambda_1}$ 是 $\overline{x}_2$、α_1^* 的函数，由式(5.7)和式(5.9)可知，α_1^* 是 x_1 和 $\dot{y}_r$ 的函数，因此，$g_{1\lambda_1}$ 是 $\overline{x}_2$、$\dot{y}_r$ 的函数。

注 5.2　处理非仿射问题有三种方法：使用 Taylor 级数展开[36]；使用隐函数定理[3]；应用动态反馈思想[37]。比较这些方法可以发现，采用中值定理对非仿射函数进行分解，相对简单。

将式(5.10)代入式(5.6)得

$$\dot{S}_1 = g_{1\lambda_1}\left(x_2 - \alpha_1^*\right) + d_1(x, t) \tag{5.11}$$

定义 Lyapunov 函数：

$$V_1 = \frac{1}{2g_{1\lambda_1}} S_1^2 + \frac{1}{2r} \tilde{\phi}^2 \qquad (5.12)$$

式中，$r > 0$ 为设计参数；$\tilde{\phi} = \hat{\phi} - \phi$，$\hat{\phi}$ 为 ϕ 的估计值。

对 V_1 求导得

$$\dot{V}_1 = \frac{S_1 \dot{S}_1}{g_{1\lambda_1}} - \frac{\dot{g}_{1\lambda_1} S_1^2}{2g_{1\lambda_1}^2} + \frac{1}{r} \tilde{\phi} \dot{\hat{\phi}} \qquad (5.13)$$

由假设 5.3 和杨氏不等式可得

$$\frac{|S_1 d_1(x,t)|}{g_{1\lambda_1}} \leqslant \frac{|S_1| p_1^* \rho_1(\overline{x}_1)}{g_{1\lambda_1}} \leqslant \frac{S_1^2 \rho_1^2(\overline{x}_1)}{2g_{1\lambda_1}^2} + \frac{p_1^{*2}}{2}$$

$$\leqslant \frac{S_1^2 \rho_1^2(\overline{x}_1)}{2g_{1m}^2} + \frac{p_1^{*2}}{2} \qquad (5.14)$$

将式 (5.11) 和式 (5.14) 代入式 (5.13) 得

$$\dot{V}_1 = S_1\left(x_2 - \alpha_1^*\right) + \frac{S_1}{g_{1\lambda_1}} d_1(x,t) - \frac{\dot{g}_{1\lambda_1} S_1^2}{2g_{1\lambda_1}^2} + \frac{1}{r} \tilde{\phi} \dot{\hat{\phi}}$$

$$\leqslant S_1\left(x_2 + \overline{f}_1(Z_1)\right) + \frac{p_1^{*2}}{2} - \frac{\dot{g}_{1\lambda_1} S_1^2}{2g_{1\lambda_1}^2} + \frac{1}{r} \tilde{\phi} \dot{\hat{\phi}} \qquad (5.15)$$

未知非线性函数：

$$\overline{f}_1(Z_1) = -\alpha_1^* + \frac{S_1 \rho_1^2(\overline{x}_1)}{2g_{1m}^2} \qquad (5.16)$$

式中，$Z_1 := (x_1, S_1, \dot{y}_r) \in \Omega_{Z_1} \subset \mathbf{R}^3$。

由于 $\overline{f}_1(Z_1)$ 未知而不可用，应用神经网络对其逼近。给定一紧集 Ω_{Z_1}，有

$$\overline{f}_1(Z_1) = W_1^{*\mathrm{T}} \xi_1(Z_1) + \delta_1$$

$$|\delta_1| \leqslant \delta_1^*, \quad \delta_1^* > 0 \qquad (5.17)$$

根据式 (5.17) 及结合 ϕ 的定义可得

$$S_1 \bar{f}_1 (Z_1) = S_1 \frac{W_1^{*T}}{\|W_1^*\|} \xi_1(Z_1) \|W_1^*\| + S_1 \delta_1^*$$
$$\leqslant \frac{1}{2a_1^2} S_1^2 \phi \xi_1^T (Z_1) \xi_1 (Z_1) + \frac{1}{2} a_1^2 + S_1 \delta_1^* \tag{5.18}$$

将式 (5.18) 代入式 (5.15) 得

$$\begin{aligned}
\dot{V}_1 &\leqslant S_1 x_2 + \frac{1}{2a_1^2} S_1^2 \phi \xi_1^T (Z_1) \xi_1 (Z_1) + |S_1| \eta_1 (S_1, \bar{x}_2, y_r, \dot{y}_r) \\
&\quad + \frac{1}{2} a_1^2 + \frac{p_1^{*2}}{2} + \frac{1}{r} \tilde{\phi} \dot{\hat{\phi}} \\
&\leqslant S_1 \left(x_2 + \frac{1}{2a_1^2} S_1 \phi \xi_1^T (Z_1) \xi_1 (Z_1) + S_1 \right) \\
&\quad + \frac{1}{4} \eta_1^2 + \frac{1}{2} a_1^2 + \frac{p_1^{*2}}{2} + \frac{1}{r} \tilde{\phi} \dot{\hat{\phi}}
\end{aligned} \tag{5.19}$$

式中，$\eta_1 (S_1, \bar{x}_2, y_r, \dot{y}_r)$ 为连续函数[12]，满足

$$\left| \delta_1^* - \frac{\dot{g}_{1\lambda_1} S_1}{2 g_{1\lambda_1}^2} \right| \leqslant \eta_1 (S_1, \bar{x}_2, y_r, \dot{y}_r) \tag{5.20}$$

选择可行的虚拟控制信号为

$$x_{2f} = -k_1 S_1 - \frac{1}{2a_1^2} S_1 \hat{\phi} \xi_1^T (Z_1) \xi_1 (Z_1) \tag{5.21}$$

在式 (5.19) 右边增加和减少一项 $S_1 x_{2f}$，合并后得

$$\begin{aligned}
\dot{V}_1 &\leqslant S_1 (x_2 - x_{2f}) - (k_1 - 1) S_1^2 + \frac{1}{4} \eta_1^2 + \frac{1}{2} a_1^2 \\
&\quad + \frac{p_1^{*2}}{2} + \frac{1}{r} \tilde{\phi} \left(\dot{\hat{\phi}} - \frac{r}{2a_1^2} S_1^2 \xi_1^T (Z_1) \xi_1 (Z_1) \right)
\end{aligned} \tag{5.22}$$

考虑通过低通滤波器来获得 ω_2 和 $\dot{\omega}_2$，有

$$\tau_2 \dot{\omega}_2 + \omega_2 = x_{2f}, \quad \omega_2(0) := x_{2f}(0) \tag{5.23}$$

式中，τ_2 为滤波器时间常数。

步骤 i(2 ≤ i ≤ n−1)　定义动态面变量:

$$S_i = x_i - \omega_i \tag{5.24}$$

其导数为

$$\dot{S}_i = f_i(\overline{x}_i, x_{i+1}) + d_i(x,t) - \dot{\omega}_i \tag{5.25}$$

由假设 5.1 可知，$\partial f_i(\overline{x}_i, x_{i+1}) / \partial x_{i+1} \geqslant g_m > 0$，定义

$$v_i = -\dot{\omega}_i \tag{5.26}$$

考虑事实 $\partial v_i / \partial x_{i+1} = 0$，则

$$\frac{\partial\left(f_i(\overline{x}_i, x_{i+1}) + v_i\right)}{\partial x_{i+1}} \geqslant g_m > 0 \tag{5.27}$$

对于任意 $\overline{x}_i$ 和 v_i，存在光滑理想控制输入 $x_{i+1} = \alpha_i^*(\overline{x}_i, v_i)$，使得

$$f_i(\overline{x}_i, \alpha_i^*) + v_i = 0 \Rightarrow f_i(\overline{x}_i, \alpha_i^*) = -v_i \tag{5.28}$$

由中值定理可知存在 $\lambda_i(0 < \lambda_i < 1)$ 使得

$$f_i(\overline{x}_i, x_{i+1}) = f_i(\overline{x}_i, \alpha_i^*) + g_{i\lambda_i}(x_{i+1} - \alpha_i^*) \tag{5.29}$$

式中，$g_{i\lambda_i} = g_i(\overline{x}_i, x_{(i+1)\lambda_i})$，$x_{(i+1)\lambda_i} = \lambda_i x_{i+1} + (1 - \lambda_i)\alpha_i^*$，$g_{i\lambda_i}$ 是 $\overline{x}_{i+1}$、α_i^* 的函数，由式(5.26)和式(5.28)可知，α_i^* 是 $\overline{x}_i$ 和 $\dot{\omega}_i$ 的函数，因此，$g_{i\lambda_i}$ 是 $\overline{x}_{i+1}$、$\dot{\omega}_i$ 的函数。

将式(5.29)代入式(5.25)可得

$$\dot{S}_i = g_{i\lambda_i}(x_{i+1} - \alpha_i^*) + d_i(x,t) \tag{5.30}$$

定义 Lyapunov 函数：

$$V_i = \frac{1}{2g_{i\lambda_i}} S_i^2 \tag{5.31}$$

对 V_i 求导得

$$\dot{V}_i = \frac{S_i \dot{S}_i}{g_{i\lambda_i}} - \frac{\dot{g}_{i\lambda_i} S_i^2}{2g_{i\lambda_i}^2} \tag{5.32}$$

由假设 5.3 和杨氏不等式可得

$$\frac{\left|S_i d_i(x,t)\right|}{g_{i\lambda_i}} \leqslant \frac{S_i^2 \rho_i^2(\overline{x}_i)}{2g_{im}^2} + \frac{p_i^{*2}}{2} \tag{5.33}$$

将式 (5.30) 和式 (5.31) 代入式 (5.32) 得

$$\dot{V}_i \leqslant S_i\left(x_{i+1} + \overline{f}_i(Z_i)\right) + \frac{p_i^{*2}}{2} - \frac{\dot{g}_{i\lambda_i} S_i^2}{2g_{i\lambda_i}^2} \tag{5.34}$$

未知非线性函数：

$$\overline{f}_i(Z_i) = -\alpha_i^* + \frac{S_i \rho_i^2(\overline{x}_i)}{2g_{im}^2} \tag{5.35}$$

式中，$Z_i := \left(S_i, \overline{x}_i, \dot{\omega}_i\right) \in \Omega_{Z_i} \subset \mathbf{R}^{i+2}$。

由于 $\overline{f}_i(Z_i)$ 未知而不可用，应用神经网络对其逼近。给定一紧集 Ω_{Z_i}，有

$$\begin{aligned}
\overline{f}_i(Z_i) &= W_i^{*\mathrm{T}} \xi(Z_i) + \delta_i \\
\left|\delta_i\right| &\leqslant \delta_i^*, \quad \delta_i^* > 0
\end{aligned} \tag{5.36}$$

根据式 (5.36) 并结合 ϕ 的定义可得

$$S_i \overline{f}_i(Z_i) \leqslant \frac{1}{2a_i^2} S_i^2 \phi \xi_i^{\mathrm{T}}(Z_i) \xi_i(Z_i) + \frac{1}{2} a_i^2 + S_i \delta_i^* \tag{5.37}$$

将式 (5.37) 代入式 (5.34) 得

$$\begin{aligned}
\dot{V}_i &\leqslant S_i x_{i+1} + \frac{1}{2a_i^2} S_i^2 \phi \xi_i^{\mathrm{T}}(Z_i) \xi_i(Z_i) + \left|S_i\right| \eta_i\left(S_i, \overline{x}_{i+1}, \dot{\omega}_i\right) + \frac{1}{2} a_i^2 + \frac{p_i^{*2}}{2} \\
&\leqslant S_i\left(x_{i+1} + \frac{1}{2a_i^2} S_i \phi \xi_i^{\mathrm{T}}(Z_i) \xi_i(Z_i) + S_i\right) + \frac{1}{4} \eta_i^2 + \frac{1}{2} a_i^2 + \frac{p_i^{*2}}{2}
\end{aligned} \tag{5.38}$$

式中，$\eta_i\left(S_i, \overline{x}_{i+1}, \dot{\omega}_i\right)$ 为连续函数，满足

$$\left|\delta_i^* - \frac{\dot{g}_{i\lambda_i} S_i}{2g_{i\lambda_i}^2}\right| \leqslant \eta_i\left(S_i, \overline{x}_{i+1}, \dot{\omega}_i\right) \tag{5.39}$$

选择可行的虚拟控制信号为

$$x_{(i+1)f} = -k_i S_i - S_{i-1} - \frac{1}{2a_i^2} S_i \hat{\phi} \xi_i^{\mathrm{T}}(Z_i) \xi_i(Z_i) \tag{5.40}$$

在式 (5.38) 右边增加和减少一项 $S_i x_{(i+1)f}$，合并后得

$$\begin{aligned}\dot{V}_i \leqslant{}& S_i\left(x_{i+1} - x_{(i+1)f}\right) - (k_i - 1)S_i^2 - S_{i-1}S_i + \frac{1}{4}\eta_i^2 \\ &+ \frac{1}{2}a_i^2 + \frac{p_i^{*2}}{2} - \frac{1}{2a_i^2} S_i^2 \tilde{\phi} \xi_i^{\mathrm{T}}(Z_i)\xi_i(Z_i)\end{aligned} \tag{5.41}$$

考虑通过低通滤波器来获得 ω_{i+1} 和 $\dot{\omega}_{i+1}$，有

$$\tau_{i+1}\dot{\omega}_{i+1} + \omega_{i+1} = x_{(i+1)f}, \quad \omega_{i+1}(0) := x_{(i+1)f}(0) \tag{5.42}$$

式中，τ_{i+1} 为滤波器时间常数。

步骤 n 推导过程类似步骤 i，令式 (5.24)~式 (5.40) 中 $i = n$，$x_{n+1} = u$ 即可。选择最终控制信号为

$$u = -k_n S_n - S_{n-1} - \frac{1}{2a_n^2} S_n \hat{\phi} \xi_n^{\mathrm{T}}(Z_n) \xi_n(Z_n) \tag{5.43}$$

Lyapunov 函数 V_n 导数为

$$\dot{V}_n \leqslant -(k_n - 1)S_n^2 - S_{n-1}S_n - \frac{1}{2a_n^2} S_n^2 \tilde{\phi} \xi_n^{\mathrm{T}}(Z_n)\xi_n(Z_n) + \frac{1}{4}\eta_n^2 + \frac{1}{2}a_n^2 + \frac{p_n^{*2}}{2} \tag{5.44}$$

参数更新律选择为

$$\dot{\hat{\phi}}(t) = \sum_{i=1}^{n} \frac{r}{2a_i^2} S_i^2 \xi_i^{\mathrm{T}}(Z_i)\xi_i(Z_i) - b_0 \hat{\phi}, \quad \hat{\phi}(0) \geqslant 0 \tag{5.45}$$

式中，$Z_n := \left(S_n, \bar{x}_n, \dot{\omega}_n\right) \in \Omega_{Z_n} \subset \mathbf{R}^{n+2}$，$b_0 > 0$ 是设计参数。

5.2.3　闭环系统稳定性和跟踪性能分析

1. 闭环系统稳定性分析

本节利用 Lyapunov 稳定性定理证明闭环系统的半全局稳定性。

首先，定义边界层误差：

$$y_{i+1} = \omega_{i+1} - x_{(i+1)f}, \quad i = 1, 2, \cdots, n-1 \tag{5.46}$$

由式(5.46)和式(5.24)得

$$x_{i+1} - x_{(i+1)f} = S_{i+1} + y_{i+1} \tag{5.47}$$

由式(5.46)和式(5.42)得

$$\dot{\omega}_{i+1} = -\frac{y_{i+1}}{\tau_{i+1}} \tag{5.48}$$

考虑式(5.40)、式(5.45)、式(5.46)和式(5.48)可得

$$\begin{aligned}
\dot{y}_{i+1} = \dot{\omega}_{i+1} - \dot{x}_{(i+1)f} &= -\frac{y_{i+1}}{\tau_{i+1}} + \frac{1}{2a_i^2}\Big[(k_i+1)\dot{S}_i + \dot{S}_i\hat{\phi}\xi_i^{\mathrm{T}}(Z_i)\xi_i(Z_i) \\
&\quad + S_i\dot{\hat{\phi}}\xi_i^{\mathrm{T}}(Z_i)\xi_i(Z_i) + 2S_i\hat{\phi}\dot{\xi}_i^{\mathrm{T}}(Z_i)\xi_i(Z_i)\Big]
\end{aligned} \tag{5.49}$$

可见：

$$\left| \dot{y}_{i+1} + \frac{y_{i+1}}{\tau_{i+1}} \right| \leqslant C_{i+1}\left(S_1, \cdots, S_i, y_2, \cdots, y_{i+1}, \hat{\phi}, y_r, \dot{y}_r, \ddot{y}_r\right) \tag{5.50}$$

因此，有

$$\dot{y}_{i+1}y_{i+1} \leqslant -\frac{y_{i+1}^2}{\tau_{i+1}} + |y_{i+1}|C_{i+1} \leqslant -\frac{y_{i+1}^2}{\tau_{i+1}} + \frac{y_{i+1}^2}{2} + \frac{C_{i+1}^2}{2} \tag{5.51}$$

式中，$C_{i+1}(\cdot)$ 是某一连续函数。

定理 5.1　考虑式(5.1)构成的闭环系统，定义 Lyapunov 能量函数：

$$V(t) = \sum_{i=1}^{n} V_i + \frac{1}{2}\sum_{i=1}^{n-1} y_{i+1}^2 \tag{5.52}$$

在满足假设 5.1～假设 5.4 的条件下，控制律选择为式(5.43)，则对于任意给定正常数 p，若 $V(0) \leqslant p$，那么存在设计参数 k_i、τ_{i+1}、a_i、r、b_0，使闭环系统的所有信号半全局一致终结有界。

证明　$V(t)$ 对时间 t 的导数为

$$\dot{V}(t) = \sum_{i=1}^{n} \dot{V}_i + \sum_{i=1}^{n-1} y_{i+1}\dot{y}_{i+1} \tag{5.53}$$

将式(5.22)、式(5.41)、式(5.44)、式(5.45)、式(5.47)代入式(5.53)得

$$
\begin{aligned}
\dot{V}(t) \leqslant\ & S_1 S_2 + S_1 y_2 - (k_1-1)S_1^2 + \frac{1}{4}\eta_1^2 + \frac{1}{2}a_1^2 + \frac{p_1^{*2}}{2} + \frac{1}{r}\tilde{\phi}\left(\dot{\hat{\phi}} - \frac{r}{2a_1^2}S_1^2\xi_1^{\mathrm{T}}(Z_1)\xi_1(Z_1)\right) \\
& + S_2 S_3 + S_2 y_3 - (k_2-1)S_2^2 - S_1 S_2 + \frac{1}{4}\eta_2^2 + \frac{1}{2}a_2^2 + \frac{p_2^{*2}}{2} - \frac{1}{2a_2^2}S_2^2\tilde{\phi}\xi_2^{\mathrm{T}}(Z_2)\xi_2(Z_2) \\
& + \cdots + S_i S_{i+1} + S_i y_{i+1} - (k_i-1)S_i^2 - S_{i-1}S_i + \frac{1}{4}\eta_i^2 + \frac{1}{2}a_i^2 + \frac{p_i^{*2}}{2} - \frac{1}{2a_i^2}S_i^2\tilde{\phi}\xi_i^{\mathrm{T}}(Z_i)\xi_i(Z_i) \\
& + \cdots - (k_n-1)S_n^2 - S_{n-1}S_n - \frac{1}{2a_n^2}S_n^2\tilde{\phi}\xi_n^{\mathrm{T}}(Z_n)\xi_n(Z_n) + \frac{1}{4}\eta_n^2 + \frac{1}{2}a_n^2 + \frac{p_n^{*2}}{2} + \sum_{i=1}^{n-1}y_{i+1}\dot{y}_{i+1} \\
=\ & -\sum_{i=1}^{n}(k_i-1)S_i^2 + \sum_{i=1}^{n-1}S_i y_{i+1} + \sum_{i=1}^{n}\left(\frac{1}{4}\eta_i^2 + \frac{1}{2}a_i^2 + \frac{p_i^{*2}}{2}\right) - \frac{b_0}{r}\tilde{\phi}\hat{\phi} + \sum_{i=1}^{n-1}y_{i+1}\dot{y}_{i+1}
\end{aligned}
$$

$$(5.54)$$

由假设 5.2 和定理表述可知，对于任意 $B_0 > 0$ 和 $p > 0$，集合

$$
\Omega_d = \left\{ (y_r,\dot{y}_r,\ddot{y}_r) \Big| y_r^2 + \dot{y}_r^2 + \ddot{y}_r^2 \leqslant B_0 \right\} \tag{5.55}
$$

$$
\Omega_i = \left\{ \sum_{j=1}^{i}V_j + \frac{1}{2}\sum_{j=1}^{i-1}y_{j+1}^2 \leqslant p \right\},\quad 1 \leqslant i \leqslant n \tag{5.56}
$$

分别是 $\mathbf{R}^3$ 和 $\mathbf{R}^{2i-1}$ 内的紧集，那么，$\Omega_d \times \Omega_i$ 也是 $\mathbf{R}^{2i+2}$ 内的紧集。因此，$C_{i+1}(\cdot)$ 在集合 $\Omega_d \times \Omega_i$ 内存在一个最大值 M_{i+1}，则

$$
\dot{y}_{i+1}y_{i+1} \leqslant -\frac{y_{i+1}^2}{\tau_{i+1}} + \frac{y_{i+1}^2}{2} + \frac{M_{i+1}^2}{2} \tag{5.57}
$$

根据杨氏不等式，且注意到 $-2\tilde{\phi}\hat{\phi} \leqslant \phi^2 - \tilde{\phi}^2$，将式(5.57)代入式(5.54)整理得

$$
\begin{aligned}
\dot{V}(t) \leqslant\ & -\sum_{i=1}^{n-1}\left(k_i - 1 - \frac{1}{2a_i}\right)S_i^2 - (k_n-1)S_n^2 - \frac{b_0}{2r}\tilde{\phi}^2 - \sum_{i=1}^{n-1}\left(\frac{1}{\tau_{i+1}} - \frac{1}{2} - \frac{a_i}{2}\right)y_{i+1}^2 \\
& + \frac{b_0}{2r}\phi^2 + \sum_{i=1}^{n}\left(\frac{1}{4}\eta_i^2 + \frac{1}{2}a_i^2 + \frac{p_i^{*2}}{2}\right) + \sum_{i=1}^{n-1}\frac{M_{i+1}^2}{2}
\end{aligned}
$$

$$(5.58)$$

选择设计参数：

$$\begin{cases} k_i \geqslant 1 + \dfrac{1}{2a_i} + 0.5\lambda_0, & 1 \leqslant i \leqslant n-1 \\[2mm] k_n \geqslant 1 + 0.5\lambda_0 & \\[2mm] \dfrac{1}{\tau_{i+1}} \geqslant 0.5\lambda_0 + \dfrac{1}{2} + \dfrac{a_i}{2}, & 1 \leqslant i \leqslant n-1 \\[2mm] \lambda_0 = b_0 & \end{cases} \tag{5.59}$$

且令

$$c_0 = \frac{b_0}{2r}\phi^2 + \sum_{i=1}^{n}\left(\frac{1}{4}\eta_i^2 + \frac{1}{2}a_i^2 + \frac{p_i^{*2}}{2}\right) + \sum_{i=1}^{n-1}\frac{M_{i+1}^2}{2} \tag{5.60}$$

则式(5.58)可整理为

$$\dot{V}(t) \leqslant -\lambda_0 V(t) + c_0 \tag{5.61}$$

令 $\lambda_0 > c_0/p$，则当 $V(t) = p$ 时 $\dot{V}(t) < 0$，即对于 $\forall t \geqslant 0$，若 $V(0) \leqslant p$，则 $V(t) \leqslant p$，说明 $V(t) \leqslant p$ 是一个不变集。式(5.61)两边在 $[0,t]$ 内积分，对 $\forall t \geqslant 0$ 可得

$$0 \leqslant V(t) \leqslant \frac{c_0}{\lambda_0} + \left(V(0) - \frac{c_0}{\lambda_0}\right)\mathrm{e}^{-\lambda_0 t} \tag{5.62}$$

因此，闭环系统的所有信号，即 S_i、y_{i+1}、$\hat{\phi}$ 等均半全局一致终结有界。

2. 跟踪性能分析

第 1 部分已经证明闭环系统的所有信号有界，此处将量化各信号的收敛特性，通过定理 5.2 分析闭环系统的跟踪性能。

定理 5.2　考虑式(5.1)构成的闭环系统，在根据定理 5.1 得到闭环系统所有信号满足式(5.61)的条件下，构造函数：

$$V(t) = \frac{1}{2}S^{\mathrm{T}}(t)Q(t)S(t) + \frac{1}{2}y^{\mathrm{T}}(t)y(t) + \frac{1}{2r}\tilde{\phi}^2(t) \tag{5.63}$$

式中，$y(t) = [y_2, \cdots, y_n]^{\mathrm{T}}$；$S(t) = x(t) - x_r(t)$，$x(t) = [x_1, \cdots, x_n]^{\mathrm{T}}$，$x(t) \in \mathbf{R}^n$，$x_r(t) = [y_r, \omega_2, \cdots, \omega_n]^{\mathrm{T}}$，$x_r(t) \in \Omega_r \subset \mathbf{R}^n$；$Q(t) = \mathrm{diag}\{1/g_{i\lambda_i}\}$。

那么，通过适当选择设计参数及给定任意初始紧集：

$$\Omega_0 = \left\{ x(0), x_r(0), \hat{\phi}(0), y(0) \big| x(0)、\hat{\phi}(0)、y(0) \text{是有限的}, x_r(0) \in \Omega_r \right\}$$

可得到如下结论。

(1)闭环系统的所有状态信号和参数 $\hat{\phi}$ 将保持在有界紧集 Ω 内：

$$\Omega = \left\{ x(t), \hat{\phi}(t), y(t) \middle| \|x(t)\| \leqslant c_{S\max} + \max_{\tau \in [0,t]} \{\|x_r(\tau)\|\}, \right.$$
$$\left. x_r(t) \in \Omega_r, |\hat{\phi}| \leqslant c_{\tilde{\phi}\max} + |\phi|, \|y(t)\| \leqslant c_{y\max} \right\}$$

(2)闭环系统的所有状态信号和参数 $\hat{\phi}$ 最终收敛到稳态紧集 Ω_s 内；

$$\Omega_s = \left\{ x(t), \hat{\phi}(t), y(t) \middle| \lim_{t\to\infty} \|S(t)\| = \mu_S^*, \lim_{t\to\infty} |\tilde{\phi}(t)| = \mu_{\tilde{\phi}}^*, \lim_{t\to\infty} \|y(t)\| = \mu_y^* \right\}$$

式中，

$$c_{S\max} = \sqrt{\frac{2(V(0) + c_0\lambda_0^{-1})}{\lambda_{Q\min}}}, \quad c_{\tilde{\phi}\max} = \sqrt{2r(V(0) + c_0\lambda_0^{-1})}, \quad c_{y\max} = \sqrt{2(V(0) + c_0\lambda_0^{-1})}$$

$$\mu_S^* = \sqrt{\frac{2c_0}{\lambda_0\lambda_{Q\min}}}, \quad \lambda_{Q\min} = \min_{\tau \in [0,t]} \lambda_{\min}(Q(\tau)), \quad \mu_{\tilde{\phi}}^* = \sqrt{2rc_0\lambda_0^{-1}}, \quad \mu_y^* = \sqrt{2c_0\lambda_0^{-1}}$$

证明　对两个结论分别证明如下。

(1)对式(5.62)进一步缩放得

$$0 \leqslant V(t) \leqslant \left(V(0) - \frac{c_0}{\lambda_0}\right)e^{-\lambda_0 t} + \frac{c_0}{\lambda_0} \leqslant V(0) + \frac{c_0}{\lambda_0}, \quad \forall t \geqslant 0 \tag{5.64}$$

式中，$V(0) = \frac{1}{2}S^T(0)Q(0)S(0) + \frac{1}{2}y^T(0)y(0) + \frac{1}{2r}\tilde{\phi}^2(0)$。

由式(5.63)可得

$$\frac{1}{2}\lambda_{Q\min}\|S(t)\|^2 \leqslant \frac{1}{2}\lambda_{\min}(Q(t))\|S(t)\|^2 \leqslant \frac{1}{2}S^T(t)Q(t)S(t) \leqslant V(t) \tag{5.65}$$

$$\frac{1}{2r}\tilde{\phi}^2(t) \leqslant V(t), \quad \frac{1}{2}\|y(t)\|^2 \leqslant V(t) \tag{5.66}$$

结合式(5.64)可知

$$\|S(t)\| \leqslant c_{S\max}, \quad \|y(t)\| \leqslant c_{y\max}, \quad |\tilde{\phi}| \leqslant c_{\tilde{\phi}\max} \tag{5.67}$$

由于 $S(t) = x(t) - x_r(t)$ 和 $\tilde{\phi} = \hat{\phi} - \phi$ ，可得

$$\left\| x(t) \right\| \leqslant c_{S\max} + \left\| x_r(t) \right\| \leqslant c_{S\max} + \max_{\tau \in [0,t]} \left\{ \left\| x_r(\tau) \right\| \right\} \tag{5.68}$$

$$\left| \hat{\phi} \right| \leqslant c_{\tilde{\phi}\max} + \left| \phi \right| \tag{5.69}$$

即结论(1)得证。

(2) 由式(5.62)、式(5.65)、式(5.66)可得

$$\left\| S(t) \right\| \leqslant \sqrt{\frac{2\left(V(0) - c_0 \lambda_0^{-1} \right) \mathrm{e}^{-\lambda_0 t} + 2c_0 \lambda_0^{-1}}{\lambda_{Q\min}}} \tag{5.70}$$

$$\left| \tilde{\phi}(t) \right| \leqslant \sqrt{2r \left[\left(V(0) - c_0 \lambda_0^{-1} \right) \mathrm{e}^{-\lambda_0 t} + c_0 \lambda_0^{-1} \right]} \tag{5.71}$$

$$\left\| y(t) \right\| \leqslant \sqrt{2 \left[\left(V(0) - c_0 \lambda_0^{-1} \right) \mathrm{e}^{-\lambda_0 t} + c_0 \lambda_0^{-1} \right]} \tag{5.72}$$

若 $V(0) = c_0 / \lambda_0$ ，则 $\left\| S(t) \right\| \leqslant \mu_S^*$ ，$\forall t \geqslant 0$ 。

若 $V(0) \neq c_0 / \lambda_0$ ，由式(5.70)可知对于任意给定的 $\mu_S > \mu_S^*$ ，存在 T_S ，使得对 $\forall t > T_S$ ，有 $\left\| S(t) \right\| \leqslant \mu_S$ 。任意给定 μ_S :

$$\mu_S = \sqrt{\frac{2\left(V(0) - c_0 \lambda_0^{-1} \right) \mathrm{e}^{-\lambda_0 t} + 2c_0 \lambda_0^{-1}}{\lambda_{Q\min}}}, \quad V(0) \neq \frac{c_0}{\lambda_0} \tag{5.73}$$

若取

$$T_S = -\frac{1}{\lambda_0} \ln \left(\frac{\mu_S^2 \lambda_{Q\min} - 2c_0 \lambda_0^{-1}}{2\left(V(0) - c_0 \lambda_0^{-1} \right)} \right) \tag{5.74}$$

则当 $\forall t > T_S$ 时，有

$$\lim_{t \to \infty} \left\| S(t) \right\| = \mu_S^* \tag{5.75}$$

同理可得

$$\lim_{t \to \infty} \left| \tilde{\phi} \right| = \mu_{\tilde{\phi}}^*, \quad \lim_{t \to \infty} \left\| y(t) \right\| = \mu_y^* \tag{5.76}$$

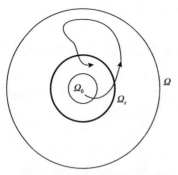

图 5.1　定理 5.2 中的三个紧集

即结论(2)得证。

注 5.3　在定理 5.2 中有三个集合，即初始紧集 Ω_0、有界紧集 Ω 和稳态紧集 Ω_s。三个紧集的关系如图 5.1 所示。由证明过程可知：①当 $x_1(0) \in \Omega_0$ 时，$x_1(t)$ 将不会离开集合 Ω，且最终收敛到集合 Ω_s 内；②$\Omega_0 \subset \Omega$，Ω_0 域的大小影响 Ω，但不影响 Ω_s；③Ω_s（即稳态误差和 $\tilde{\phi}$）可以通过选择神经网络节点数 l_i 和适当调节设计参数 k_i、τ_{i+1}、a_i、r、b_0 而取得任意小。

需要说明的是，由以上分析仅能够定性得到稳态误差范围的上界值，无法进行精确计算，所设计控制律也仅能保证稳态误差收敛到与设计参数和某些未知有界项有关的残集内，而不能按照某一给定的稳态误差进行控制律设计，更不能达到某些给定动态性能指标(如超调量、收敛速度)的设计要求。

5.2.4　数值仿真与分析

考虑如下两个纯反馈非线性系统[22]：

$$\Sigma_1 : \begin{cases} \dot{x}_1 = x_1 + x_2 + x_2^3/5 + 0.1\sin(x_1 x_2 t) \\ \dot{x}_2 = x_1 x_2 + u + u^3/7 + 0.1\cos(x_2 t) \\ y = x_1 \end{cases} \tag{5.77a}$$

$$\Sigma_2 : \begin{cases} \dot{x}_1 = x_1^2 \sin x_1 + (1 + x_1^2)(x_2 + x_2^3) + 0.5x_2^2 \sin t \\ \dot{x}_2 = x_1 x_2 + u + u^3 + 0.6\sin^3 t \\ y = x_1 \end{cases} \tag{5.77b}$$

期望跟踪信号分别为 $y_r = 0.5(\sin t + \sin(1.5t))$ 和 $y_r = \sin(0.5t) + 0.5\sin(1.5t)$。控制目标是对系统 Σ_1 和 Σ_2 分别设计控制器 u，使得闭环系统的所有信号有界，且输出 $y = x_1$ 跟踪 y_r 的误差可收敛到 0 的一个邻域内。

对系统 Σ_1 和 Σ_2 定义 $S_1 = x_1 - y_r$，$S_2 = x_2 - \omega_2$，选择虚拟控制律和最终控制信号

$$x_{2f} = -k_1 S_1 - \frac{1}{2a_1^2} S_1 \hat{\phi} \xi_1^{\mathrm{T}}(Z_1) \xi_1(Z_1) \tag{5.78}$$

$$u = -k_2 S_2 - S_1 - \frac{1}{2a_2^2} S_2 \hat{\phi} \xi_2^{\mathrm{T}}(Z_2) \xi_2(Z_2) \tag{5.79}$$

选择低通滤波器为

$$\tau_2\dot{\omega}_2 + \omega_2 = x_{2f}, \quad \omega_2(0) := x_{2f}(0) \tag{5.80}$$

选择参数更新律为

$$\dot{\hat{\phi}}(t) = \sum_{i=1}^{2}\frac{r}{2a_i^2}S_i^2\xi_i^{\mathrm{T}}(Z_i)\xi_i(Z_i) - b_0\hat{\phi}, \quad \hat{\phi}(0) \geqslant 0 \tag{5.81}$$

初始条件分别为 $\Sigma_1: x(0) = [0.5, 1.8]^{\mathrm{T}}$，$\Sigma_2: x(0) = [0.5, 0]^{\mathrm{T}}$，$\hat{\phi}(0) = 0$。对于两个系统，选择相同的控制器参数和神经网络参数进行仿真验证。控制器参数选择为 $k_1 = 12$，$k_2 = 15$，$a_1 = a_2 = 1$，$r = 15$，$b_0 = 0.02$，$\tau_2 = 0.1$。神经网络输入选择为 $Z_1 := (x_1, S_1, \dot{y}_r) \in \mathbf{R}^3$，$Z_2 := (\bar{x}_2, S_2, \dot{\omega}_2) \in \mathbf{R}^4$。选择神经网络 $W_1^{*\mathrm{T}}\xi(Z_1)$ 节点数 $l_1 = 13$，中心值 $\mu_l(l = 1, \cdots, l_1)$ 均在区间 $[-2, 2]$ 内均匀取值，宽度 $\eta_l = 2(l = 1, \cdots, l_1)$；$W_2^{*\mathrm{T}}\xi(Z_2)$ 节点数 $l_2 = 25$，中心值 $\mu_l(l = 1, \cdots, l_2)$ 均在区间 $[-2, 2]$ 内均匀取值，宽度 $\eta_l = 2(l = 1, \cdots, l_2)$，仿真结果如图 5.2～图 5.9 所示。图 5.2～图 5.5 为系统 Σ_1 的仿真结果，图 5.6～图 5.9 为系统 Σ_2 的仿真结果。

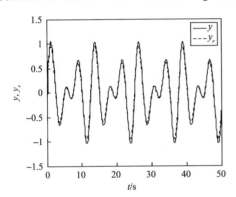

图 5.2　系统 Σ_1 中 y 跟踪 y_r 性能曲线

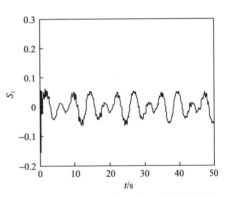

图 5.3　系统 Σ_1 中跟踪误差曲线

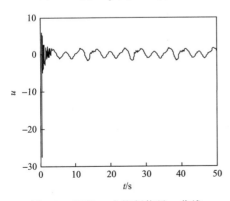

图 5.4　系统 Σ_1 中控制信号 u 曲线

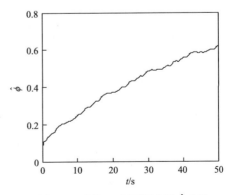

图 5.5　系统 Σ_1 中更新参数 $\hat{\phi}$ 曲线

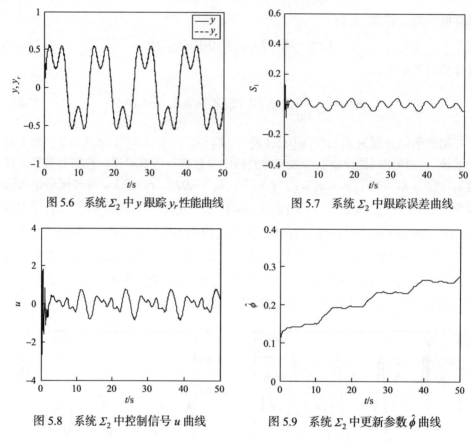

图 5.6　系统 Σ_2 中 y 跟踪 y_r 性能曲线　　　图 5.7　系统 Σ_2 中跟踪误差曲线

图 5.8　系统 Σ_2 中控制信号 u 曲线　　　图 5.9　系统 Σ_2 中更新参数 $\hat{\phi}$ 曲线

可以看到，在选取相同控制器参数的情况下，尽管系统 Σ_1 和 Σ_2 的形式、期望跟踪信号完全不同，但输出 $y = x_1$ 仍能很好地跟踪参考信号 y_r ，并保证了控制信号 u 和更新参数 $\hat{\phi}$ 的有界性。

从推导和仿真过程可以发现，所设计的控制器结构简单、计算量小，有效解决了神经网络控制器更新参数过多、计算量大的问题。该方法具有以下特点。

(1)控制器结构简单，与文献[20]～[24]及其他反推控制方法比较，解决了传统反推控制的"微分爆炸"问题。而文献[34]、[35]尽管减少了计算量，但"微分爆炸"问题依然存在。

(2)与文献[22]比较，对于同样的 2 阶 SISO 纯反馈非线性系统，仅一个参数需要在线更新，而与神经网络节点数无关，计算量显著减少。而传统的神经网络动态面控制在每一个设计步骤中至少需要设计一个自适应律[12]。

(3)不需要增加任何附加项，完全避免了反馈线性化方法中可能出现的控制器奇异性问题。而为避免控制器奇异性问题，文献[12]、[38]设计中均因引入附加项而增加了控制器设计和计算复杂性。

(4)定义的神经网络输入变量 Z_i 的维数较文献[20]～[22]显著减少,降低了神经网络节点数和计算复杂性,减轻了分析难度。

(5)通过 Lyapunov 稳定性定理可以证明闭环系统的半全局稳定性,且稳态误差可收敛到与设计参数和某些未知有界项有关的残集内。

5.3 战斗机过失速机动的直接自适应动态面飞行控制

针对战斗机在过失速机动状态下动力学特性表现的复杂非线性,以及各个控制通道之间耦合严重的问题,4.3 节提出了一种动态面过失速机动飞行控制律设计方法。新设计的控制律展现了结构简单、计算量小、跟踪效果好的良好特性,但同时存在三个有待解决的问题。

(1)大迎角条件下气动参数大幅摄动,使得气动力和气动力矩的不确定性上界难以知道。

(2)忽略了舵面偏转力和阻尼力的影响。

(3)未考虑战斗机受到的随机外界干扰。

因此,本节引入 5.2 节提出的直接自适应动态面控制方法,对战斗机气动参数的不确定性、舵面偏转力和阻尼力的影响,以及外界干扰进行逼近,进一步提高控制律对飞机模型不确定性和外界干扰的鲁棒性。

新方法设计的基本思路是:首先将直接自适应神经网络动态面控制方法推广到控制增益矩阵存在不确定性的严反馈块控非线性系统中,然后结合过失速机动飞行控制的特点,提出一种新型的直接自适应动态面过失速机动飞行控制律设计方法。该方法将继承动态面控制器结构简单的特点,同时利用神经网络在线逼近飞机气动参数的不确定性和外界干扰,再通过简化神经网络参数调整方法,进一步减少在线更新参数的数量,降低控制算法的复杂度。最后,搭建过失速机动飞行控制综合仿真系统,选择最典型的过失速机动动作——Herbst 机动进行飞行控制综合仿真研究,验证所设计控制律的有效性和鲁棒性。

5.3.1 问题描述和基本假设

考虑阻尼力、舵面偏转产生的力和不确定性外界干扰,以及函数矩阵 $B_2(x_f)$ 的不确定性,将飞机运动方程化为不确定严反馈块控非线性 MIMO 形式:

$$\dot{x}_1 = F_1(x_s) + B_1(x_s)x_2 + \Delta F_1(x_s) + D_1(x_f,\delta,t) \tag{5.82a}$$

$$\dot{x}_2 = F_2(x_f) + B_2(x_f)\delta + \Delta F_2(x_f) + D_2(x_f,\delta,t) \tag{5.82b}$$

$$y = x_1 \qquad (5.82c)$$

式中，$\Delta F_1(x_s) = A_1(x_s)\omega_1$，$\Delta F_2(x_f) = A_2\omega_2$，$D_1(x_f,\delta,t) = \tilde{B}_1 x_2 + \tilde{F}_1 + d_1(x_f,\delta,t)$，$D_2(x_f,\delta,t) = d_2(x_f,\delta,t)$，$d_1(\cdot)$、$d_2(\cdot)$ 为飞机受到的随机不确定性外界干扰。

控制目标：对于式(5.82)构成的系统设计控制律 δ，使闭环系统的所有信号有界，且其输出信号 $y = x_1 = [\alpha,\beta,\mu]^T$ 能够跟踪过失速机动飞行时的飞机操纵指令 $[\alpha_c,\beta_c,\mu_c]^T$。

为设计方便，定义 $D_1(\cdot) = [d_{11},d_{12},d_{13}]^T$，$D_2(\cdot) = [d_{21},d_{22},d_{23}]^T$；$b_{2ij}$ 为矩阵 $B_2(\cdot)$ 的第 i 行第 j 列元素，即 $B_2(\cdot) = (b_{2ij})_{3\times7}$，$i = p,q,r$，$j = \delta_a,\delta_h,\delta_r,\delta_d,\delta_x,\delta_y,\delta_z$；$\Delta F_1(\cdot) = [\Delta f_{11},\Delta f_{12},\Delta f_{13}]^T$，$\Delta F_2 = [\Delta f_{21},\Delta f_{22},\Delta f_{23}]^T$。

为完成飞行控制律设计需进行如下假设。

假设5.5　期望信号 x_{1c} 是关于 t 的光滑函数向量，且 $x_{1c} \in \Pi := \left\{ (x_{1c},\dot{x}_{1c},\ddot{x}_{1c}) \right.$ $\left. \|x_{1c}\|^2 + \|\dot{x}_{1c}\|^2 + \|\ddot{x}_{1c}\|^2 \leqslant K_0 \right\}$，$K_0$ 是已知正常数。

假设5.6　存在已知正常数 $\alpha_m,\beta_m,\gamma_m \in \mathbf{R}$，对于所有满足 $|\alpha| \leqslant \alpha_m$，$|\beta| \leqslant \beta_m$，$|\gamma| \leqslant \gamma_m$ 的 $\alpha,\beta,\gamma \in \mathbf{R}$，$A_1$、$B_1$ 及其导数有界。

假设5.7　对于连续函数 $d_{ij}(x_f,\delta,t): \mathbf{R}^8 \times \mathbf{R}^7 \times \mathbf{R}_+ \to \mathbf{R}$，$i = 1,2$，$j = 1,2,3$，存在非负光滑函数 $\psi_i(x_i): \mathbf{R}^3 \to \mathbf{R}$ 和未知正常数 p_{ij}^*，使得对于 $\forall(x_f,\delta,t): \mathbf{R}^8 \times \mathbf{R}^7 \times \mathbf{R}_+$ 满足 $\left| d_{ij}(x_f,\delta,t) \right| \leqslant p_{ij}^* \psi_{ij}(x_i)$。

5.3.2　飞行控制律设计

飞行控制律设计过程包括两步，第 1 步利用神经网络逼近飞机的非线性气动力和力矩以及随机不确定性外界干扰，在第 2 步设计出实际控制信号 δ。下面给出控制器设计的具体步骤。

步骤1　定义动态面变量：

$$S_1 = x_1 - x_{1c} \qquad (5.83)$$

式中，$S_1 = [s_{11},s_{12},s_{13}]^T$。

由式(5.82a)得变量 S_1 的动态值为

$$\dot{S}_1 = F_1 + B_1 x_2 + \Delta F_1 + D_1 - \dot{x}_{1c} \qquad (5.84)$$

由假设 5.7 和杨氏不等式可得

$$\left| s_{1j} d_{1j} \left(x_f, \delta, t \right) \right| \leqslant \left| s_{1j} \right| p_{1j}^* \psi_{1j} \left(x_1 \right) \leqslant \frac{s_{1i}^2 \psi_{1j}^2 \left(x_1 \right)}{2} + \frac{p_{1j}^{*2}}{2} \tag{5.85}$$

将式(5.85)代入式(5.84)得

$$
\begin{aligned}
S_1^{\mathrm{T}} \dot{S}_1 &= S_1^{\mathrm{T}} F_1 + S_1^{\mathrm{T}} B_1 x_2 + \sum_{j=1}^{3} s_{1j} \Delta f_{1j} + \sum_{j=1}^{3} s_{1j} d_{1j} - S_1^{\mathrm{T}} \dot{x}_{1c} \\
&\leqslant S_1^{\mathrm{T}} F_1 + S_1^{\mathrm{T}} B_1 x_2 + \sum_{j=1}^{3} s_{1j} \left(\Delta f_{1j} + \frac{s_{1j} \psi_{1j}^2}{2} \right) + \sum_{j=1}^{3} \frac{p_{1j}^{*2}}{2} - S_1^{\mathrm{T}} \dot{x}_{1c} \\
&= S_1^{\mathrm{T}} F_1 + S_1^{\mathrm{T}} B_1 x_2 + S_1^{\mathrm{T}} \Delta F_{D1} + \sum_{j=1}^{3} \frac{p_{1j}^{*2}}{2} - S_1^{\mathrm{T}} \dot{x}_{1c}
\end{aligned}
\tag{5.86}
$$

未知非线性函数向量:

$$
\begin{aligned}
\Delta F_{D1} &= \left[\Delta f_{d11} \left(Z_{11} \right), \Delta f_{d12} \left(Z_{12} \right), \Delta f_{d13} \left(Z_{13} \right) \right]^{\mathrm{T}} \\
&= \left[\Delta f_{11} + s_{11} \psi_{11}^2 / 2, \Delta f_{12} + s_{12} \psi_{12}^2 / 2, \Delta f_{13} + s_{13} \psi_{13}^2 / 2 \right]^{\mathrm{T}}
\end{aligned}
\tag{5.87}
$$

式中, $Z_{1i} := \left(s_{1i}, x_s \right) \in \Omega_{Z_{1i}}$。

利用神经网络逼近未知函数 $\Delta f_{d1i} \left(Z_{1i} \right)$, 给定一紧集 $\Omega_{Z_{1i}}$, 有

$$
\begin{aligned}
\Delta f_{d1i} \left(Z_{1i} \right) &= W_{1i}^{*\mathrm{T}} \xi_{1i} \left(Z_{1i} \right) + \varepsilon_{1i} \\
\left| \varepsilon_{1i} \right| &\leqslant \varepsilon_{1i}^*, \quad \varepsilon_{1i}^* > 0
\end{aligned}
\tag{5.88}
$$

定义 $\varepsilon_1 = [\varepsilon_{11}, \varepsilon_{12}, \varepsilon_{13}]^{\mathrm{T}}$, $\|\varepsilon_1\| \leqslant \varepsilon_1^*$, 并定义常数:

$$w_1 = \max \left\{ W_{1i}^{*\mathrm{T}} W_{1i}^*, i = 1, 2, 3 \right\} \tag{5.89}$$

根据式(5.89)和式(5.88)得

$$s_{1i} W_{1i}^{*\mathrm{T}} \xi_{1i} = s_{1i} \xi_{1i}^{\mathrm{T}} W_{1i}^* \leqslant \frac{a_{1i}^2 s_{1i}^2 \xi_{1i}^{\mathrm{T}} \xi_{1i} w_1}{2} + \frac{1}{2 a_{1i}^2} \tag{5.90}$$

式中, a_{1i} 为设计参数。

定义

$$
\begin{aligned}
\Delta \hat{F}_{D1} &= [\Delta \hat{f}_{d11}, \Delta \hat{f}_{d12}, \Delta \hat{f}_{d13}]^{\mathrm{T}} \\
&= \left[\frac{a_{11}^2 s_{11} \xi_{11}^{\mathrm{T}} \xi_{f11} \hat{w}_1}{2}, \frac{a_{12}^2 s_{12} \xi_{12}^{\mathrm{T}} \xi_{12} \hat{w}_1}{2}, \frac{a_{13}^2 s_{13} \xi_{13}^{\mathrm{T}} \xi_{13} \hat{w}_1}{2} \right]^{\mathrm{T}}
\end{aligned}
\tag{5.91}
$$

则中间虚拟控制和参数更新律为

$$\bar{x}_2 = B_1^{-1}\left(-F_1 - K_1 S_1 - \Delta \hat{F}_{D1} + \dot{x}_{1c}\right) \tag{5.92}$$

$$\dot{\hat{w}}_1 = \eta_1 \left(\sum_{i=1}^{3} \frac{a_{1i}^2 s_{1i}^2 \xi_{1i}^{\mathrm{T}} \xi_{1i}}{2} - b_1 \hat{w}_1\right) \tag{5.93}$$

式中，$K_1 > 0$ 为控制增益；$b_1 > 0, \eta_1 > 0$ 为设计参数。

通过低通滤波器来获得 x_{2c} 和 $\dot{x}_{2c}$，有

$$\tau_2 \dot{x}_{2c} + x_{2c} = \bar{x}_2, \quad x_{2c}(0) := \bar{x}_2(0) \tag{5.94}$$

式中，τ_2 为滤波器时间常数。

步骤 2　定义动态面变量：

$$S_2 = x_2 - x_{2c} \tag{5.95}$$

式中，$S_2 = [s_{21}, s_{22}, s_{23}]^{\mathrm{T}}$。

由式 (5.82b) 得变量 S_2 的动态值为

$$\dot{S}_2 = F_2 + S_2 \delta + \Delta F_2 + D_2 - \dot{x}_{2c} \tag{5.96}$$

由假设 5.7 和杨氏不等式可得

$$\begin{aligned}
\left|s_{2j} d_{2j}\left(x_f, \delta, t\right)\right| &\leqslant \left|s_{2j}\right| p_{2j}^* \psi_{2j}\left(x_2\right) \\
&\leqslant \frac{s_{2i}^2 \psi_{2j}^2\left(x_2\right)}{2} + \frac{p_{2j}^{*2}}{2}
\end{aligned} \tag{5.97}$$

将式 (5.97) 代入式 (5.96) 得

$$\begin{aligned}
S_2^{\mathrm{T}} \dot{S}_2 &= S_2^{\mathrm{T}} F_2 + S_2^{\mathrm{T}} B_2 \delta + \sum_{j=1}^{3} s_{2j} \Delta f_{2j} + \sum_{j=1}^{3} s_{2j} d_{2j} - S_2^{\mathrm{T}} \dot{x}_{2c} \\
&\leqslant S_2^{\mathrm{T}} F_2 + S_2^{\mathrm{T}} B_2 \delta + \sum_{j=1}^{3} s_{2j}\left(\Delta f_{2j} + \frac{s_{2j} \psi_{2j}^2}{2}\right) + \sum_{j=1}^{3} \frac{p_{2j}^{*2}}{2} - S_2^{\mathrm{T}} \dot{x}_{2c} \\
&= S_2^{\mathrm{T}} F_2 + S_2^{\mathrm{T}} B_2 \delta + S_2^{\mathrm{T}} \Delta F_{D2} + \sum_{j=1}^{3} \frac{p_{2j}^{*2}}{2} - S_2^{\mathrm{T}} \dot{x}_{2c}
\end{aligned} \tag{5.98}$$

未知非线性函数向量：

$$\Delta F_{D2} = \left[\Delta f_{d21}(Z_{21}), \Delta f_{d22}(Z_{22}), \Delta f_{d23}(Z_{23}) \right]^{\mathrm{T}}$$
$$= \left[\Delta f_{21} + s_{21}\psi_{21}^2/2, \Delta f_{22} + s_{22}\psi_{22}^2/2, \Delta f_{23} + s_{23}\psi_{23}^2/2 \right]^{\mathrm{T}} \tag{5.99}$$

式中，$Z_{2i} := \left(s_{2i}, x_f \right) \in \Omega_{Z_{2i}}$。

利用径向基函数(radial basis function，RBF)神经网络逼近未知函数 $\Delta f_{d2i}(Z_{2i})$，给定一紧集 $\Omega_{Z_{2i}}$，有

$$\Delta f_{d2i}(Z_{2i}) = W_{2i}^{*\mathrm{T}}\xi_{2i}(Z_{2i}) + \varepsilon_{2i}$$
$$|\varepsilon_{2i}| \leqslant \varepsilon_{2i}^*, \quad \varepsilon_{2i}^* > 0 \tag{5.100}$$

定义 $\varepsilon_2 = [\varepsilon_{21}, \varepsilon_{22}, \varepsilon_{23}]^{\mathrm{T}}$，$\|\varepsilon_2\| \leqslant \varepsilon_2^*$，并定义常数：

$$w_2 = \max \left\{ W_{2i}^{*\mathrm{T}} W_{2i}^*, i = 1, 2, 3 \right\} \tag{5.101}$$

根据式(5.101)和式(5.100)得

$$s_{2i}W_{2i}^{*\mathrm{T}}\xi_{2i} = s_{2i}\xi_{2i}^{\mathrm{T}}W_{2i}^* \leqslant \frac{a_{2i}^2 s_{2i}^2 \xi_{2i}^{\mathrm{T}}\xi_{2i} w_2}{2} + \frac{1}{2a_{2i}^2} \tag{5.102}$$

式中，a_{2i} 为设计参数。

定义

$$\Delta \hat{F}_{D2} = \left[\Delta \hat{f}_{d21}, \Delta \hat{f}_{d22}, \Delta \hat{f}_{d23} \right]^{\mathrm{T}}$$
$$= \left[\frac{a_{21}^2 s_{21} \xi_{21}^{\mathrm{T}}\xi_{21}\hat{w}_2}{2}, \frac{a_{22}^2 s_{22} \xi_{22}^{\mathrm{T}}\xi_{22}\hat{w}_2}{2}, \frac{a_{23}^2 s_{23} \xi_{23}^{\mathrm{T}}\xi_{23}\hat{w}_2}{2} \right]^{\mathrm{T}} \tag{5.103}$$

考虑函数矩阵 $B_2(\cdot)$ 的不确定性，除去式(4.60)中的 0 元素，对其他第 i 行 j 列元素 b_{2ij} 应用神经网络逼近，给定一紧集 $\Omega_{Z_{b2ij}}$，对于 $Z_{b2ij} := x_f \in \Omega_{Z_{b2ij}}$ 有 $b_{2ij} = W_{b2ij}^{*\mathrm{T}}\xi_{b2ij}(Z_{b2ij}) + \varepsilon_{b2ij}(Z_{b2ij})$，$i = p, q, r$，$j = \delta_a, \delta_h, \delta_r, \delta_d, \delta_x, \delta_y, \delta_z$，有

$$|\varepsilon_{b2ij}| \leqslant \varepsilon_{b2ij}^*, \quad \varepsilon_{b2ij}^* > 0 \tag{5.104}$$

定义 $\varepsilon_{b2} = \left(\varepsilon_{b2ij} \right)_{3\times7}$，$\|\varepsilon_{b2}\| \leqslant \varepsilon_{b2}^*$，并定义常数：

$$w_3 = \max \left\{ W_{h2ij}^{*\mathrm{T}} W_{h2ij}^*, i = p, q, r, j = \delta_a, \delta_h, \delta_r, \delta_d, \delta_x, \delta_y, \delta_z \right\} \tag{5.105}$$

根据式(5.105)和式(5.104)得

$$s_{2i}W_{b2ij}^{*\mathrm{T}}\xi_{b2ij} = s_{2i}\xi_{b2ij}^{\mathrm{T}}W_{b2ij}^{*} \leqslant \frac{c_{ij}^2 s_{2i}^2 \xi_{b2ij}^{\mathrm{T}}\xi_{b2ij}w_3}{2} + \frac{1}{2c_{ij}^2} \tag{5.106}$$

式中，c_{ij} 为设计参数。

最终控制律和参数更新律为

$$\delta = \hat{B}_2^+\left(-F_2 - K_2 S_2 - B_1^{\mathrm{T}} S_1 - \Delta\hat{F}_{D2} + \dot{x}_{2c}\right) \tag{5.107}$$

$$\dot{\hat{w}}_2 = \eta_2\left(\sum_{i=1}^{3}\frac{a_{2i}^2 s_{2i}^2 \xi_{2i}^{\mathrm{T}}\xi_{2i}}{2} - b_2\hat{w}_2\right) \tag{5.108}$$

$$\dot{\hat{w}}_3 = \eta_3\left(\sum_{j=1}^{7}\sum_{i=1}^{3}\frac{c_{ij}^2 s_{2i}^2 \delta_j \xi_{b2ij}^{\mathrm{T}}\xi_{b2ij}}{2} - b_3\hat{w}_3\right) \tag{5.109}$$

式中，$\hat{B}_2 = \left(\hat{b}_{2ij}\right)_{3\times7} = \left(\dfrac{c_{ij}^2 s_{2i}\xi_{b2ij}^{\mathrm{T}}\xi_{b2ij}\hat{w}_3}{2}\right)_{3\times7}$；$K_2 > 0$ 为控制增益；$b_2, b_3 > 0$，$\eta_2, \eta_3 > 0$ 为设计参数。

5.3.3　闭环系统稳定性分析

本节利用 Lyapunov 稳定性定理证明闭环系统的半全局稳定性。推导中均按 $(\tilde{*}) = (\hat{*}) - (*)$ 约定。

首先，定义边界层误差：

$$y_2 = x_{2c} - \bar{x}_2 \tag{5.110}$$

由式(5.110)和式(5.95)可得

$$x_2 = S_2 + y_2 + \bar{x}_2 \tag{5.111}$$

y_2 关于时间 t 的导数为

$$\begin{aligned}\dot{y}_2 = \dot{x}_{2c} - \dot{\bar{x}}_2 &= -\frac{1}{\tau_2}y_2 - \dot{B}_1^{-1}\left(-F_1 - K_1 S_1 - \Delta\hat{F}_{D1} + \dot{x}_{1c}\right) \\ &\quad - B_1^{-1}\left(-\frac{\partial F_1}{\partial x_1^{\mathrm{T}}}\dot{x}_1 - K_1\dot{S}_1 - \frac{\partial\Delta\hat{F}_{D1}}{\partial x_1^{\mathrm{T}}}\dot{x}_1 + \ddot{x}_{1c}\right)\end{aligned} \tag{5.112}$$

可见

$$\sum_{j=1}^{3}\left|\dot{y}_{2j} + \frac{1}{\tau_2}y_{2j}\right| \leqslant \sum_{j=1}^{3}C_{2j}\left(S_1, S_2, y_2, x_{1c}, \dot{x}_{1c}, \ddot{x}_{1c}\right) \tag{5.113}$$

故

$$
\begin{aligned}
y_2^{\mathrm{T}} \dot{y}_2 &\leqslant \sum_{j=1}^{3}\left(-\frac{1}{\tau_2} y_{2j}^2 + \left|y_{2j}\right| C_{2j}\right) \leqslant \sum_{j=1}^{3}\left(-\frac{1}{\tau_2} y_{2j}^2 + y_{2j}^2 + \frac{1}{4} C_{2j}^2\right) \\
&\leqslant \left(-\frac{1}{\tau_2} + 1\right) y_2^{\mathrm{T}} y_2 + \sum_{j=1}^{3} \frac{1}{4} M_{2j}^2
\end{aligned}
\tag{5.114}
$$

式中，$C_{2j}(\cdot)$ 是某一连续函数，其最大值为 $M_{2j}(\cdot)$。

由式(5.86)～式(5.90)、式(5.92)和式(5.111)得

$$
\begin{aligned}
S_1^{\mathrm{T}} \dot{S}_1 &\leqslant S_1^{\mathrm{T}} F_1 + S_1^{\mathrm{T}} B_1 x_2 + \sum_{i=1}^{3} s_{1i} W_{1i}^{*\mathrm{T}} \xi_{1i} + S_1^{\mathrm{T}} \varepsilon_1 - S_1^{\mathrm{T}} \dot{x}_{1c} + \sum_{j=1}^{3} \frac{p_{1j}^{*2}}{2} \\
&\leqslant S_1^{\mathrm{T}} F_1 + S_1^{\mathrm{T}} B_1 x_2 + \sum_{i=1}^{3} \frac{a_{1i}^2 s_{1i}^2 \xi_{1i}^{\mathrm{T}} \xi_{1i} w_1}{2} + \sum_{i=1}^{3} \frac{1}{2a_{1i}^2} + S_1^{\mathrm{T}} \varepsilon_1 - S_1^{\mathrm{T}} \dot{x}_{1c} + \sum_{j=1}^{3} \frac{p_{1j}^{*2}}{2} \\
&= S_1^{\mathrm{T}} B_1\left(S_2 + y_2\right) - K_1 S_1^{\mathrm{T}} S_1 - S_1^{\mathrm{T}} \Delta F_{D1} \\
&\quad + \sum_{i=1}^{3} \frac{a_{1i}^2 s_{1i}^2 \xi_{1i}^{\mathrm{T}} \xi_{1i} w_1}{2} + S_1^{\mathrm{T}} \varepsilon_1 + \sum_{i=1}^{3} \frac{1}{2a_{1i}^2} + \sum_{j=1}^{3} \frac{p_{1j}^{*2}}{2}
\end{aligned}
\tag{5.115}
$$

将式(5.91)代入式(5.115)得

$$
\begin{aligned}
S_1^{\mathrm{T}} \dot{S}_1 &\leqslant S_1^{\mathrm{T}} B_1\left(S_2 + y_2\right) - K_1 S_1^{\mathrm{T}} S_1 - \sum_{i=1}^{3} \frac{a_{1i}^2 s_{1i}^2 \xi_{1i}^{\mathrm{T}} \xi_{1i} \tilde{w}_1}{2} \\
&\quad + S_1^{\mathrm{T}} \varepsilon_1 + \sum_{i=1}^{3} \frac{1}{2a_{1i}^2} + \sum_{j=1}^{3} \frac{p_{1j}^{*2}}{2}
\end{aligned}
\tag{5.116}
$$

同理，由式(5.98)～式(5.107)可得

$$
\begin{aligned}
S_2^{\mathrm{T}} \dot{S}_2 &\leqslant S_2^{\mathrm{T}} F_2 + S_2^{\mathrm{T}} \hat{B}_2 \delta + S_2^{\mathrm{T}} B_2 \delta - S_2^{\mathrm{T}} \hat{B}_2 \delta + S_2^{\mathrm{T}} \Delta F_{D2} - S_2^{\mathrm{T}} \dot{x}_{2c} + \sum_{j=1}^{3} \frac{p_{2j}^{*2}}{2} \\
&\leqslant -K_2 S_2^{\mathrm{T}} S_2 - S_2^{\mathrm{T}} \Delta \hat{F}_{D2} + S_2^{\mathrm{T}} B_2 \delta - S_2^{\mathrm{T}} \hat{B}_2 \delta + S_2^{\mathrm{T}} \varepsilon_2 \\
&\quad + \sum_{i=1}^{3} \frac{a_{2i}^2 s_{2i}^2 \xi_{2i}^{\mathrm{T}} \xi_{2i} w_2}{2} + \sum_{i=1}^{3} \frac{1}{2a_{2i}^2} + \sum_{j=1}^{3} \frac{p_{2j}^{*2}}{2} \\
&\leqslant -K_2 S_2^{\mathrm{T}} S_2 - \sum_{j=1}^{7} \sum_{i=1}^{3} \frac{c_{ij}^2 s_{2i}^2 \xi_{b2ij}^{\mathrm{T}} \xi_{b2ij} \tilde{w}_3 \delta_j}{2} - \sum_{i=1}^{3} \frac{a_{2i}^2 s_{2i}^2 \xi_{2i}^{\mathrm{T}} \xi_{2i} \tilde{w}_2}{2} \\
&\quad + S_2^{\mathrm{T}} \varepsilon_{b2} \delta + S_2^{\mathrm{T}} \varepsilon_2 + \sum_{j=1}^{7} \sum_{i=1}^{3} \frac{1}{2c_{ij}^2} + \sum_{i=1}^{3} \frac{1}{2a_{2i}^2} + \sum_{j=1}^{3} \frac{p_{2j}^{*2}}{2}
\end{aligned}
\tag{5.117}
$$

定理 5.3　考虑式(5.82)构成的闭环系统，定义 Lyapunov 能量函数：

$$V(t) = \frac{1}{2}\sum_{i=1}^{2} S_i^{\mathrm{T}} S_i + \frac{1}{2} y_2^{\mathrm{T}} y_2 + \frac{1}{2}\sum_{i=1}^{3} \eta_i^{-1} \tilde{w}_i^2 \tag{5.118}$$

在满足假设 5.5～假设 5.7 的条件下，控制律选择为式(5.107)，则对于任意给定正常数 p，若 $V(0) \leqslant p$，那么存在设计参数，使闭环系统的所有信号半全局一致终结有界，且通过适当选择设计参数及初始化动态面变量，可使跟踪误差充分小。

证明　求 $V(t)$ 关于时间 t 的导数，并将式(5.93)、式(5.108)、式(5.109)、式(5.114)、式(5.116)、式(5.117)代入得

$$\dot{V}(t) = S_1^{\mathrm{T}} \dot{S}_1 + S_2^{\mathrm{T}} \dot{S}_2 + y_2^{\mathrm{T}} \dot{y}_2 + \sum_{i=1}^{3} \eta_i^{-1} \tilde{w}_i \dot{\tilde{w}}_i$$

$$\leqslant S_1^{\mathrm{T}} B_1 y_2 - K_1 S_1^{\mathrm{T}} S_1 - \sum_{i=1}^{3} \frac{a_{1i}^2 s_{1i}^2 \xi_{1i}^{\mathrm{T}} \xi_{1i} \tilde{w}_1}{2} + S_1^{\mathrm{T}} \varepsilon_1 + \sum_{i=1}^{3} \frac{1}{2a_{1i}^2} + \sum_{j=1}^{3} \frac{p_{1j}^{*2}}{2}$$

$$- K_2 S_2^{\mathrm{T}} S_2 - \sum_{j=1}^{7}\sum_{i=1}^{3} \frac{c_{ij}^2 s_{2i}^2 \xi_{b2ij}^{\mathrm{T}} \xi_{b2ij} \tilde{w}_3 \delta_j}{2} - \sum_{i=1}^{3} \frac{a_{2i}^2 s_{2i}^2 \xi_{2i}^{\mathrm{T}} \xi_{2i} \tilde{w}_2}{2} + S_2^{\mathrm{T}} \varepsilon_{b2} \delta + S_2^{\mathrm{T}} \varepsilon_2$$

$$+ \sum_{j=1}^{7}\sum_{i=1}^{3} \frac{1}{2c_{ij}^2} + \sum_{i=1}^{3} \frac{1}{2a_{2i}^2} + \sum_{j=1}^{3} \frac{p_{2j}^{*2}}{2} + \left(-\tau_2^{-1} + 1\right) y_2^{\mathrm{T}} y_2 + \sum_{j=1}^{3} \frac{1}{4} M_{2j}^2 + \sum_{i=1}^{3} \eta_i^{-1} \tilde{w}_i \dot{\tilde{w}}_i$$

$$= -K_1 S_1^{\mathrm{T}} S_1 - K_2 S_2^{\mathrm{T}} S_2 + S_1^{\mathrm{T}} B_1 y_2 + S_1^{\mathrm{T}} \varepsilon_1 + S_2^{\mathrm{T}} \varepsilon_2 + S_2^{\mathrm{T}} \varepsilon_{b2} \delta + \left(-\tau_2^{-1} + 1\right) y_2^{\mathrm{T}} y_2$$

$$- \sum_{i=1}^{3} b_i \tilde{w}_i \hat{w}_i + \sum_{i=1}^{3} \frac{1}{2a_{1i}^2} + \sum_{i=1}^{3} \frac{1}{2a_{2i}^2} + \sum_{j=1}^{7}\sum_{i=1}^{3} \frac{1}{2c_{ij}^2} + \sum_{j=1}^{3} \frac{1}{4} M_{2j}^2 + \sum_{j=1}^{3} \frac{p_{1j}^{*2}}{2} + \sum_{j=1}^{3} \frac{p_{2j}^{*2}}{2} \tag{5.119}$$

根据杨氏不等式有

$$\begin{cases} S_1^{\mathrm{T}} B_1 y_2 \leqslant \|B_1\|_F^2 \|S_1\|^2 + \frac{1}{4} \|y_2\|^2 \\ S_1^{\mathrm{T}} \varepsilon_1 \leqslant \|S_1\|^2 + \frac{1}{4} \varepsilon_1^{*2}, \ S_2^{\mathrm{T}} \varepsilon_2 \leqslant \|S_2\|^2 + \frac{1}{4} \varepsilon_2^{*2} \\ S_2^{\mathrm{T}} \varepsilon_{b2} \delta \leqslant \sum_{j=1}^{7} |\delta_{j\max}|^2 \|S_2\|^2 + \frac{1}{4} \varepsilon_{b2}^{*2} \end{cases} \tag{5.120}$$

且注意到不等式：

$$-2\tilde{w}_i\hat{w}_i \leqslant -\tilde{w}_i^2 + w_i^2, \quad i=1,2,3 \tag{5.121}$$

则式 (5.119) 整理为

$$
\begin{aligned}
\dot{V}(t) \leqslant & -\left(K_1 - \|B_1\|_F^2 - 1\right)\|S_1\|^2 - \left(K_2 - \sum_{j=1}^{7}\left|\delta_{j\max}\right|^2 - 1\right)\|S_2\|^2 \\
& -\left(\tau_2^{-1} - \frac{5}{4}\right)\|y_2\|^2 - \sum_{i=1}^{3}\frac{b_i\tilde{w}_i^2}{2} + \frac{1}{4}\varepsilon_1^{*2} + \frac{1}{4}\varepsilon_2^{*2} + \frac{1}{4}\varepsilon_{b2}^{*2} \\
& +\sum_{i=1}^{3}\frac{b_iw_i^2}{2} + \sum_{i=1}^{3}\frac{1}{2a_{1i}^2} + \sum_{i=1}^{3}\frac{1}{2a_{2i}^2} + \sum_{j=1}^{7}\sum_{i=1}^{3}\frac{1}{2c_{ij}^2} + \sum_{j=1}^{3}\frac{1}{4}M_{2j}^2 \\
& +\sum_{j=1}^{3}\frac{p_{1j}^{*2}}{2} + \sum_{j=1}^{3}\frac{p_{2j}^{*2}}{2}
\end{aligned}
\tag{5.122}
$$

注 5.4　当飞机结构参数确定后，$\left|\delta_{j\max}\right|$ 为常数。

选择设计参数：

$$
\begin{cases}
K_1 \geqslant \|B_1\|_F^2 + 1 + 0.5\lambda_0 \\
K_2 \geqslant \sum_{j=1}^{7}\left|\delta_{j\max}\right|^2 + 1 + 0.5\lambda_0 \\
\tau_2^{-1} \geqslant \dfrac{5}{4} + 0.5\lambda_0 \\
\lambda_0 = \min\{b_1, b_2, b_3\}
\end{cases}
\tag{5.123}
$$

则式 (5.122) 表示为

$$\dot{V}(t) \leqslant -\lambda_0 V(t) + c_0 \tag{5.124}$$

式中，

$$
\begin{aligned}
c_0 = & \sum_{i=1}^{3}\frac{1}{2a_{1i}^2} + \sum_{i=1}^{3}\frac{1}{2a_{2i}^2} + \sum_{j=1}^{7}\sum_{i=1}^{3}\frac{1}{2c_{ij}^2} + \sum_{i=1}^{2}\frac{1}{4}\varepsilon_i^{*2} + \frac{1}{4}\varepsilon_{b2}^{*2} \\
& +\sum_{i=1}^{3}\frac{b_iw_i^2}{2} + \sum_{j=1}^{3}\frac{1}{4}M_{2j}^2 + \sum_{j=1}^{3}\frac{p_{1j}^{*2}}{2} + \sum_{j=1}^{3}\frac{p_{2j}^{*2}}{2}
\end{aligned}
\tag{5.125}
$$

令 $\lambda_0 > c_0/p$，则当 $V(t) = p$ 时 $\dot{V}(t) < 0$，即对于 $\forall t \geqslant 0$，若 $V(0) \leqslant p$，则 $V(t) \leqslant p$，说明 $V(t) \leqslant p$ 是一个不变集。式 (5.124) 两边在 $[0,t]$ 内积分，对 $\forall t \geqslant 0$

可得

$$0 \leqslant V(t) \leqslant \frac{c_0}{\lambda_0} + \left(V(0) - \frac{c_0}{\lambda_0} \right) e^{-\lambda_0 t} \tag{5.126}$$

因此，闭环系统的所有信号即 S_1、S_2、y_2、w_i 等均半全局一致终结有界。根据 $V(t)$ 定义和式(5.126)，容易得到

$$\|S_1\| \leqslant \sqrt{2c_0\lambda_0^{-1} + 2V(0)e^{-\lambda_0 t}} \tag{5.127}$$

因此，有

$$\lim_{t \to \infty} \|S_1\| = \sqrt{2c_0\lambda_0^{-1}} \tag{5.128}$$

式(5.128)说明对于给定的 $b \geqslant \sqrt{2c_0\lambda_0^{-1}}$，存在 $T(\lambda_0) \geqslant 0$，使跟踪误差 S_1 满足

$$\|S_1\| = \|y - x_{1c}\| \leqslant b, \quad \forall t \geqslant T(\lambda_0) \tag{5.129}$$

由式(5.123)、式(5.125)、式(5.127)和式(5.129)可知，通过调整设计参数 K_1、K_2、τ_2、a_{1i}、a_{2i}、c_{ij}、b_i 的值可以调节 λ_0 和 μ，即调节跟踪误差 S_1 的收敛速度和收敛域的大小。因此，通过调整控制器参数可以使得跟踪误差充分小。

5.3.4　Herbst 机动飞行综合仿真

为了比较全面地评价过失速机动控制律的总体性能，需要对过失速机动飞行过程进行综合仿真分析。综合仿真是模拟飞行员给出控制指令，对飞机从一个飞行状态连续变化到另一个飞行状态的整个过失速机动飞行过程进行仿真，通过考察飞机状态量和控制量的变化情况验证控制律性能。

过失速机动的基本特征是当飞机实际迎角超过失速迎角、在飞行速度很小的状态下，飞机仍能按照飞行员的指令，迅速改变飞行速度矢量和机头指向，然后通过减小迎角退出失速，转为俯冲增速恢复到常规飞行状态。简言之，过失速机动性要求飞机在失速状态下仍具备绕三个轴转动的能力。当前已经实现了很多过失速机动动作，例如"纵向动态进入大迎角和退出大迎角"机动、"尾冲"机动、"Kulbit 筋斗"、"Herbst"机动等。其中，"Herbst"机动是评估具备过失速机动能力飞机的标准检查程序，它被认为是综合过失速机动飞行所有关键特征的强制性机动飞行[39,40]。

1. Herbst 机动简介及战术意义

Herbst 机动主要目的是利用大迎角机动使飞机以大转弯速率、小转弯半径，

在短时间内使航向改变 180°。1993 年 5 月德国试飞员利用美德合作的过失速机动技术验证机 X-31 首次完成了这种机动[41]。图 5.10 为 Herbst 机动的示意图。

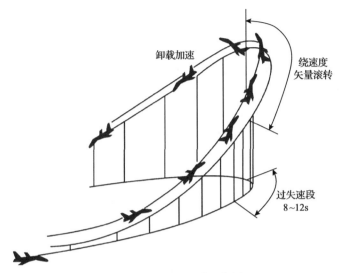

图 5.10　Herbst 机动示意图

Herbst 机动一般由三个阶段完成[41]：①动态进入约 70° 大迎角，急剧降低飞行速度；②保持大迎角，在较低的飞行速度下绕速度矢量滚转，依靠升力矢量的倾斜产生航向和俯仰轨迹偏转速率，直至完成 180°航向改变；③飞机减小迎角，卸载加速，并基本恢复到机动前的初始能量状态。

在近距空战中，Herbst 机动具有重要的战术意义，一种 Herbst 机动战术设想如图 5.11 所示。具备过失速机动能力的战斗机 A 通过绕速度矢量滚转实现快速转

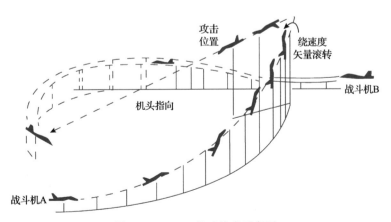

图 5.11　Herbst 机动战术示意图

向，进行"角度"机动，而常规战斗机 B 按预定轨迹飞行，将无法摆脱具备过失速机动能力战斗机的攻击，由图 5.11 可见，具备过失速机动能力的战斗机在攻击位置获得开火机会。

2. Herbst 机动飞行控制综合仿真系统结构

为了验证方法的有效性，搭建 Herbst 机动飞行控制综合仿真系统结构，根据 Herbst 机动的战术动作设计指令生成器，进行相关控制律的数值仿真，如图 5.12 所示。首先将飞机的轨迹指令 v_c、χ_c、γ_c 经机动指令生成器转化为飞行员操纵指令 α_c、β_c、$\dot{\mu}_c$ 和 T_c，然后将这些指令送入飞行控制系统，得到气动舵面和推力矢量舵面的控制量，经控制分配后，控制飞机完成相应的过失速机动动作。

1）Herbst 机动指令生成器

在实际的过失速机动飞行控制中，飞机的操纵指令均由驾驶员给出。驾驶员主要通过操纵驾驶杆（或驾驶盘）、脚蹬和油门杆来实现对飞机的控制。其中，迎角指令 α_c 由驾驶员推拉操纵杆给出，绕速度矢量滚转角速度指令 $\dot{\mu}_c$ 由驾驶员侧向压杆给出，侧滑角指令 β_c 由驾驶员踩脚蹬给出，推力指令 T_c 则由驾驶员通过油门杆给出。在这些指令作用下，飞机完成相应的机动动作。

完整的过失速机动控制属于轨迹控制，而轨迹控制由 α、β、μ 的控制来实现。所以，为了对一定的过失速机动动作进行仿真，必须得到完成该过失速机动动作所对应的操纵指令 α_c、β_c、μ_c 和 T_c。得到这些指令的算法就称为机动指令生成器，它的作用相当于实际飞行中的驾驶员。4.3.5 节中的纵向大迎角机动主要是要求对迎角进行控制，并没有考虑控制轨迹，所以仿真中直接给出飞行员操纵指令。

为得到对应于一定轨迹的操纵指令，首先要构建轨迹回路的动力学特性。假设预定的过失速机动轨迹指令为 v_c、χ_c、γ_c，根据轨迹回路的特性，可将其期望的动态特性表示为

$$\begin{cases} \dot{v}_d = \omega_v(v_c - v) \\ \dot{\chi}_d = \omega_\chi(\chi_c - \chi) \\ \dot{\gamma}_d = \omega_\gamma(\gamma_c - \gamma) \end{cases} \tag{5.130}$$

式中，v、χ、γ 表示轨迹的当前值；ω_v、ω_χ、ω_γ 分别为轨迹回路的速度子回路、航迹方位角子回路、轨迹倾斜角子回路的带宽，大小分别取为

$$\omega_v = 0.2, \quad \omega_\chi = 0.5, \quad \omega_\gamma = 0.5 \tag{5.131}$$

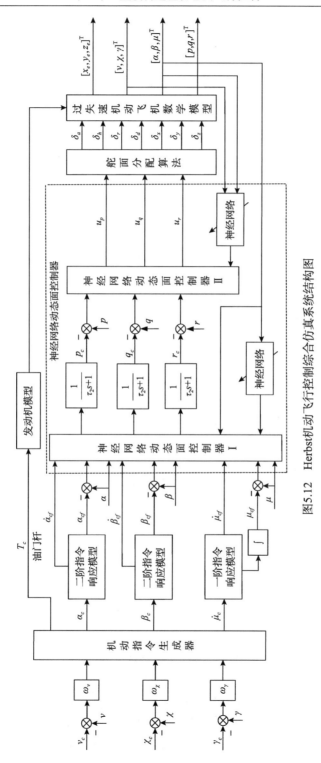

图5.12 Herbst机动飞行控制综合仿真系统结构图

通过 3.3.5 节的分析知道，轨迹回路比 α、β、μ 回路和角速度回路（p、q、r 回路）更慢，在构造轨迹回路的动态特性（$\dot{v}_d, \dot{\chi}_d, \dot{\gamma}_d$）时，忽略与其相连的 α、β、μ 回路的瞬态响应过程，近似认为 α、β、μ 分别与 α_c、β_c、μ_c 相等，同时可认为 $T = T_c$。过失速机动过程中侧滑角指令 $\beta_c = 0$，忽略侧向气动力 Y 和 T_y、T_z 项，并假定 $T_x = T$，则由轨迹回路方程 (3.4)～(3.6) 可得

$$\dot{v}_d = \frac{1}{m}\Big[\cos\alpha_c\left(X_c + T_c\right) + Z_c\sin\alpha_c\Big] - g\sin\gamma \tag{5.132}$$

$$\dot{\chi}_d = \frac{1}{mv\cos\gamma}\Big[\sin\alpha_c\sin\mu_c\left(X + T_c\right) - Z\cos\alpha_c\sin\mu_c\Big] \tag{5.133}$$

$$\dot{\gamma}_d + \frac{g}{v}\cos\gamma = \frac{1}{mv}\Big[\sin\alpha_c\cos\mu_c\left(X + T_c\right) - Z\cos\alpha_c\cos\mu_c\Big] \tag{5.134}$$

下面采用解析计算和数值解法相结合的方法求解 α_c、β_c、μ_c。

首先从方程 (5.132) 可解出推力指令：

$$T_c = \frac{m\dot{v}_d + mg\sin\gamma - Z\sin\alpha_c}{\cos\alpha_c} - X \tag{5.135}$$

将式 (5.133) 和式 (5.134) 两式相除得

$$\tan\mu_c = \frac{v\dot{\chi}_d\cos\gamma}{v\dot{\gamma}_d + g\cos\gamma} \tag{5.136}$$

则通过式 (5.136) 可解出实际期望轨迹变化的滚转角指令，即

$$\mu_c = \arctan\left(\frac{v\dot{\chi}_d\cos\gamma}{v\dot{\gamma}_d + g\cos\gamma}\right) \tag{5.137}$$

式 (5.137) 得到的滚转角要根据 $v\dot{\chi}_d\cos\gamma$ 和 $v\dot{\gamma}_d + g\cos\gamma$ 的符号确定其所在象限，从而得到其值。

进一步，当 $\sin\mu_c$ 绝对值较大时，将 μ_c 代入式 (5.133)，消去 T_c，则方程为仅含未知数 α_c 的非线性一元方程；而当 $\cos\mu_c$ 绝对值较大时，将 μ_c 代入式 (5.132) 和式 (5.134)，消去 T_c，方程亦为仅含未知数 α_c 的非线性一元方程。

采用数值算法对由上述步骤得到的关于 α_c 的非线性一元方程进行求解，可解出飞机迎角指令 α_c。然后将 α_c 代回式 (5.135)，可解出发动机推力指令 T_c。

需要说明的是，关于 α_c 的非线性一元方程可能有多个根，所以，对解出的 α_c 要根据机动的实际情况进行适当选择。由式 (5.135) 可见，当 α_c 较大时，计算得出

的发动机推力指令可能很大，所以也需要进行适当处理以符合实际情况。

经过上述步骤，得到飞行员操纵指令 α_c、β_c、μ_c 和 T_c。将指令送入控制系统，得到气动舵面和推力矢量舵面的控制量，控制飞机完成相应的过失速机动动作。

2）飞行指令响应模型

迎角和侧滑角指令响应模型为二阶模型，滚转角速度指令响应模型为一阶模型。具体模型如 4.3.3 节所述。

3）舵面指令分配算法

舵面指令分配算法选择加权极小范数舵面分配算法，具体原理如 4.3.4 节所述。

3. 仿真结果及鲁棒性分析

本节采用 Herbst 机动指令生成器产生操纵指令，应用新型的神经网络动态面控制器设计过失速机动飞行控制律，在 Herbst 机动飞行控制综合仿真系统框架下，进行 Herbst 机动综合仿真。控制分配算法选择加权极小范数舵面分配算法。

仿真的初始条件为：初始航迹倾斜角 $\gamma_0 = 0°$，初始航迹方位角 $\chi_0 = 0°$，初始迎角 $\alpha_0 = 8°$，初始侧滑角 $\beta_0 = 0°$，初始绕速度矢量滚转角 $\mu_0 = 0°$，初始角速度和初始舵偏量均为 0，高度 $H_0 = 3000\mathrm{m}$，速度 $v_0 = 125\mathrm{m/s}$，初始位置坐标 $(0,0,-3000)\mathrm{m}$。对舵面偏转速率限制为 δ_h：$\pm 100(°)/\mathrm{s}$，δ_d：$\pm 70(°)/\mathrm{s}$，δ_a：$\pm 70(°)/\mathrm{s}$，δ_r：$\pm 120(°)/\mathrm{s}$，δ_x：$\pm 60(°)/\mathrm{s}$，δ_y：$\pm 60(°)/\mathrm{s}$，δ_z：$\pm 60(°)/\mathrm{s}$。

控制器参数选择为：$K_1 = 8$，$K_2 = 14.5$，$a_{11} = a_{12} = a_{13} = 0.3$，$a_{21} = a_{22} = a_{23} = 5$，$b_1 = 0.0125$，$b_2 = 0.02$，$b_3 = 0.00725$，$c_{ij} = 1$，$\eta_1 = \eta_2 = 10$，$\eta_3 = 12$，$\tau_2 = 0.01\mathrm{s}$。神经网络参数选择为节点数 $l_1 = 101$，$l_2 = 257$，$l_3 = 125$，中心值均在区间 $[-3.5, 3.5]$ 内均匀取值，宽度均取为 1。假设飞行过程中外界干扰 $d_2(\cdot) = [0,0,0.4\sin t]^{\mathrm{T}}$，相当于在偏航通道加入 $700\sin t$ $(\mathrm{kN} \cdot \mathrm{m})$ 的干扰力矩。为了进一步验证控制律的鲁棒性，引入如式 (5.138) 的气动参数摄动。仿真结果如图 5.13～图 5.15 所示。

$$
\begin{array}{lll}
\text{飞机上仰时} & \text{飞机下俯时} & \text{迎角保持时}
\end{array}
$$

$$
\begin{cases}
C_x = (1+0.4\alpha)C_{xr} \\
C_y = (1+0.4\alpha)C_{yr} \\
C_z = (1+0.4\alpha)C_{zr} \\
C_l = (1+0.4\alpha)C_{lr} \\
C_m = (1-0.4\alpha)C_{mr} \\
C_n = (1+0.4\alpha)C_{nr}
\end{cases}
\begin{cases}
C_x = (1-0.4\alpha)C_{xr} \\
C_y = (1-0.4\alpha)C_{yr} \\
C_z = (1-0.4\alpha)C_{zr} \\
C_l = (1+0.4\alpha)C_{lr} \\
C_m = (1+0.4\alpha)C_{mr} \\
C_n = (1+0.4\alpha)C_{nr}
\end{cases}
\begin{cases}
C_x = (1+0.2\alpha)C_{xr} \\
C_y = (1+0.2\alpha)C_{yr} \\
C_z = (1+0.2\alpha)C_{zr} \\
C_l = (1-0.2\alpha)C_{lr} \\
C_m = (1-0.2\alpha)C_{mr} \\
C_n = (1-0.2\alpha)C_{nr}
\end{cases}
\tag{5.138}
$$

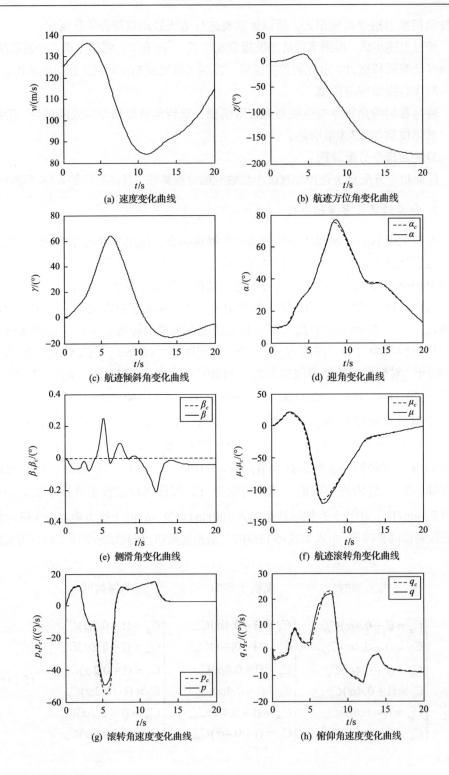

(a) 速度变化曲线

(b) 航迹方位角变化曲线

(c) 航迹倾斜角变化曲线

(d) 迎角变化曲线

(e) 侧滑角变化曲线

(f) 航迹滚转角变化曲线

(g) 滚转角速度变化曲线

(h) 俯仰角速度变化曲线

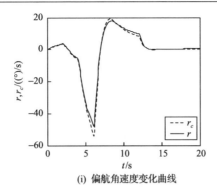

(i) 偏航角速度变化曲线

图 5.13　飞机状态动态响应过程

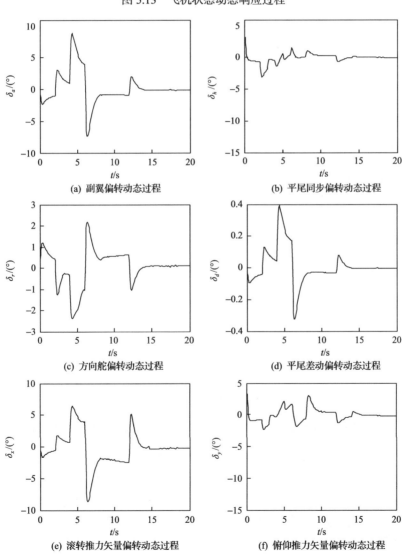

(a) 副翼偏转动态过程

(b) 平尾同步偏转动态过程

(c) 方向舵偏转动态过程

(d) 平尾差动偏转动态过程

(e) 滚转推力矢量偏转动态过程

(f) 俯仰推力矢量偏转动态过程

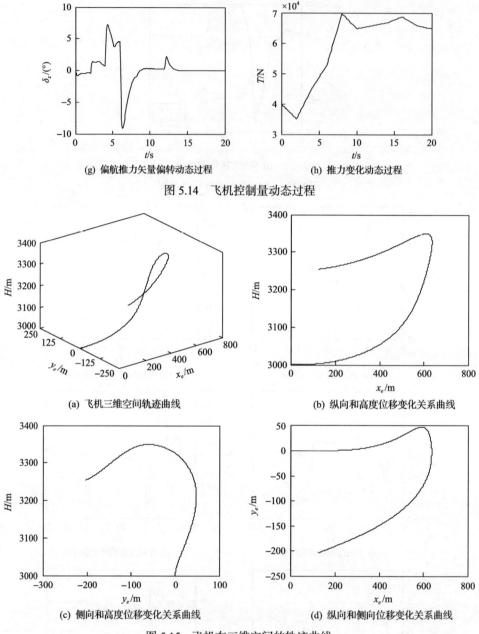

(g) 偏航推力矢量偏转动态过程　　(h) 推力变化动态过程

图 5.14　飞机控制量动态过程

(a) 飞机三维空间轨迹曲线　　(b) 纵向和高度位移变化关系曲线

(c) 侧向和高度位移变化关系曲线　　(d) 纵向和侧向位移变化关系曲线

图 5.15　飞机在三维空间的轨迹曲线

图 5.13 中的 v、χ、γ 动态过程表明,飞机的速度从 125m/s 先上升到 136m/s,此时轨迹倾斜角也在增大,然后随迎角增大,速度急剧下降,轨迹倾斜角继续增大到最大值 64°,然后减小,在 13.4s 达到最小值-15°,随后上升达到水平状态。而速度下降到最小值 84.5m/s,此时飞机迎角已开始减小,轨迹倾斜角负向增加,

飞机加速恢复能量，在 20s 时速度回复到 115m/s。随着飞机右滚转，航迹方位角先略微右偏到最大值 14.4°，之后随飞机左滚转，航迹方位角迅速左偏，在 17s 航迹方位角相对初始值改变 180°，实现 180°转向。

由 α、μ 的响应曲线可见，对指令 α_c、μ_c 很好地实现了跟踪。迎角由初始的 8° 上升到 8.8s 时的最大值 77.3°，然后减小，回复到接近初始值。从仿真初始到 2.7s 时绕速度矢量右滚转达 19.6°，然后操纵飞机快速左滚转，使 μ 达到 -121.7°，之后操纵飞机绕速度矢量右滚转，回复到初始状态。在整个仿真期间 β_c 保持为 0°，由 β 的响应曲线可见，β 始终在 0° 附近，不超过 0.25°，飞机基本无侧滑。

由角速度 p、q、r 的响应可见，对由滤波器输出的虚拟控制指令 p_c、q_c、r_c 的跟踪迅速准确。由于机动过程中 α、μ 变化很大，为了满足机动的要求，相应的角速度变化比较大。

图 5.14 给出了飞机舵面偏转动态过程和推力变化曲线。

由舵面偏转情况可见，包括推力矢量舵面在内的纵向舵面和横侧向舵面均参与了控制。加权极小范数舵面分配算法通过大量使用效率高的舵面，少量使用效率低的舵面，在达到大迎角的情况下，使舵面偏转位置和偏转速率均在限制范围内，并且未达到饱和。由推力的动态过程可见，推力在初始阶段减小，用来降低飞行速度，以满足小过载条件下实现小半径快速转弯。为了利于飞机在小速度大迎角情况下的转弯，需要增大推力在升力方向的分量，因此推力随迎角增大而增大，此后基本保持不变。总体来说，推力的变化较小。

图 5.15 为机动过程中飞机在三维空间的轨迹曲线。x_e、y_e、H 分别表示纵向、侧向和高度的位移。由图 5.15 可见，飞机在开始阶段航迹方位角右偏，所以轨迹向右偏移，在 5.9s 右侧向偏离达到最大值 49m，此时航迹方位角为 0°，飞机已开始向左滚转。接着迎角进一步增大，速度继续降低，飞机开始左转弯，在大迎角、小速度下完成 180° 航迹改变，侧向与初始状态偏差不超过 200m。在纵向，仿真结束时飞机回到初始状态。相应于航迹倾斜角的变化，高度在达到最大值 3350m 后，随航迹倾斜角负向增加，开始下降。整个过程中高度最大偏离 350m，仿真结束时距初始位置偏差为 255m。

图 5.15 的仿真结果是在引入气动参数摄动的条件下得到的。在迎角达到最大值时，气动参数摄动量达到标称量的 55%。在本节所提控制律的作用下，飞机仍然很好地实现了小半径三维空间转弯。可见本节的控制律具有很好的控制性能和很强的鲁棒性。

从推导和仿真过程可以发现，本节所设计过失速机动飞行器的直接自适应动态面控制方法，将第 4 章提出的块控动态面控制方法推广到控制增益矩阵存在不确定性的严反馈块控非线性系统，继续保持了动态面控制器结构、算法简单的特点。同时，利用神经网络对飞机气动参数的不确定性、舵面偏转力和阻尼力的影响，以及外界干扰进行逼近，进一步提高了飞行控制律对飞机模型不确定性和外界干扰的鲁棒性，而简化的神经网络参数调整方法，使在线调整更新参数仅为不确定函数矩阵的个数。最后，为了验证方法的有效性，搭建了过失速机动飞行控制综合仿真系统，选择 Herbst 机动进行飞行控制综合仿真研究。数值仿真结果表明：在考虑未知界限的气动参数摄动和外界干扰的情况下，仍很好地实现了过失速机动动作，整个控制系统兼具控制器结构简单和鲁棒性强的特点。

5.4　高超声速飞行器直接自适应动态面巡航飞行控制

吸气式高超声速飞行器巡航飞行跨越平流层和中间大气层，这一区域空气压力和大气密度的变化范围大，环境温度变化复杂，使得飞行器的气动特性随飞行高度、速度变化呈现出强烈的非线性特性。另外，由于高超声速飞行器飞行包线跨度大，高低空气动力特性的巨大差异导致控制模型参数发生剧烈变化，尤其是大气特性测量和气动特性估算困难，使得高超声速飞行器动力学模型具有较大的不确定性[42]。

为此，本节针对吸气式高超声速飞行器气动参数非线性和模型不确定性问题，提出一种直接自适应动态面巡航飞行控制方法，有效解决高超声速飞行器巡航飞行时气动参数剧烈变化时的不确定非线性控制问题。具体方法为：①根据高超声速飞行器纵向模型的特点，分别设计直接自适应神经网络动态面高度控制器和神经网络动态逆速度控制器。②利用神经网络直接逼近高度控制器的中间控制信号，以所有神经网络权值范数平方的最大值为唯一更新参数来设计高度控制器，解决神经网络更新参数数量成倍增多的问题，显著降低机载计算机的运算量。③通过 Lyapunov 稳定性定理证明纵向飞行控制系统的半全局稳定性。

5.4.1　高度控制器设计

针对高度子系统模型 (3.33)，基于 5.2 节提出的直接自适应动态面控制方法设计高度控制器。设计过程分为 3 步，设计过程中，将采用 RBF 神经网络直接逼近中间虚拟控制信号和最终控制信号 u，在最后一步设计出神经网络参数自适应律[43-47]。高度控制器设计步骤如下。

步骤 1　定义动态面变量 $S_1 = x_1 - y_r$，对其求导得

$$\dot{S}_1 = \dot{x}_1 - \dot{y}_r = f_1 + g_1 x_2 - \dot{y}_r \tag{5.139}$$

令 $\overline{f}_1(Z_1) = f_1 + g_1^2 S_1 - \dot{y}_r$，则可得 $\dot{S}_1$ 为

$$\dot{S}_1 = \overline{f}_1(Z_1) + g_1 x_2 - g_1^2 S_1 = g_1 \left(g_1^{-1} \overline{f}_1(Z_1) + x_2 \right) - g_1^2 S_1 \tag{5.140}$$

选择中间虚拟控制信号如下：

$$\bar{x}_2 = -g_1^{-1}\left\{k_1 S_1 + \bar{f}_1(Z_1)\right\} \tag{5.141}$$

利用 RBF 神经网络直接逼近未知的中间虚拟控制信号 $\bar{x}_2$。给定紧集 $\Omega_{Z_1} \in \mathbf{R}^4$，使得 $W_1^{*\mathrm{T}}$、δ_1 对于任意 $Z_1 := (x_1, S_1, \dot{y}_r, v) \in \Omega_{Z_1}$，有

$$\begin{aligned} \bar{x}_2 &= W_1^{*\mathrm{T}} \xi_1(Z_1) + \delta_1 \\ |\delta_1| &\leqslant \delta_1^*, \quad \delta_1^* > 0 \end{aligned} \tag{5.142}$$

设计可行的虚拟控制信号如下：

$$x_{2,d} = -\frac{1}{2a_1^2} S_1 \hat{\theta} \xi_1^{\mathrm{T}}(Z_1) \xi_1(Z_1) \tag{5.143}$$

将 $x_{2,d}$ 通过时间常数为 τ_2 的低通滤波器，得到其估计值 α_2：

$$\tau_2 \dot{\alpha}_2 + \alpha_2 = x_{2,d}, \quad \alpha_2(0) := x_{2,d}(0) \tag{5.144}$$

步骤 2　定义动态面变量 $S_2 = x_2 - \alpha_2$，对其求导得

$$\dot{S}_2 = x_3 - \dot{\alpha}_2 \tag{5.145}$$

由于不包含未知项，故直接设计可行的虚拟控制信号如下：

$$x_{3,d} = -\left(k_2 S_2 - \dot{\alpha}_2 + S_1 g_1 + \frac{1}{2} S_2\right) \tag{5.146}$$

通过时间常数为 τ_3 的低通滤波器来获得 $x_{3,d}$ 的估计值 α_3，有

$$\tau_3 \dot{\alpha}_3 + \alpha_3 = x_{3,d}, \quad \alpha_3(0) := x_{3,d}(0) \tag{5.147}$$

步骤 3　定义动态面变量 $S_3 = x_3 - \alpha_3$，对其求导得

$$\dot{S}_3 = f_3 + g_3 u - \dot{\alpha}_3 \tag{5.148}$$

令 $\bar{f}_3(Z_3) = f_3 + \dfrac{g_3^2 S_3}{2} - \dot{\alpha}_3$，则可得 $\dot{S}_3$ 为

$$\dot{S}_3 = g_3\left(g_3^{-1}\bar{f}_3(Z_3) + u\right) - \frac{g_3^2 S_3}{2} \tag{5.149}$$

选择中间虚拟控制信号为

$$\bar{x}_4 = -g_3^{-1}\left\{k_3 S_3 + \bar{f}_3(Z_3) + S_2\right\}$$ (5.150)

利用 RBF 神经网络直接逼近 $\bar{x}_4$。给定紧集 $\Omega_{Z_3} \in \mathbf{R}^3$，使得 $W_3^{*\mathrm{T}}$、δ_3 对于任意 $Z_3 := (x_2, x_3, S_3, \dot{\alpha}_3, v) \in \Omega_{Z_3}$，有

$$\bar{x}_4 = W_3^{*\mathrm{T}}\xi_3(Z_3) + \delta_3$$
$$|\delta_3| \leqslant \delta_3^*, \quad \delta_3^* > 0$$ (5.151)

设计最终控制信号为

$$u = -\frac{1}{2a_3^2}S_3\hat{\theta}\xi_3^{\mathrm{T}}(Z_3)\xi_3(Z_3)$$ (5.152)

设计参数自适应律为

$$\dot{\hat{\theta}}(t) = \sum_{i=1}^{3}\frac{r}{2a_i^2}S_i^2\xi_i^{\mathrm{T}}(Z_i)\xi_i(Z_i) - b_0\hat{\theta}, \quad \hat{\theta}(0) \geqslant 0$$ (5.153)

上述式子中，$k_i > 0(i = 1, 2, 3)$ 为控制增益；$a_1 > 0$、$a_3 > 0$、$r > 0$、$b_0 > 0$ 均为控制器设计参数；$\tau_{i+1} > 0(i = 1, 2)$ 为滤波器时间常数。

5.4.2　速度控制器设计

基于神经网络动态逆方法设计速度控制器。对于式(3.32)，假设跟踪轨迹 v_d 和 $\dot{v}_d$ 有界，则可设计动态逆控制律如下：

$$\beta_c = -k_v z_v + g_v^{-1}\left(-f_v + \dot{v}_d\right)$$ (5.154)

式中，$z_v = v - v_d$。对于任意 $Z_v = \left[x_1, x_2, x_3, v, \dot{v}_d\right]$，采用 RBF 神经网络逼近式(5.154)中的未知非线性项。设计神经网络自适应控制器为

$$\beta_{\mathrm{T}} = -k_v z_v + W_v^{*\mathrm{T}}\xi_v(Z_v)$$ (5.155)

设计参数自适应律为

$$\dot{\theta}_v = \Gamma_v\left(z_v\xi_3(Z_v) - \delta_v W_v^*\right)$$ (5.156)

上述式子中，$k_v > 0$ 为控制增益；$\Gamma_v > 0$、$\delta_v > 0$ 均为控制器设计参数。

5.4.3　闭环系统稳定性分析

本节分别证明高度控制子系统和速度控制子系统的稳定性。首先，高度控制子系统的稳定性证明如下。

定义估计误差 $\tilde{\theta} = \hat{\theta} - \theta$ 和滤波误差 $y_i = \alpha_i - x_{i,d}(i = 2,3)$。结合前述推导可得

$$x_i - x_{i,d} = S_i + y_i \tag{5.157}$$

$$\dot{\alpha}_i = -\frac{y_i}{\tau_i}, \quad i = 2,3 \tag{5.158}$$

故而有

$$
\begin{aligned}
\dot{y}_2 &= \dot{\alpha}_2 - \dot{x}_{2,d} = -\frac{y_2}{\tau_2} + \zeta_2\left(S_1, y_2, \hat{\theta}, y_r, \dot{y}_r, \ddot{y}_r\right) \\
\dot{y}_3 &= \dot{\alpha}_3 - \dot{x}_{3,d} = -\frac{y_3}{\tau_3} + \zeta_3\left(S_1, S_2, y_2, y_3, \hat{\theta}, y_r, \dot{y}_r, \ddot{y}_r\right)
\end{aligned}
\tag{5.159}
$$

式中，

$$\zeta_2(\cdot) = \frac{1}{2a_1^2}\left(\dot{S}_1\hat{\theta}\xi_1^{\mathrm{T}}(Z_1)\xi_1(Z_1) + S_1\dot{\hat{\theta}}\xi_1^{\mathrm{T}}(Z_1)\xi_1(Z_1) + S_1\hat{\theta}\dot{\xi}_1^{\mathrm{T}}(Z_1)\xi_1(Z_1)\right)$$

$$\zeta_3(\cdot) = k_2 S_2 + \frac{y_2}{\tau_2}$$

因此，有

$$\left|\dot{y}_i + \frac{\dot{y}_i}{\tau_i}\right| \leqslant \zeta_i(\cdot), \quad i = 2,3 \tag{5.160}$$

利用杨氏不等式可得

$$\dot{y}_i y_i \leqslant -\frac{y_i^2}{\tau_i} + |y_i|\zeta_i \leqslant -\frac{y_i^2}{\tau_i} + \frac{y_i^2}{2} + \frac{\zeta_i^2}{2}, \quad i = 2,3 \tag{5.161}$$

定理 5.4　考虑式 (3.33) 构成的高度控制子系统，定义 Lyapunov 能量函数：

$$V(t) = \sum_{i=1}^{3} V_i + \frac{1}{2}\sum_{i=1}^{2} y_{i+1}^2 \tag{5.162}$$

在满足假设 3.8 和假设 3.9 的条件下，控制律选择为式 (5.152)，那么对于任意给定正常数 p，若 $V(0) \leqslant p$，则存在设计参数 $k_i(i = 1,2,3)$、$\tau_i(i = 2,3)$、$a_i(i = 1,3)$、r、b_0，使高度控制子系统的所有信号半全局一致终结有界，且通过适当选择设

计参数及任意给定初始紧集，可使子系统的所有状态信号和参数 $\hat{\theta}$ 最终收敛到某一有界紧集内。

证明 设计 Lyapunov 函数：

$$V_1 = \frac{1}{2}S_1^2 + \frac{g_m}{2r}\tilde{\theta}^2 \tag{5.163}$$

对 V_1 求导可得

$$\dot{V}_1 = S_1\left(f_1 + g_1 x_2 - \dot{y}_r\right) + \frac{g_m}{r}\tilde{\theta}\dot{\hat{\theta}} = S_1\left(\bar{f}_1(Z_1) + g_1 x_2\right) - g_1^2 S_1^2 + \frac{g_m}{r}\tilde{\theta}\dot{\hat{\theta}} \tag{5.164}$$

将式(5.164)右侧增减一项 $S_1 g_1 \bar{x}_2$ 并合并，则可转换为

$$\dot{V}_1 = S_1 g_1\left(x_2 - \bar{x}_2\right) - k_1 S_1^2 - g_1^2 S_1^2 + \frac{g_m}{r}\tilde{\theta}\dot{\hat{\theta}} \tag{5.165}$$

利用杨氏不等式，式(5.165)进一步变换为

$$
\begin{aligned}
\dot{V}_1 &= -k_1 S_1^2 - g_1^2 S_1^2 + \frac{g_m}{r}\tilde{\theta}\dot{\hat{\theta}} + S_1 g_1\left(x_2 - \bar{x}_2\right) \\
&= -k_1 S_1^2 - g_1^2 S_1^2 + \frac{g_m}{r}\tilde{\theta}\dot{\hat{\theta}} + S_1 g_1 x_2 - S_1 g_1 \frac{W_1^{*\mathrm{T}}}{\left\|W_1^*\right\|}\xi_1(Z_1)\left\|W_1^*\right\| - S_1 g_1 \delta_1 \\
&\leqslant -k_1 S_1^2 + \frac{g_m}{r}\tilde{\theta}\dot{\hat{\theta}} + S_1 g_1 x_2 + \frac{g_M a_1^2}{2} + \frac{g_m}{2a_1^2}S_1^2 \theta \xi_1^{\mathrm{T}}(Z_1)\xi_1(Z_1) - \frac{S_1^2 g_1^2}{2} + \frac{\delta_1^{*2}}{2}
\end{aligned} \tag{5.166}
$$

由式(5.143)可得

$$S_1 g_1 x_{2,d} \leqslant -\frac{g_m}{2a_1^2}S_1^2\hat{\theta}\xi_1^{\mathrm{T}}(Z_1)\xi_1(Z_1) \tag{5.167}$$

所以在式(5.166)右边增减一项 $S_1 g_1 x_{2,d}$ 并合并，可得

$$
\begin{aligned}
\dot{V}_1 &\leqslant -k_1 S_1^2 + S_1 g_1\left(x_2 - x_{2,d}\right) + \frac{g_M a_1^2}{2} - \frac{S_1^2 g_1^2}{2} \\
&\quad + \frac{g_m}{r}\tilde{\theta}\left(\dot{\hat{\theta}} - \frac{r}{2a_1^2}S_1^2\theta\xi_1^{\mathrm{T}}(Z_1)\xi_1(Z_1)\right) + \frac{\delta_1^{*2}}{2} \\
&= -k_1 S_1^2 + S_1 g_1\left(S_2 + y_2\right) + \frac{g_M a_1^2}{2} - \frac{S_1^2 g_1^2}{2} \\
&\quad + \frac{g_m}{r}\tilde{\theta}\left(\dot{\hat{\theta}} - \frac{r}{2a_1^2}S_1^2\theta\xi_1^{\mathrm{T}}(Z_1)\xi_1(Z_1)\right) + \frac{\delta_1^{*2}}{2}
\end{aligned} \tag{5.168}
$$

设计 Lyapunov 函数：

$$V_2 = \frac{1}{2}S_2^2 \tag{5.169}$$

对其求导可得

$$\dot{V}_2 = S_2 (x_3 - \dot{\alpha}_2) \tag{5.170}$$

将式(5.170)右侧增减一项 $S_2 x_{3,d}$ 并合并，则可转换为

$$
\begin{aligned}
\dot{V}_2 &= S_2 (x_3 - \dot{\alpha}_2) - S_2 x_{3,d} + S_2 x_{3,d} \\
&= S_2 (x_3 - x_{3d}) - S_2 \dot{\alpha}_2 - S_2 \left(k_2 S_2 + \frac{S_2}{2} - \dot{\alpha}_2 + S_1 g_1 \right) \\
&= S_2 (S_3 + y_3) - k_2 S_2^2 - S_1 g_1 S_2 - \frac{S_2^2}{2}
\end{aligned}
\tag{5.171}
$$

设计 Lyapunov 函数：

$$V_3 = \frac{1}{2}S_3^2 \tag{5.172}$$

对 V_3 求导可得

$$\dot{V}_3 = S_3 (f_3 + g_3 u - \dot{\alpha}_3) = S_3 \left(\overline{f}_3 (Z_3) + g_3 u \right) - \frac{S_3^2 g_3^2}{2} \tag{5.173}$$

将式(5.173)右侧增减一项 $S_3 g_3 \overline{x}_4$ 并合并，则可转换为

$$\dot{V}_3 = S_3 g_3 (u - \overline{x}_4) - k_3 S_3^2 - \frac{S_3^2 g_3^2}{2} - S_2 S_3 \tag{5.174}$$

类似 $\dot{V}_1$ 求解过程，利用杨氏不等式，式(5.174)进一步变换为

$$
\begin{aligned}
\dot{V}_3 &= -k_3 S_3^2 - \frac{S_3^2 g_3^2}{2} - S_2 S_3 + S_3 g_3 u - S_3 g_3 \frac{W_3^{*T}}{\left\| W_3^* \right\|} \xi_3 (Z_3) \left\| W_3^* \right\| - S_3 g_3 \delta_3 \\
&\leqslant -k_3 S_3^2 - S_2 S_3 + S_3 g_3 u + \frac{g_m}{2 a_3^2} S_3^2 \theta \xi_3^T (Z_3) \xi_3 (Z_3) + \frac{g_M a_3^2}{2} + \frac{\delta_3^{*2}}{2}
\end{aligned}
\tag{5.175}
$$

由式(5.152)得

$$S_3 g_3 u \leqslant -\frac{g_m}{2a_3^2} S_3^2 \hat{\theta} \xi_3^{\mathrm{T}}(Z_3) \xi_3(Z_3) \tag{5.176}$$

代入式(5.175)后可得

$$\dot{V}_3 \leqslant -k_3 S_3^2 - S_2 S_3 + \frac{g_M a_3^2}{2} + \frac{\delta_3^{*2}}{2} - \frac{g_m}{2a_3^2} S_3^2 \tilde{\theta} \xi_3^{\mathrm{T}}(Z_3) \xi_3(Z_3) \tag{5.177}$$

故有

$$
\begin{aligned}
\dot{V}(t) &= \dot{V}_1 + \dot{V}_2 + \dot{V}_3 + y_2 \dot{y}_2 + y_3 \dot{y}_3 \\
&\leqslant k_1 S_1^2 + S_1 g_1 (S_2 + y_2) + \frac{g_M a_1^2}{2} - \frac{S_1^2 g_1^2}{2} + \frac{\delta_1^{*2}}{2} \\
&\quad + \frac{g_m}{r} \tilde{\theta} \left[\dot{\hat{\theta}} - \frac{r}{2a_1^2} S_1^2 \theta \xi_1^{\mathrm{T}}(Z_1) \xi_1(Z_1) \right] - k_2 S_2^2 + S_2 (S_3 + y_3) - S_1 g_1 S_2 - \frac{S_2^2}{2} \\
&\quad - k_3 S_3^2 - S_2 S_3 + \frac{g_M a_3^2}{2} + \frac{\delta_3^{*2}}{2} - \frac{g_m}{2a_3^2} S_3^2 \tilde{\theta} \xi_3^{\mathrm{T}}(Z_3) \xi_3(Z_3) + y_2 \dot{y}_2 + y_3 \dot{y}_3 \\
&= -\left(k_1 S_1^2 + k_2 S_2^2 + k_3 S_3^2 \right) + (S_1 g_1 y_2 + S_2 y_3) - \frac{S_1^2 g_1^2}{2} - \frac{S_2^2}{2} \\
&\quad + \frac{g_M}{2} \left(a_1^2 + a_3^2 \right) + \frac{\delta_1^{*2} + \delta_3^{*2}}{2} - \frac{b_0 g_m}{r} \tilde{\theta} \hat{\theta} + y_2 \dot{y}_2 + y_3 \dot{y}_3
\end{aligned}
\tag{5.178}
$$

对于任意常数 $M_0 > 0$ 和 $p > 0$，集合

$$\Pi_r = \left\{ (y_r, \dot{y}_r, \ddot{y}_r) \,\middle|\, y_r^2 + \dot{y}_r^2 + \ddot{y}_r^2 \leqslant M_0 \right\} \tag{5.179}$$

$$\Pi_i = \left\{ \sum_{j=1}^{i} V_j + \frac{1}{2} \sum_{j=1}^{i-1} y_{j+1}^2 \leqslant p \right\}, \quad i = 1, 2, 3 \tag{5.180}$$

分别是 $\mathbf{R}^3$ 和 $\mathbf{R}^{2i-1}$ 上的紧集，则 $\Pi_r \times \Pi_i$ 也是 $\mathbf{R}^{2i+2}$ 上的紧集。令 $\zeta_i(\cdot)(i = 2, 3)$ 在集合 $\Pi_r \times \Pi_i$ 上模的最大值为 M_i，则

$$\dot{y}_i y_i \leqslant -\frac{y_i^2}{\tau_i} + \frac{y_i^2}{2} + \frac{M_i^2}{2}, \quad i = 2, 3 \tag{5.181}$$

结合 $-2\tilde{\theta} \hat{\theta} \leqslant \theta^2 - \tilde{\theta}^2$，可得

$$\dot{V}(t) \leqslant -\left(k_1 S_1^2 + k_2 S_2^2 + k_3 S_3^2\right) + \left(S_1 g_1 y_2 + S_2 y_3\right) - \frac{S_1^2 g_1^2}{2} - \frac{S_2^2}{2}$$
$$+ \frac{g_M}{2}\left(a_1^2 + a_3^2\right) + \frac{\delta_1^{*2} + \delta_3^{*2}}{2} + \frac{b_0 g_m}{2r}\theta^2 - \frac{b_0 g_m}{2r}\tilde{\theta}^2 + y_2 \dot{y}_2 + y_3 \dot{y}_3$$
$$\leqslant -\left(k_1 S_1^2 + k_2 S_2^2 + k_3 S_3^2\right) - \frac{b_0 g_m}{2r}\tilde{\theta} + \left(-\frac{y_2^2}{\tau_2} + y_2^2 - \frac{y_3^2}{\tau_3} + y_3^2\right)$$
$$+ \frac{g_M}{2}\left(a_1^2 + a_3^2\right) + \frac{\delta_1^{*2} + \delta_3^{*2}}{2} + \frac{b_0 g_m}{2r}\theta^2 + \frac{M_2^2}{2} + \frac{M_3^2}{2} \tag{5.182}$$

设计参数 $k_i \geqslant 0.5\lambda_0 (i=1,2,3)$，$\tau_{i+1}^{-1} \geqslant 0.5\lambda_0 + 1(i=1,2)$，$\lambda_0 = b_0$ 且

$$c_0 = \frac{g_M}{2}\left(a_1^2 + a_3^2\right) + \frac{\delta_1^{*2} + \delta_3^{*2}}{2} + \frac{b_0 g_m}{2r}\theta^2 + \frac{M_2^2}{2} + \frac{M_3^2}{2} \tag{5.183}$$

则整理式 (5.182) 可得

$$\dot{V}(t) \leqslant -\lambda_0 V(t) + c_0 \tag{5.184}$$

令 $\lambda_0 > c_0/p$，则当 $V(t) = p$ 时 $\dot{V}(t) < 0$，即对于 $\forall t \geqslant 0$，若 $V(0) \leqslant p$，则 $V(t) \leqslant p$，说明 $V(t) \leqslant p$ 为一个不变集。式 (5.184) 在 $[0,t]$ 内积分可得

$$0 \leqslant V(t) \leqslant \frac{c_0}{\lambda_0} + \left(V(0) - \frac{c_0}{\lambda_0}\right)e^{-\lambda_0 t} \tag{5.185}$$

那么

$$\lim_{t \to \infty} V(t) = c_0 \lambda_0^{-1} \tag{5.186}$$

由式 (5.162) 可知

$$\sum_{i=1}^{3} e_i^2 \leqslant \frac{2c_0}{\lambda_0} + \left(2V(0) - \frac{2c_0}{\lambda_0}\right)e^{-\lambda_0 t} \tag{5.187}$$

式 (5.187) 说明，对于给定的 $b \geqslant \sqrt{2c_0\lambda_0^{-1}}$，取 $\lambda_0 < c_0/p$，存在 $T(\alpha_0) \geqslant 0$，使跟踪误差 S_1 满足 $|S_1| = |x_1 - y_r| \leqslant b$，$\forall t \geqslant T(\alpha_0)$。

综上，高度控制子系统的所有信号半全局一致终结有界，跟踪误差最终收敛到半径为 b 的球域内。

根据 5.4.2 节容易证明速度控制子系统的所有信号也是半全局一致终结有界，跟踪误差亦可收敛到原点的一个小邻域内。在此不再单独证明其稳定性。

5.4.4　巡航飞行控制仿真验证

在 MATLAB/Simulink 环境下仿真验证本节提出的直接自适应动态面巡航飞行控制方法，仿真初始条件和跟踪指令信号如下。

(1) 在初始平衡点 $H_0 = 33528\text{m}$，$v_0 = 4590.3\text{m/s}$，$\alpha_0 = 1.8048°$，$\gamma_0 = 0°$，$q_0 = 0°$，其他状态置零；控制量为升降舵偏转角 δ_e 和油门开度 β_T，方向舵偏转角 δ_r 置零。

(2) 跟踪如下给定的高度和速度指令：

①速度保持不变，高度阶跃信号为 $\Delta H = 186\text{m}$；

②高度保持不变，速度阶跃信号为 $\Delta v = 30.5\text{m/s}$；

③速度保持不变，高度方波信号幅值为 610m，周期为 80s。

控制器参数分别选取为：$k_p = -0.6$，$k_1 = 6$，$k_2 = 12$，$k_3 = 12$，$a_1 = 0.01$，$a_3 = 0.02$，$r = 25$，$b_0 = 0.01$，时间常数 $\tau_1 = 0.01$，$\tau_2 = 0.01$；神经网络节点数选择为 $l_1 = 11$，$l_2 = 11$，$l_v = 5$，中心值 μ_i 在区间 $[-2,2]$ 均匀取值，宽度 $\eta_i = 100$；$k_v = 0.01$，$\Gamma_v = \text{diag}\{5 \times 10^{-4}\}$，$\delta_v = 0.1$。仿真结果如图 5.16～图 5.18 所示。

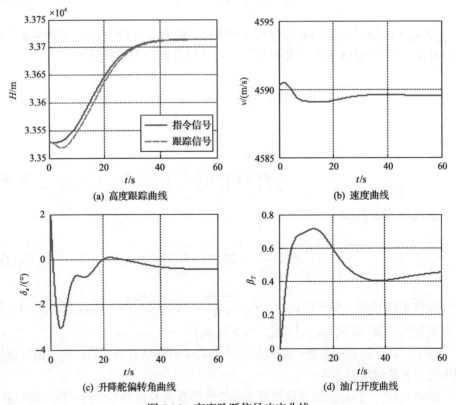

(a) 高度跟踪曲线　　　　　　　　　　(b) 速度曲线

(c) 升降舵偏转角曲线　　　　　　　　(d) 油门开度曲线

图 5.16　高度阶跃信号响应曲线

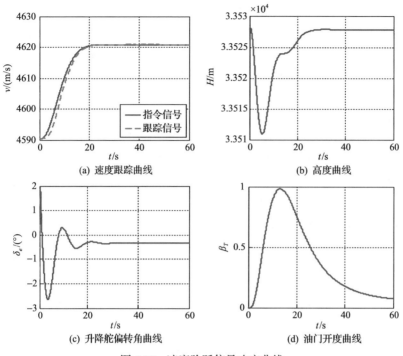

(a) 速度跟踪曲线　　　　　　　　　　(b) 高度曲线

(c) 升降舵偏转角曲线　　　　　　　　(d) 油门开度曲线

图 5.17　速度阶跃信号响应曲线

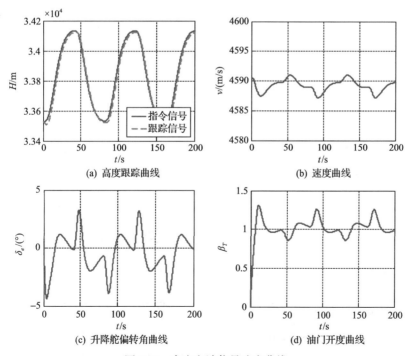

(a) 高度跟踪曲线　　　　　　　　　　(b) 速度曲线

(c) 升降舵偏转角曲线　　　　　　　　(d) 油门开度曲线

图 5.18　高度方波信号响应曲线

　　由图 5.16(a)、图 5.17(a)、图 5.18(a)的跟踪曲线可以看到：直接自适应动态面飞行控制方法所设计的控制系统，对高度、速度阶跃指令均具有良好的跟踪性能，跟踪信号能够以较快的速度跟踪到高度阶跃和高度方波指令信号。由图 5.16(b)、图 5.17(b)、图 5.18(b)可知，当高度和速度需要保持在规定值时，所设计的飞行控制律也展示出了较好的控制效果，能够保持在规定值附近的很小范围内。由图 5.16(c)、图 5.17(c)、图 5.18(c)可以看到，所设计飞行控制律的升降舵偏转角偏转范围满足规定要求。

　　综合上述仿真结果，本节所提出的直接自适应动态面飞行控制律取得了优越的控制效果。与现有文献类似方法比较发现，不仅控制律的设计得到了进一步简化，而且所设计的控制器大大减少了神经网络更新参数的数量，降低了控制算法的运算量，减轻了机载计算机的负担，优越性显而易见。

　　然而，正如文献[43]所指出的，尽管传统动态面控制方法具有控制算法简单、过渡过程品质好、鲁棒性强的特点，但是，低通滤波器的引入使得其时间常数对控制性能的影响非常脆弱，随着滤波器时间常数的改变，控制量往往会发生很大变化。为此，尝试将直接自适应动态面巡航飞行控制算法中的滤波器时间常数放大到 $\tau_2 = \tau_3 = 0.1$，来检验控制效果。仿真结果如图 5.19~图 5.21 所示。

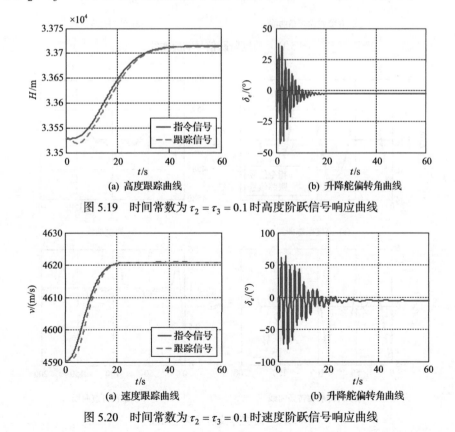

(a) 高度跟踪曲线　　　　　　　　　　　(b) 升降舵偏转角曲线

图 5.19　时间常数为 $\tau_2 = \tau_3 = 0.1$ 时高度阶跃信号响应曲线

(a) 速度跟踪曲线　　　　　　　　　　　(b) 升降舵偏转角曲线

图 5.20　时间常数为 $\tau_2 = \tau_3 = 0.1$ 时速度阶跃信号响应曲线

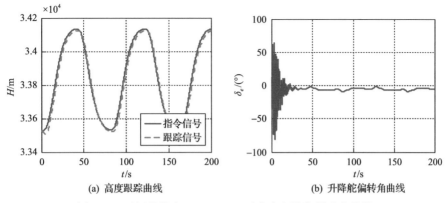

(a) 高度跟踪曲线　　　　　　　　　　(b) 升降舵偏转角曲线

图 5.21　时间常数为 $\tau_2 = \tau_3 = 0.1$ 时高度方波信号响应曲线

可以发现，增大滤波器时间常数后，直接自适应动态面飞行控制系统尽管还能够实现对控制指令的良好跟踪，但是升降舵偏转角的响应振荡加剧，最大幅值已经超出了舵面偏转范围。在实际应用中，这种情况对于高空、高速巡航飞行的高超声速飞行器飞行控制来说将是非常危险的。因此，本节提出的直接自适应动态面巡航飞行控制方法对于滤波器时间常数的选取非常敏感，时间常数的变化使得升降舵偏转角在控制作用初始阶段产生高频振动，并且振荡幅度较大，远远超出了升降舵偏转角的规定偏转范围。如何提高直接自适应动态面巡航飞行控制对滤波器时间常数变化的鲁棒性，需要进一步研究解决，为此，本书将在第 8 章中提出相关的控制算法来解决这一问题。

5.5　本 章 小 结

本章首先针对一类完全非仿射纯反馈非线性系统，提出了一种直接自适应动态面控制方法，对于 n 阶 SISO 纯反馈非线性系统，仅一个参数需要在线更新，而与神经网络节点数无关，计算量显著减少。在此基础上，为解决现有神经网络飞行控制器更新参数多、计算量大的问题，从工程实用的角度出发，分别针对飞机过失速机动飞行和高超声速飞行器巡航飞行控制问题，提出了鲁棒自适应动态面飞行控制律设计方法。所提出的飞行控制方法不仅解决了传统反推控制的"微分爆炸"问题，而且利用神经网络直接逼近模型不确定性或控制器虚拟控制信号，以神经网络权值范数的平方(或其最大值)为更新参数，使得神经网络在线更新参数的数量大幅降低，控制器结构更加简化，计算量显著减少，大大减轻了机载计算机的运行负担。同时，飞行控制器跟踪性能良好，控制效果优越，鲁棒性强。

参 考 文 献

[1] Yesidirek A, Lewis F L. Feedback linearization using neural networks[J]. Automatica, 1995, 31(11): 1659-1664.

[2] Wang W Y, Chan M L, Lee T T, et al. Adaptive fuzzy control for strict-feedback canonical nonlinear systems with H_∞ tracking performance[J]. IEEE Transactions on Systems, Man, and Cybernetics, Part B(Cybernetics), 2000, 30(6): 878-885.

[3] Ge S S, Hang C C, Lee T H, et al. Stable Adaptive Neural Network Control[M]. Boston: Kluwer Academic, 2002.

[4] Wang L X. Stable adaptive fuzzy control of nonlinear systems[J]. IEEE Transactions on Fuzzy Systems, 1993, 1(2): 146-155.

[5] Tong S C, Li H X. Fuzzy adaptive sliding-mode control for MIMO nonlinear systems[J]. IEEE Transactions on Fuzzy Systems, 2003, 11(3): 354-360.

[6] Zhang T, Ge S S, Hang C C. Adaptive neural network control for strict-feedback nonlinear systems using backstepping design[J]. Automatica, 2000, 36(12): 1835-1846.

[7] Wang D, Huang J. Neural network-based adaptive dynamic surface control for a class of uncertain nonlinear systems in strict-feedback form[J]. IEEE Transactions on Neural Networks, 2005, 16(1): 195-202.

[8] 李红春, 张天平. 基于动态面控制的 MIMO 自适应神经网络控制[J]. 扬州大学学报(自然科学版), 2006, 9(4): 17-22, 33.

[9] 李红春, 张天平, 孙妍. 基于动态面控制的间接自适应神经网络块控制[J]. 电机与控制学报, 2007, 11(3): 275-281.

[10] 李红春, 张天平, 梅建东, 等. 基于动态面的直接自适应神经网络控制[J]. 中南大学学报(自然科学版), 2007, 38(S1): 15-20.

[11] Zhang T P, Ge S S. Direct adaptive NN control of nonlinear systems in strict-feedback form using dynamic surface control[C]. Proceedings of 22nd IEEE International Symposium on Intelligent Control, Singapore, 2007: 315-320.

[12] Zhang T P, Ge S S. Adaptive dynamic surface control of nonlinear systems with unknown dead zone in pure feedback form[J]. Automatica, 2008, 44(7): 1895-1903.

[13] Ren B B, San P P, Ge S S, et al. Adaptive dynamic surface control for a class of strict-feedback nonlinear systems with unknown backlash-like hysteresis[C]. Proceedings of the American Control Conference, St. Louis, 2009: 4482-4487.

[14] Yoon H C, Park J B, Choi Y H. Adaptive dynamic surface control for stabilization of parametric strict-feedback nonlinear systems with unknown time delays[J]. IEEE Transactions on Automatic Control, 2007, 52(12): 2360-2365.

[15] Chen W S, Jiao L C. Adaptive tracking for periodically time-varying and nonlinearly parameterized systems using multilayer neural networks[J]. IEEE Transactions on Neural Networks, 2010, 21(2): 345-351.

[16] Dong X N, Chen G R, Chen L. Adaptive control of the uncertain duffing oscillator[J]. International Journal of Bifurcation and Chaos, 1997, 7(7): 1651-1658.

[17] Ferrara A, Giacomini L. Control of a class of mechanical systems with uncertainties via a constructive adaptive/second order VSC approach[J]. Journal of Dynamic Systems, Measurement, and Control, 2000, 122(1): 33-39.

[18] Hunt L R, Meyer G. Stable inversion for nonlinear systems[J]. Automatica, 1997, 33(8): 1549-1554.

[19] Wang D, Peng Z H, Li T S, et al. Adaptive dynamic surface control for a class of uncertain nonlinear systems in pure-feedback form[C]. Proceedings of the 48th IEEE Conference on Decision and Control held Jointly with 2009 28th Chinese Control Conference, Shanghai, 2009: 1956-1961.

[20] Ge S S, Wang C. Adaptive NN control of uncertain nonlinear pure-feedback systems[J]. Automatica, 2002, 38(4): 671-682.

[21] Wang D, Huang J. Adaptive neural network control for a class of uncertain nonlinear systems in pure-feedback form[J]. Automatica, 2002, 38(8): 1365-1372.

[22] Wang C, Hill D J, Ge S S, et al. An ISS-modular approach for adaptive neural control of pure-feedback systems[J]. Automatica, 2006, 42(5): 723-731.

[23] Du H B, Shao H H, Yao P J. Adaptive neural network control for a class of low-triangular-structured nonlinear systems[J]. IEEE Transactions on Neural Networks, 2006, 17(2): 509-514.

[24] Ren B B, Ge S S, Su C Y, et al. Adaptive neural control for a class of uncertain nonlinear systems in pure-feedback form with hysteresis input[J]. IEEE Transactions on Systems, Man, and Cybernetics—Part B: Cybernetics, 2009, 39(2): 431-443.

[25] Wang M, Wang C, Zhang S Y. Direct adaptive neural control of completely non-affine pure-feedback nonlinear systems with small-gain approach[C]. Proceedings of the Chinese Control and Decision Conference, Guilin, 2009: 395-400.

[26] Rysdyk R T, Calise A J. Adaptive model inversion flight control for tilt-rotor Aircraft[J]. Journal of Guidance Control, and Dynamics, 1999, 22(3): 402-407.

[27] Steinberg M L.Comparison of intelligent, adaptive, and nonlinear flight control laws[J]. Journal of Guidance Control and Dynamics, 2001, 24(4): 693-699.

[28] van Oort E, Sonneveldt L, Chu Q P, et al. A comparison of adaptive nonlinear control designs for an over-actuated fighter aircraft model[C]. Proceedings of the AIAA Guidance Navigation and Control Conference and Exhibit, Honolulu, 2008: 1-10.

[29] Farrell J, Sharma M, Polycarpou M. Backstepping-based flight control with adaptive function approximation[J]. Journal of Guidance, Control, and Dynamics, 2005, 28 (6): 1089-1102.

[30] Shankar P, Yedavalli R, Burken J. An adaptive flight controller using growing and pruning radial basis function network[C]. Proceedings of the AIAA Guidance, Navigation, and Control Conference and Exhibit, Keystone, 2006: 1-17.

[31] Sonneveldt L, van Oort E R, Chu Q P, et al. Nonlinear adaptive trajectory control applied to an F-16 model[J]. Journal of Guidance, Control, and Dynamics, 2009, 32 (1): 25-39.

[32] Sharma M, Farrell J A, Polycarpou M M, et al. Backstepping flight control using on-line function approximation[C]. Proceedings of the AIAA Guidance, Navigation, and Control Conference and Exhibit, Austin, 2003: 1-10.

[33] 周丽, 姜长生, 文杰. 超机动飞行的非线性鲁棒自适应控制系统研究[J]. 系统工程与电子技术, 2008, 30 (4): 710-714.

[34] Chen B, Liu X P, Liu K F, et al. Direct adaptive fuzzy control of nonlinear strict-feedback systems[J]. Automatica, 2009, 45 (6): 1530-1535.

[35] Chen B, Liu X P, Liu K F, et al. Novel adaptive neural control design for nonlinear MIMO time-delay systems[J]. Automatica, 2009, 45 (6): 1554-1560.

[36] Park J H, Park G T. Robust adaptive fuzzy controller for non-affine nonlinear systems with dynamic rule activation[J]. International Journal of Robust and Nonlinear Control, 2003, 13 (2): 117-139.

[37] Bogkovic J D, Chen L J, Mehra R K. Adaptive tracking control of a class of non-affine plants using dynamic feedback[J]. Proceedings of the 2001 American Control Conference, Arlington, 2001, (3): 2450-2455.

[38] Ge S S, Tee K P. Approximation-based control of nonlinear MIMO time-delay systems[J]. Automatica, 2007, 43 (1): 31-43.

[39] 熊治国. 基于自抗扰控制方法的超机动飞行控制律研究[D]. 西安: 空军工程大学, 2005.

[40] 刘昶. 现代战斗机飞行力学问题的研究进展[J]. 飞行力学, 1999, 17 (1): 8-14.

[41] Huber P. X-31 high angle of attack control system performance[R]. Washington D.C.: National Aeronautics and Space Administration, 1994.

[42] 孙长银, 穆朝絮, 余瑶. 近空间高超声速飞行器控制的几个科学问题研究[J]. 自动化学报, 2013, 39 (11): 1901-1913.

[43] 刘希, 孙秀霞, 刘树光, 等. 非线性增益递归滑模动态面自适应 NN 控制[J]. 自动化学报, 2014, 40 (10): 2193-2202.

[44] 刘树光, 孙秀霞, 董文瀚, 等. 一类纯反馈非线性系统的简化自适应神经网络动态面控制[J]. 控制与决策, 2012, 27 (2): 266-270.

[45] 刘树光, 孙秀霞, 解武杰, 等. 简化的鲁棒自适应动态面飞行控制律设计[J]. 系统工程与

电子技术, 2013, 35 (4)：820-825.

[46] 刘树光, 孙秀霞, 张翔伦, 等. 一种新的直接自适应神经网络动态面控制[C]. 第三十一届
中国控制会议, 合肥, 2012: 2944-2948.

[47] 程志浩, 孙秀霞, 刘树光, 等. 高超声速飞行器自适应神经网络动态面控制[J]. 飞行力学,
2013, 31 (5)：425-428.

第6章 控制增益方向未知时的
动态面自适应飞行控制

6.1 引 言

正如第5章所述,近20年,利用自适应反推设计思想,将基于逼近器的自适应控制方法,如自适应神经网络控制技术、自适应模糊控制技术,拓展到了具有强不确定性和非线性的严反馈非线性系统[1],而不确定纯反馈非线性系统较严反馈非线性系统更具普遍性,可以表示很多实际系统[2,3]。纯反馈系统的重叠和非仿射特性使其控制器设计变得困难,因而现有文献仅取得了较少的研究成果。文献[4]~[9]针对具有下三角结构的纯反馈非线性系统,讨论了自适应神经网络反推控制方法。为了解决反推控制的"微分爆炸"问题,文献[10]在文献[4]的基础上,针对一类虚拟控制增益符号已知的纯反馈非线性系统,提出了自适应神经网络动态面控制方法。然而,该方法未考虑虚拟控制增益符号未知时的控制问题,另外,为避免控制器奇异性问题而引入积分型 Lyapunov 函数,增加了计算的复杂性,且实际中实现困难。

吸气式高超声速飞行器在大气层内巡航飞行时,高超声速气流引起局部流场中激波与边界层的干扰,导致飞行器表面的热流率及局部压力的变化,直接影响飞行器的气动力特性。一方面,高超声速飞行器采用机体/发动机一体化设计,机身采用轻质材料、细长体结构、升力体或乘波体布局。独特的一体化设计及气动布局使得飞行器刚体模态与弹性模态的耦合问题突出,致使机身在飞行过程中弹性振动和变形显著,影响飞行器气动布局,从而导致飞行器气动参数跃变。另一方面,在高超声速飞行器巡航飞行过程中,大气密度变化范围大,环境温度变化复杂,可能会造成部分传感器和作动器在某一空域临时故障,使得大气特性测量和气动特性估算困难,这也会导致飞行器气动参数跃变。此外,由于高超声速飞行器飞行包线跨度大,高低空气动力特性的巨大差异可能导致模型参数产生从正到负的剧烈跳变。飞行器弹性体变形、传感器和作动器故障造成的气动参数跃变,以及飞行器有限的空气动力学参数从正到负的跳变等问题[11],对于高超声速飞行器巡航飞行控制来说,可能会造成运动方程的控制增益方向未知。如何保证控制增益方向未知时,高超声速飞行器高精度、强鲁棒的巡航飞行控制也是一个需要解决的难题。

基于以上分析，本章首先就一类虚拟控制增益符号未知的纯反馈非线性系统，引入 Nussbaum 增益技术，提出其控制增益方向未知时的动态面自适应控制方法。然后将提出的动态面自适应控制方法应用到吸气式高超声速飞行器巡航飞行控制律设计中，提出一种基于 Nassbaum 增益技术的动态面自适应巡航飞行控制方法，有效解决控制增益方向未知时的高超声速飞行器高精度、强鲁棒巡航飞行控制问题。

6.2　纯反馈非线性系统的动态面自适应控制

本节就一类虚拟控制增益符号未知的纯反馈非线性系统，提出其控制增益方向未知时的动态面自适应控制。具体方法为利用中值定理将未知非仿射输入函数进行分解，使其含有显式的控制输入，引入 Nussbaum 增益函数[12]处理虚拟控制符号未知的问题，利用神经网络逼近未知非线性函数，采用动态面方法完成控制律设计，采用解耦递推(decoupled backstepping)方法[12]进行闭环系统的稳定性分析。该方法具有以下特点。

(1)应用动态面方法设计控制律，避免了传统反推控制的"微分爆炸"问题。

(2)引入 Nussbaum 增益函数，不仅解决了虚拟控制符号未知的问题，而且避免了基于逼近器的反馈线性化方法中可能出现的控制器奇异性问题，与文献[1]、[4]、[10]中采用积分型 Lyapunov 函数处理控制器奇异性的方法比较，更加简单。

(3)定义的神经网络输入变量 Z_i 的维数较文献[1]、[5]、[6]显著减少，减少了神经网络节点数，降低计算的复杂性，减轻了分析的难度。

6.2.1　问题描述和基本假设

考虑如下一类纯反馈非线性系统:

$$\begin{cases} \dot{x}_i = f_i\left(\bar{x}_i, x_{i+1}\right) \\ \dot{x}_{n-1} = f_{n-1}\left(\bar{x}_{n-1}\right) + g_{n-1}\left(\bar{x}_{n-1}\right)x_n \\ \dot{x}_n = f_n\left(\bar{x}_n\right) + g_n\left(\bar{x}_n\right)u \\ y = x_1 \end{cases} \tag{6.1}$$

式中，$1 \leqslant i \leqslant n-2, n \geqslant 3$；$\bar{x}_i = \left[x_1, \cdots, x_i\right]^{\mathrm{T}} \in \mathbf{R}^i$，$i = 1, 2, \cdots, n$ 为系统状态向量；$u, y \in \mathbf{R}$ 为系统的输入和输出；$f_i\left(\bar{x}_i, x_{i+1}\right)$、$g_{n-1}\left(\bar{x}_{n-1}\right)$ 和 $g_n\left(\bar{x}_n\right)$ 为未知光滑非线性函数；$f_{n-1}\left(\bar{x}_{n-1}\right)$ 和 $f_n\left(\bar{x}_n\right)$ 为未知连续函数。

对于纯反馈系统(6.1)，定义

$$g_i\left(\overline{x}_i, x_{i+1}\right) = \frac{\partial f_i\left(\overline{x}_i, x_{i+1}\right)}{\partial x_{i+1}}, \quad 1 \leqslant i \leqslant n-2 \tag{6.2}$$

根据中值定理，系统 (6.1) 中的 $f_i(\cdot,\cdot)$ 可表达为

$$f_i\left(\overline{x}_i, x_{i+1}\right) = f_i\left(\overline{x}_i, x_{i+1}^0\right) + \left.\frac{\partial f_i\left(\overline{x}_i, x_{i+1}\right)}{\partial x_{i+1}}\right|_{x_{i+1}=x_{i+1}^{\theta_i}} \times \left(x_{i+1} - x_{i+1}^0\right) \tag{6.3}$$

式中，$x_{i+1}^{\theta_i} = \theta_i x_{i+1} + \left(1 - \theta_i\right) x_{i+1}^0$，$0 < \theta_i < 1$，$1 \leqslant i \leqslant n-2$。

选择 $x_{i+1}^0 = 0$，则式 (6.3) 变为

$$f_i\left(\overline{x}_i, x_{i+1}\right) = f_i\left(\overline{x}_i, 0\right) + \left.\frac{\partial f_i\left(\overline{x}_i, x_{i+1}\right)}{\partial x_{i+1}}\right|_{x_{i+1}=x_{i+1}^{\theta_i}} x_{i+1} \tag{6.4}$$

为分析方便，定义 $g_i\left(\overline{x}_i, x_{i+1}^{\theta_j}\right) = \left.\partial f_i\left(\overline{x}_i, x_{i+1}\right) \middle/ \partial x_{i+1}\right|_{x_{i+1}=x_{i+1}^{\theta_i}}$，将式 (6.4) 代入式 (6.1) 得

$$\begin{cases} \dot{x}_i = f_i\left(\overline{x}_i, 0\right) + g_i\left(\overline{x}_i, x_{i+1}^{\theta_i}\right) x_{i+1} \\ \dot{x}_{n-1} = f_{n-1}\left(\overline{x}_{n-1}\right) + g_{n-1}\left(\overline{x}_{n-1}\right) x_n \\ \dot{x}_n = f_n\left(\overline{x}_n\right) + g_n\left(\overline{x}_n\right) u \\ y = x_1 \end{cases} \tag{6.5}$$

控制目标：对系统 (6.1) 设计控制律 u，使得闭环系统的所有信号有界，且系统输出 $y = x_1$ 跟踪期望信号 y_r 的误差可收敛到原点的一个邻域内。

注 6.1　处理非仿射问题有三种方法：使用 Taylor 级数展开[13]；使用隐函数定理[14]；应用动态反馈思想[15]。比较这些方法可以发现，采用中值定理对非仿射函数进行分解，相对简单。

为方便控制器设计，需进行如下假设。

假设 6.1　存在常数 g_{im} 和 g_{iM}，使得 $0 < g_{im} \leqslant |g_i(\cdot)| \leqslant g_{iM} < \infty$，$i = 1, 2, \cdots, n$。

假设 6.2　期望信号 y_r 光滑有界，且 $y_r \in \Pi_d = \left\{\left(y_r, \dot{y}_r, \ddot{y}_r\right) \middle| y_r^2 + \dot{y}_r^2 + \ddot{y}_r^2 \leqslant B_0\right\}$，$B_0$ 是已知正常数。

假设 6.3　理想权值矩阵 W_i^* 有界，即可令 $\left\|W_i^*\right\| \leqslant W_m$，$W_m$ 为已知正常数，$i = 1, 2, \cdots, n$。

6.2.2　动态面自适应控制律设计

由假设 6.1 可知，系统 (6.1) 的虚拟控制增益符号未知，需要借助 Nussbaum 增

益技术进行处理[16,17]。下面给出控制器设计的具体步骤。

步骤 $i(1 \leqslant i \leqslant n-2)$　令 $y_r = \alpha_1$，定义动态面变量 $S_i = x_i - \alpha_i$，其导数为

$$\begin{aligned}
\dot{S}_i &= f_i\left(\overline{x}_i, 0\right) + g_i\left(\overline{x}_i, x_{i+1}^{\theta_i}\right) x_{i+1} - \dot{\alpha}_i \\
&= g_i\left(\overline{x}_i, x_{i+1}^{\theta_i}\right) x_{i+1} + \overline{f}_i\left(Z_i\right)
\end{aligned} \tag{6.6}$$

式中，$\overline{f}_i\left(Z_i\right) = f_i\left(\overline{x}_i, 0\right) - \dot{\alpha}_i$。

利用神经网络逼近未知函数 $\overline{f}_i\left(Z_i\right)$，给定一紧集 Ω_{Z_i}，对于任意 $Z_i := \left(\overline{x}_i, \dot{\alpha}_i\right) \in \Omega_{Z_i} \subset \mathbf{R}^{i+1}$ 有

$$\overline{f}_i\left(Z_i\right) = \hat{W}_i^{\mathrm{T}} \xi\left(Z_i\right) - \tilde{W}_i^{\mathrm{T}} \xi\left(Z_i\right) + \delta_i\left(Z_i\right) \tag{6.7}$$

式中，逼近误差 $\delta_i\left(Z_i\right)$ 满足 $\left|\delta_i\left(Z_i\right)\right| \leqslant \delta_i^*$，$\delta_i^* > 0$。

将式 (6.7) 代入式 (6.6) 得

$$\dot{S}_i = g_i\left(\overline{x}_i, x_{i+1}^{\theta_i}\right) x_{i+1} + \hat{W}_i^{\mathrm{T}} \xi\left(Z_i\right) - \tilde{W}_i^{\mathrm{T}} \xi\left(Z_i\right) + \delta_i\left(Z_i\right) \tag{6.8}$$

选择虚拟控制律和自适应律如下：

$$x_{(i+1)f} = N\left(\varsigma_i\right)\left(k_i S_i + \hat{W}_i^{\mathrm{T}} \xi\left(Z_i\right)\right) \tag{6.9}$$

$$N\left(\varsigma_i\right) = \mathrm{e}^{\varsigma_i^2} \cos\left(\frac{\pi}{2} \varsigma_i\right) \tag{6.10}$$

$$\dot{\varsigma}_i = \left(k_i S_i + \hat{W}_i^{\mathrm{T}} \xi\left(Z_i\right)\right) S_i \tag{6.11}$$

$$\dot{\hat{W}}_i = \Gamma_i\left(\xi\left(Z_i\right) S_i - \sigma_i \hat{W}_i\right) \tag{6.12}$$

式中，$\Gamma_i = \Gamma_i^{\mathrm{T}} > 0$、$k_i > 0$、$\sigma_i > 0$ 为设计参数；ς_i 为 Nussbaum 函数变量。为简单计，对于步骤 $i = n-1, n$ 的情况，设计参数和变量具有与此相同的含义，不再赘述。

将 $x_{(i+1)f}$ 通过时间常数为 τ_{i+1} 的低通滤波器，得到 $x_{(i+1)f}$ 的估计值 α_{i+1}：

$$\tau_{i+1} \dot{\alpha}_{i+1} + \alpha_{i+1} = x_{(i+1)f}, \quad \alpha_{i+1}(0) = x_{(i+1)f}(0) \tag{6.13}$$

步骤 $n-1$　定义动态面变量 $S_{n-1} = x_{n-1} - \alpha_{n-1}$，其导数为

$$\dot{S}_{n-1} = f_{n-1}(\overline{x}_{n-1}) + g_{n-1}(\overline{x}_{n-1})x_n - \dot{\alpha}_{n-1}$$
$$= g_{n-1}(\overline{x}_{n-1})x_n + \overline{f}_{n-1}(Z_{n-1}) \tag{6.14}$$

式中，$\overline{f}_{n-1}(Z_{n-1}) = f_{n-1}(\overline{x}_{n-1}) - \dot{\alpha}_{n-1}$。

同样，给定一紧集 $\Omega_{Z_{n-1}}$，对于任意 $Z_{n-1} := (\overline{x}_{n-1}, \dot{\alpha}_{n-1}) \in \Omega_{Z_{n-1}} \subset \mathbf{R}^n$ 有

$$\overline{f}_{n-1}(Z_{n-1}) = \hat{W}_{n-1}^{\mathrm{T}}\xi(Z_{n-1}) - \tilde{W}_{n-1}^{\mathrm{T}}\xi(Z_{n-1}) + \delta_{n-1}(Z_{n-1}) \tag{6.15}$$

类似地，选择虚拟控制律和自适应律如下：

$$x_{nf} = N(\varsigma_{n-1})\left(k_{n-1}S_{n-1} + \hat{W}_{n-1}^{\mathrm{T}}\xi(Z_{n-1})\right) \tag{6.16}$$

$$N(\varsigma_{n-1}) = \mathrm{e}^{\varsigma_{n-1}^2}\cos\left(\frac{\pi}{2}\varsigma_{n-1}\right) \tag{6.17}$$

$$\dot{\varsigma}_{n-1} = \left(k_{n-1}S_{n-1} + \hat{W}_{n-1}^{\mathrm{T}}\xi(Z_{n-1})\right)S_{n-1} \tag{6.18}$$

$$\dot{\hat{W}}_{n-1} = \Gamma_{n-1}\left(\xi(Z_{n-1})S_{n-1} - \sigma_{n-1}\hat{W}_{n-1}\right) \tag{6.19}$$

将 x_{nf} 通过时间常数为 τ_n 的低通滤波器，得到 x_{nf} 的估计值 α_n：

$$\tau_n\dot{\alpha}_n + \alpha_n = x_{nf}, \quad \alpha_n(0) = x_{nf}(0) \tag{6.20}$$

步骤 n 定义动态面变量 $S_n = x_n - \alpha_n$，其导数为

$$\dot{S}_n = f_n(\overline{x}_n) + g_n(\overline{x}_n)u - \dot{\alpha}_n = g_n(\overline{x}_n)u + \overline{f}_n(Z_n) \tag{6.21}$$

式中，$\overline{f}_n(Z_n) = f_n(\overline{x}_n) - \dot{\alpha}_n$。

同样，给定一紧集 Ω_{Z_n}，对于任意 $Z_n := (\overline{x}_n, \dot{\alpha}_n) \in \Omega_{Z_n} \subset \mathbf{R}^{n+1}$ 有

$$\overline{f}_n(Z_n) = \hat{W}_n^{\mathrm{T}}\xi(Z_n) - \tilde{W}_n^{\mathrm{T}}\xi(Z_n) + \delta_n(Z_n) \tag{6.22}$$

类似地，选择最终控制律和自适应律如下：

$$u = N(\varsigma_n)\left(k_nS_n + \hat{W}_n^{\mathrm{T}}\xi(Z_n)\right) \tag{6.23}$$

$$N(\varsigma_n) = \mathrm{e}^{\varsigma_n^2}\cos\left(\frac{\pi}{2}\varsigma_n\right) \tag{6.24}$$

$$\dot{\varsigma}_n = \left(k_n S_n + \hat{W}_n^{\mathrm{T}} \xi(Z_n)\right) S_n \tag{6.25}$$

$$\dot{\hat{W}}_n = \Gamma_n \left(\xi(Z_n) S_n - \sigma_n \hat{W}_n\right) \tag{6.26}$$

6.2.3　闭环系统稳定性分析

本节因在设计中引入了 Nussbaum 增益函数，加大了闭环系统的稳定性证明难度，因此有必要对闭环系统的稳定性给出进一步证明。

首先，定义系统边界层误差：

$$y_{i+1} = \alpha_{i+1} - x_{(i+1)f}, \quad i = 1, 2, \cdots, n-1 \tag{6.27}$$

y_2 的导数为

$$
\begin{aligned}
\dot{y}_2 = \dot{\alpha}_2 - \dot{x}_{2f} = &-\frac{y_2}{\tau_2} - \frac{\partial N(\varsigma_1)}{\partial \varsigma_1} \dot{\varsigma}_1 \left(k_1 S_1 + \hat{W}_1^{\mathrm{T}} \xi(Z_1)\right) \\
&- N(\varsigma_1)\left(k_1 \dot{S}_1 + \dot{\hat{W}}_1^{\mathrm{T}} \xi(Z_1) + \hat{W}_1^{\mathrm{T}} \frac{\partial \xi(Z_1)}{\partial x_1} \dot{x}_1\right)
\end{aligned} \tag{6.28}
$$

可见

$$\left| \dot{y}_2 + \frac{y_2}{\tau_2} \right| \leqslant C_2 \left(S_1, y_2, \hat{W}_1, y_r, \dot{y}_r, \ddot{y}_r\right) \tag{6.29}$$

类似地，有

$$\left| \dot{y}_{i+1} + \frac{y_{i+1}}{\tau_{i+1}} \right| \leqslant C_{i+1}\left(S_1, \cdots, S_{i+1}, y_1, \cdots, y_i, \hat{W}_1, \cdots, \hat{W}_i, y_r, \dot{y}_r, \ddot{y}_r\right) \tag{6.30}$$

因此，有

$$\dot{y}_{i+1} y_{i+1} \leqslant -\frac{y_{i+1}^2}{\tau_{i+1}} + |y_{i+1}| C_{i+1} \leqslant -\frac{y_{i+1}^2}{\tau_{i+1}} + \frac{y_{i+1}^2}{2} + \frac{C_{i+1}^2}{2} \tag{6.31}$$

式中，$C_{i+1}(\cdot)$ 是某一连续函数。

考虑式 (6.8)～式 (6.11)、式 (6.27)，可得

$$
\begin{aligned}
S_i \dot{S}_i = &-k_i S_i^2 + \left(g_i\left(\bar{x}_i, x_{i+1}^{\theta_i}\right) N(\varsigma_i) + 1\right)\dot{\varsigma}_i - S_i \tilde{W}_i^{\mathrm{T}} \xi(Z_i) \\
&+ g_i\left(\bar{x}_i, x_{i+1}^{\theta_i}\right) S_i \left(S_{i+1} + y_{i+1}\right) + S_i \delta_i(Z_i), \quad 1 \leqslant i \leqslant n-2
\end{aligned} \tag{6.32}
$$

类似地，有

$$
\begin{aligned}
S_{n-1}\dot{S}_{n-1} &= -k_{n-1}S_{n-1}^2 + \left(g_{n-1}\left(\overline{x}_{n-1}\right)N(\varsigma_{n-1})+1\right)\dot{\varsigma}_{n-1} - S_{n-1}\tilde{W}_{n-1}^{\mathrm{T}}\xi(Z_{n-1}) \\
&\quad + g_{n-1}\left(\overline{x}_{n-1}\right)S_{n-1}\left(S_n + y_n\right) + S_{n-1}\delta_{n-1}(Z_{n-1})
\end{aligned} \tag{6.33}
$$

$$
S_n\dot{S}_n = -k_n S_n^2 + \left(g_n\left(\overline{x}_n\right)N(\varsigma_n)+1\right)\dot{\varsigma}_n - S_n\tilde{W}_n^{\mathrm{T}}\xi(Z_n) + S_n\delta_n(Z_n) \tag{6.34}
$$

定理 6.1　考虑式 (6.1) 构成的闭环系统，对于任意给定正常数 p，初始条件满足

$$
\Pi_i = \left\{\sum_{j=1}^{i}S_j^2 + \sum_{j=1}^{i}\tilde{W}_j^{\mathrm{T}}\Gamma_j^{-1}\tilde{W}_j + \sum_{j=1}^{i-1}y_{j+1}^2 \leqslant 2p\right\}
$$

在满足假设 6.1～假设 6.3 的条件下，控制律选择为式 (6.23)，若 $V(0) \leqslant p$，那么存在设计参数 k_i、c_{i1}、c_{i2}、c_{i3}、τ_{i+1}、σ_i、Γ_i，使闭环系统的所有信号半全局一致终结有界，且通过调整控制器参数可以使跟踪误差充分小。

证明　采用解耦递推方法完成闭环系统稳定性证明。由于各步骤的设计方法基本类似，首先考虑具有代表性的步骤 i $(1\leqslant i\leqslant n-2)$ 的情况。为此，定义 Lyapunov 函数：

$$
V_i = \frac{1}{2}S_i^2 + \frac{1}{2}\tilde{W}_i^{\mathrm{T}}\Gamma_i^{-1}\tilde{W}_i + \frac{1}{2}y_{i+1}^2, \quad 1\leqslant i\leqslant n-2 \tag{6.35}
$$

求其对时间 t 的导数，并将式 (6.12)、式 (6.33) 和式 (6.31) 代入得

$$
\begin{aligned}
\dot{V}_i &= S_i\dot{S}_i + \tilde{W}_i^{\mathrm{T}}\Gamma_i^{-1}\dot{\hat{W}}_i + y_{i+1}\dot{y}_{i+1} \\
&= -k_i S_i^2 + \left(g_i\left(\overline{x}_i, x_{i+1}^{\theta_i}\right)N(\varsigma_i)+1\right)\dot{\varsigma}_i + g_i\left(\overline{x}_i, x_{i+1}^{\theta_i}\right)S_i\left(S_{i+1} + y_{i+1}\right) \\
&\quad + S_i\delta_i(Z_i) - \sigma_i\tilde{W}_i^{\mathrm{T}}\hat{W}_i - \frac{y_{i+1}^2}{\tau_{i+1}} + \frac{y_{i+1}^2}{2} + \frac{C_{i+1}^2}{2}
\end{aligned} \tag{6.36}
$$

由假设 6.2 和定理表述可知，对于任意 $B_0 > 0$ 和 $p > 0$，集合

$$
\Pi_d = \left\{\left(y_r, \dot{y}_r, \ddot{y}_r\right)\Big|y_r^2 + \dot{y}_r^2 + \ddot{y}_r^2 \leqslant B_0\right\} \tag{6.37}
$$

$$
\Pi_i = \left\{\sum_{j=1}^{i}S_j^2 + \sum_{j=1}^{i}\tilde{W}_j^{\mathrm{T}}\Gamma_j^{-1}\tilde{W}_j + \sum_{j=1}^{i-1}y_{j+1}^2 \leqslant 2p\right\} \tag{6.38}
$$

分别是 $\mathbf{R}^3$ 和 $\mathbf{R}^{\sum\limits_{j=1}^{i} N_j + 2i-1}$ 内的紧集，那么 $\varPi_d \times \varPi_i$ 也是 $\mathbf{R}^{\sum\limits_{j=1}^{i} N_j + 2i+2}$ 内的紧集。因此，$C_i(\cdot)$ 在集合 $\varPi_d \times \varPi_i$ 内存在一个最大值 M_i，则

$$\dot{y}_{i+1} y_{i+1} \leqslant -\frac{y_{i+1}^2}{\tau_{i+1}} + \frac{y_{i+1}^2}{2} + \frac{M_{i+1}^2}{2} \tag{6.39}$$

利用杨氏不等式，且注意到假设 6.1，可得到下列不等式：

$$-\sigma_i \tilde{W}_i^{\mathrm{T}} \hat{W}_i \leqslant -\frac{\sigma_i \left\| \tilde{W}_i \right\|^2}{2} + \frac{\sigma_i \left\| W_i^* \right\|^2}{2} \tag{6.40}$$

$$\left| S_i \right| \delta_i^* \leqslant \frac{S_i^2}{4 c_{i1}} + c_{i1} \delta_i^{*2} \tag{6.41}$$

$$g_i\left(\overline{x}_i, x_{i+1}^{\theta_1}\right) S_i S_{i+1} \leqslant \frac{S_i^2}{4 c_{i2}} + c_{i2} g_{iM}^2 S_{i+1}^2 \tag{6.42}$$

$$g_i\left(\overline{x}_i, x_{i+1}^{\theta_1}\right) S_i y_{i+1} \leqslant \frac{S_i^2}{4 c_{i3}} + c_{i3} g_{iM}^2 y_{i+1}^2 \tag{6.43}$$

式中，设计常数 $c_{i1} > 0$，$c_{i2} > 0$，$c_{i3} > 0$。

注意到

$$-\frac{\sigma_i}{2} \left\| \tilde{W}_i \right\|^2 \leqslant -\frac{\sigma_i}{2 \lambda_{\max}\left(\varGamma_i^{-1}\right)} \tilde{W}_i^{\mathrm{T}} \varGamma_i^{-1} \tilde{W}_i \tag{6.44}$$

将式(6.39)～式(6.44)代入式(6.36)得

$$\begin{aligned}
\dot{V}_i \leqslant & -\left(k_i - \frac{1}{4 c_{i1}} - \frac{1}{4 c_{i2}} - \frac{1}{4 c_{i3}}\right) S_i^2 + \left(g_i\left(\overline{x}_i, x_{i+1}^{\theta_1}\right) N(\varsigma_i) + 1\right) \dot{\varsigma}_i \\
& -\frac{\sigma_i}{2 \lambda_{\max}\left(\varGamma_i^{-1}\right)} \tilde{W}_i^{\mathrm{T}} \varGamma_i^{-1} \tilde{W}_i - \left(\frac{1}{\tau_{i+1}} - \frac{1}{2} - c_{i3} g_{iM}^2\right) y_{i+1}^2 \\
& + \frac{M_{i+1}^2}{2} + c_{i1} \delta_i^{*2} + \frac{\sigma_i \left\| W_i^* \right\|^2}{2} + c_{i2} g_{iM}^2 S_{i+1}^2 \\
\leqslant & -\gamma_i V_i + \rho_i + \left(g_i\left(\overline{x}_i, x_{i+1}^{\theta_1}\right) N(\varsigma_i) + 1\right) \dot{\varsigma}_i + c_{i2} g_{iM}^2 S_{i+1}^2
\end{aligned} \tag{6.45}$$

式中，γ_i 和 ρ_i 满足

$$\begin{cases} k_i \geqslant \dfrac{1}{4c_{i1}} + \dfrac{1}{4c_{i2}} + \dfrac{1}{4c_{i3}} + \dfrac{1}{2}\gamma_i \\[2mm] \dfrac{1}{\tau_{i+1}} \geqslant \dfrac{1}{2} + c_{i3}g_{iM}^2 + \dfrac{1}{2}\gamma_i \\[2mm] \gamma_i = \dfrac{\sigma_i}{\lambda_{\max}\left(\Gamma_i^{-1}\right)} \\[2mm] \rho_i = \dfrac{M_{i+1}^2}{2} + c_{i1}\delta_i^{*2} + \dfrac{\sigma_i\left\|W_i^*\right\|^2}{2} \end{cases} \tag{6.46}$$

式 (6.45) 两端乘以 $\mathrm{e}^{\gamma_i t}$ 得

$$\frac{\mathrm{d}}{\mathrm{d}t}\left(V_i\mathrm{e}^{\gamma_i t}\right) \leqslant \rho_i\mathrm{e}^{\gamma_i t} + g_i\left(\overline{x}_i, x_{i+1}^{\theta_1}\right)N(\varsigma_i)\dot{\varsigma}_i\mathrm{e}^{\gamma_i t} + \dot{\varsigma}_i\mathrm{e}^{\gamma_i t} + c_{i2}g_{iM}^2 S_{i+1}^2\mathrm{e}^{\gamma_i t} \tag{6.47}$$

对式 (6.47) 在 $[0,t]$ 上进行积分，得

$$\begin{aligned} V_i(t) \leqslant{} & \frac{\rho_i}{\gamma_i} + V_i(0) + \mathrm{e}^{-\gamma_i t}\int_0^t\left(g_i\left(\overline{x}_i, x_{i+1}^{\theta_1}\right)N(\varsigma_i) + 1\right)\dot{\varsigma}_i\mathrm{e}^{\gamma_i \tau}\mathrm{d}\tau \\ & + \mathrm{e}^{-\gamma_i t}\int_0^t c_{i2}g_{iM}^2 S_{i+1}^2\mathrm{e}^{\gamma_i \tau}\mathrm{d}\tau \end{aligned} \tag{6.48}$$

式中，

$$\begin{aligned} \mathrm{e}^{-\gamma_i t}\int_0^t c_{i2}g_{iM}^2 S_{i+1}^2\mathrm{e}^{\gamma_i \tau}\mathrm{d}\tau &\leqslant g_{iM}^2\sup_{\tau\in[0,t]}\left(S_{i+1}^2(\tau)\right)\mathrm{e}^{-\gamma_i t}\int_0^t c_{i2}\mathrm{e}^{\gamma_i \tau}\mathrm{d}\tau \\ &\leqslant \frac{c_{i2}}{\gamma_i}g_{iM}^2\sup_{\tau\in[0,t]}\left(S_{i+1}^2(\tau)\right) \end{aligned} \tag{6.49}$$

若在下一步中 S_{i+1} 能得到镇定，且在有限时间区间 $\left[0, t_f\right)$ 内有界，则可以得到 $\mathrm{e}^{-\gamma_i t}\displaystyle\int_0^t c_{i2}g_{iM}^2 S_{i+1}^2\mathrm{e}^{\gamma_i \tau}\mathrm{d}\tau$ 项有界。进而，式 (6.48) 转换为

$$V_i(t) \leqslant c_i + \mathrm{e}^{-\gamma_i t}\int_0^t\left(g_i\left(\overline{x}_i, x_{i+1}^{\theta_1}\right)N(\varsigma_i) + 1\right)\dot{\varsigma}_i\mathrm{e}^{\gamma_i \tau}\mathrm{d}\tau \tag{6.50}$$

式中，$c_i = \dfrac{\rho_i}{\gamma_i} + V_i(0) + \dfrac{c_{i2}}{\gamma_i}g_{iM}^2\sup\limits_{\tau\in[0,t]}\left(S_{i+1}^2(\tau)\right)$。

根据引理 6.1，可以得到 V_i、ς_i、$\hat{W}_i$ 和 $\int_0^t \left(g_i \left(\overline{x}_i, x_{i+1}^{\theta_1} \right) N(\varsigma_i) + 1 \right) \dot{\varsigma}_i \mathrm{e}^{\gamma_i \tau} \mathrm{d}\tau$ 均在时间区间 $\left[0, t_f \right)$ 内有界，再由引理 6.2 可知，$t_f = \infty$。因此，S_i、$\hat{W}_i$ 和 y_{i+1} 半全局一致终结有界。

步骤 $n-1$ 的情况与步骤 i 一致，现在考虑步骤 n 的情况。定义 Lyapunov 函数：

$$V_n = \frac{1}{2} S_n^2 + \frac{1}{2} \tilde{W}_n^{\mathrm{T}} \Gamma_n^{-1} \tilde{W}_n \tag{6.51}$$

求其时间导数，并将式(6.26)、式(6.34)、式(6.40)、式(6.41)和式(6.44)代入得

$$
\begin{aligned}
\dot{V}_n &\leqslant -\left(k_n - \frac{1}{4c_{n1}} \right) S_n^2 - \frac{\sigma_n}{2\lambda_{\max}\left(\Gamma_n^{-1} \right)} \tilde{W}_n^{\mathrm{T}} \Gamma_n^{-1} \tilde{W}_n \\
&\quad + \left(g_n(\overline{x}_n) N(\varsigma_n) + 1 \right) \dot{\varsigma}_n + c_{n1} \delta_n^{*2} + \frac{\sigma_n \left\| W_n^* \right\|^2}{2} \\
&\leqslant -\gamma_n V_n + \rho_n + \left(g_n(\overline{x}_n) N(\varsigma_n) + 1 \right) \dot{\varsigma}_n
\end{aligned}
\tag{6.52}
$$

式中，γ_n 和 ρ_n 满足

$$
\begin{cases}
k_n \geqslant \dfrac{1}{4c_{n1}} + \dfrac{1}{2} \gamma_n \\[2mm]
\gamma_n = \dfrac{\sigma_n}{\lambda_{\max}\left(\Gamma_n^{-1} \right)} \\[2mm]
\rho_n = c_{n1} \delta_n^{*2} + \dfrac{\sigma_n \left\| W_n^* \right\|^2}{2}
\end{cases}
\tag{6.53}
$$

类似地，可得

$$V_n(t) \leqslant c_n + \mathrm{e}^{-\gamma_n t} \int_0^t \left(g_n(\overline{x}_n) N(\varsigma_n) + 1 \right) \dot{\varsigma}_n \mathrm{e}^{\gamma_n \tau} \mathrm{d}\tau \tag{6.54}$$

式中，$c_n = \dfrac{\rho_n}{\gamma_n} + V_n(0)$。

因此，S_n 和 $\hat{W}_n$ 半全局一致终结有界。

根据 $V_i(t)$ 定义和式(6.48)、式(6.54)，容易得到

$$|S_1| \leqslant \sqrt{2\left(\sum_{i=1}^n \rho_i \gamma_0^{-1} + b_1 \right) + 2\sum_{i=1}^n V_i(0) \mathrm{e}^{-\gamma_0 t}} \tag{6.55}$$

式中，

$$\gamma_0 = \max\{\gamma_1, \cdots, \gamma_n\}$$

$$b_1 = \sum_{i=1}^{n} \sup_{\tau \in [0,t]} \left(\int_0^t \left(g_i(\cdot)N(\varsigma_i)+1\right)\dot{\varsigma}_i \mathrm{e}^{-\gamma_i(t-\tau)}\mathrm{d}\tau + \int_0^t c_{i2}g_{iM}^2 S_{i+1}^2 \mathrm{e}^{-\gamma_i(t-\tau)}\mathrm{d}\tau \right)$$
$$+ \sup_{\tau \in [0,t]} \left(\int_0^t \left(g_n(\cdot)N(\varsigma_n)+1\right)\dot{\varsigma}_n \mathrm{e}^{-\gamma_n(t-\tau)}\mathrm{d}\tau \right)$$

因此，有

$$\lim_{t \to \infty} |S_1| = \sqrt{2\left(\sum_{i=1}^{n} \rho_i \gamma_0^{-1} + b_1\right)} \tag{6.56}$$

式 (6.56) 说明，对于给定的 $\mu \geqslant \sqrt{2\left(\sum_{i=1}^{n} \rho_i \gamma_0^{-1} + b_1\right)}$，存在 $T(\gamma_0) \geqslant 0$，使跟踪误差 S_1 满足

$$|S_1| = |y - y_r| \leqslant \mu, \quad \forall t \geqslant T(\gamma_0) \tag{6.57}$$

由式 (6.46)、式 (6.55) 和式 (6.57) 可知，通过调整设计参数 k_i、c_{i1}、c_{i2}、c_{i3}、τ_{i+1}、σ_i、$\varGamma_i$ 的值可以调节 γ_0 和 μ，即调节跟踪误差 S_1 的收敛速度和收敛域的大小。因此，通过调整控制器参数可以使得跟踪误差充分小。

6.2.4　数值仿真与分析

考虑如下一类纯反馈非线性系统[8]：

$$\begin{cases} \dot{x}_1 = x_2 + 0.05\sin x_2 \\ \dot{x}_2 = \dfrac{1-\mathrm{e}^{-x_2}}{1+\mathrm{e}^{-x_2}} + u + 0.1\sin u \\ y = x_1 \end{cases} \tag{6.58}$$

期望信号 $y_r = \sin(0.5t) + 0.5\sin(1.5t)$，定义 $S_1 = x_1 - y_r$，$S_2 = x_2 - \alpha_2$，分别选择虚拟控制律、最终控制律和自适应律为

$$x_{2f} = N(\varsigma_1)\left(k_1 S_1 + \hat{W}_1^{\mathrm{T}} \xi(Z_1)\right) \tag{6.59}$$

$$u = N\left(\varsigma_2\right)\left(k_2 S_2 + \hat{W}_2^{\mathrm{T}} \xi\left(Z_2\right)\right) \tag{6.60}$$

$$\dot{\varsigma}_1 = \left(k_1 S_1 + \hat{W}_1^{\mathrm{T}} \xi\left(Z_1\right)\right) S_1 \tag{6.61}$$

$$\dot{\varsigma}_2 = \left(k_2 S_2 + \hat{W}_2^{\mathrm{T}} \xi\left(Z_2\right)\right) S_2 \tag{6.62}$$

$$\dot{\hat{W}}_1 = \Gamma_1 \left(\xi\left(Z_1\right) S_1 - \sigma_1 \hat{W}_1\right) \tag{6.63}$$

$$\dot{\hat{W}}_2 = \Gamma_2 \left(\xi\left(Z_2\right) S_2 - \sigma_2 \hat{W}_2\right) \tag{6.64}$$

选择低通滤波器为

$$\tau_2 \dot{\alpha}_2 + \alpha_2 = x_{2f}, \quad \alpha_2(0) = x_{2f}(0) \tag{6.65}$$

式中，Nussbaum 增益函数选择为 $N(\varsigma) = \mathrm{e}^{\varsigma^2} \cos((\pi/2)\varsigma)$，神经网络输入选择为 $Z_1 = (x_1, \dot{y}_r) \in \mathbf{R}^2$，$Z_2 = (\bar{x}_2, \dot{\alpha}_2) \in \mathbf{R}^3$。初始条件和控制器参数选择为 $x(0) = [0.2, 0]^{\mathrm{T}}$，$\varsigma_1(0) = \varsigma_2(0) = \hat{W}_1(0) = \hat{W}_2(0) = 0$；$k_1 = k_2 = 1$，$\Gamma_1 = \mathrm{diag}\{0.1\}$，$\Gamma_2 = \mathrm{diag}\{0.1\}$，$\sigma_1 = \sigma_2 = 2$。

选择神经网络 $W_1^{*\mathrm{T}} \xi(Z_1)$ 节点数 $l_1 = 25$，中心值 μ_l 均在区间 $[-5,5]$ 内均匀取值，宽度 $\eta_l = 0.5$，$l = 1, 2, \cdots, l_1$；$W_2^{*\mathrm{T}} \xi(Z_2)$ 节点数 $l_2 = 101$，中心值 μ_l 均在区间 $[-5,5]$ 内均匀取值，宽度 $\eta_l = 0.5$，$l = 1, 2, \cdots, l_2$。

仿真结果如图 6.1～图 6.6 所示。图 6.1 和图 6.2 显示获得了很好的跟踪性能，且跟踪误差在 0 的邻域内；图 6.3～图 6.6 分别显示控制信号 u，Nussbaum 函数信号 ς_1、ς_2、$N(\varsigma_1)$、$N(\varsigma_2)$ 和神经网络权值范数的有界性。

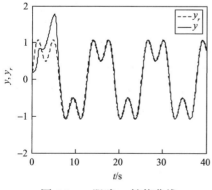

图 6.1　y 跟踪 y_r 性能曲线

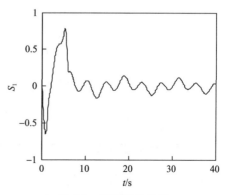

图 6.2　跟踪误差曲线

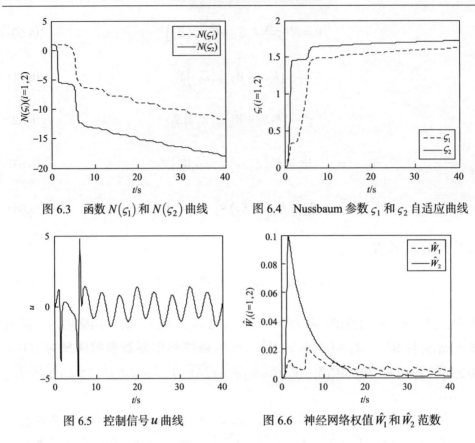

图 6.3　函数 $N(\varsigma_1)$ 和 $N(\varsigma_2)$ 曲线　　　　图 6.4　Nussbaum 参数 ς_1 和 ς_2 自适应曲线

图 6.5　控制信号 u 曲线　　　　图 6.6　神经网络权值 $\hat{W}_1$ 和 $\hat{W}_2$ 范数

6.3　高超声速飞行器动态面自适应巡航飞行控制

本节提出一种基于 Nassbaum 增益技术的动态面自适应巡航飞行控制方法,有效解决控制增益方向未知时的高超声速飞行器高精度、强鲁棒巡航飞行控制问题。具体方法为:①在动态面控制的每一步设计中引入一阶低通滤波器,避免传统反推控制的"微分爆炸"问题;②引入 Nussbaum 增益函数,解决飞行器模型中虚拟控制增益符号未知的问题;③利用神经网络直接逼近飞行控制器的中间控制信号,将神经网络逼近器权值范数的平方作为控制器设计中每一步的更新参数,解决神经网络逼近模型不确定性时更新参数较多的问题,计算量显著减小;④通过 Lyapunov 稳定性定理,证明了飞行控制系统的半全局稳定性以及所有信号一致最终收敛。

6.3.1　动态面自适应巡航飞行控制律设计

高超声速飞行器控制模型仍然采用简化模型式(3.32)和式(3.33)。在假设 3.6、假设 3.7 和假设 3.9 的基础上,根据本章相应控制需求给出如下假设。

假设 6.4　$f_i(\cdot)$ 和 $g_i(\cdot)$ 为光滑函数，且存在正常数 g_m 和 g_M 使得 $g_m \leqslant |g_i(\cdot)| \leqslant g_M$，$i = 1, 3, v$。

1. 高度控制器设计

高度控制器的设计包括 3 步，在最后一步设计出实际控制信号 $u = \delta_e$。选取 RBF 神经网络逼近高度控制器中的不确定项。在每一步设计过程中，选择神经网络权值向量范数的平方作为更新参数，代替更新权值向量中的每一个元素。定义

$$\phi_i := g_m^{-1} \left\| W_i^* \right\|^2 \tag{6.66}$$

由于 W_i^* 未知，在下述每一步控制律的设计中，将采用其范数的平方 ϕ_i 作为更新参数。令 $(\tilde{\cdot}) = (\hat{\cdot}) - (\cdot)$，$\|\cdot\|$ 表示 2-范数。

由飞行器严反馈模型式 (3.33) 可知，$g_i(i = 1, 3, v)$ 为不确定性控制增益，其方向的不确定性给控制律设计带来了影响，而且存在控制器奇异的可能性。为此，本节引入 Nussbaum 型函数处理控制增益符号未知问题，消除上述影响。相关定义和引理如下。

定义 6.1　连续函数 $N(\varsigma): \mathbf{R} \to \mathbf{R}$ 称为 Nussbaum 型函数，如果它有下列特性：

$$\lim_{s \to +\infty} \sup \frac{1}{s} \int_0^s N(\varsigma) \mathrm{d}\varsigma = +\infty, \quad \lim_{s \to +\infty} \inf \frac{1}{s} \int_0^s N(\varsigma) \mathrm{d}\varsigma = -\infty \tag{6.67}$$

引理 6.1　设 $V(\cdot)$ 和 $\varsigma(\cdot)$ 是定义在 $[0, t_f)$ 上的光滑函数，满足 $\forall t \in [0, t_f)$，$V(t) \geqslant 0$。$N(\varsigma)$ 为一光滑 Nussbaum 型函数，若下面的不等式成立：

$$0 < V(t) \leqslant c_0 + \mathrm{e}^{-c_1 t} \int_0^t (g(x(\tau)) N(\varsigma) + 1) \dot{\varsigma} \mathrm{e}^{c_1 \tau} \mathrm{d}\tau, \quad \forall t \in [0, t_f) \tag{6.68}$$

式中，c_1 为一正常数；c_0 为一适当常数；$g(x(\tau))$ 为一时变参数，在未知闭区间 $I \in [l^-, l^+]$ 且 $0 \notin I$ 内取值。那么，$V(t)$、$\varsigma(t)$ 和 $\int_0^t g(x(\tau)) N(\varsigma) \dot{\varsigma} \mathrm{d}\varsigma$ 在区间 $[0, t_f)$ 上必定有界。

引理 6.2　对于任意给定正常数 $t_f > 0$，若闭环系统的解在区间 $[0, t_f)$ 上有界，则 $t_f = \infty$。控制器设计的具体步骤如下。

步骤 1　定义动态面变量 $S_1 = x_1 - y_r$，对其求导可得

$$\dot{S}_1 = \dot{x}_1 - \dot{y}_r = f_1 + g_1 x_2 - \dot{y}_r \tag{6.69}$$

高超声速飞行器在巡航飞行过程中，航迹倾斜角 γ 数量级较小，为了加快

Nussbaum 函数变量的变化速度，则令 $z_1 = c_1 S_1 (c_1 \geqslant 1)$ 为待设计参数，则

$$
\begin{aligned}
\dot{z}_1 &= c_1 \dot{S}_1 = c_1 (\dot{x}_1 - \dot{y}_r) = c_1 f_1 + c_1 g_1 x_2 - c_1 \dot{y}_r \\
&= f_{10} + g_{10} x_2
\end{aligned}
\tag{6.70}
$$

式中，$f_{10} = c_1 (f_1 - \dot{y}_r), g_{10} = c_1 g_1$，利用神经网络逼近未知函数 f_{10}，给定一紧集 Ω_{Z_1}，对于任意 $Z_1 := (x_1, V, \dot{y}_r) \in \Omega_{Z_1} \subset \mathbf{R}^3$ 有

$$
f_{10}(\cdot) = W_1^{*\mathrm{T}} \xi(Z_1) + \delta_1(Z_1)
\tag{6.71}
$$

式中，逼近误差 $\delta_1(Z_1)$ 满足 $|\delta_1(Z_1)| \leqslant \delta_1^*, \delta_1^* > 0$。

将式 (6.71) 代入式 (6.70) 得

$$
\dot{z}_1 = g_{10} x_2 + \hat{W}_1^{\mathrm{T}} \xi(Z_1) - \tilde{W}_1^{\mathrm{T}} \xi(Z_1) + \delta_1(Z_1)
\tag{6.72}
$$

根据式 (6.71) 并结合 ϕ_i 的定义得

$$
\begin{aligned}
z_1 f_{10} &= z_1 \frac{W_1^{*\mathrm{T}}}{\|W_1^*\|} \xi(Z_1) \|W_1^*\| + z_1 \delta_1 \\
&\leqslant \frac{1}{2a_1^2} z_1^2 \phi_1 \xi_1^{\mathrm{T}}(Z_1) \xi_1(Z_1) + \frac{1}{2} a_1^2 + \frac{1}{2} z_1^2 + \frac{1}{2} \delta_1^{*2}
\end{aligned}
\tag{6.73}
$$

由式 (6.70) 和式 (6.73) 可得

$$
z_1 \dot{z}_1 \leqslant z_1 \left(g_{10} x_2 + \frac{1}{2a_1^2} z_1 \phi_1 \xi_1^{\mathrm{T}}(Z_1) \xi_1(Z_1) + z_1 \right) - \frac{1}{2} z_1^2 + \frac{1}{2} a_1^2 + \frac{1}{2} \delta_1^{*2}
\tag{6.74}
$$

引入 Nussbaum 型函数 $N(\varsigma) = \varsigma^2 \cos(\pi\varsigma)$ 处理不确定性控制增益 g_{10} 的符号未知问题，选择虚拟控制律和自适应律如下：

$$
x_{2f} = N(\varsigma_1) \left(k_1 z_1 + \frac{1}{2a_1^2} z_1 \hat{\phi}_1 \xi_1^{\mathrm{T}}(Z_1) \xi_1(Z_1) + z_1 \right)
\tag{6.75}
$$

$$
\dot{\varsigma}_1 = \left(k_1 z_1 + \frac{1}{2a_1^2} z_1 \hat{\phi}_1 \xi_1^{\mathrm{T}}(Z_1) \xi_1(Z_1) + z_1 \right) z_1
\tag{6.76}
$$

$$
\dot{\hat{\phi}}_1 = \gamma_1 \left(\frac{1}{2a_1^2} z_1^2 \xi_1^{\mathrm{T}}(Z_1) \xi_1(Z_1) - \sigma_1 \hat{\phi}_1 \right)
\tag{6.77}
$$

将 x_{2f} 通过低通滤波器，得到 x_{2f} 的估计值 α_2：

$$\tau_2\dot{\alpha}_2 + \alpha_2 = x_{2f}, \quad \alpha_2(0) = x_{2f}(0) \tag{6.78}$$

在上述设计步骤中，k_1、a_1、γ_1 和 σ_1 是正的设计参数，ς_1 是 Nussbaum 函数变量，a_2 是 x_{2f} 经过滤波器的输出信号，时间常数为 $\tau_2 > 0$。下述步骤中相同的参数类似定义。

步骤 2　定义动态面变量 $z_2 = x_2 - \alpha_2$，对其求导可得

$$\dot{z}_2 = \dot{x}_2 - \dot{\alpha}_2 = f_2 + g_2 x_3 - \dot{\alpha}_2 = f_{20} + g_2 x_3 \tag{6.79}$$

式中，$f_{20} = f_2 - \dot{\alpha}_2$。因为 $g_2 = 1$ 不含不确定项，故无须使用 Nussbaum 函数。类似第 1 步，利用神经网络逼近未知函数 f_{20}，结合 ϕ_i 的定义得

$$\begin{aligned}
z_2 f_{20} &= z_2 \frac{W_2^{*\mathrm{T}}}{\left\|W_2^*\right\|} \xi_2(Z_2) \left\|W_2^*\right\| + z_2 \delta_2 \\
&\leqslant \frac{1}{2a_2^2} z_2^2 \phi_2 \xi_2^{\mathrm{T}}(Z_2) \xi_2(Z_2) + \frac{1}{2} a_2^2 + \frac{1}{2} z_2^2 + \frac{1}{2} \delta_2^{*2}
\end{aligned} \tag{6.80}$$

由式 (6.79) 和式 (6.80) 可得

$$z_2 \dot{z}_2 \leqslant z_2 \left(g_2 x_3 + \frac{1}{2a_2^2} z_2 \phi_2 \xi_2^{\mathrm{T}}(Z_2) \xi_2(Z_2) + z_2 \right) - \frac{1}{2} z_2^2 + \frac{1}{2} a_2^2 + \frac{1}{2} \delta_2^{*2} \tag{6.81}$$

选择虚拟控制律和自适应律如下：

$$x_{3f} = -\left(k_2 z_2 + \frac{1}{2a_2^2} z_2 \hat{\phi}_2 \xi_2^{\mathrm{T}}(Z_2) \xi_2(Z_2) + z_2 \right) \tag{6.82}$$

$$\dot{\hat{\phi}}_2 = \gamma_2 \left(\frac{1}{2a_2^2} z_2^2 \xi_2^{\mathrm{T}}(Z_2) \xi_2(Z_2) - \sigma_2 \hat{\phi}_2 \right) \tag{6.83}$$

将 x_{3f} 通过低通滤波器，得到 x_{3f} 的估计值 α_3：

$$\tau_3 \dot{\alpha}_3 + \alpha_3 = x_{3f}, \quad \alpha_3(0) = x_{3f}(0) \tag{6.84}$$

步骤 3　定义动态面变量 $z_3 = x_3 - \alpha_3$，对其求导可得

$$\dot{z}_3 = \dot{x}_3 - \dot{\alpha}_3 = f_3 + g_3 u - \dot{\alpha}_3 = f_{30} + g_3 u \tag{6.85}$$

式中，$f_{30} = f_3 - \dot{\alpha}_3$。类似步骤 1 可得

$$z_3\dot{z}_3 \leqslant z_3\left(g_3 u + \frac{1}{2a_3^2}z_3\phi_3\xi_3^{\mathrm{T}}(Z_3)\xi_3(Z_3) + z_3\right) - \frac{1}{2}z_3^2 + \frac{1}{2}a_3^2 + \frac{1}{2}\delta_3^{*2} \tag{6.86}$$

选择最终控制律和自适应律如下：

$$u = N(\varsigma_3)\left(k_3 z_3 + \frac{1}{2a_3^2}z_3\hat{\phi}_3\xi_3^{\mathrm{T}}(Z_3)\xi_3(Z_3) + z_3\right) \tag{6.87}$$

$$\dot{\varsigma}_3 = \left(k_3 z_3 + \frac{1}{2a_3^2}z_3\hat{\phi}_3\xi_3^{\mathrm{T}}(Z_3)\xi_3(Z_3) + z_3\right)z_3 \tag{6.88}$$

$$\dot{\hat{\phi}}_3 = \gamma_3\left(\frac{1}{2a_3^2}z_3^2\xi_3^{\mathrm{T}}(Z_3)\xi_3(Z_3) - \sigma_3\hat{\phi}_3\right) \tag{6.89}$$

2. 速度控制器设计

定义动态面误差 $S_v = v - v_d$，v_d 为给定速度，S_v 的导数为

$$\dot{S}_v = \dot{v} - \dot{v}_d = f_{v0}(x_1, x_2, x_3, v, \dot{v}_d) + g_v(x_1, x_2, v)\beta \tag{6.90}$$

式中，$f_{v0}(x_1, x_2, x_3, v, \dot{v}_d) = f_v(x_1, x_2, x_3, v) - \dot{v}_d$，由于速度 v 值的量级较大，为了防止 Nussbaum 函数参数变化太快造成不稳定，定义 $z_v = c_v S_v (0 < c_v \leqslant 1)$ 为待设计参数，则

$$\dot{z}_v = c_v f_{v0}(x_1, x_2, x_3, v, \dot{v}_d) + c_v g_v(x_1, x_2, v)\beta \tag{6.91}$$

对 $Z_v := (x_1, x_2, x_3, v, \dot{v}_d) \in \Omega_{Z_v} \subset \mathbf{R}^5$，选择控制信号和自适应调节参数如下：

$$\beta = N(\varsigma_v)\left(k_v z_v + \frac{1}{2a_v^2}z_v\hat{\phi}_v\xi_v^{\mathrm{T}}(Z_v) + z_v\right) \tag{6.92}$$

$$\dot{\varsigma}_v = \left(k_v z_v + \frac{1}{2a_v^2}z_v\hat{\phi}_v\xi_v^{\mathrm{T}}(Z_v)\xi_v(Z_v) + z_v\right)z_v \tag{6.93}$$

$$\dot{\hat{\phi}}_v = \gamma_v\left(\frac{1}{2a_v^2}z_v^2\xi_v^{\mathrm{T}}(Z_v)\xi_v(Z_v) - \sigma_v\hat{\phi}_v\right) \tag{6.94}$$

6.3.2　纵向控制系统稳定性分析

下面分别证明高度控制子系统和速度控制子系统的稳定性。高度控制子系统的稳定性证明如下。

定义一阶低通滤波器滤波误差：

$$y_{i+1} = \alpha_{i+1} - x_{(i+1)f}, \quad i = 1,2 \tag{6.95}$$

所以

$$x_{i+1} - x_{(i+1)f} = z_{i+1} + y_{i+1} \tag{6.96}$$

$$\dot{\alpha}_{i+1} = -\frac{y_{i+1}}{\tau_{i+1}} \tag{6.97}$$

结合前述相关式子，可得

$$
\begin{aligned}
\dot{y}_{i+1} &= \dot{\alpha}_{i+1} - \dot{x}_{(i+1)f} \\
&= -\frac{y_{i+1}}{\tau_{i+1}} - \frac{\partial N(\varsigma_i)}{\partial \varsigma_i} \dot{\varsigma}_i \left(k_i z_i + \frac{1}{2a_i^2} z_i \hat{\phi}_i \xi_i^{\mathrm{T}}(Z_i) \xi_i(Z_i) + z_i \right) \\
&\quad - N(\varsigma_i) \left(k_i \dot{z}_i + \frac{1}{2a_i^2} \dot{z}_i \hat{\phi}_i \xi_i^{\mathrm{T}}(Z_i) \xi_i(Z_i) \right. \\
&\quad \left. + \frac{1}{2a_i^2} z_i \dot{\hat{\phi}}_i \xi_i^{\mathrm{T}}(Z_i) \xi_i(Z_i) + \frac{1}{a_i^2} z_i \hat{\phi}_i \xi_i^{\mathrm{T}}(Z_i) \dot{\xi}_i(Z_i) + \frac{1}{2} \dot{z}_i \right)
\end{aligned}
\tag{6.98}
$$

由式 (6.98) 可得

$$\left| \dot{y}_{i+1} + \frac{y_{i+1}}{\tau_{i+1}} \right| \leqslant \zeta_{i+1} \left(z_1, z_2, z_3, y_2, y_3, \hat{\phi}, y_r, \dot{y}_r, \ddot{y}_r \right) \tag{6.99}$$

利用杨氏不等式将式 (6.98) 整理后得

$$y_{i+1} \dot{y}_{i+1} \leqslant -\frac{y_{i+1}^2}{\tau_{i+1}} + |y_{i+1}| \zeta_{i+1}(\cdot) \leqslant -\frac{y_{i+1}^2}{\tau_{i+1}} + \frac{y_{i+1}^2}{2} + \frac{\zeta_{i+1}^2(\cdot)}{2} \tag{6.100}$$

式中，$\zeta_{i+1}(\cdot)$ 为与 z_1、z_2、z_3、y_2、y_3、$\hat{\phi}$、y_r、$\dot{y}_r$、$\ddot{y}_r$ 相关的连续函数。

由式 (6.74)～式 (6.76) 和式 (6.95) 可得

$$
\begin{aligned}
z_1 \dot{z}_1 &\leqslant z_1 g_{10}(z_2 + y_2) + \left(g_{10} N(\varsigma_1) + 1 \right) \dot{\varsigma}_1 - k_1 z_1^2 - \frac{1}{2} z_1^2 \\
&\quad - \frac{1}{2a_1^2} z_1^2 \tilde{\phi}_1 \xi_1^{\mathrm{T}}(Z_1) \xi_1(Z_1) + \frac{1}{2} a_1^2 + \frac{1}{2} \delta_1^{*2}
\end{aligned}
\tag{6.101}
$$

根据杨氏不等式，可得下列不等式：

$$z_1 g_{10} z_2 \leqslant \frac{1}{4} z_1^2 + c_1^2 g_{1M}^2 z_2^2, \quad z_1 g_{10} z_2 \leqslant \frac{1}{4} z_1^2 + c_1^2 g_{1M}^2 y_2^2 \tag{6.102}$$

将式(6.102)代入式(6.101)，类似可得

$$\begin{aligned}
z_1 \dot{z}_1 \leqslant & \left(g_{10} N(\varsigma_1) + 1\right) \dot{\varsigma}_1 + c_1^2 g_{1M}^2 z_2^2 + c_1^2 g_{1M}^2 y_2^2 - k_1 z_1^2 \\
& - \frac{1}{2a_1^2} z_1^2 \tilde{\phi}_1 \xi_1^{\mathrm{T}}(Z_1) \xi_1(Z_1) + \frac{1}{2} a_1^2 + \frac{1}{2} \delta_1^{*2}
\end{aligned} \tag{6.103}$$

$$\begin{aligned}
z_2 \dot{z}_2 \leqslant & z_3^2 + y_3^2 - k_2 z_2^2 - \frac{1}{2a_2^2} z_2^2 \tilde{\phi}_2 \xi_2^{\mathrm{T}}(Z_2) \xi_2(Z_2) \\
& + \frac{1}{2} a_2^2 + \frac{1}{2} \delta_2^{*2}
\end{aligned} \tag{6.104}$$

$$\begin{aligned}
z_3 \dot{z}_3 \leqslant & \left(g_3 N(\varsigma_3) + 1\right) \dot{\varsigma}_1 - (k_3 + 1) z_3^2 \\
& - \frac{1}{2a_3^2} z_3^2 \tilde{\phi}_3 \xi_3^{\mathrm{T}}(Z_3) \xi_3(Z_3) + \frac{1}{2} a_3^2 + \frac{1}{2} \delta_3^{*2}
\end{aligned} \tag{6.105}$$

定理 6.2　对于高超声速飞行器纵向模型式(3.33)，在满足假设 3.6、假设 3.7、假设 3.9 和假设 6.4 的情况下，采用本章设计的控制律式(6.75)、式(6.82)、式(6.87) 和自适应律式(6.77)、式(6.83)、式(6.89)构成的高度闭环系统，那么对于任意给定正常数 p，若对于初始条件满足 $\Pi_i = \left\{ \sum_{j=1}^{i} S_j^2 + \sum_{j=1}^{i} \tilde{\phi}_j^2 + \sum_{j=1}^{i} y_{j+1}^2 \leqslant 2p \right\}$，$V(0) \leqslant p$，则存在参数 k_i、a_i、σ_i、$\gamma_i(1 \leqslant i \leqslant 3)$ 和 $\tau_{i+1}(1 \leqslant i \leqslant 2)$，使高度控制子系统的所有信号半全局一致最终有界，且通过适当选择设计参数及任意给定初始紧集，可使子系统的所有状态信号和自适应参数最终收敛到某一有界紧集内。

证明　整个证明过程包括 3 步。

步骤 1　定义 Lyapunov 函数：

$$V_1 = \frac{1}{2} z_1^2 + \frac{1}{2\gamma_1} \tilde{\phi}_1^2 + \frac{1}{2} y_2^2 \tag{6.106}$$

对 V_1 求导得

$$\begin{aligned}
\dot{V}_1 = & z_1 \dot{z}_1 + \frac{1}{\gamma_1} \tilde{\phi}_1 \dot{\hat{\phi}}_1 + y_2 \dot{y}_2 \\
\leqslant & \left(g_{10} N(\varsigma_1) + 1\right) \dot{\varsigma}_1 - k_1 z_1^2 - \sigma_1 \tilde{\phi}_1 \hat{\phi}_1 + c_1^2 g_{1M}^2 z_2^2 + c_1^2 g_{1M}^2 y_2^2 \\
& + y_2 \dot{y}_2 + \frac{1}{2} a_1^2 + \frac{1}{2} \delta_1^{*2}
\end{aligned} \tag{6.107}$$

由假设 3.9 和定理 6.2 可知, 对于任意 $B_0 > 0$ 和 $p > 0$, 集合 Ω_r 和 Ω_{Z_1} 是 $\mathbf{R}^3$ 内的紧集, 可得 $\Omega_r \times \Omega_{Z_1}$ 是 $\mathbf{R}^6$ 内的紧集。因此, 式(6.100)中的函数 $\varsigma_2(\cdot)$ 在紧集 $\Omega_r \times \Omega_{Z_1}$ 内存在最大值, 即 M_2。故而由式(6.100)可得

$$\dot{y}_2 y_2 \leqslant -\frac{y_2^2}{\tau_2} + \frac{y_2^2}{2} + \frac{M_2^2}{2} \tag{6.108}$$

根据杨氏不等式, 且由 $-2\tilde{\phi}_1\hat{\phi}_1 \leqslant \phi_1^2 - \tilde{\phi}_1^2$ 可得

$$\begin{aligned}
\dot{V}_1 &\leqslant \left(g_{10}N(\varsigma_1)+1\right)\dot{\varsigma}_1 - k_1 z_1^2 - \frac{\sigma_1\tilde{\phi}_1^2}{2} + c_1^2 g_{1M}^2 z_2^2 + c_1^2 g_{1M}^2 y_2^2 \\
&\quad + \frac{M_2^2}{2} + \frac{\sigma_1\phi_1^2}{2} + \left(c_1^2 g_{1M}^2 - \frac{1}{\tau_2} + \frac{1}{2}\right)y_2^2 + \frac{1}{2}a_1^2 + \frac{1}{2}\delta_1^{*2} \\
&\leqslant -\lambda_1 V_1 + p_1 + \left(g_{10}N(\varsigma_1)+1\right)\dot{\varsigma}_1 + c_1^2 g_{1M}^2 z_2^2
\end{aligned} \tag{6.109}$$

式中, λ_1 和 p_1 满足 $k_1 \geqslant 0.5\lambda_1, \tau_2^{-1} \geqslant 0.5 + c_1^2 g_{1M}^2 + 0.5\lambda_1, \lambda_1 = \gamma_1\sigma_1$ 和 $p_1 = \frac{M_2^2}{2} + \frac{\sigma_1\phi_1^2}{2} + \frac{1}{2}a_1^2 + \frac{1}{2}\delta_1^{*2}$。

式(6.109)两端乘以 $\mathrm{e}^{\lambda_1 t}$ 得

$$\frac{\mathrm{d}}{\mathrm{d}}\left(\mathrm{e}^{\lambda_1 t}V_1\right) \leqslant p_1 \mathrm{e}^{\lambda_1 t} + \left(g_{10}N(\varsigma_1)+1\right)\dot{\varsigma}_1 \mathrm{e}^{\lambda_1 t} + c_1^2 g_{1M}^2 z_2^2 \mathrm{e}^{\lambda_1 t} \tag{6.110}$$

式(6.110)在 $[0,t]$ 内积分, 得

$$\begin{aligned}
0 \leqslant V_1(t) &\leqslant \frac{p_1}{\lambda_1} + V_1(0) + \mathrm{e}^{-\lambda_1 t}\int_0^t \left(g_{10}N(\varsigma_1)+1\right)\dot{\varsigma}_1 \mathrm{e}^{\lambda_1 t}\mathrm{d}\tau \\
&\quad + \mathrm{e}^{-\lambda_1 t}\int_0^t c_1^2 g_{1M}^2 z_2^2 \mathrm{e}^{\lambda_1 t}\mathrm{d}\tau
\end{aligned} \tag{6.111}$$

式中,

$$\begin{aligned}
\mathrm{e}^{-\lambda_1 t}\int_0^t c_1^2 g_{1M}^2 z_2^2 \mathrm{e}^{\lambda_1 t}\mathrm{d}\tau &\leqslant c_1^2 g_{1M}^2 \sup_{\tau \in [0,t]} z_2^2(\tau) \mathrm{e}^{-\lambda_1 t}\int_0^t \mathrm{e}^{\lambda_1 t}\mathrm{d}\tau \\
&\leqslant \frac{1}{\lambda_1}c_1^2 g_{1M}^2 \sup_{\tau \in [0,t]} z_2^2(\tau)
\end{aligned} \tag{6.112}$$

若在下一步中 z_2 能得到镇定, 且在有限时间区间 $[0,t_f)$ 内有界, 则可得到

$e^{-\lambda_1 t}\int_0^t c_1^2 g_{1M}^2 z_2^2 e^{\lambda_1 t}\mathrm{d}\tau$ 项有界。进而，式(6.111)转换为

$$0 \leqslant V_1(t) \leqslant b_1 + e^{-\lambda_1 t}\int_0^t \left(g_{10}N(\varsigma_1)+1\right)\dot{\varsigma}_1 e^{\lambda_1 t}\mathrm{d}\tau \tag{6.113}$$

式中，$b_1 = p_1\lambda_1^{-1} + V_1(0) + \lambda_1^{-1}c_1^2 g_{1M}^2 \sup\limits_{\tau\in[0,t]} z_2^2(\tau)$。

根据引理 6.1，可以得到 V_1、ς_1、$\hat{\phi}_1$ 和 $\int_0^t \left(g_{10}N(\varsigma_1)+1\right)\dot{\varsigma}_1 e^{\lambda_1 t}\mathrm{d}\tau$ 均在时间区间 $[0,t_f)$ 内有界，再由引理 6.2 可知，$t_f=\infty$。因此，S_1、$\hat{\phi}_1$、y_2 半全局一致终结有界。

步骤 2 定义 Lyapunov 函数：

$$V_2 = \frac{1}{2}z_2^2 + \frac{1}{2\gamma_2}\tilde{\phi}_2^2 + \frac{1}{2}y_3^2 \tag{6.114}$$

对 V_2 求导可得

$$\dot{V}_2 = z_2\dot{z}_2 + \frac{1}{\gamma_2}\tilde{\phi}_2\dot{\hat{\phi}}_2 + y_3\dot{y}_3 \tag{6.115}$$

由式(6.82)、式(6.83)、式(6.95)和式(6.104)，可得

$$\dot{V}_2 \leqslant z_3^2 + y_3^2 - k_2 z_2^2 + \frac{1}{2}a_2^2 + \frac{1}{2}\delta_2^{*2} - \sigma_2\tilde{\phi}_2\hat{\phi}_2 + y_3\dot{y}_3 \tag{6.116}$$

类似于式(6.108)，可以得到

$$\dot{y}_3 y_3 \leqslant -\frac{y_3^2}{\tau_3} + \frac{y_3^2}{2} + \frac{M_3^2}{2} \tag{6.117}$$

基于 $-2\tilde{\phi}_1\hat{\phi}_1 \leqslant \phi_1^2 - \tilde{\phi}_1^2$，可得

$$\dot{V}_1 \leqslant z_3^2 - k_2 z_2^2 - \frac{\sigma_2\tilde{\phi}_2^2}{2} + \left(\frac{3}{2}-\frac{1}{\tau_3}\right)y_3^2 + \frac{1}{2}a_2^2 + \frac{1}{2}\delta_2^{*2} + \frac{\sigma_2\phi_2^2}{2} + \frac{M_3^2}{2} \tag{6.118}$$

$$\leqslant -\lambda_2 V_2 + p_2 + z_3^2$$

式中，λ_2 和 p_2 满足 $k_2 \geqslant 0.5\lambda_2, \tau_3^{-1} \geqslant 1.5+0.5\lambda_1, \lambda_2 = \gamma_2\sigma_2$ 和 $p_2 = \frac{1}{2}a_2^2 + \frac{1}{2}\delta_2^{*2} + \frac{\sigma_2\phi_2^2}{2} + \frac{M_3^2}{2}$。

若在下一步中 z_3 能得到镇定，且在有限时间区间 $\left[0,t_f\right)$ 内有界，即 $c_0 = p_2 + z_3^2$ 有界，可得

$$0 \leqslant V_2(t) \leqslant \frac{c_0}{\lambda_2} + \left(V_2(0) - \frac{c_0}{\lambda_2}\right)\mathrm{e}^{-\lambda_2 t} \tag{6.119}$$

因此，$\lim\limits_{t\to\infty} V_2(t) = c_0\lambda_2^{-1}$，$z_2$、$\hat{\phi}_2$、$y_3$ 半全局一致终结有界。

步骤 3 定义 Lyapunov 函数：

$$V_3 = \frac{1}{2}z_3^2 + \frac{1}{2\gamma_3}\tilde{\phi}_3^2 \tag{6.120}$$

对 V_3 求导，并将式 (6.89)、式 (6.105) 代入可得

$$\dot{V}_3 = z_3\dot{z}_3 + \frac{1}{\gamma_3}\tilde{\phi}_3\dot{\hat{\phi}}_3 \leqslant -\lambda_3 V_3 + p_3 + \left(g_3 N(\varsigma_3) + 1\right)\dot{\varsigma}_n \tag{6.121}$$

式中，λ_3 和 p_3 满足 $k_3 \geqslant 0.5\lambda_3 - 1, \lambda_3 = \gamma_3\sigma_3$ 和 $p_3 = \dfrac{\sigma_3\phi_3^2}{2} + \dfrac{1}{2}a_3^2 + \dfrac{1}{2}\delta_3^{*2}$。

类似于式 (6.113)，可得

$$V_3 \leqslant c_3 + \mathrm{e}^{-\lambda_3 t}\int_0^t \left(g_3(\cdot)N(\varsigma_3) + 1\right)\dot{\varsigma}_3 \mathrm{e}^{\lambda_3\tau}\mathrm{d}\tau \tag{6.122}$$

式中，$c_3 = p_3\lambda_3^{-1} + V_3(0)$。因此，$z_3$ 和 $\hat{\phi}_3$ 半全局一致终结有界。

故而存在参数 k_i、a_i、σ_i、γ_i、τ_{i+1}，使得闭环系统的所有信号半全局一致终结有界。

根据 $V_1(t)$ 定义和式 (6.111)，容易得到

$$\lim\limits_{t\to\infty}|S_1| \leqslant c_1^{-1}\sqrt{2\left(p_1\lambda_1^{-1} + \omega_1\right)} \tag{6.123}$$

式中，$\omega_1 = \sum\limits_{i=1}^{n}\sup\limits_{\tau\in[0,t]}\left(\int_0^t \left(g_{10}N(\varsigma_1) + 1\right)\dot{\varsigma}_1\mathrm{e}^{-\lambda_1(t-\tau)}\mathrm{d}\tau + \int_0^t c_{12}g_{1M}^2 z_2^2\mathrm{e}^{-\lambda_1(t-\tau)}\mathrm{d}\tau\right)$。

对于任意 $b \geqslant c_1^{-1}\sqrt{2\left(p_1\lambda_1^{-1} + \omega_1\right)}$，存在 $T(\gamma_1) \geqslant 0$ 使得跟踪误差 S_1 满足

$$|S_1| = |x_1 - y_r| \leqslant b, \quad \forall t \geqslant T(\gamma_1) \tag{6.124}$$

　　综上所述，通过调整设计参数 k_i、a_i、σ_i、$\gamma_i(1 \leqslant i \leqslant 3)$ 和 $\tau_{i+1}(1 \leqslant i \leqslant 2)$ 的值可以调节 μ，即调节跟踪误差 S_1 的收敛速度和收敛域大小。故通过调整控制器参数可以使得跟踪误差充分小。

　　速度控制子系统稳定性证明过程类似于高度控制子系统。

6.3.3　巡航飞行控制仿真验证

　　针对高超声速飞行器的纵向通道进行数值仿真验证。选取初始平衡点为 H_0=33528m，v_0=4590.3m/s，γ_0=0rad，α_0=0.0315rad，q_0=0rad/s。控制目标为要求飞行器能够跟踪给定的高度和速度指令，高度和速度指令信号分别由阶跃信号通过三阶和四阶滤波器后给出。其中，速度阶跃信号为 30.5m/s，高度阶跃信号为 610m[11]。

　　控制器参数选择为：$\tau_2 = 0.05$，$\tau_3 = 0.1$，$k_p = 0.6$，$k_1 = 20$，$k_2 = 12$，$k_3 = 10$，$k_v = 0.01$，$c_1 = 10$，$c_v = 0.05$。神经网络节点数为 $l_1 = 9$，$l_2 = 9$，$l_v = 5$，中心值 μ_i 在区间 $[-2,2]$ 均匀取值，宽度 $\eta_i = 2$；$\sigma_1 = 0.2$，$\sigma_2 = \sigma_3 = \sigma_v = 0.1$，$\gamma_1 = \gamma_2 = \gamma_3 = 0.1$，$\gamma_v = 5 \times 10^{-4}$，$a_1 = a_2 = a_3 = a_v = 1$；升降舵偏转角范围为 $[-20°,20°]$。仿真结果如图 6.7～图 6.9 所示。

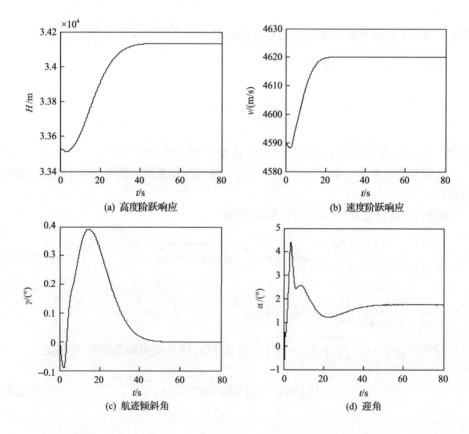

(a) 高度阶跃响应　　　　　　　　　　　(b) 速度阶跃响应

(c) 航迹倾斜角　　　　　　　　　　　(d) 迎角

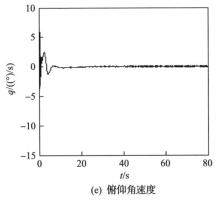

(e) 俯仰角速度

图 6.7　飞行器参数变化过程

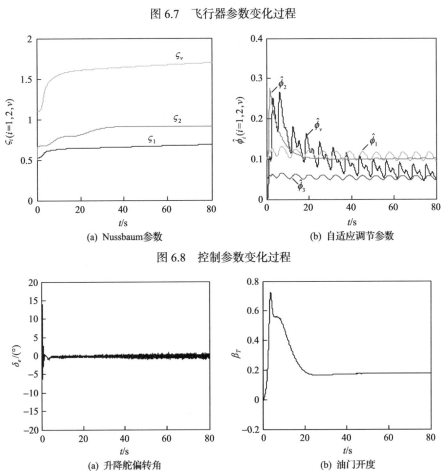

(a) Nussbaum参数

(b) 自适应调节参数

图 6.8　控制参数变化过程

(a) 升降舵偏转角

(b) 油门开度

图 6.9　飞行器控制输入

由图 6.7 和图 6.8 可知, 尽管存在未知控制方向, 但是控制器可以很好地实现高度和速度的准确跟踪, 而且避免了可能出现的控制器奇异性问题; 航迹倾斜角、迎角和俯仰角速度连续并收敛；自适应调节参数和 Nussbaum 函数参数变量也可以趋于稳定，说明系统误差及状态信号有界。图 6.9 表明，控制输入指令平滑有界且在合理范围内变化。因此，根据本节方法设计的高超声速飞行器纵向巡航飞行控制系统具有良好的跟踪性能和稳定性。

6.4　本章小结

本章首先针对一类虚拟控制增益符号未知的纯反馈非线性系统，引入 Nussbaum 增益函数提出了控制增益符号未知时的动态面自适应控制方法。该方法不仅避免了反馈线性化方法中可能出现的控制器奇异性问题，而且通过有效减少神经网络输入变量的维数，减少了神经网络节点数量，降低了计算复杂性。然后针对高超声速飞行器纵向模型控制增益符号未知的问题，提出了一种基于 Nussbaum 增益技术的动态面自适应巡航飞行控制方法。通过引入 Nussbaum 增益函数，解决了飞行器模型中虚拟控制增益符号未知的问题，避免了可能出现的控制器奇异性问题；利用神经网络直接逼近飞行控制器的中间控制信号，将所有神经网络权值范数的平方作为控制器设计中每一步的更新参数，解决了神经网络逼近模型不确定性时更新参数较多的问题，控制算法计算量小、跟踪性能优越。

参 考 文 献

[1] Zhang T, Ge S S, Hang C C. Adaptive neural network control for strict-feedback nonlinear systems using backstepping design[J]. Automatica, 2000, 36(12): 1835-1846.

[2] Ferrara A, Giacomini L. Control of a class of mechanical systems with uncertainties via a constructive adaptive/second order VSC approach[J]. Journal of Dynamic Systems, Measurement and Control, 2000, 122(1): 33-39.

[3] Wang D, Peng Z H, Li T S, et al. Adaptive dynamic surface control for a class of uncertain nonlinear systems in pure-feedback form[C]. Proceedings of the 48th IEEE Conference on Decision and Control held jointly with the 28th Chinese Control Conference, Shanghai, 2009: 1956-1961.

[4] Ge S S, Wang C. Adaptive NN control of uncertain nonlinear pure-feedback systems[J]. Automatica, 2002, 38(4): 671-682.

[5] Wang D, Huang J. Adaptive neural network control for a class of uncertain nonlinear systems in pure-feedback form[J]. Automatica, 2002, 38(8): 1365-1372.

[6] Wang C, Hill D J, Ge S S, et al. An ISS-modular approach for adaptive neural control of pure-feedback systems[J]. Automatica, 2006, 42(5): 723-731.

[7] Du H B, Shao H H, Yao P J. Adaptive neural network control for a class of low-triangular-

structured nonlinear systems[J]. IEEE Transactions on Neural Networks, 2006, 17(2): 509-514.

[8] Ren B B, Ge S S, Su C Y, et al. Adaptive neural control for a class of uncertain nonlinear systems in pure-feedback form with hysteresis input[J]. IEEE Transactions on Systems, Man, and Cybernetics, Part B(Cybernetics), 2009, 39(2): 431-443.

[9] Wang M, Wang C, Zhang S. Direct adaptive neural control of completely non-affine pure-feedback nonlinear systems with small-gain approach[J]. Proceedings of the Chinese Control and Decision Conference, Guilin, 2009: 395-400.

[10] Zhang T P, Ge S S. Adaptive dynamic surface control of nonlinear systems with unknown dead zone in pure feedback form[J]. Automatica, 2008, 44(7): 1895-1903.

[11] 胡超芳, 刘艳雯. 基于动态面的高超声速飞行器模糊自适应非线性控制[J]. 控制与决策, 2013, 28(12): 1849-1854.

[12] Ge S S, Hong F, Lee T H. Adaptive neural control of nonlinear time-delay systems with unknown virtual control coefficients[J]. IEEE Transactions on Systems, Man, and Cybernetics, Part B(Cybernetics), 2004, 34(1): 499-516.

[13] Park J Y, Park G T. Robust adaptive fuzzy controller for non-affine nonlinear systems with dynamic rule activation[J]. International Journal of Robust and Nonlinear Control, 2003, 13(2): 117-139.

[14] Ge S S, Hang C C, Lee T H, et al. Stable Adaptive Neural Network Control[M]. Boston: Kluwer Academic, 2002.

[15] Boskovic J D, Chen L J, Mehra R K. Adaptive tracking control of a class of non-affine plants using dynamic feedback[C]. Proceedings of the American Control Conference, Arlington, 2001: 2450-2455.

[16] 刘树光, 孙秀霞, 解武杰, 等. 一类纯反馈非线性系统的自适应动态面控制[J]. 信息与控制, 2012, 41(3): 301-306.

[17] 刘树光. 吸气式高超声速飞行器动态面自适应巡航飞行控制研究[D]. 西安: 空军工程大学, 2017.

第7章 预设性能动态面自适应飞行控制

7.1 引　言

第4~6章针对几类非线性系统，分别提出了相应的动态面自适应控制方法。通过对闭环系统稳定性和跟踪性能的分析，证明了闭环系统的所有信号半全局一致终结有界。但同时指出，所设计控制律仅能保证稳态误差收敛到与设计参数和某些未知有界项有关的残集内，很难保证设计参数能够满足某一动态或稳态性能指标要求。

针对此问题，目前大多数的研究成果仅能确保一些渐近性能[1-4]，研究按照某一给定动态或稳态性能指标要求进行控制律设计的文献相对较少[5-10]。文献[6]设计了一类不确定非线性MIMO系统的鲁棒自适应控制器，其跟踪误差残集的大小仅依赖于设计参数，通过选择设计参数可以设计稳态跟踪误差的期望上界值。文献[7]针对高频增益未知时的扰动非线性输出反馈系统设计了反推自适应控制律，通过引入附加修正项保证了系统的L_∞跟踪性能，代价是存在过参数化(over-parameterization)问题。文献[8]设计了一类带未知类间隙(backlash-like)磁滞的不确定非线性系统反推自适应控制器，所设计的控制器保证了系统的全局稳定性，并给出了与设计参数和初始条件呈函数关系的跟踪误差L_2性能的确切界。上述文献设计的控制器仅能满足某一指定跟踪误差性能的上界值，要满足某一指定动态性能指标(即超调量和收敛速度)仍然是困难的。针对SISO定常线性被控对象，文献[9]设计了一种新的模型参考自适应控制器，新控制器不是使跟踪误差收敛到零，而是在满足任意小给定过渡过程时间和最大超调量的情况下，确保跟踪误差收敛到不大于一个任意小的指定常数。在此基础上，文献[5]针对相对阶为1的定常线性被控对象，提出了一种控制增益可切换的变结构模型参考自适应控制方法，可使系统跟踪误差满足预先给定的过渡过程性能指标(超调量、过渡过程时间和稳态误差)。这一方法还被推广到对象含高频增益符号未知、多变量系统等情形[11,12]。注意到文献[5]、[9]、[11]、[12]仅研究了定常线性被控对象的控制器设计问题，未涉及非线性系统。为此，文献[10]针对不确定SISO严反馈非线性系统，设计了满足预设稳态误差、最大超调量和收敛速度的反推自适应神经网络控制方法。但是，该方法存在反推控制固有的"微分爆炸"和神经网络更新参数过多的问题，且仅考虑了n阶SISO严反馈非线性系统的控制问题，对于纯反馈非线性系统以及具有各个子系统状态和输入相互耦合的MIMO非线性系统的控制问题有待研究。

另外,高超声速飞行器受到的气动力是控制舵偏角、攻角、速度与高度的非线性函数,呈现出一种非仿射关系。尤其在大攻角高超声速飞行器时,这种非仿射特性表现得愈发显著以至于不能将其忽略或仿射化[10]。同时,高超声速飞行器在实际飞行中,对控制系统的动态性能要求很高[13],往往还需要考虑不确定扰动下跟踪误差的瞬态性能(如超调量、跟踪误差等),仅依靠反推控制方法未必能满足高超声速飞行器的性能需求。考虑到预设性能控制方法具有能够同时兼顾系统瞬态和稳态性能的独特优势,在高超声速飞行器控制研究中得到了广泛应用。文献[14]首次将预设性能方法应用到高超声速飞行器的控制器设计中,使得控制系统的瞬态和稳态性能得到较好的提升。考虑到传统性能函数需要已知跟踪误差的初始值,不利于实际应用,文献[14]～[18]分别设计一种新的性能函数,在保证预设性能方法良好控制效果的同时,无须获取跟踪误差初始值。注意到传统预设性能方法需要误差变换,文献[19]将障碍 Lyapunov 函数引入到预设性能控制器设计中。该方法无需误差变换,可以降低控制器的复杂度。文献[20]将非仿射模型初步仿射化并设计反推模糊控制律,仿真结果表明对控制任务完成较好但稳定时间较长。文献[21]设计了一种新型的自适应模糊控制方法,并引入预设性能函数对跟踪误差的瞬态性能和稳态精度加以限定,降低了计算量的同时保证了较好的控制效果。

鉴于以上分析,本章首先针对 SISO 严反馈非线性系统,考虑不确定和输出误差约束影响,提出预设性能动态面自适应控制策略。然后针对一类不确定严反馈非线性 MIMO 系统,提出具有预设性能的自适应动态面控制方法。最后设计一种新型非仿射预设性能控制策略,通过设计新型性能函数对跟踪误差进行约束,提出基于非仿射模型的高超声速飞行器预设性能动态面自适应飞行控制方法,使得误差收敛过程满足期望的动态性能与稳态性能。

7.2　单输入单输出系统的预设性能动态面自适应控制

预设性能动态面自适应控制通过在控制器设计过程中应用一性能函数及进行误差转换,将原有受预设性能约束的系统转换为不受约束的等价系统,以等价系统为研究对象,设计动态面自适应控制律。该方法可以按照事先预设的稳态误差、最大超调量和收敛速度设计控制器,与现有的动态面控制和反推控制方法相比,更加实用。

本节首先研究 SISO 系统的预设性能动态面控制,考虑在不确定和输出误差约束影响下的非线性系统控制问题,提出预设性能动态面自适应控制策略。

7.2.1　预设性能控制

预设性能是指将跟踪误差限定在一个预先设定的可调区域内,以保证跟踪误差收敛过程的动态性能与稳态性能满足预先设定的要求[22,23]。预设性能控制(prescribed performance control，PPC)理论[24]最早由希腊学者 Bechlioulis 提出，它突破了传统控制理论无法约束控制系统动态性能的限制，实现了对控制系统动态性能的约束与调节，在保证理想控制精度的同时，兼顾了超调量与调节时间等动态性能，可以保证控制系统具有较好的过渡品质。

1. 性能函数

定义 7.1[24]　若光滑连续函数 $\rho(t): \mathbf{R}^+ \to \mathbf{R}^+$ 递减，且满足 $\lim\limits_{t \to +\infty} \rho(t) = \rho_\infty > 0$，则函数 $\rho(t)$ 称为性能函数。

满足定义 7.1 的一个性能函数可以为指数衰减函数 $\rho(t) = (\rho_0 - \rho_\infty)\mathrm{e}^{-ct} + \rho_\infty$，$\rho_0 > \rho_\infty$，其中 ρ_0、ρ_∞、c 为适当的正常数。

如果误差初值 $e(0)$ 为已知，则采用 $\rho(t)$ 对 $e(t)$ 进行如下约束：

$$
\begin{cases}
-\delta\rho(t) < e(t) < \rho(t), & e(0) > 0 \\
-\rho(t) < e(t) < \delta\rho(t), & e(0) < 0
\end{cases}
\tag{7.1}
$$

式中，$\rho(t)$ 为与 $e(t)$ 有关的性能函数；$0 \leqslant \delta \leqslant 1$ 为待设计参数。由于工程实际中 $e(0) = 0$ 的情况很少见，并未考虑 $e(0) = 0$ 的情况。

预设性能控制的基本思想是设计性能函数 $\rho(t)$ 对跟踪误差 $e(t)$ 的收敛轨迹进行限定，通过为 $\rho(t)$ 选择特定的设计参数以保证 $e(t)$ 具有满意的动态性能与稳态精度。

注 7.1　当性能函数选择为指数衰减性能函数时，上述描述的具体解释如图 7.1 所示。以 $0 < |e(0)| < \rho(0)$ 为例，ρ_∞ 表示 $e(t)$ 稳态值的上界，$\delta\rho(0)$ 表示 $e(t)$ 允许的最大超调，$\rho(t)$ 的收敛速度直接影响 $e(t)$ 的调节时间。因此，若能将 $e(t)$ 限定在图 7.1 与式(7.1)所示的区域内，就可通过为 $\rho(t)$ 选择合适的设计参数，保证 $e(t)$ 具有满意的动态性能与稳态精度。

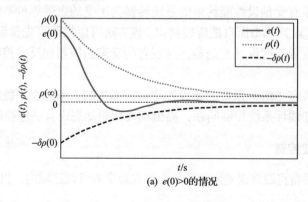

(a) $e(0) > 0$ 的情况

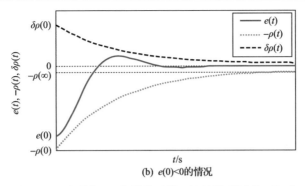

(b) $e(0)<0$ 的情况

图 7.1　跟踪误差 $e(t)$ 与性能函数 $\rho(t)$ 的关系图 $(0\leqslant\delta\leqslant1)$

图 7.1 中，常数 ρ_{∞} 表示跟踪误差 $e(t)$ 在稳态时的最大允许值，$\rho(t)$ 的递减速率表示 $e(t)$ 所要求的收敛速度下界，最大超调量被指定小于 $\delta\rho(0)$，且当 $\delta=0$ 时，最大超调量为 0。因此，适当选择性能函数 $\rho(t)$ 和设计常数 δ，可以获得预设的跟踪性能。

2. 误差变换

由于无法直接针对式 (7.1) 设计控制律，故引入误差变换函数 $S(\varepsilon(t))$ 将受约束系统 (7.1) 转化为一个不受约束的等价系统：

$$e(t)=\rho(t)S(\varepsilon(t)) \tag{7.2}$$

式中，$\varepsilon(t)$ 为转换误差；$S(\varepsilon(t))$ 的表达式为

$$S(\varepsilon(t))=\begin{cases}\dfrac{\mathrm{e}^{\varepsilon(t)}-\delta\mathrm{e}^{-\varepsilon(t)}}{\mathrm{e}^{\varepsilon(t)}+\mathrm{e}^{-\varepsilon(t)}}, & e(0)>0\\[4mm]\dfrac{\delta\mathrm{e}^{\varepsilon(t)}-\mathrm{e}^{-\varepsilon(t)}}{\mathrm{e}^{\varepsilon(t)}+\mathrm{e}^{-\varepsilon(t)}}, & e(0)<0\end{cases} \tag{7.3}$$

误差变换函数 $S(\varepsilon(t))$ 具有下列特性。

(1) $S(\varepsilon(t))$ 光滑且严格单调递减。

(2) 当 $e(0)>0$ 时，$-\delta<S(\varepsilon(t))<1$，$\lim\limits_{\varepsilon(t)\to-\infty}S(\varepsilon(t))=-\delta$，$\lim\limits_{\varepsilon(t)\to+\infty}S(\varepsilon(t))=1$。

(3) 当 $e(0)<0$ 时，$-1<S(\varepsilon(t))<\delta$，$\lim\limits_{\varepsilon(t)\to-\infty}S(\varepsilon(t))=-1$，$\lim\limits_{\varepsilon(t)\to+\infty}S(\varepsilon(t))=\delta$。

由 $S(\varepsilon(t))$ 的上述特性可知，若 $e(0)>0$，则有

$$-\delta<S(\varepsilon(t))<1 \tag{7.4}$$

由于 $\rho(t)>0$，在式 (7.4) 两边同乘以 $\rho(t)$ 可得

$$-\delta\rho(t)<S(\varepsilon(t))<\rho(t) \tag{7.5}$$

同理，若 $e(0) < 0$，则有

$$-1 < S(\varepsilon(t)) < \delta \tag{7.6}$$

在式 (7.6) 两端同乘以 $\rho(t)$ 可得

$$-\rho(t) < S(\varepsilon(t)) < \delta\rho(t) \tag{7.7}$$

将式 (7.1) 与式 (7.5)、式 (7.7) 对比可知，式 (7.2) 与式 (7.1) 是等价的。

式 (7.3) 的逆变换为

$$\varepsilon(t) = \begin{cases} \dfrac{1}{2}\ln\left(\dfrac{e(t)/\rho(t)+\delta}{1-e(t)/\rho(t)}\right), & e(0) > 0 \\[4mm] \dfrac{1}{2}\ln\left(\dfrac{e(t)/\rho(t)+1}{\delta-e(t)/\rho(t)}\right), & e(0) < 0 \end{cases} \tag{7.8}$$

研究结果表明，一旦 $\varepsilon(t)$ 有界，式 (7.1) 便成立，就能将 $e(t)$ 限定在图 7.1 所示的预设区域内。控制律是基于式 (7.8) 设计的，且控制律用到的是转换误差 $\varepsilon(t)$ 而非跟踪误差 $e(t)$。只要转换误差 $\varepsilon(t)$ 有界，便能保证 $e(t)$ 具有期望的动态性能与稳态精度。

注 7.2　需要特别指出的是，动态性能是控制系统的一个固有性能，它与控制系统的构成和设计参数的选取等诸多因素有关。因此，预设性能控制并不能提高控制系统的固有动态性能，它只是提供一个约束工具，通过"夹逼"的方法选择出所期望的动态性能。

7.2.2　问题描述

考虑如下非线性系统：

$$\begin{aligned} \dot{x}_i &= f_i(\overline{x}_i) + g_i(\overline{x}_i)x_{i+1} + \Delta f_i(\overline{x}_i), \quad i = 1, 2, \cdots, n-1 \\ \dot{x}_n &= f_n(\overline{x}_n) + g_n(\overline{x}_n)u + \Delta f_n(\overline{x}_i) \\ y &= x_1 \end{aligned} \tag{7.9}$$

式中，$\overline{x}_i = [x_1, x_2, \cdots, x_i]^T \in \mathbf{R}^i$ $(i = 1, 2, \cdots, n)$；$u \in \mathbf{R}$、$y \in \mathbf{R}$ 分别是系统的控制输入和系统输出；$f_i(\overline{x}_i)$ 和 $g_i(\overline{x}_i)$ 为连续函数；$\Delta f_i(\overline{x}_i)$ 为不确定项。

控制目标：在考虑系统不确定的情况下，对于给定的参考命令 $x_{1,d}$，结合自适应反步控制与滤波器设计预定性能控制器，从而实现系统输出 x_1 的稳定跟踪且输出跟踪误差满足预先设定的瞬态和稳态性能。

预定性能：选取输出的跟踪误差 z 的性能函数为 $\rho(t) = (\rho_0 - \rho_\infty)e^{-at} +$

$\rho_\infty\left(\rho_0 > \rho_\infty, a > 0\right)$，对于预先设定的 $0 \leqslant \underline{e}, \overline{e} \leqslant 1$，如果满足误差约束条件 $-\underline{e}\rho(t) < z < \overline{e}\rho(t), \forall t \geqslant 0$，则可保证满足暂态性能，其中 $-\underline{e}\rho(0)$ 和 $\overline{e}\rho(0)$ 分别是跟踪误差 z 的最大超调的下界和上界。

在控制器设计前，进行如下假设。

假设 7.1　不确定项 $\Delta f_i\left(\overline{x}_i\right)$ 满足 $\Delta f_i\left(\overline{x}_i\right) \leqslant \lambda_i\,(i = 1, 2, \cdots, n)$ 是未知的正常数。

7.2.3　预设性能动态面自适应控制器设计

针对非线性系统 (7.9)，设计预设性能反推自适应控制策略，因为 $\Delta f_i\left(\overline{x}_i\right)$ 为系统不确定，设计自适应律估计其未知上界。当设计虚拟控制输入时，需要使用前面步骤的虚拟控制输入的时间导数，这可能导致"微分爆炸"。为了解决这个问题，设计新的滤波器对虚拟控制输入的导数进行估计。

步骤 1　设计虚拟控制输入 α_1。

定义输出 x_1 的跟踪误差为

$$z_1 = x_1 - x_{1,d} \tag{7.10}$$

由式 (7.9)，对 z_1 求导可得

$$\dot{z}_1 = f_1\left(x_1\right) + g_1\left(x_1\right)x_2 + \Delta f_1\left(x_1\right) - x_{1,d} \tag{7.11}$$

对于预先设定的条件 $0 \leqslant \underline{e}, \overline{e} \leqslant 1$，选取 x_1 的跟踪误差的性能函数为 $\rho_1(t) = \left(\rho_0 - \rho_\infty\right)\mathrm{e}^{-at} + \rho_\infty\left(\rho_0 > \rho_\infty, a_1 > 0\right)$。

设计如下转换误差：

$$e_1 = \frac{1}{2}\left(\ln\left(\underline{e}\,\overline{e}_1 + \mu_1\overline{e}_1\right) - \ln\left(\underline{e}\,\overline{e}_1 - \mu_1\underline{e}_1\right)\right) \tag{7.12}$$

式中，$\mu_1 = \dfrac{z_1}{\rho_1}$。

对 e_1 求导可得

$$\dot{e}_1 = \xi_1\left(\dot{z}_1 - \frac{z_1\dot{\rho}_1}{\rho_1}\right) \tag{7.13}$$

式中，$\xi_1 = \dfrac{1}{2\rho_1}\left(\dfrac{1}{e_1 + \mu_1} - \dfrac{1}{\mu_1 - \overline{e}_1}\right) > 0$。

基于反步控制进行控制器设计，前 $n-1$ 步设计虚拟控制输入，最后一步设计实际控制输入 u，并通过设计滤波器解决"计算爆炸"问题。

将式(7.11)代入式(7.13)，得

$$\dot{e}_1 = \xi_1\left(f_1(x_1) + g_1(x_1)(x_2 - \alpha_1) + g_1(x_1)\alpha_1 + \Delta f_1(x_1) - \dot{x}_{1d} - \frac{z_1\dot{\rho}_1}{\rho_1}\right) \quad (7.14)$$

设计虚拟控制输入 α_1 为

$$\alpha_1 = -\frac{1}{\xi_1 g_1(x_1)}\left(k_1 e_1 + f_1(x_1) - \dot{x}_{1d} - \frac{z_1\dot{\rho}_1}{\rho_1} + \frac{\hat{\lambda}_1 a_1 e_1}{e_1^2 + \varepsilon_1^2}\right) \quad (7.15)$$

设计自适应律为

$$\dot{\hat{\lambda}}_1 = b_1\left(-c_1\hat{\lambda}_1 + \frac{a_1 e_1^2}{e_1^2 + \varepsilon_1^2}\right), \quad \tilde{\lambda}_1 = \hat{\lambda}_1 - \lambda_1 \quad (7.16)$$

式中，$\hat{\lambda}_1$ 表示 λ_1 的估计；$\tilde{\lambda}_1 = \hat{\lambda}_1 - \lambda_1$ 表示 λ_1 的估计误差。

在下一步的控制器设计过程中，将会用到 $\dot{\alpha}_1$，为了避免对 α_1 的多次求导导致的"计算爆炸"问题，设计如下新型的滤波器估计：

$$\dot{\alpha}_{11} = -\frac{r_1}{\tau_1} - \frac{l_1 r_1}{|r_1| + \sigma_1} \quad (7.17)$$

式中，$\tau_1 > 0$ 为滤波时间常数；$l_1, \sigma_1 > 0$；r_1 为滤波误差，即

$$r_1 = \alpha_{11} - \alpha_1 \quad (7.18)$$

将式(7.15)代入式(7.14)得

$$\dot{e}_1 = -k_1 e_1 + \xi_1 \Delta f_1(x_1) - \frac{\hat{\lambda}_1 a_1 e_1}{e_1^2 + \varepsilon_1^2} + g_1(x_1)\xi_1 z_2 + g_1(x_1)r_1\xi_1 \quad (7.19)$$

步骤 2　设计虚拟控制输入 α_2。

定义 x_2 的跟踪误差信号为

$$z_2 = x_2 - \alpha_{11} \quad (7.20)$$

由式(7.9)，对 z_2 求导可得

$$\dot{z}_2 = f_2(\bar{x}_2) + g_2(\bar{x}_2)(x_3 - \alpha_2) + g_2(\bar{x}_2)\alpha_2 + \Delta f_2(\bar{x}_2) - \dot{\alpha}_{11} \quad (7.21)$$

设计虚拟控制输入 α_2 为

$$\alpha_2 = \frac{1}{g_2(x_1)} \left(-k_2 z_2 - f_2(\overline{x}_2) + \dot{\alpha}_{11} - \frac{\hat{\lambda}_2 a_2 z_2}{z_2^2 + \varepsilon_2^2} - e_1 g_1(x_1)\xi_1 \right) \tag{7.22}$$

设计自适应律为

$$\dot{\hat{\lambda}}_2 = b_2 \left(-c_2 \hat{\lambda}_2 + \frac{a_2 z_2^2}{z_2^2 + \varepsilon_2^2} \right), \quad \tilde{\lambda}_2 = \hat{\lambda}_2 - \lambda_2 \tag{7.23}$$

式中，$\hat{\lambda}_2$ 表示 λ_2 的估计；$\tilde{\lambda}_2 = \hat{\lambda}_2 - \lambda_2$ 表示 λ_2 的估计误差。

为了避免对 α_2 的多次求导导致的"计算爆炸"问题，设计如下新型的滤波器估计：

$$\dot{\alpha}_{22} = -\frac{r_2}{\tau_2} - \frac{l_2 r_2}{|r_2| + \sigma_2} \tag{7.24}$$

式中，$\tau_2 > 0$ 为滤波时间常数；$l_2, \sigma_2 > 0$；r_2 为滤波误差，即

$$r_2 = \alpha_{22} - \alpha_2 \tag{7.25}$$

将式 (7.22) 代入式 (7.21) 得

$$\dot{z}_2 = -k_2 z_2 + \Delta f_2(\overline{x}_2) - \frac{\hat{\lambda}_2 a_2 z_2}{z_2^2 + \varepsilon_2^2} + g_2(\overline{x}_2)z_3 + g_2(\overline{x}_2)r_2 - e_1 g_1(x_1)\xi_1 \tag{7.26}$$

步骤 i 设计虚拟控制输入 α_i。

同理，设计 $\alpha_i, \dot{\hat{\lambda}}_i, \dot{\alpha}_{ii}(i = 3, 4, \cdots, n-1)$ 如下：

$$\alpha_i = \frac{1}{g_i(\overline{x}_i)} \left(-k_i z_i - f_i(\overline{x}_i) + \dot{\alpha}_{i-1,i-1} - \frac{\hat{\lambda}_i a_i z_i}{z_i^2 + \varepsilon_i^2} - g_{i-1}(\overline{x}_{i-1})z_{i-1} \right) \tag{7.27}$$

$$\dot{\hat{\lambda}}_i = b_i \left(-c_i \hat{\lambda}_i + \frac{a_i z_i^2}{z_i^2 + \varepsilon_i^2} \right) \tag{7.28}$$

$$\dot{\alpha}_{ii} = -\frac{r_i}{\tau_i} - \frac{l_i r_i}{|r_i| + \sigma_i} \tag{7.29}$$

式中，$\hat{\lambda}_i$ 表示 λ_i 的估计；$\tilde{\lambda}_i = \hat{\lambda}_i - \lambda_i$ 表示 λ_i 的估计误差；$\tau_i > 0$ 为滤波时间常数；$l_i, \sigma_i > 0$；r_i 为滤波误差，即

$$r_i = \alpha_{ii} - \alpha_i \tag{7.30}$$

于是，有

$$\dot{z}_i = -k_i z_i + \Delta f_i\left(\overline{x}_i\right) - \frac{\hat{\lambda}_i a_i z_i}{z_i^2 + \varepsilon_i^2} + g_i\left(\overline{x}_i\right) z_{i+1} + g_i\left(\overline{x}_i\right) r_i - g_{i-1}\left(\overline{x}_{i-1}\right) z_{i-1} \quad (7.31)$$

步骤 n　设计虚拟控制输入 u。

定义 x_n 的跟踪误差信号为

$$z_n = x_n - \alpha_{n-1,n-1} \quad (7.32)$$

由式(7.9)，对 z_n 求导可得

$$\dot{z}_n = f_n\left(\overline{x}_n\right) + g_n\left(\overline{x}_n\right) u + \Delta f_n\left(\overline{x}_n\right) - \dot{\alpha}_{n-1,n-1} \quad (7.33)$$

设计实际控制输入 u 为

$$u = \frac{1}{g_n\left(\overline{x}_n\right)}\left(-k_n z_n - f_n\left(\overline{x}_n\right) + \dot{\alpha}_{n-1,n-1} - \frac{\hat{\lambda}_n a_n z_n}{z_n^2 + \varepsilon_n^2} + -g_{n-1}\left(\overline{x}_{n-1}\right) z_{n-1}\right) \quad (7.34)$$

设计自适应律为

$$\dot{\hat{\lambda}}_n = b_n\left(-c_n \hat{\lambda}_n + \frac{a_n z_n^2}{z_n^2 + \varepsilon_n^2}\right), \quad \tilde{\lambda}_n = \hat{\lambda}_n - \lambda_n \quad (7.35)$$

式中，$\hat{\lambda}_n$ 表示 λ_n 的估计；$\tilde{\lambda}_n = \hat{\lambda}_n - \lambda_n$ 表示 λ_n 的估计误差。

将式(7.34)代入式(7.33)得

$$\dot{z}_n = -k_n z_n + \Delta f_n\left(\overline{x}_n\right) - \frac{\hat{\lambda}_n a_n z_n}{z_n^2 + \varepsilon_n^2} - g_{n-1}\left(\overline{x}_{n-1}\right) z_{n-1} \quad (7.36)$$

7.2.4　闭环系统稳定性分析

本节通过 Lyapunov 稳定性理论证明闭环系统的有界稳定性。

选取如下的 Lyapunov 函数：

$$Y = Y_1 + Y_2 + \cdots + Y_n + Y_f \quad (7.37)$$

式中，

$$Y_1 = \frac{1}{2} e_1^2 + \frac{1}{2b_1} \tilde{\lambda}_1^2 \quad (7.38)$$

$$Y_i = \frac{1}{2}z_i^2 + \frac{1}{2b_i}\tilde{\lambda}_i^2, \quad i = 2,3,\cdots,n \tag{7.39}$$

$$Y_f = \frac{1}{2}\sum_{i=1}^{n-1} r_i^2 \tag{7.40}$$

对式(7.37)求导，得

$$\dot{Y} = \dot{Y}_1 + \dot{Y}_2 + \cdots + \dot{Y}_n + \dot{Y}_f \tag{7.41}$$

根据所设计的滤波器(7.17)、(7.24)和(7.29)，$\dot{Y}_f$ 满足

$$\begin{aligned}
\dot{Y}_f &= r_1(\dot{\alpha}_{11} - \dot{\alpha}_1) + \cdots + r_{n-1}(\dot{\alpha}_{n-1,n-1} - \dot{\alpha}_{n-1}) \\
&= r_1\left(-\frac{r_1}{\tau_1} - \frac{l_1 r_1}{|r_1| + \sigma_1} - \dot{\alpha}_1\right) + \cdots + r_{n-1}\left(-\frac{r_{n-1}}{\tau_{n-1}} - \frac{l_{n-1}r_{n-1}}{|r_{n-1}|^{1/2} + \sigma_{n-1}} - \dot{\alpha}_{n-1}\right) \\
&\leqslant -\frac{r_1^2}{\tau_1} - \cdots - \frac{r_{n-1}^2}{\tau_{n-1}}
\end{aligned} \tag{7.42}$$

将式(7.19)、式(7.26)、式(7.31)和式(7.36)代入式(7.41)，那么 $\dot{Y}$ 满足

$$\begin{aligned}
\dot{Y} &= e_1\dot{e}_1 + \frac{1}{b_1}\tilde{\lambda}_1\dot{\tilde{\lambda}}_1 + \cdots + z_n\dot{z}_n + \frac{1}{b_n}\tilde{\lambda}_n\dot{\tilde{\lambda}}_n + r_1\dot{r}_1 + \cdots + r_{n-1}\dot{r}_{n-1} \\
&\leqslant -k_1 e_1^2 + e_1\xi_1\lambda_1 + g_1(x_1)r_1\xi_1 e_1 - c_1\hat{\lambda}_1\tilde{\lambda}_1 - \frac{\lambda_1 a_1 e_1^2}{e_1^2 + \varepsilon_1^2} - k_2 z_2^2 + z_2\lambda_2 \\
&\quad + g_2(x_2)r_2 z_2 - c_2\hat{\lambda}_2\tilde{\lambda}_2 - \frac{\lambda_2 a_2 z_2^2}{z_2^2 + \varepsilon_2^2} - k_i z_i^2 + z_i\lambda_i + g_i(x_i)r_i z_i - c_i\hat{\lambda}_i\tilde{\lambda}_i \\
&\quad - \frac{\hat{\lambda}_i a_i z_i^2}{z_i^2 + \varepsilon_i^2} - k_n z_n^2 + z_n\lambda_n - c_n\hat{\lambda}_n\tilde{\lambda}_n - \frac{\hat{\lambda}_n a_n z_n^2}{z_n^2 + \varepsilon_n^2} - \frac{r_1^2}{\tau_1} - \cdots - \frac{r_{n-1}^2}{\tau_{n-1}}
\end{aligned} \tag{7.43}$$

式中，$\omega_1, \omega_2, \cdots, \omega_{n-1}$ 是正常数且有

$$\begin{aligned}
&g_1(x_1)r_1\xi_1 e_1 + g_2(\bar{x}_2)r_2 z_2 + \cdots + g_{n-1}(\bar{x}_{n-1})r_{n-1}z_{n-1} \\
&\leqslant \frac{1}{2\omega_1^2}g_1^2(\bar{x}_2)e_1^2\xi_1^2 + \frac{r_1^2\omega_1^2}{2} + \frac{1}{2\omega_2^2}z_2^2 g_2^2(\bar{x}_2) + \frac{r_2^2\omega_2^2}{2} + \cdots + \frac{1}{2\omega_{n-1}^2}z_{n-1}^2 g_{n-1}^2(\bar{x}_{n-1}) + \frac{r_{n-1}^2\omega_{n-1}^2}{2}
\end{aligned}$$

于是，$\dot{Y}$ 满足

$$\dot{Y} \leqslant -\left(k_1 - \frac{g_1^2(\bar{x}_2)\xi_1^2}{2\omega_1^2}\right)e_1^2 + e_1\xi_1\lambda_1 - c_1\hat{\lambda}_1\tilde{\lambda}_1 - \frac{\lambda_1 a_1 e_1^2}{e_1^2 + \varepsilon_1^2} + \frac{r_1^2\omega_1^2}{2} - \frac{r_1^2}{\tau_1}$$

$$-\left(k_2 - \frac{g_2^2(\bar{x}_2)}{2\omega_2^2}\right)z_2^2 + z_2\lambda_2 - c_2\hat{\lambda}_2\tilde{\lambda}_2 - \frac{\lambda_2 a_2 z_2^2}{z_2^2 + \varepsilon_2^2} + \frac{r_2^2\omega_2^2}{2} - \frac{r_2^2}{\tau_2}$$

$$-\cdots -\left(k_{n-1} - \frac{g_{n-1}^2(\bar{x}_{n-1})}{2\omega_{n-1}^2}\right)z_{n-1}^2 + z_{n-1}\lambda_{n-1} - c_{n-1}\hat{\lambda}_{n-1}\tilde{\lambda}_{n-1}$$

$$-\frac{\lambda_{n-1}a_{n-1}z_{n-1}^2}{z_{n-1}^2 + \varepsilon_{n-1}^2} + \frac{r_{n-1}^2\omega_{n-1}^2}{2} - \frac{r_{n-1}^2}{\tau_{n-1}} - k_n z_n^2 + z_n\lambda_n - c_n\hat{\lambda}_n\tilde{\lambda}_n - \frac{\lambda_n a_n z_n^2}{z_n^2 + \varepsilon_n^2} \tag{7.44}$$

只要 $|e_1| \geqslant \varepsilon_1\sqrt{\dfrac{a_1 - \xi_1}{\xi_1}}$, $|z_i| \geqslant \varepsilon_i\sqrt{a_i - 1}$, $a_i > 1$, $i = 2,\cdots,n$, $-\hat{\lambda}_i\tilde{\lambda}_i \leqslant -\dfrac{\tilde{\lambda}_i^2}{2} + \dfrac{\lambda_i^2}{2}$，那么式(7.44)变为

$$\dot{Y} \leqslant -\left(k_1 - \frac{g_1^2(x_1)\xi_1^2}{2\omega_1^2}\right)e_1^2 - \left(k_2 - \frac{g_2^2(\bar{x}_2)}{2\omega_2^2}\right)z_2^2 - \cdots - \left(k_{n-1} - \frac{g_{n-1}^2(\bar{x}_{n-1})}{2\omega_{n-1}^2}\right)z_{n-1}^2 - k_n z_n^2$$

$$-\sum_{i=1}^{n}\frac{c_i}{2}\tilde{\lambda}_i^2 - \sum_{i=1}^{n-1}\left(\frac{1}{\tau_i} - \frac{\omega_i^2}{2}\right)r_i^2 + \sum_{i=1}^{n}\frac{c_i}{2}\lambda_i^2$$

$$\leqslant -2\eta Y + C \tag{7.45}$$

式中,

$$\eta = \min\left\{\begin{array}{l} k_1 - \dfrac{g_1^2(x_1)\xi_1^2}{2\omega_1^2}, k_2 - \dfrac{g_2^2(\bar{x}_2)}{2\omega_2^2}, \cdots, k_{n-1} - \dfrac{g_{n-1}^2(\bar{x}_n - 1)}{2\omega_{n-1}^2}, \\ k_n, \dfrac{c_1}{2}, \dfrac{c_2}{2}, \cdots, \dfrac{c_n}{2}, \dfrac{1}{\tau_1} - \dfrac{\omega_1^2}{2}, \dfrac{1}{\tau_2} - \dfrac{\omega_2^2}{2}, \cdots, \dfrac{1}{\tau_{n-1}} - \dfrac{\omega_{n-1}^2}{2} \end{array}\right\}$$

于是, 可知 $e_1, z_2, \cdots, z_n, r_1, r_2, \cdots, r_n, \tilde{\lambda}_1, \tilde{\lambda}_2, \cdots, \tilde{\lambda}_n$ 都是一致有界稳定的。因此, $|e_1| \leqslant \sqrt{C/\varepsilon + (2Y(0) - C/\varepsilon)\exp(-2\varepsilon t)}$, 于是 $-\underline{e}_1\rho_1(t) < z_1 < \bar{e}_1\rho_1(t), \forall t \geqslant 0$。因此, 通过选取适当的参数, 可使得 z_1 满足预定性能。

7.2.5 数值仿真验证

本节以一个经典的应用模型为仿真实例, 即基于刷式直流(BDC)电机驱动的

单连杆机械臂的轨迹跟踪控制，来验证本章提出方法的有效性。由 BDC 电机驱动的单连杆机械臂的动态方程可以表述如下：

$$\begin{cases} M\ddot{q} + B\dot{q} + N\sin q = I + \Delta_I \\ L\dot{I} = -RI - K_B\dot{q} + V \end{cases} \tag{7.46}$$

式中，q、$\dot{q}$ 和 $\ddot{q}$ 分别为连杆的角位置、速度和加速度；I 为电机电枢电流；V 为输入控制电压。相应单位的参数值设定如下：$M = 1\text{kg} \cdot \text{m}^2$ 表示机械惯量，$B = 1\text{N} \cdot \text{m} \cdot \text{s/rad}$ 表示连接处的黏滞摩擦系数，$N = 10$ 表示一个与载荷质量和重力系数有关的正常数，$L = 0.05\text{H}$ 表示电枢电感，$R = 0.5\Omega$ 表示电枢电阻，$K_B = 10\text{N} \cdot \text{m} \cdot \text{A}$ 表示反电动势系数，$\Delta_I = \sin\chi_2\cos\chi_1$ 代表电机电流对应的扰动。

注意式 (7.46) 中的第一个子系统表示机械子系统的动力学方程，即单连杆机器人，第二个子系统表示 BDC 电气子系统的动力学方程。从控制角度来看，由于电子系统动力学本质上要快于相关联的机械子系统动力学方程，电动力学方程在伺服控制设计中经常被忽略。这种简化控制的一个例子是，通常假设转矩(电流)是在高增益电流反馈下的 BDC 电机的控制输入。这种假设为许多低性能的驱动应用提供了可接受的系统性能，如鼓风机电机、输送机和风扇，这是由于电气和机械动力学之间的大时间尺度分离。然而，这种假设不适用于那些高性能的驱动应用，如机器人、机床、轧机和飞剪，这些应用的特点是动态时间尺度分离程度较小。

设 $\chi_1 = q$，$\chi_2 = \dot{q}$，$\chi_3 = I$，则系统方程 (7.46) 可以表示为

$$\begin{cases} \dot{\chi}_1 = \chi_2 \\ \dot{\chi}_2 = f_2(\bar{\chi}_2) + g_2\chi_3 + d_2 \\ \dot{\chi}_3 = f_3(\chi) + g_3 u \end{cases} \tag{7.47}$$

式中，$f_2(\bar{\chi}_2) = -B\chi_2/M - N\sin\chi_1/M$；$f_3(\chi) = -R\chi_3/L - K_B\chi_2/L$；$g_2 = 1/M$；$g_3 = 1/L$；$d_2 = \Delta_I/M$；$u = V$。

单连杆机器人系统跟踪所需的参考信号为 $q_d(t) = (\pi/2)\sin\left[t\left(1 - e^{-0.1t^2}\right)\right]$。连杆的角位置 $q(t)$、速度 $\dot{q}(t)$ 和加速度 $\ddot{q}(t)$ 的预设性能函数分别设置为 $\rho_1(t) = (1.0 - 0.2)\exp(-0.15t) + 0.2$，$\rho_2(t) = (2.0 - 0.4)\exp(-0.15t) + 0.4$ 和 $\rho_3(t) = (3.0 - 0.6)\exp(-0.15t) + 0.6$，$\delta = 0.8$。本节的控制目标是设计一个自适应跟踪控制器，使连杆的角位置 χ_1 能在预先设定的时间内跟随参考信号 q_d，并且所有状态跟踪误差不超出预设范围。

仿真过程中，第 1 步的参数设计为：$a_1 = 3$，$b_1 = 0.01$，$c_2 = 2$，$k_1 = 4$，$\varepsilon_1 = 0.01$，$\underline{e}_1 = 0.1$，$\overline{e}_1 = 0.6$，$\tau_1 = 0.05$；第 2 步的参数设计为 $a_2 = 3$，$b_2 = 0.01$，$c_2 = 2$，$k_2 = 2$，$\varepsilon_2 = 0.01$，$\underline{e}_2 = 0.1$，$\overline{e}_2 = 0.5$，$\tau_2 = 0.05$；第 3 步的参数设计为 $a_3 = 3$，$b_3 = 0.01$，$c_3 = 2$，$k_3 = 1$，$\varepsilon_3 = 0.01$，$\underline{e}_3 = 0.1$，$\overline{e}_3 = 0.2$，$\tau_3 = 0.05$。设定初始条件 $[\chi_1(0), \chi_2(0), \chi_3(0)] = [0.5, 0, 0]$，$\left[\hat{\theta}_1(0), \hat{\theta}_2(0), \hat{\theta}_3(0)\right] = [0, 0, 0]$。

仿真结果如图 7.2～图 7.9 所示。从图 7.2 中可以看出连杆的角位置 χ_1 能以较好的跟踪性能跟随参考信号 q_d。状态量连杆的角速度 χ_2 和加速度曲线 χ_3 分别如图 7.3 和图 7.4 所示，所有系统状态变量均为有界的信号。图 7.5～图 7.7 描述了跟踪误差信号的轨迹，可以得出误差 e_1、e_2 和 e_3 均是在预先设定的范围内且逐渐趋近于零。有界连续的自适应律 $\hat{\theta}_i$ 的响应曲线如图 7.8 所示。此外，图 7.9 显示控制输入 u 是有界的，并且在实际接受的范围内。与传统的控制器相比，该方法具有较快的收敛速度和较高的跟踪精度，并且实现了预设时间的自适应跟踪控制。

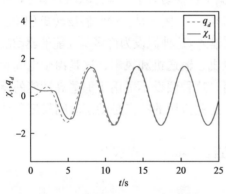

图 7.2　连杆的角位置 χ_1 和参考信号 q_d

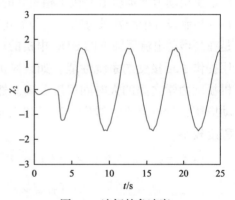

图 7.3　连杆的角速度 χ_2

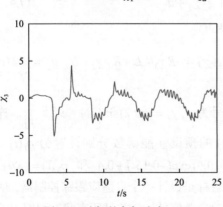

图 7.4　连杆的角加速度 χ_3

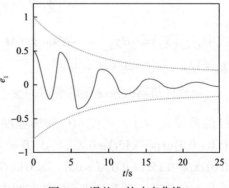

图 7.5　误差 e_1 的响应曲线

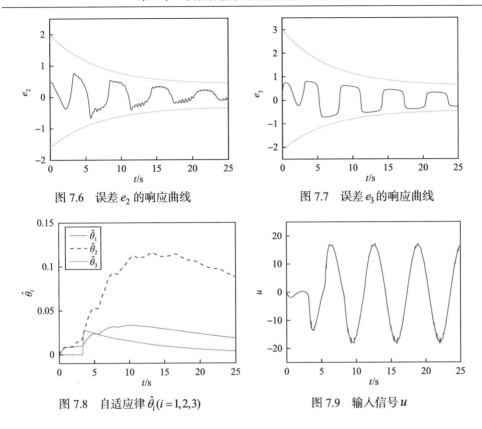

图 7.6　误差 e_2 的响应曲线　　　　　　　图 7.7　误差 e_3 的响应曲线

图 7.8　自适应律 $\hat{\theta}_i(i=1,2,3)$　　　　　　图 7.9　输入信号 u

7.3　多输入多输出系统的预设性能动态面自适应控制

针对一类不确定严反馈非线性 MIMO 系统，提出具有预设跟踪性能的自适应神经网络动态面控制方法。该方法首先将原有受预设跟踪性能约束的系统转换为一不受约束的等价系统，以等价系统为研究对象，利用神经网络直接逼近期望的控制信号，代替逼近系统中的未知非线性项，通过杨氏不等式等效变换，使在线更新参数数量仅为子系统的个数，减少了计算量。该方法可以按照事先预设的稳态误差、最大超调量和收敛速度设计控制器，与现有的动态面控制和反推控制方法相比，更加实用。

7.3.1　问题描述

考虑如下的不确定非线性 MIMO 系统：

$$\begin{cases} \dot{x}_{j,i_j} = f_{j,i_j}\left(\overline{x}_{j,i_j}\right) + g_{j,i_j}\left(\overline{x}_{j,i_j}\right) x_{j,i_j+1}, & i_j = 1,2,\cdots,m_j-1 \\ \dot{x}_{j,m_j} = f_{j,m_j}\left(X,\overline{u}_{j-1}\right) + g_{j,m_j}(X) u_j \\ y_j = x_{j,1}, & j = 1,2,\cdots,n \end{cases} \tag{7.48}$$

式中，$\bar{x}_{j,i_j}=[x_{j,1},\cdots,x_{j,i_j}]^{\mathrm{T}}\in\mathbf{R}^{i_j}\left(i_j=1,2,\cdots,m_j\right)$ 是第 j 个子系统的状态向量；$u_j\in\mathbf{R}$、$y_j\in\mathbf{R}$ 分别表示第 j 个子系统的输入和输出；$\bar{u}_{j-1}=[u_1,\cdots,u_{j-1}]^{\mathrm{T}}$；$X=\left[\bar{x}_{1,m_1}^{\mathrm{T}},\cdots,\bar{x}_{n,m_n}^{\mathrm{T}}\right]^{\mathrm{T}}\in\mathbf{R}^N\left(N=m_1+m_2+\cdots+m_n\right)$ 是整个系统的状态向量；$f_{j,i_j}(\cdot)$、$g_{j,i_j}(\cdot)$ 是未知非线性光滑函数。

注 7.3 系统式(7.48)中，每个控制增益函数 $g_{j,m_j}(X)$ 包含所有的状态变量。而文献[25]～[27]中 g_{j,m_j} 不包含状态变量 $x_{k,i_k}(k=j+1,\cdots,n)$。显然，系统式(7.48)更具普遍性。

控制目标是设计控制律 u_j 满足以下目标。

P1：在保证闭环系统所有信号有界的情况下，每个系统输出 y_j 跟踪期望信号 $y_{j,d}$。

P2：每个子系统的跟踪误差 $e:=x_{j,1}-y_{j,d}(j=1,2,\cdots,n)$ 能达到预设的动态和稳态性能要求。

考虑系统式(7.48)，为设计控制系统做如下假设。

假设 7.2 函数 $g_{j,i_j}(\cdot)$ 符号已知，且存在某一未知常数 $g_{j,m}$ 和未知函数 $\bar{g}_{j,i_j}(\cdot)$，使得 $0<g_{j,m}\leqslant\left|g_{j,i_j}(\cdot)\right|\leqslant\bar{g}_{j,i_j}(\cdot)<\infty$，$j=1,2,\cdots,n$，$i_j=1,2,\cdots,m_j$。

假设7.3 期望信号 $y_{j,d}(j=1,\cdots,n)$ 光滑有界，且 $y_{j,d}\in\varOmega_{j,d}=\left\{\left(y_{j,d},\dot{y}_{j,d},\ddot{y}_{j,d}\right)\big|y_{j,d}^2+\dot{y}_{j,d}^2+\ddot{y}_{j,d}^2\leqslant B_{j,0}\right\}$，$B_{j,0}$ 是已知正常数。

注7.4 假设 7.2 表明 $g_{j,i_j}(\cdot)$ 严格正或严格负，不失一般性，假设 $0<g_{j,m}\leqslant g_{j,i_j}(\cdot)\leqslant\bar{g}_{j,i_j}(\cdot)$。设计过程中 $g_{j,m}$ 和 $\bar{g}_{j,i_j}(\cdot)$ 仅用于推导，未在控制器设计中使用，不需要已知。注意到文献[25]、[28]由于构造控制律的需要，要求上界函数 $\bar{g}_{j,i_j}(\cdot)$ 为已知函数，假设 7.2 放宽了对上界函数 $\bar{g}_{j,i_j}(\cdot)$ 的限制。

7.3.2 性能函数和误差转换

1. 性能函数

根据定义 7.1，对于 $\forall t\geqslant 0$，当 e_j 满足如下关系时，控制目标 P2 能被保证。

$$\begin{cases}-\delta_j\rho_j(t)<e_j(t)<\rho_j(t),\ \ e_j(0)>0\\ -\rho_j(t)<e_j(t)<\delta_j\rho_j(t),\ \ e_j(0)<0\end{cases}\tag{7.49}$$

式中，$\rho_j(t)$ 为第 j 个子系统与 $e_j(t)$ 有关的性能函数，$0<\left|e_j(0)\right|<\rho_j(0)$，$0\leqslant\delta_j\leqslant 1$。

2. 误差转换

为了统一控制目标 P1 和 P2，需要将式(7.49)最初的约束误差转换为等价的不受误差约束。定义一个严格递增的光滑可逆函数 $T_j(\cdot): \mathbf{R} \to \mathbf{R}$，使得

$$e_j(t) = \rho_j(t) T_j\left(S_{j,1}\right) \tag{7.50}$$

式中，$S_{j,1}$ 为转换误差。

函数 $T_j\left(S_{j,1}\right)$ 具有如下特性。

(1) $T_j\left(S_{j,1}\right)$ 光滑且严格递增。

(2)

$$\begin{cases} -\delta_j < T_j\left(S_{j,1}\right) < 1, & e_j(0) > 0 \\ -1 < T_j\left(S_{j,1}\right) < \delta_j, & e_j(0) < 0 \end{cases}$$

(3)

$$\begin{cases} \lim\limits_{S_{j,1} \to -\infty} T_j\left(S_{j,1}\right) = -\delta_j \\ \lim\limits_{S_{j,1} \to +\infty} T_j\left(S_{j,1}\right) = 1 \end{cases}, \quad e_j(0) > 0$$

$$\begin{cases} \lim\limits_{S_{j,1} \to -\infty} T_j\left(S_{j,1}\right) = -1 \\ \lim\limits_{S_{j,1} \to +\infty} T_j\left(S_{j,1}\right) = \delta_j \end{cases}, \quad e_j(0) < 0$$

若 $S_{j,1}$ 保持有界，则当 $e_j(0) > 0$ 时，$-\delta_j < T_j\left(S_{j,1}\right) < 1$，由 $\rho_j(t) > 0$ 和式(7.50)可得 $-\delta_j \rho_j(t) < e_j(t) < \rho_j(t)$；当 $e_j(0) < 0$ 时，$-1 < T_j\left(S_{j,1}\right) < \delta_j$，同理可得 $-\rho_j(t) < e_j(t) < \delta_j \rho_j(t)$。故式(7.49)可认为是控制目标 P2 的数学描述。

根据 $T_j\left(S_{j,1}\right)$ 函数定义和 $\rho_j(t) \geqslant \rho_{j,\infty} > 0$，误差转换函数 $S_{j,1}$ 为

$$S_{j,1} = T_j^{-1}\left(\frac{e_j(t)}{\rho_j(t)}\right) \tag{7.51}$$

因此，由式(7.49)和式(7.51)不难得到，若能保证 $S_{j,1} \in L_\infty$，则有

$$\begin{cases} -\delta_j < T_j\left(S_{j,1}\right) < 1, & e_j(0) > 0 \\ -1 < T_j\left(S_{j,1}\right) < \delta_j, & e_j(0) < 0 \end{cases} \tag{7.52}$$

式 (7.52) 等价于式 (7.49)。即要获得预设的跟踪性能，仅需转换误差满足 $S_{j,1} \in L_\infty$。而且，由于 $\rho_j(t)$ 的递减特性，相应的跟踪误差 $e_j(t)$ 将被限制在集合 $E_j = \left\{ e_j \in \mathbf{R} : |e_j(t)| \leqslant \rho_{j,\infty} \right\}$ 内，这样满足了稳态误差的控制目标。

由式 (7.48) 和式 (7.51) 可得

$$\dot{S}_{j,1} = \mu_j \left(-v_j + f_{j,1}(\bar{x}_{j,1}) + g_{j,1}(\bar{x}_{j,1}) x_{j,2} \right) \tag{7.53}$$

式中，$\mu_j = \dfrac{\partial T_j^{-1}}{\partial \left(e_j(t)/\rho_j(t) \right)} \dfrac{1}{\rho_j(t)}$，$v_j = \dot{y}_{j,d} + \dfrac{e_j(t)\dot{\rho}_j(t)}{\rho_j(t)}$。通过 $T_j(\cdot)$ 和 ρ_j 的定义可知 $\mu_j > 0$。

显然，系统式 (7.48) 在误差转换式 (7.50) 的条件下，等价为如下系统：

$$\begin{cases} \dot{S}_{j,1} = -\mu_j v_j + \mu_j f_{j,1}(\bar{x}_{j,1}) + \mu_j g_{j,1}(\bar{x}_{j,1}) x_{j,2} \\ \dot{x}_{j,2} = f_{j,2}(\bar{x}_{j,2}) + g_{j,2}(\bar{x}_{j,2}) x_{j,3} \\ \qquad\qquad \vdots \\ \dot{x}_{j,m_j} = f_{j,m_j}(X, \bar{u}_{j-1}) + g_{j,m_j}(X) u_j \\ y_j = x_{j,1}, \quad j = 1, 2, \cdots, n \end{cases} \tag{7.54}$$

综上所述，可得到定理 7.1。

定理 7.1　考虑系统式 (7.48)，通过性能函数 $\rho_j(t)$ 和输出误差转换式 (7.50) 引入动态和稳态跟踪误差的界，则可得到如下结论。

(1) 系统 (7.54) 的稳定性可以保证预设的跟踪性能。

(2) 系统 (7.48) 在误差转换式 (7.50) 条件下是不变的。

7.3.3　预设性能动态面自适应控制器设计

对于第 j 个子系统，设计过程包括 m_j 个步骤。每一步，神经网络用于直接逼近未知非线性期望控制信号 $x_{j,(i_j+1)c}$ $(1 \leqslant i_j \leqslant m_j - 1)$。因此，定义未知常数：

$$\theta_j := \max \left\{ \frac{1}{g_{j,m}} \left\| W_{j,i_j}^* \right\|^2, 1 \leqslant i_j \leqslant m_j \right\} \tag{7.55}$$

$$\tilde{\theta}_j = \hat{\theta}_j - \theta_j \tag{7.56}$$

步骤 $j,1$ $(1 \leqslant j \leqslant n)$　定义 $S_{j,1}$ 为动态面变量，并定义 Lyapunov 函数：

$$V_{j,1}(t) = \frac{1}{2}S_{j,1}^2 + \frac{g_{j,m}}{2r_j}\tilde{\theta}_j^2 \tag{7.57}$$

式中，$r_j > 0$ 为设计参数。

$V_{j,1}(t)$ 关于时间 t 的导数为

$$\dot{V}_{j,1}(t) = S_{j,1}\left(-\mu_j v_j + \mu_j f_{j,1} + \mu_j g_{j,1}x_{j,2}\right) + \frac{g_{jm}}{r_j}\tilde{\theta}_j\dot{\hat{\theta}}_j \tag{7.58}$$

若 $f_{j,1}$ 和 $g_{j,1}$ 已知，则可取期望控制信号为

$$x_{j,2c} = \left(\mu_j g_{j,1}\right)^{-1}\left(-k_{j,1}S_{j,1} - \mu_j f_{j,1} + \mu_j v_j - \frac{1}{2}S_{j,1}\mu_j^2 g_{j,1}^2 - \frac{1}{2a_{j,1}}S_{j,1}\mu_j^2 g_{j,1}^2\right) \tag{7.59}$$

式中，$k_{j,1} > 0$ 为控制增益；$a_{j,1} > 0$ 为设计参数。

在式 (7.58) 右边增加和减少一项 $S_{j,1}\mu_j g_{j,1}x_{j,2c}$ 并合并可得

$$\begin{aligned}
\dot{V}_{j,1}(t) = {} & S_{j,1}\mu_j g_{j,1}x_{j,2} - S_{j,1}\mu_j g_{j,1}x_{j,2c} - k_{j,1}S_{j,1}^2 \\
& -\frac{1}{2}S_{j,1}^2\mu_j^2 g_{j,1}^2 - \frac{1}{2a_{j,1}}S_{j,1}^2\mu_j^2 g_{j,1}^2 + \frac{g_{j,m}}{r_j}\tilde{\theta}_j\dot{\hat{\theta}}_j
\end{aligned} \tag{7.60}$$

实际上，$x_{j,2c}$ 由于 $f_{j,1}$ 和 $g_{j,1}$ 未知而不可用，因此应用神经网络对其逼近。给定一紧集 $\Omega_{Z_{j,1}}$，对于任意 $Z_{j,1} := \left(\bar{x}_{j,1}, \rho_j, \dot{\rho}_j, S_{j,1}, y_{j,d}, \dot{y}_{j,d}\right) \in \Omega_{Z_{j,1}} \subset \mathbf{R}^6$ 有

$$\begin{aligned}
& x_{j,2c} = W_{j,1}^{*\mathrm{T}}\xi_{j,1}\left(Z_{j,1}\right) + \delta_{j,1}^* \\
& \left|\delta_{j,1}^*\right| \leqslant \delta_{j,M}
\end{aligned} \tag{7.61}$$

根据式 (7.61) 及结合 θ_j 的定义可得

$$\begin{aligned}
-S_{j,1}\mu_j g_{j,1}x_{j,2c} = {} & -S_{j,1}\mu_j g_{j,1}\frac{W_{j,1}^{*\mathrm{T}}}{\left\|W_{j,1}^*\right\|}\xi_{j,1}\left(Z_{j,1}\right)\left\|W_{j,1}^*\right\| - S_{j,1}\mu_j g_{j,1}\delta_{j,1}^* \\
\leqslant {} & \frac{g_{j,m}a_{j,1}^2}{2}S_{j,1}^2\theta_j\mu_j^2\xi_{j,1}^{\mathrm{T}}\left(Z_{j,1}\right)\xi_{j,1}\left(Z_{j,1}\right) + \frac{1}{2}S_{j,1}^2\mu_j^2 g_{j,1}^2 \\
& +\frac{1}{2a_{j,1}^2}g_{jM}^2 + \frac{1}{2}\delta_{j,M}^2
\end{aligned} \tag{7.62}$$

将式(7.62)代入式(7.60)得

$$
\begin{aligned}
\dot{V}_{j,1}(t) \leqslant &-k_{j,1}S_{j,1}^2 + S_{j,1}\mu_j g_{j,1}x_{j,2} - \frac{1}{2a_{j,1}}S_{j,1}^2\mu_j^2 g_{j,1}^2 + \frac{g_{j,m}a_{j,1}^2}{2} \\
&\times S_{j,1}^2\theta_j\mu_j^2\xi_{j,1}^{\mathrm{T}}\left(Z_{j,1}\right)\xi_{j,1}\left(Z_{j,1}\right) + \frac{1}{2a_{j,1}^2}g_{j,M}^2 + \frac{1}{2}\delta_{j,M}^2 + \frac{g_{j,m}}{r_j}\tilde{\theta}_j\dot{\hat{\theta}}_j
\end{aligned}
\tag{7.63}
$$

选择可行的虚拟控制信号为

$$
x_{j,2f} = -\frac{a_{j,1}^2}{2}S_{j,1}\mu_j\hat{\theta}_j\xi_{j,1}^{\mathrm{T}}\left(Z_{j,1}\right)\xi_{j,1}\left(Z_{j,1}\right)
\tag{7.64}
$$

在式(7.63)右边增加和减少一项 $S_{j,1}\mu_j g_{j,1}x_{j,2f}$ 并合并可得

$$
\begin{aligned}
\dot{V}_{j,1}(t) \leqslant &-k_{j,1}S_{j,1}^2 + S_{j,1}\mu_j g_{j,1}\left(x_{j,2} - x_{j,2f}\right) - \frac{1}{2a_{j,1}}S_{j,1}^2\mu_j^2 g_{j,1}^2 + \frac{1}{2a_{j,1}^2}g_{j,M}^2 \\
&+ \frac{1}{2}\delta_{j,M}^2 + \frac{g_{j,m}}{r_j}\tilde{\theta}_j\left(\dot{\hat{\theta}}_j - \frac{r_j a_{j,1}^2}{2}S_{j,1}^2\mu_j^2\xi_{j,1}^{\mathrm{T}}\left(Z_{j,1}\right)\xi_{j,1}\left(Z_{j,1}\right)\right)
\end{aligned}
\tag{7.65}
$$

为了避免对 $\dot{\alpha}_{j,2}$ 的解析运算，考虑通过低通滤波器来获得 $\alpha_{j,2}$ 和 $\dot{\alpha}_{j,2}$ ，有

$$
\tau_{j,2}\dot{\alpha}_{j,2} + \alpha_{j,2} = x_{j,2f}, \quad \alpha_{j,2}(0) := x_{j,2f}(0)
\tag{7.66}
$$

式中， $\tau_{j,2}$ 为滤波器时间常数。

步骤 $j, i_j\left(i_j = 2,\cdots,m_j - 1\right)$ 定义第 i_j 个动态面变量：

$$
S_{j,i_j} = x_{j,i_j} - \alpha_{j,i_j}
\tag{7.67}
$$

求导可得

$$
\dot{S}_{j,i_j} = f_{j,i_j} + g_{j,i_j}x_{i_j+1} - \dot{\alpha}_{j,i_j}
\tag{7.68}
$$

定义 Lyapunov 函数：

$$
V_{j,i_j}(t) = \frac{1}{2}S_{j,i_j}^2
\tag{7.69}
$$

V_{j,i_j} 关于时间 t 的导数为

$$
\dot{V}_{j,i_j}(t) = S_{j,i_j}\left(f_{j,i_j} + g_{j,i_j}x_{i_j+1} - \dot{\alpha}_{j,i_j}\right)
\tag{7.70}
$$

取期望控制信号为

$$x_{j,3c} = g_{j,2}^{-1}\left(-k_{j,2}S_{j,2} - f_{j,2} + \dot{\alpha}_{j,2} - \frac{1}{2}S_{j,2}g_{j,2}^2 - \frac{1}{2a_{j,2}}S_{j,2}g_{j,2}^2 - S_{j,1}\mu_j g_{j,1}\right)$$

$$x_{j,(i_j+1)c} = g_{j,i_j}^{-1}\left(-k_{j,i_j}S_{j,i_j} - f_{j,i_j} + \dot{\alpha}_{j,i_j} - \frac{1}{2}S_{j,i_j}g_{j,i_j}^2 - \frac{1}{2a_{j,i_j}}S_{j,i_j}g_{j,i_j}^2 - S_{j,i_j-1}g_{j,i_j-1}\right)$$

$$3 \leqslant i_j \leqslant n-1$$

$$(7.71)$$

在式 (7.70) 右边增加和减少一项 $S_{j,i_j}g_{j,i_j}x_{j,i_j+1c}$ 并合并得

$$\dot{V}_{j,i_j}(t) = -k_{j,i_j}S_{j,i_j}^2 + S_{j,i_j}g_{j,i_j}x_{i_j+1} - S_{j,i_j}g_{j,i_j}x_{j,(i_j+1)c}$$
$$- \frac{1}{2}S_{j,i_j}^2 g_{j,i_j}^2 - \frac{1}{2a_{j,i_j}}S_{j,i_j}^2 g_{j,i_j}^2 - S_{j,i_j-1}g_{j,i_j-1}S_{j,i_j}$$

$$(7.72)$$

实际中，$x_{j,(i_j+1)c}$ 由于 f_{j,i_j} 和 g_{j,i_j} 未知而不可用，因此应用神经网络对其逼近。给定一紧集 $\varOmega_{Z_{j,i_j}}$，对于任意 $Z_{j,2} := \left(\bar{x}_{j,2}^{\mathrm{T}}, y_{j,d}, \rho_j, S_{j,1}, \alpha_{j,2}, \dot{\alpha}_{j,2}\right) \in \varOmega_{Z_{j,2}} \subset \mathbf{R}^7$ 和 $Z_{j,i_j} := \left(\bar{x}_{j,i_j}^{\mathrm{T}}, S_{j,i_j-1}, \alpha_{j,i_j}, \dot{\alpha}_{j,i_j}\right) \in \varOmega_{Z_{j,i_j}} \subset \mathbf{R}^{i_j+3}$ 有

$$x_{j,3c} = W_{j,2}^{*\mathrm{T}}\xi_{j,2}\left(Z_{j,2}\right) + \delta_{j,2}^*$$
$$\left|\delta_{j,2}^*\right| \leqslant \delta_{j,M}$$

$$(7.73\mathrm{a})$$

$$x_{j,(i_j+1)c} = W_{j,i_j}^{*\mathrm{T}}\xi_{j,i_j}\left(Z_{j,i_j}\right) + \delta_{j,i_j}^*$$
$$\left|\delta_{j,i_j}^*\right| \leqslant \delta_{j,M}$$

$$(7.73\mathrm{b})$$

类似第 $j,1(1 \leqslant j \leqslant n)$ 步，选择可行的虚拟控制信号为

$$x_{j,(i_j+1)f} = -\frac{a_{j,i_j}^2}{2}S_{j,i_j}\hat{\theta}_j\xi_{j,i_j}^{\mathrm{T}}\left(Z_{j,i_j}\right)\xi_{j,i_j}\left(Z_{j,i_j}\right), \quad 2 \leqslant i_j \leqslant n-1 \qquad (7.74)$$

因此，有

$$\dot{V}_{j,2}(t) \leqslant -k_{j,2}S_{j,2}^2 + S_{j,2}g_{j,2}\left(x_{j,3} - x_{j,3f}\right) - \frac{1}{2a_{j,2}}S_{j,2}^2 g_{j,2}^2 - S_{j,1}\mu_j g_{j,1}S_{j,2}$$
$$+ \frac{1}{2a_{j,2}^2}g_{j,M}^2 + \frac{1}{2}\delta_{j,M}^2 - \frac{g_{j,m}a_{j,2}^2}{2}S_{j,2}^2\tilde{\theta}_j\xi_{j,2}^{\mathrm{T}}\left(Z_{j,2}\right)\xi_{j,2}\left(Z_{j,2}\right)$$

$$(7.75)$$

$$
\begin{aligned}
\dot{V}_{j,i_j}(t) \leqslant & -k_{j,i_j}S_{j,i_j}^2 + S_{j,i_j}g_{j,i_j}\left(x_{j,i_j+1} - x_{j,(i_j+1)f}\right) - \frac{1}{2a_{j,i_j}}S_{j,i_j}^2 g_{j,i_j}^2 - S_{j,i_j-1}g_{j,i_j-1}S_{j,i_j} \\
& + \frac{1}{2a_{j,M}^2}g_{j,M}^2 + \frac{1}{2}\delta_{j,M}^2 - \frac{g_{j,m}a_{j,i_j}^2}{2}S_{j,i_j}^2 \tilde{\theta}_j \xi_{j,i_j}^{\mathrm{T}}\left(Z_{j,i_j}\right)\xi_{j,i_j}\left(Z_{j,i_j}\right)
\end{aligned}
$$

$$(7.76)$$

考虑通过低通滤波器来获得 α_{j,i_j+1} 和 $\dot{\alpha}_{j,i_j+1}$，有

$$
\tau_{j,i_j+1}\dot{\alpha}_{j,i_j+1} + \alpha_{j,i_j+1} = x_{j,(i_j+1)f}, \quad \alpha_{j,i_j+1}(0) := x_{j,(i_j+1)f}(0) \tag{7.77}
$$

步骤 j,m_j 定义第 m_j 个动态面变量：

$$
S_{j,m_j} = x_{j,m_j} - \alpha_{j,m_j} \tag{7.78}
$$

求导可得

$$
\dot{S}_{j,m_j} = f_{j,m_j} + g_{j,m_j}u_j - \dot{\alpha}_{j,m_j} \tag{7.79}
$$

定义 Lyapunov 函数：

$$
V_{j,m_j}(t) = \frac{1}{2}S_{j,m_j}^2 \tag{7.80}
$$

V_{j,m_j} 关于时间 t 的导数为

$$
\dot{V}_{j,m_j}(t) = S_{j,m_j}\left(f_{j,m_j} + g_{j,m_j}u_j - \dot{\alpha}_{j,m_j}\right) \tag{7.81}
$$

取期望控制信号为

$$
x_{j,(m_j+1)c} = g_{j,m_j}^{-1}\left(-k_{j,m_j}S_{j,m_j} - f_{j,m_j} + \dot{\alpha}_{j,m_j} - \frac{1}{2}S_{j,m_j}g_{j,m_j}^2 - S_{j,m_j-1}g_{j,m_j-1}\right) \tag{7.82}
$$

同理，给定一紧集 $\Omega_{Z_{j,m_j}}$，对于任意 $Z_{j,m_j} := \left(X^{\mathrm{T}}, S_{j,m_j-1}, \alpha_{j,m_j}, \dot{\alpha}_{j,m_j}, \bar{u}_{j-1}\right) \in \Omega_{Z_{j,m_j}} \subset \mathbf{R}^{N+j+2}$ 有

$$
x_{j,(m_j+1)c} = W_{j,m_j}^{*\mathrm{T}}\xi_{j,m_j}\left(Z_{j,m_j}\right) + \delta_{j,m_j}^*, \quad \left|\delta_{j,m_j}^*\right| \leqslant \delta_{jM} \tag{7.83}
$$

类似第 $j,1(1 \leqslant j \leqslant n)$ 步，选择可行的控制信号为

$$u_j = -\frac{a_{j,m_j}^2}{2} S_{j,m_j} \hat{\theta}_j \xi_{j,m_j}^{\mathrm{T}} \left(Z_{j,m_j}\right) \xi_{j,m_j}\left(Z_{j,m_j}\right) \tag{7.84}$$

因此，有

$$\dot{V}_{j,m_j}(t) \leqslant -k_{j,m_j} S_{j,m_j}^2 - S_{j,m_j-1} g_{j,m_j-1} S_{j,m_j} + \frac{1}{2a_{j,m_j}^2} g_{j,M}^2$$
$$+ \frac{1}{2}\delta_{j,M}^2 - \frac{g_{j,m} a_{j,m_j}^2}{2} S_{j,m_j}^2 \tilde{\theta}_j \xi_{j,m_j}^{\mathrm{T}}\left(Z_{j,m_j}\right)\xi_{j,m_j}\left(Z_{j,m_j}\right) \tag{7.85}$$

自适应律选择为

$$\dot{\hat{\theta}}_j(t) = \frac{r_j a_{j,1}^2}{2} S_{j,1}^2 \mu_j^2 \xi_{j,1}^{\mathrm{T}}\left(Z_{j,1}\right)\xi_{j,1}\left(Z_{j,1}\right)$$
$$+ \sum_{i_j=2}^{m_j} \frac{r_j a_{j,i_j}^2}{2} S_{j,i_j}^2 \xi_{j,i_j}^{\mathrm{T}}\left(Z_{j,i_j}\right)\xi_{j,i_j}\left(Z_{j,i_j}\right) - b_{j0}\hat{\theta}_j \tag{7.86}$$

式中，$b_{j,0} > 0$ 是设计参数。

7.3.4　闭环系统稳定性和跟踪性能分析

1. 闭环系统稳定性分析

根据定理 7.1，在选择 $\rho_j(0)$ 满足 $0 < |e_j(0)| < \rho_j(0)$ 的条件下，系统 (7.54) 的稳定性可以保证跟踪误差 $e_j(0)$ 达到预设的稳态和动态性能指标。本节利用 Lyapunov 稳定性定理证明闭环系统的半全局稳定性。

首先定义边界层误差：

$$y_{j,i_j+1} = \alpha_{j,i_j+1} - x_{j,(i_j+1)f}, \quad i_j = 1,2,\cdots,m_j-1 \tag{7.87}$$

由式 (7.67) 和式 (7.78) 可得

$$x_{j,i_j+1} - x_{j,(i_j+1)f} = S_{j,i_j+1} + y_{j,i_j+1} \tag{7.88}$$

由式 (7.66) 和式 (7.77) 可得

$$\dot{\alpha}_{j,i_j+1} = -\frac{y_{j,i_j+1}}{\tau_{j,i_j+1}} \tag{7.89}$$

考虑式 (7.87)、式 (7.89)、式 (7.64)、式 (7.86)，可得 $y_{j,2}$ 的导数为

$$
\begin{aligned}
\dot{y}_{j,2} = \dot{\alpha}_{j,2} - \dot{x}_{j,2f} = &-\frac{y_{j,2}}{\tau_{j,2}} + \frac{a_{j,1}^2}{2}\Big(\dot{S}_{j,1}\mu_j\hat{\theta}_j\xi_{j,1}^{\mathrm{T}}\big(Z_{j,1}\big)\xi_{j,1}\big(Z_{j,1}\big) \\
&+ S_{j,1}\dot{\mu}_j\hat{\theta}_j\xi_{j,1}^{\mathrm{T}}\big(Z_{j,1}\big)\xi_{j,1}\big(Z_{j,1}\big) + S_{j,1}\mu_j\dot{\hat{\theta}}_j\xi_{j,1}^{\mathrm{T}}\big(Z_{j,1}\big)\xi_{j,1}\big(Z_{j,1}\big) \\
&+ 2S_{j,1}\mu_j\hat{\theta}_j\dot{\xi}_{j,1}^{\mathrm{T}}\big(Z_{j,1}\big)\xi_{j,1}\big(Z_{j,1}\big)\Big)
\end{aligned}
\tag{7.90}
$$

可见

$$
\left|\dot{y}_{j,2} + \frac{y_{j,2}}{\tau_{j,2}}\right| \leqslant C_{j,2}\big(S_{j,1}, y_{j,2}, \mu_j, \hat{\theta}_j, y_{j,d}, \dot{y}_{j,d}, \ddot{y}_{j,d}\big)
\tag{7.91}
$$

类似地，有

$$
\begin{aligned}
\dot{y}_{j,i_j+1} = \dot{\alpha}_{j,i_j+1} - \dot{x}_{j,(i_j+1)f} = &-\frac{y_{j,i_j+1}}{\tau_{j,i_j+1}} + \frac{a_{j,i_j}^2}{2}\Big(\dot{S}_{j,i_j}\hat{\theta}_j\xi_{j,i_j}^{\mathrm{T}}\big(Z_{j,i_j}\big)\xi_{j,i_j}\big(Z_{j,i_j}\big) \\
&+ S_{j,i_j}\dot{\hat{\theta}}_j\xi_{j,i_j}^{\mathrm{T}}\big(Z_{j,i_j}\big)\xi_{j,i_j}\big(Z_{j,i_j}\big) + 2S_{j,i_j}\hat{\theta}_j\dot{\xi}_{j,i_j}^{\mathrm{T}}\big(Z_{j,i_j}\big)\xi_{j,i_j}\big(Z_{j,i_j}\big)\Big)
\end{aligned}
\tag{7.92}
$$

$$
\left|\dot{y}_{j,i_j+1} + \frac{y_{j,i_j+1}}{\tau_{j,i_j+1}}\right| \leqslant C_{j,i_j+1}\big(S_{j,1},\cdots,S_{j,i_j}, y_{j,2},\cdots,y_{j,i_j+1}, \hat{\theta}_j, y_{j,d}, \dot{y}_{j,d}, \ddot{y}_{j,d}\big)
\tag{7.93}
$$

因此，有

$$
\dot{y}_{j,i_j+1}y_{j,i_j+1} \leqslant -\frac{y_{j,i_j+1}^2}{\tau_{j,i_j+1}} + \left|y_{j,i_j+1}\right|C_{j,i_j+1} \leqslant -\frac{y_{j,i_j+1}^2}{\tau_{j,i_j+1}} + \frac{y_{j,i_j+1}^2}{2} + \frac{C_{j,i_j+1}^2}{2}
\tag{7.94}
$$

式中，$C_{j,i_j+1}(\cdot)$ 是某一连续函数。

定理 7.2　考虑式 (7.54) 构成的闭环系统，对于第 j 个系统，定义 Lyapunov 能量函数：

$$
V_j(t) = \sum_{i_j=1}^{m_j} V_{j,i_j} + \frac{1}{2}\sum_{i_j=1}^{m_j-1} y_{j,i_j+1}^2
\tag{7.95}
$$

在满足假设 7.2 和假设 7.3 的条件下，控制律选择为式 (7.84)，则对于任意给定正常数 p_j，若 $V_j(0) \leqslant p_j$，那么存在设计参数 $b_{j,0}$、r_j、a_{j,i_j}，使闭环系统的所有信号半全局一致终结有界。

证明 由于各个子系统的设计方法基本类似，首先考虑具有代表性的第 j 个子系统的情况。

$V_j(t)$ 对时间 t 的导数为

$$\dot{V}_j(t) = \sum_{i_j=1}^{m_j} \dot{V}_{j,i_j} + \sum_{i_j=1}^{m_j-1} y_{j,i_j+1} \dot{y}_{j,i_j+1} \tag{7.96}$$

将式(7.65)、式(7.75)、式(7.76)、式(7.85)、式(7.86)、式(7.88)代入式(7.96)整理得

$$\dot{V}_j(t) \leqslant -\sum_{i_j=1}^{m_j} k_{j,i_j} S_{j,i_j}^2 - \frac{1}{2a_{j,1}} S_{j,1}^2 \mu_j^2 g_{j,1}^2 - \sum_{i_j=2}^{m_j-1} \frac{1}{2a_{j,i_j}} S_{j,i_j}^2 g_{j,i_j}^2$$
$$+ S_{j,1} \mu_j g_{j,1} y_{j,2} + \sum_{i_j=2}^{m_j-1} S_{j,i_j} g_{j,i_j} y_{j,i_j+1} - \frac{g_{j,m} b_{j,0}}{r_j} \tilde{\theta}_j \hat{\theta}_j \tag{7.97}$$
$$+ \sum_{i_j=1}^{m_j-1} y_{j,i_j+1} \dot{y}_{j,i_j+1} + \frac{1}{2} \sum_{i_j=1}^{m_j} \frac{g_{j,M}^2}{a_{j,i_j}^2} + \frac{m_j}{2} \delta_{j,M}^2$$

由假设 7.3 和定理表述可知，对于任意 $B_{j0} > 0$ 和 $p_j > 0$，集合

$$\Omega_{j,d} = \left\{ (y_{j,d}, \dot{y}_{j,d}, \ddot{y}_{j,d}) \,\Big|\, y_{j,d}^2 + \dot{y}_{j,d}^2 + \ddot{y}_{j,d}^2 \leqslant B_{j,0} \right\} \tag{7.98}$$

$$\Omega_{i_j} = \left\{ \sum_{k_j=1}^{i_j} V_{j,k_j} + \frac{1}{2} \sum_{k_j=1}^{i_j-1} y_{j,k_j+1}^2 \leqslant p_j \right\}, \quad 1 \leqslant i_j \leqslant m_j \tag{7.99}$$

分别是 $\mathbf{R}^3$ 和 $\mathbf{R}^{2i_j-1}$ 内的紧集，那么，$\Omega_{j,d} \times \Omega_{i_j}$ 也是 $\mathbf{R}^{2i_j+2}$ 内的紧集。因此，$C_{j,i_j+1}(\cdot)$ 在集合 $\Omega_{j,d} \times \Omega_{i_j}$ 内存在一个最大值 M_{i_j+1}，则

$$\dot{y}_{j,i_j+1} y_{j,i_j+1} \leqslant -\frac{y_{j,i_j+1}^2}{\tau_{j,i_j+1}} + \frac{y_{j,i_j+1}^2}{2} + \frac{M_{j,i_j+1}^2}{2} \tag{7.100}$$

根据杨氏不等式，有

$$S_{j,1} \mu_j g_{j,1} y_{j,2} \leqslant \frac{1}{2a_{j,1}} S_{j,1}^2 \mu_j^2 g_{j,1}^2 + \frac{a_{j,1}}{2} y_{j,2}^2 \tag{7.101}$$

$$S_{j,i_j} g_{j,i_j} y_{j,i_j+1} \leqslant \frac{1}{2a_{j,i_j}} S_{j,i_j}^2 g_{j,i_j}^2 + \frac{a_{j,i_j}}{2} y_{j,i_j+1}^2 \tag{7.102}$$

且注意到

$$-2\tilde{\theta}_j\hat{\theta}_j \leqslant \theta_j^2 - \tilde{\theta}_j^2 \tag{7.103}$$

将式(7.103)代入式(7.97)整理得

$$\dot{V}_j(t) \leqslant -\sum_{i_j=1}^{m_j} k_{j,i_j} S_{j,i_j}^2 - \frac{g_{j,m}b_{j,0}}{r_j}\tilde{\theta}_j^2 - \sum_{i_j=1}^{m_j-1}\left(\frac{1}{\tau_{j,i_j+1}} - \frac{1}{2} - \frac{a_{j,i_j}}{2}\right)y_{j,i_j+1}^2 \tag{7.104}$$
$$+ \sum_{i_j=1}^{m_j-1}\frac{M_{j,i_j+1}^2}{2} + \frac{g_{j,m}b_{j,0}}{2r_j}\theta_j^2 + \sum_{i_j=1}^{m_j}\frac{g_{j,M}^2}{2a_{j,i_j}^2} + \frac{m_j}{2}\delta_{j,M}^2$$

选择设计参数：

$$\begin{cases} k_{j,i_j} \geqslant 0.5\lambda_{j,0}, \quad 1 \leqslant j \leqslant n, 1 \leqslant i_j \leqslant m_j \\ \dfrac{1}{\tau_{j,i_j+1}} \geqslant 0.5\lambda_{j,0} + \dfrac{1}{2} + \dfrac{a_{j,i_j}}{2}, \quad 1 \leqslant i_j \leqslant m_j - 1 \\ \lambda_{j,0} = b_{j,0} \end{cases} \tag{7.105}$$

且令

$$c_{j,0} = \sum_{i_j=1}^{m_j-1}\frac{M_{j,i_j+1}^2}{2} + \frac{g_{j,m}b_{j,0}}{2r_j}\theta_j^2 + \sum_{i_j=1}^{m_j}\frac{g_{j,M}^2}{2a_{j,i_j}^2} + \frac{m_j}{2}\delta_{j,M}^2 \tag{7.106}$$

则式(7.104)可整理为

$$\dot{V}_j(t) \leqslant -\lambda_{j,0}V_j(t) + c_{j,0} \tag{7.107}$$

定义

$$V(t) = \sum_{j=1}^{n}V_j(t) \tag{7.108}$$

其微分为

$$\dot{V}(t) = \sum_{j=1}^{n}\dot{V}_j(t) = \sum_{j=1}^{n}\left(-\lambda_{j,0}V_j + c_{j,0}\right) \leqslant -\lambda_0 V + c_0 \tag{7.109}$$

式中，$\lambda_0 = \min\{\lambda_{1,0}, \cdots, \lambda_{n,0}\}$，$c_0 = \sum_{j=1}^{n}c_{j,0}$ 为正常数。

令 $\lambda_0 > c_0 \Big/ \sum_{j=1}^n p_j$ ，则当 $V(t) = \sum_{j=1}^n p_j$ 时 $\dot{V}(t) < 0$ ，即对于 $\forall t \geqslant 0$ ，若

$V(0) \leqslant \sum_{j=1}^n p_j$ ，则 $V(t) \leqslant \sum_{j=1}^n p_j$ ，说明 $V(t) \leqslant \sum_{j=1}^n p_j$ 是一个不变集。式(7.109)两边在

$[0,t]$ 内积分，对于 $\forall t \geqslant 0$ 可得

$$0 \leqslant V(t) \leqslant \frac{c_0}{\lambda_0} + \left(V(0) - \frac{c_0}{\lambda_0} \right) \mathrm{e}^{-\lambda_0 t} \tag{7.110}$$

因此，闭环系统的所有信号，即 S_{j,i_j} 、y_{j,i_j+1} 、$\hat{\theta}_j$ 、u_j 等均半全局一致终结有界。
定理得证。

2. 跟踪性能分析

第 1 部分证明了闭环系统的所有信号有界，下面通过定理 7.3 分析闭环系统
的跟踪性能。

定理 7.3 考虑式(7.54)构成的闭环系统，在根据定理 7.2 得到闭环系统所有
信号有界的条件下，通过适当选择设计参数 $b_{j,0}$ 、r_j 、a_{j,i_j} 及初始化动态面变量，
可得到如下结论。

(1) $\left| \hat{\theta}_j \right|$ 有界，且 $\left| \hat{\theta}_j \right| \leqslant c_{\tilde{\theta} j \max} + \left| \theta_j \right|$ 。

(2) 若令 $E(t) = \left[S_{1,1}, \cdots, S_{1,m_1}, \cdots, S_{j,1}, \cdots, S_{1,m_j}, \cdots, S_{n,1}, \cdots, S_{n,m_n} \right]^{\mathrm{T}}$ ，$\tilde{\Theta} = \left[\tilde{\theta}_1, \cdots, \tilde{\theta}_n \right]^{\mathrm{T}}$ ，$H(t) = \left[y_1^{\mathrm{T}}, \cdots, y_n^{\mathrm{T}} \right]^{\mathrm{T}}$ ，$y_j = \left[y_{j,2}, \cdots, y_{j,m_j} \right]^{\mathrm{T}}$ ，则闭环系统的所有状态信号
最终收敛到有界紧集 Ω_s 内：

$$\Omega_s = \left\{ X, \hat{\theta}_j, y_j \left| \lim_{t \to \infty} \|E(t)\| = \mu_E^*, \lim_{t \to \infty} \|\tilde{\Theta}\| = \mu_{\tilde{\Theta}}^*, \lim_{t \to \infty} \|H(t)\| = \mu_H^*, y_{j,d} \in \Omega_{j,d} \right. \right\}$$

(3) 系统输出 y_j 按预设跟踪性能跟踪期望信号 $y_{j,d}$ ，即收敛速度、最大超调
量、稳态误差能被保证。

上述结论中，$c_{\tilde{\theta} j \max} = \sqrt{2 r_j \left[V(0) + \frac{c_0}{\lambda_0} \right] \Big/ g_{j,m}}$ ，$\mu_E^* = \mu_H^* = \sqrt{2 c_0 / \lambda_0}$ ，$\mu_{\tilde{\Theta}}^* = $

$\sqrt{2 \lambda_{\Gamma \min} c_0 / \lambda_0}$ ，$\lambda_{\Gamma \min} = \min\limits_{\tau \in [0,t]} \lambda_{\min} \left(\Gamma^{-1}(\tau) \right)$ 。

证明 (1)对式(7.110)进一步缩放得

$$0 \leqslant V(t) \leqslant \left(V(0) - \frac{c_0}{\lambda_0} \right) e^{-\lambda_0 t} + \frac{c_0}{\lambda_0} \leqslant V(0) + \frac{c_0}{\lambda_0}, \quad \forall t \geqslant 0 \tag{7.111}$$

由式(7.57)和式(7.108)及 $\tilde{\theta}_j = \hat{\theta}_j - \theta_j$ 可得

$$\left| \hat{\theta}_j \right| \leqslant c_{\tilde{\theta}j\max} + \left| \theta_j \right| \tag{7.112}$$

结论(1)得证。

(2)由式(7.108)可得

$$V(t) = \frac{1}{2} E^{\mathrm{T}}(t)E(t) + \frac{1}{2} H^{\mathrm{T}}(t)H(t) + \frac{1}{2} \tilde{\Theta}^{\mathrm{T}} \Gamma^{-1} \tilde{\Theta} \tag{7.113}$$

式中，$\Gamma^{-1} = \mathrm{diag}\{g_{j,m}/r_j\}$。

由式(7.113)和式(7.110)可知

$$\left\| E(t) \right\|^2 \leqslant 2V(t) \leqslant \frac{2c_0}{\lambda_0} + 2\left(V(0) - \frac{c_0}{\lambda_0} \right) e^{-\lambda_0 t} \tag{7.114}$$

$$\left\| H(t) \right\|^2 \leqslant 2V(t) \leqslant \frac{2c_0}{\lambda_0} + 2\left(V(0) - \frac{c_0}{\lambda_0} \right) e^{-\lambda_0 t} \tag{7.115}$$

$$\frac{1}{2} \lambda_{\Gamma\min} \left\| \tilde{\Theta} \right\|^2 \leqslant \frac{1}{2} \tilde{\Theta}^{\mathrm{T}} \Gamma^{-1} \tilde{\Theta} \leqslant V(t) \tag{7.116}$$

即有

$$\left\| E(t) \right\| \leqslant \sqrt{\frac{2c_0}{\lambda_0} + 2\left(V(0) - \frac{c_0}{\lambda_0} \right) e^{-\lambda_0 t}} \tag{7.117}$$

$$\left\| H(t) \right\| \leqslant \sqrt{\frac{2c_0}{\lambda_0} + 2\left(V(0) - \frac{c_0}{\lambda_0} \right) e^{-\lambda_0 t}} \tag{7.118}$$

$$\left\| \tilde{\Theta} \right\| \leqslant \sqrt{\left\{ \frac{2c_0}{\lambda_0} + 2\left(V(0) - \frac{c_0}{\lambda_0} \right) e^{-\lambda_0 t} \right\} \Big/ \lambda_{\Gamma\min}} \tag{7.119}$$

若 $V(0) = c_0/\lambda_0$，则 $\left\| E(t) \right\| \leqslant \mu_E^*$，$\forall t \geqslant 0$。

若 $V(0) \neq c_0/\lambda_0$，由式(7.118)可知对于任意给定的 $\mu_E > \mu_E^*$，存在 T_E，使得对 $\forall t > T_E$，有 $\left\| E(t) \right\| \leqslant \mu_E$。任意给定 μ_E，即

$$\mu_E = \sqrt{\frac{2c_0}{\lambda_0} + 2\left(V(0) - \frac{c_0}{\lambda_0}\right)\mathrm{e}^{-\lambda_0 T_E}}, \quad V(0) \neq \frac{c_0}{\lambda_0} \tag{7.120}$$

若取

$$T_E = -\frac{1}{\lambda_0}\ln\left(\frac{\mu_E^2 - 2c_0/\lambda_0}{2\left(V(0) - c_0/\lambda_0\right)}\right) \tag{7.121}$$

则当 $\forall t > T_E$ 时，有

$$\lim_{t\to\infty}\|E(t)\| = \mu_E^* \tag{7.122}$$

同理可得

$$\lim_{t\to\infty}\|\tilde{\Theta}\| = \mu_{\tilde{\Theta}}^*, \quad \lim_{t\to\infty}\|H(t)\| = \mu_H^* \tag{7.123}$$

结论(2)得证。

(3) 只要式(7.110)满足，根据式(7.57)、式(7.95)、式(7.108)和式(7.122)得到转换误差：

$$\left\|S_{j,1}\right\|_\infty \leqslant \sqrt{2c_0/\lambda_0} < \infty \tag{7.124}$$

即

$$S_{j,1} \in L_\infty \tag{7.125}$$

结合式(7.49)~式(7.52)可知，预设跟踪性能，则收敛速度、最大超调量、稳态误差能被保证。

结论(3)得证。定理 7.2 得证。

注 7.5　从上述分析中可以发现，紧集 Ω_s 域的大小依赖 W_{j,i_j}^*、$\delta_{j,M}$ 和所有设计参数。现有的神经网络文献没有量化隐层节点数 l_{j,i_j}、理想权值 W_{j,i_j}^* 和逼近误差界 $\delta_{j,M}$ 间关系的分析结果，因此目前不能得到稳定性条件的明确表达式。但是，可以得到：①增大 $b_{j,0}$ 可以减小 c_0/λ_0；②增大 r_j、减小 a_{j,i_j} 可以减小 $c_{j,0}$，即减小 c_0；同时增加神经网络隐层节点数 l_{j,i_j} 可以减小逼近误差 $\delta_{j,M}$，从而减小 $c_{j,0}$，即减小 c_0。最终减小紧集 Ω_s 域的大小。

注 7.6　由于本节基于预设的跟踪性能进行控制律设计，因此调节设计参数使得转换误差满足 $S_{j,1} \in L_\infty$，既可以保证跟踪误差收敛到一指定的小残集内，又可

以保证预设的收敛速度和最大超调量。而文献[25]～[28]的反推和动态面设计方法即使按照注 7.5 的原则调整设计参数，也仅能保证跟踪误差收敛到与设计参数和某些未知有界项有关的残集内。

7.3.5　数值仿真验证

考虑如下的两输入两输出系统：

$$
\begin{cases}
\dot{x}_{1,1} = x_{1,2} + \mathrm{e}^{-x_{2,1}} \sin x_{1,1} \\
\dot{x}_{1,2} = \dfrac{x_{1,1} + x_{2,1}}{x_{1,1}^2 x_{2,1}^2 + 1} + \left(1 + 0.5\cos^2\left(x_{2,2}\right)\right)u_1 \\
\dot{x}_{2,1} = x_{2,2} + x_{1,1}\tanh x_{2,1} \\
\dot{x}_{2,2} = \ln\left(x_{1,1}^2 + x_{2,1}^2 + 0.5\right) + x_{1,1}u_1 + \left(2 + \sin\left(x_{2,1}x_{2,2}\right)\right)u_2 \\
y_1 = x_{1,1} \\
y_2 = x_{2,1}
\end{cases}
\tag{7.126}
$$

控制目标是按照预设的稳态误差、最大超调量和收敛速度设计控制器，使得闭环系统的所有信号有界，且每个子系统输出 y_j 能够跟踪期望信号 $y_{j,d}$。期望信号为 $y_{1,d} = 0.5\sin(0.5t) + 0.5\sin t$ 和 $y_{2,d} = \sin(0.5t)\sin t$。

为了验证本节方法的有效性，分别针对误差转换函数引入前后两种情况对系统(7.79)进行对比仿真研究。

(1)引入输出误差转换函数后的控制律设计。

定义 $e_j = x_{j,1} - y_{j,d}$，$S_{j,1} = T_j^{-1}\left(e_j(t)/\rho_j(t)\right)$，$S_{j,2} = x_{j,2} - \alpha_{j,2}$，$j = 1,2$。选择可行虚拟控制信号、最终控制律和参数更新律分别为

$$
x_{j,2f} = -\frac{a_{j,1}^2}{2} S_{j,1}\mu_j\hat{\theta}_j\xi_{j,1}^{\mathrm{T}}\left(Z_{j,1}\right)\xi_{j,1}\left(Z_{j,1}\right)
\tag{7.127}
$$

$$
u_j = -\frac{a_{j,2}^2}{2} S_{j,2}\hat{\theta}_j\xi_{j,2}^{\mathrm{T}}\left(Z_{j,2}\right)\xi_{j,2}\left(Z_{j,2}\right)
\tag{7.128}
$$

$$
\dot{\hat{\theta}}_j(t) = \frac{r_j a_{j,1}^2}{2} S_{j,1}^2\mu_j^2\xi_{j,1}^{\mathrm{T}}\left(Z_{j,1}\right)\xi_{j,1}\left(Z_{j,1}\right) + \frac{r_j a_{j,2}^2}{2} S_{j,2}^2\xi_{j,2}^{\mathrm{T}}\left(Z_{j,2}\right)\xi_{j,2}\left(Z_{j,2}\right) - b_{j,0}\hat{\theta}_j
\tag{7.129}
$$

选择低通滤波器为

$$
\tau_{j,2}\dot{\alpha}_{j,2} + \alpha_{j,2} = x_{j,2f}, \quad \alpha_{j,2}(0) := x_{j,2f}(0)
\tag{7.130}
$$

神经网络输入选择为 $Z_{j,1} := \left(x_{j,1}, \rho_j, \dot{\rho}_j, S_{1,1}, y_{j,d}, \dot{y}_{j,d} \right) \in \Omega_{Z_{j,1}} \subset \mathbf{R}^6$，$Z_{1,2} := \left(X^{\mathrm{T}}, \right.$
$\left. y_{1,d}, \rho_1, S_{1,1}, \alpha_{1,2}, \dot{\alpha}_{1,2} \right) \in \Omega_{Z_{1,2}} \subset \mathbf{R}^9$，$Z_{2,2} := \left(X^{\mathrm{T}}, y_{2,d}, \rho_2, S_{2,1}, \alpha_{2,2}, \dot{\alpha}_{2,2}, u_1 \right) \in \Omega_{Z_{2,2}} \subset$
$\mathbf{R}^{10}$，$j = 1, 2$。其中，$X = \left[x_{1,1}, x_{1,2}, x_{2,1}, x_{2,2} \right]^{\mathrm{T}}$，$\mu_j = \dfrac{\partial T_j^{-1}}{\partial \left(e_j(t) / \rho_j(t) \right)} \cdot \dfrac{1}{\rho_j(t)}$。

要求各个子系统输出的稳态误差不大于 $\rho_{j,\infty}$，最小收敛速度通过指数 $\mathrm{e}^{-c_j t}$ 获得，无超调量。则性能函数选择为

$$\rho_j = \left(\rho_{j,0} - \rho_{j,\infty} \right) \mathrm{e}^{-c_j t} + \rho_{j\infty}, \quad j = 1, 2 \tag{7.131}$$

误差转换函数选择为

$$T_j \left(S_{j,1} \right) = \frac{1 + \delta_j}{\pi} \arctan \left(S_{j,1} \right) - \frac{\delta_j - 1}{2} \tag{7.132}$$

(2)未引入输出误差转换函数的控制律设计。

定义 $S_{j,1} = x_{j,1} - y_{j,d}$，$S_{j,2} = x_{j,2} - \alpha_{j,2}$，$j = 1, 2$。选择可行虚拟控制信号、最终控制律和参数更新律分别为

$$x_{j,2f} = -\frac{a_{j,1}^2}{2} S_{j,1} \hat{\theta}_j \xi_{j,1}^{\mathrm{T}} \left(Z_{j,1} \right) \xi_{j,1} \left(Z_{j,1} \right) \tag{7.133}$$

$$u_j = -\frac{a_{j,2}^2}{2} S_{j,2} \hat{\theta}_j \xi_{j,2}^{\mathrm{T}} \left(Z_{j,2} \right) \xi_{j,2} \left(Z_{j,2} \right) \tag{7.134}$$

$$\dot{\hat{\theta}}_j(t) = \sum_{i_j=1}^{2} \frac{r_j a_{j,i_j}^2}{2} S_{j,i_j}^2 \xi_{j,i_j}^{\mathrm{T}} \left(Z_{j,i_j} \right) \xi_{j,2} \left(Z_{j,i_j} \right) - b_{j,0} \hat{\theta}_j \tag{7.135}$$

神经网络输入选择为 $Z_{j,1} := \left(x_{j,1}, S_{j,1}, \dot{y}_{j,d} \right) \in \Omega_{Z_{j,1}} \subset \mathbf{R}^3$，$Z_{1,2} := \left(X^{\mathrm{T}}, S_{1,1}, \alpha_{1,2}, \right.$
$\left. \dot{\alpha}_{1,2} \right) \in \Omega_{Z_{1,2}} \subset \mathbf{R}^7$，$Z_{2,2} := \left(X^{\mathrm{T}}, S_{2,1}, \alpha_{2,2}, \dot{\alpha}_{2,2}, u_1 \right) \in \Omega_{Z_{2,2}} \subset \mathbf{R}^8$，$j = 1, 2$。

仿真中，引入输出误差转换函数后，选择 $\rho_{1,0} = \rho_{2,0} = 0.7$，$\rho_{1,\infty} = \rho_{2,\infty} = 0.05$，$c_1 = c_2 = 2.5$。由于无超调量，故选择 $\delta_1 = \delta_2 = 0$。初始条件为 $x_{1,1}(0) = 0.35$，$x_{1,2}(0) = 0$，$x_{2,1}(0) = 0.2$，$x_{2,2}(0) = 0$，初始化参数为 $\left[\hat{\theta}_1(0), \hat{\theta}_2(0) \right]^{\mathrm{T}} = [0,0]^{\mathrm{T}}$。

在误差转换函数式(7.85)引入前后，选择相同的控制器参数和神经网络参数进行对比仿真。控制器参数均选择为 $a_{1,1} = 0.16$，$a_{1,2} = 30$，$a_{2,1} = 0.28$，$a_{2,2} = 30$，$\tau_{1,2} = \tau_{2,2} = 0.01$，$r_1 = 40$，$r_2 = 18$，$b_{1,0} = 0.4$，$b_{2,0} = 0.09$。选择神经网络 $W_1^{*\mathrm{T}} \xi(Z_1)$ 节点数 $l_1 = 65$，中心值 $\mu_l (l = 1, 2, \cdots, l_1)$ 均在区间 $[-2, 2]$ 内均匀取值，宽度 $\eta_l =$

$2\left(l=1,2,\cdots,l_1\right)$；$W_2^{*\mathrm{T}}\xi(Z_2)$ 节点数 $l_2=125$，中心值 $\mu_l\left(l=1,2,\cdots,l_2\right)$ 在区间 $[-2,2]$ 内均匀取值，宽度 $\eta_l=2\left(l=1,2,\cdots,l_2\right)$。仿真结果如图 7.10～图 7.15 所示。

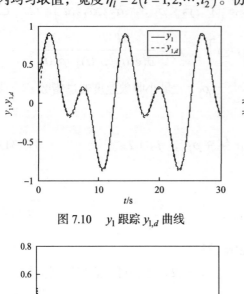

图 7.10　y_1 跟踪 $y_{1,d}$ 曲线

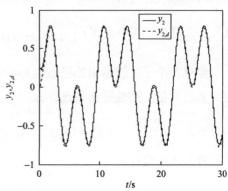

图 7.11　y_2 跟踪 $y_{2,d}$ 曲线

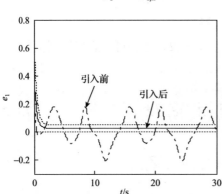

图 7.12　误差转换函数引入前后子系统 1 跟踪误差和预设误差界(虚线)曲线

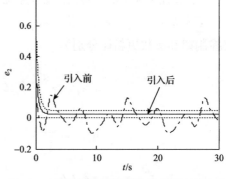

图 7.13　误差转换函数引入前后子系统 2 跟踪误差和预设误差界(虚线)曲线

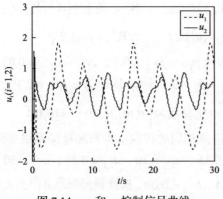

图 7.14　u_1 和 u_2 控制信号曲线

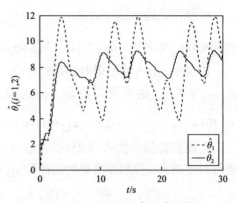

图 7.15　更新参数 $\hat{\theta}_1$ 和 $\hat{\theta}_2$ 曲线

图 7.10、图 7.11、图 7.14 和图 7.15 为误差转换函数引入后的仿真结果。可以看到，系统输出能很好地跟踪期望信号，并保证了控制信号和更新参数的有界性。图 7.12 和图 7.13 则显示误差转换函数引入前后的系统跟踪误差。显然，引入误差转换函数后，每个子系统输出获得了预设的稳态误差、最大超调量和收敛速度。而引入误差转换函数前，仅能保证跟踪误差收敛到与设计参数和某些未知有界项有关的残集内。

从控制器设计过程和仿真结果看，新控制器通过在设计中应用一性能函数及进行误差转换，保证了预设的跟踪性能，与现有的动态面控制和反推控制方法相比，更加实用。

7.4 高超声速飞行器预设性能动态面自适应飞行控制

本节提出基于非仿射模型的高超声速飞行器预设性能动态面自适应飞行控制方法。通过设计新型性能函数对跟踪误差进行约束，使得误差收敛过程满足期望的动态性能与稳态性能。首先提出一种新型非仿射预设性能控制方法，直接基于非仿射模型设计控制律，摆脱对误差精确初值的依赖；然后通过高超声速飞行器的速度与高度跟踪控制仿真，验证所提控制方法的有效性。

7.4.1 新型性能函数设计

现有预设性能控制理论存在诸多缺陷：①经典文献中的预设性能（式(7.1)）要求误差初值 $e(0)$ 必须事先已知，且要根据 $e(0)$ 的不同符号定义两种不同的约束形式，而工程实际中，$e(0)$ 的精确值是需要付出很大代价才能获取甚至很多情况下是无法获取的，若因 $\rho(0)$ 取值不当，而导致式(7.1)所定义的预设区域没有包含 $e(0)$，就会出现控制奇异问题；②误差变换函数 $S(\varepsilon(t))$ 也必须根据 $e(0)$ 的不同符号分别设计，进一步增大了设计难度；③控制律设计与闭环系统的稳定性证明都必须根据 $e(0)$ 的不同符号分别进行，算法的实用性与可操作性不强。

为了摆脱对 $e(0)$ 的依赖，文献[29]从误差变换函数入手，通过提出一种新型误差变换函数，控制律不再要求 $e(0)$ 精确已知。为了简化设计，本节从性能函数设计入手，通过设计一种无需精确误差初值的新型性能函数，以摆脱控制律对 $e(0)$ 的依赖。

依据定义 7.1，设计如下一种新型性能函数 $\hbar(t)$：

$$\hbar(t) = \coth(\kappa t + \vartheta) - 1 + \hbar_\infty \tag{7.136}$$

式中，$\kappa, \vartheta, \hbar_\infty \in \mathbf{R}^+$ 为待设计参数。

$\hbar(t)$ 满足下列性质。

(1) $\hbar(t)$ 为正的单调递减函数；

(2) $\hbar(0) = \coth \vartheta - 1 + \hbar_\infty = \dfrac{\mathrm{e}^{2\vartheta} + 1}{\mathrm{e}^{2\vartheta} - 1} - 1 + \hbar_\infty > \hbar_\infty$ ；

(3) $\lim\limits_{\vartheta \to 0} \hbar(0) \to +\infty$ ；

(4) $\lim\limits_{t \to +\infty} \hbar(t) = \hbar_\infty$ 。

将预设性能定义为

$$-\hbar(t) < e(t) < \hbar(t) \tag{7.137}$$

当选取足够小的 ϑ 时，由 $\hbar(t)$ 的性质 (3) 可知 $\hbar(t) \to +\infty, -\hbar(t) \to -\infty$ ，则对于任意未知但有界的 $e(0)$ ，均有

$$-\hbar(0) < e(t) < \hbar(0) \tag{7.138}$$

因此，对于任意有界 $e(0)$ ，无论其是否为已知，只要选取足够小的 ϑ ，式 (7.49) 所定义的预设区域必能包含 $e(0)$ ，从而避免了传统性能函数因初值设置不当而导致的控制奇异问题。

式 (7.49) 所定义的预设性能可用图 7.16 来表示。$\hbar_\infty$ 表示 $e(t)$ 稳态值的上界，即 $-\hbar_\infty < e(\infty) < \hbar_\infty$ ，故可通过选取合适的 $\hbar_\infty$ 来保证 $e(t)$ 有理想的稳态精度。$\hbar(0)$ 表示 $e(t)$ 所允许的最大超调。κ 直接影响 $\hbar(t)$ 的下降速度，且 κ 越大，$\hbar(t)$ 下降速度越快。

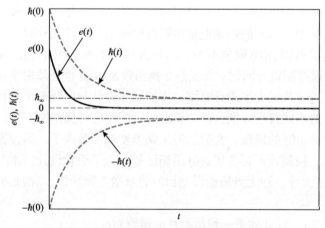

图 7.16　式 (7.49) 定义的预设性能示意图

注 7.7　应当看到，当选取较小的 ϑ 时，$\hbar(0)$ 的取值会很大。此时，有可能导致 $e(t)$ 的超调量过大。但考虑到 $e(t)$ 的响应速度有限，可通过选择较大的 κ 来保证 $e(t)$ 具有满意的超调量与调节时间等动态性能。

由于无法直接针对式(7.137)设计控制律，定义转换误差 $\varepsilon(t)$：

$$\varepsilon(t) = \ln\left(\frac{\mu(t)+1}{1-\mu(t)}\right) \tag{7.139}$$

式中， $\mu(t) = e(t)/\hbar(t)$ 。

得到定理 7.4。

定理 7.4 $\varepsilon(t)$ 有界，则有 $-\hbar(t) < e(t) < \hbar(t)$ 。

证明 因为 $\varepsilon(t)$ 有界，必存在有界常数 $\varepsilon_M \in \mathbf{R}^+$ 使得 $|\varepsilon(t)| \leqslant \varepsilon_M$ 。进一步，式(7.139)的逆变换为

$$e^{\varepsilon(t)} = \frac{\mu(t)+1}{1-\mu(t)} \tag{7.140}$$

由式(7.140)可得

$$-1 < \frac{e^{-\varepsilon_M}-1}{1+e^{-\varepsilon_M}} \leqslant \mu(t) \leqslant \frac{e^{\varepsilon_M}-1}{1+e^{\varepsilon_M}} < 1 \tag{7.141}$$

将 $\mu(t) = e(t)/\hbar(t)$ 代入式(7.141)可得

$$-\hbar(t) < e(t) < \hbar(t) \tag{7.142}$$

故定理 7.4 成立。证毕。

注 7.8 下文的控制律将基于转换误差 $\varepsilon(t)$ 设计。定理 7.1 表明，只要 $\varepsilon(t)$ 有界， $e(t)$ 便可被限定在式(7.137)所定义的预设区域内。通过为 $\hbar(t)$ 选择合适的设计参数，便可保证 $e(t)$ 具有满意的动态性能与稳态精度。

7.4.2 动态面自适应巡航飞行控制律设计

将高超声速飞行器纵向运动模型分解为速度子系统和高度子系统并表示为非仿射形式，对两个子系统分别设计预设性能动态面自适应控制器。

1. 速度控制律设计与稳定性分析

根据文献[30]和[31]的研究结论，将高超声速飞行器的速度子系统表示为如下关于控制输入的非仿射形式：

$$\dot{v} = f_v(v, \Phi) \tag{7.143}$$

式中， $f_v(v, \Phi)$ 为连续可微的未知非线性函数。

控制目标：针对非仿射模型式(7.143)，通过为 Φ 设计合适的预设性能控制律，

实现速度 v 对其参考输入 v_{ref} 的鲁棒跟踪,并将速度跟踪误差限定在预先设定的区域内。

考虑如下初值问题:

$$\dot{\mu}(t) = \lambda(t, \mu(t)), \quad \mu(0) \in \Omega_\mu \tag{7.144}$$

式中, $\lambda(t, \mu(t)) : \mathbf{R}^+ \times \Omega_\mu \to \mathbf{R}^n$, $\Omega_\mu \subset \mathbf{R}^n$ 为非空开集。

定义 7.2[32]　对于系统(7.144)的一个解,若找不到该解合适的右增广向量使之也是系统(7.144)的一个解,则该解为最大解。

定理 7.5[32]　假设 $\lambda(t, \mu(t))$ 满足:①$\lambda(t, \mu(t))$ 在 $\mu(t)$ 上是局部 Lipschitz 的;②对于每一个固定的 $\mu(t) \in \Omega_\mu$, $\lambda(t, \mu(t))$ 在 t 上均连续;③对于每一个固定的 $\mu(t) \in \Omega_\mu$, $\lambda(t, \mu(t))$ 在 t 上局部可积。则在 $t \in [0, \iota_{\max})$ 上,系统(7.144)必存在唯一的最大解 $\mu(t) : [0, \iota_{\max}) \to \Omega_\mu$, 使得 $\mu(t) \in \Omega_\mu, \forall t \in [0, \iota_{\max})$, 这里 $\iota_{\max} \in \{\mathbf{R}^+, +\infty\}$。

给出如下合理假设。

假设 7.4　存在有界常数 $B_\Phi \in \mathbf{R}^+$ 使得

$$\frac{\partial f_v(v, \Phi)}{\partial \Phi} \geqslant B_\Phi \tag{7.145}$$

假设 7.5[33]　参考输入 v_{ref} 及其一阶导数 $\dot{v}_{\mathrm{ref}}$ 均有界。

借鉴文献[34]的思想,为速度子系统设计一种无需任何估计参数的新型预设性能控制律。

定义速度跟踪误差为

$$\tilde{v} = v - v_{\mathrm{ref}} \tag{7.146}$$

选取性能函数 $\hbar_0(t)$ 为

$$\hbar_0(t) = \coth(\kappa_0 t + \vartheta_0) - 1 + \hbar_{0\infty} \tag{7.147}$$

式中, $\kappa_0, \vartheta_0, \hbar_{0\infty} \in \mathbf{R}^+$ 为待设计参数。

定义转换误差 $\varepsilon_0(t)$ 为

$$\varepsilon_0(t) = \ln\left(\frac{\mu_0(t) + 1}{1 - \mu_0(t)}\right) \tag{7.148}$$

式中, $\mu_0(t) = \tilde{v} / \hbar_0(t)$。

将控制律 Φ 设计为

$$\Phi = -k_v \varepsilon_0(t) = -k_v \ln\left(\frac{\mu_0(t)+1}{1-\mu_0(t)}\right) \tag{7.149}$$

式中，$k_v \in \mathbf{R}^+$ 为待设计参数。

进行如下稳定性分析。

定理 7.6　针对高超声速飞行器的速度子系统(7.143)，在假设 7.4 与假设 7.5 的前提下，采用控制律式(7.149)，则转换误差 $\varepsilon_0(t)$ 有界，且有 $-\hbar_0(t) < \tilde{v} < \hbar_0(t)$。

证明　选取如下 Lyapunov 函数：

$$W_v = \frac{\varepsilon_0^2(t)}{2} \tag{7.150}$$

对式(7.150)求时间的一阶导数并代入式(7.148)可得

$$\dot{W}_v = \varepsilon_0(t)\dot{\varepsilon}_0(t) = \frac{2\varepsilon_0(t)}{1-\mu_0^2(t)}\dot{\mu}_0(t) \tag{7.151}$$

注意到

$$
\begin{aligned}
\dot{\mu}_0(t) &= \frac{\dot{\tilde{V}}\hbar_0(t) - \tilde{V}\dot{\hbar}_0(t)}{\hbar_0^2(t)} = \frac{1}{\hbar_0(t)}\left(\dot{\tilde{v}} - \mu_0(t)\dot{\hbar}_0(t)\right) \\
&= \frac{1}{\hbar_0(t)}\left(f_v(v,\Phi) - \dot{v}_{\text{ref}} - \mu_0(t)\dot{\hbar}_0(t)\right) \stackrel{\text{def}}{=\!=} \lambda_0\left(t, \mu_0(t)\right)
\end{aligned}
\tag{7.152}
$$

定义如下开集：

$$\Omega_{\mu_0} = (-1,1) \tag{7.153}$$

根据定理 7.5，式(7.152)必存在唯一的最大解 $\mu_0(t): [0, \iota_{\max}) \to \Omega_{\mu_0}$ ，这里 $\iota_{\max} \in \{\mathbf{R}^+, +\infty\}$。

将式(7.152)代入式(7.151)，有

$$\dot{W}_v = \frac{2\varepsilon_0(t)}{1-\mu_0^2(t)}\frac{1}{\hbar_0(t)}\left(f_v(v,\Phi) - \dot{v}_{\text{ref}} - \mu_0(t)\dot{\hbar}_0(t)\right), \quad t \in [0, \iota_{\max}) \tag{7.154}$$

根据假设 7.4 与拉格朗日中值定理，有

$$
\begin{cases}
f_v(v,\Phi) = f_v(v,0) + \Phi \left.\dfrac{\partial f_v(v,\varpi_0)}{\partial \varpi_0}\right|_{\varpi_0 = \varpi_0^*} \\
\varpi_0^* = \psi_0\Phi, \quad \psi_0 \in (0,1)
\end{cases}
\tag{7.155}
$$

将式 (7.149) 与式 (7.155) 代入式 (7.154) 可得

$$\dot{W}_v = \frac{2\varepsilon_0(t)}{1-\mu_0^2(t)} \frac{1}{\hbar_0(t)} \left(f_v(v,0) - k_v \varepsilon_0(t) \frac{\partial f_v(v,\varpi_0)}{\partial \varpi_0} - \dot{v}_{\text{ref}} - \mu_0(t)\dot{\hbar}_0(t) \right) \qquad (7.156)$$

根据假设 7.4, 有

$$\frac{\partial f_v(v,\varpi_0)}{\partial \varpi_0} \geqslant B_\Phi \qquad (7.157)$$

$f_v(v,0)$ 为连续函数, 在 v 的变化范围内 $f_v(v,0)$ 必有界。又因为 $\dot{v}_{\text{ref}}$ 与 $\dot{\hbar}_0(t) = \kappa_0 - \kappa_0 \left[\coth(\kappa_0 t + \vartheta_0) \right]^2$ 均有界, 则由极值定理可知, 必存在有界常数 $\overline{F}_\Phi \in \mathbf{R}^+$ 使得

$$\left| f_v(v,0) - \dot{v}_{\text{ref}} - \mu_0(t)\dot{\hbar}_0(t) \right| \leqslant \overline{F}_\Phi \qquad (7.158)$$

由式 (7.153) 可得 $1/\left(1-\mu_0^2(t)\right) > 1$。再根据式 (7.157) 与式 (7.158), 式 (7.156) 变为

$$\dot{W}_v \leqslant \frac{2}{1-\mu_0^2(t)} \frac{1}{\hbar_0(t)} \left(\overline{F}_\Phi \left| \varepsilon_0(t) \right| - k_v B_\Phi \varepsilon_0^2(t) \right) \qquad (7.159)$$

若 $\left| \varepsilon_0(t) \right| > \overline{F}_\Phi / (kB_\Phi)$, 则 $\dot{W}_v < 0$, 故有

$$\left| \varepsilon_0(t) \right| \leqslant \max \left\{ \varepsilon_0(0), \frac{\overline{F}_\Phi}{kB_\Phi} \right\} \qquad (7.160)$$

显然, $\varepsilon_0(t)$ 有界, 再根据定理 7.4 必有

$$-\hbar_0(t) < \tilde{v} < \hbar_0(t) \qquad (7.161)$$

故通过为 $\hbar_0(t)$ 选取合适的设计参数, 便能保证 $\tilde{v}$ 具有满意的动态性能与稳态精度。证毕。

2. 高度控制律设计与稳定性分析

根据文献 [30] 和 [31] 的研究结论, 将高超声速飞行器的高度子系统表示为如下非仿射形式:

$$\begin{cases} \dot{H} = f_H(\gamma) \\ \dot{\gamma} = f_\gamma(H, \gamma, \theta) \\ \dot{\theta} = f_\theta(q) \\ \dot{q} = f_q(H, \gamma, \delta_e) \end{cases} \tag{7.162}$$

式中，$f_H(\gamma)$、$f_\gamma(H, \gamma, \theta)$、$f_\theta(q)$ 与 $f_q(H, \gamma, \delta_e)$ 均为连续可微的未知非线性函数。

控制任务是：针对非仿射系统(7.162)，采用反推设计方法，通过设计合适的预设性能控制律，保证所有跟踪误差具有满意的动态性能与稳态精度。

先给出如下合理假设。

假设 7.6　存在有界常数 $B_\gamma, B_\theta, B_q, B_{\delta_e} \in \mathbf{R}^+$ 使得

$$\begin{cases} \dfrac{\partial f_H(\gamma)}{\partial \gamma} \geqslant B_\gamma, \dfrac{\partial f_\gamma(H, \gamma, \theta)}{\partial \theta} \geqslant B_\theta \\ \dfrac{\partial f_\theta(q)}{\partial q} \geqslant B_q, \dfrac{\partial f_q(H, \gamma, \delta_e)}{\partial \delta_e} \geqslant B_{\delta_e} \end{cases} \tag{7.163}$$

假设 7.7[33]　参考输入 H_{ref} 及其一阶导数 $\dot{H}_{\text{ref}}$ 均有界。

控制律设计共分 4 步。

步骤 1　定义高度跟踪误差为

$$\tilde{H} = H - H_{\text{ref}} \tag{7.164}$$

选取性能函数 $\hbar_1(t)$ 为

$$\hbar_1(t) = \coth(\kappa_1 t + \vartheta_1) - 1 + \hbar_{1\infty} \tag{7.165}$$

式中，$\kappa_1, \vartheta_1, \hbar_{1\infty} \in \mathbf{R}^+$ 为待设计参数。

定义转换误差 $\varepsilon_1(t)$ 为

$$\varepsilon_1(t) = \ln\left(\frac{\mu_1(t) + 1}{1 - \mu_1(t)}\right) \tag{7.166}$$

式中，$\mu_1(t) = \tilde{H} / \hbar_1(t)$。

将虚拟控制律 γ_d 设计为

$$\gamma_d = -k_\gamma \varepsilon_1(t) = -k_\gamma \ln\left(\frac{\mu_1(t) + 1}{1 - \mu_1(t)}\right) \tag{7.167}$$

式中，$k_\gamma \in \mathbf{R}^+$ 为待设计参数。

步骤 2　定义航迹倾斜角跟踪误差为

$$\tilde{\gamma} = \gamma - \gamma_d \tag{7.168}$$

选取性能函数 $\hbar_2(t)$ 为

$$\hbar_2(t) = \coth\left(\kappa_2 t + \vartheta_2\right) - 1 + \hbar_{2\infty} \tag{7.169}$$

式中，$\kappa_2, \vartheta_2, \hbar_{2\infty} \in \mathbf{R}^+$ 为待设计参数。

定义转换误差 $\varepsilon_2(t)$ 为

$$\varepsilon_2(t) = \ln\left(\frac{\mu_2(t)+1}{1-\mu_2(t)}\right) \tag{7.170}$$

式中，$\mu_2(t) = \tilde{\gamma} / \hbar_2(t)$。

将虚拟控制律 θ_d 设计为

$$\theta_d = -k_\theta \varepsilon_2(t) = -k_\theta \ln\left(\frac{\mu_2(t)+1}{1-\mu_2(t)}\right) \tag{7.171}$$

式中，$k_\theta \in \mathbf{R}^+$ 为待设计参数。

步骤 3　定义俯仰角跟踪误差为

$$\tilde{\theta} = \theta - \theta_d \tag{7.172}$$

选取性能函数 $\hbar_3(t)$ 为

$$\hbar_3(t) = \coth\left(\kappa_3 t + \vartheta_3\right) - 1 + \hbar_{3\infty} \tag{7.173}$$

式中，$\kappa_3, \vartheta_3, \hbar_{3\infty} \in \mathbf{R}^+$ 为待设计参数。

定义转换误差 $\varepsilon_3(t)$ 为

$$\varepsilon_3(t) = \ln\left(\frac{\mu_3(t)+1}{1-\mu_3(t)}\right) \tag{7.174}$$

式中，$\mu_3(t) = \tilde{\theta} / \hbar_3(t)$。

将虚拟控制律 q_d 设计为

$$q_d = -k_q \varepsilon_3(t) = -k_q \ln\left(\frac{\mu_3(t)+1}{1-\mu_3(t)}\right) \tag{7.175}$$

式中，$k_q \in \mathbf{R}^+$ 为待设计参数。

步骤 4　定义俯仰角速度跟踪误差为

$$\tilde{q} = q - q_d \tag{7.176}$$

选取性能函数 $\hbar_4(t)$ 为

$$\hbar_4(t) = \coth(\kappa_4 t + \vartheta_4) - 1 + \hbar_{4\infty} \tag{7.177}$$

式中，$\kappa_4, \vartheta_4, \hbar_{4\infty} \in \mathbf{R}^+$ 为待设计参数。

定义转换误差 $\varepsilon_4(t)$ 为

$$\varepsilon_4(t) = \ln\left(\frac{\mu_4(t)+1}{1-\mu_4(t)}\right) \tag{7.178}$$

式中，$\mu_4(t) = \tilde{q} / \hbar_4(t)$。

将最终的实际控制律 δ_e 设计为

$$\delta_e = -k_{\delta_e} \varepsilon_4(t) = -k_{\delta_e} \ln\left(\frac{\mu_4(t)+1}{1-\mu_4(t)}\right) \tag{7.179}$$

式中，$k_{\delta_e} \in \mathbf{R}^+$ 为待设计参数。

进行如下稳定性分析。

定理 7.7　针对高超声速飞行器的高度子系统 (7.162)，在假设 7.6 与假设 7.7 的前提下，采用控制律式 (7.167)、式 (7.171)、式 (7.175) 与式 (7.179)，则转换误差 $\varepsilon_1(t)$、$\varepsilon_2(t)$、$\varepsilon_3(t)$ 与 $\varepsilon_4(t)$ 均有界，且有 $-\hbar_1(t) < \tilde{H} < \hbar_1(t)$，$-\hbar_2(t) < \tilde{\gamma} < \hbar_2(t)$，$-\hbar_3(t) < \tilde{\theta} < \hbar_3(t)$，$-\hbar_4(t) < \tilde{q} < \hbar_4(t)$。

证明　选取如下 Lyapunov 函数：

$$W_H = \frac{\varepsilon_1^2(t)}{2} + \frac{\varepsilon_2^2(t)}{2} + \frac{\varepsilon_3^2(t)}{2} + \frac{\varepsilon_4^2(t)}{2} \tag{7.180}$$

对式 (7.180) 求时间的一阶导数并代入式 (7.166)、式 (7.170)、式 (7.174) 与

式(7.178)可得

$$
\begin{aligned}
\dot{W}_H &= \varepsilon_1(t)\dot{\varepsilon}_1(t) + \varepsilon_2(t)\dot{\varepsilon}_2(t) + \varepsilon_3(t)\dot{\varepsilon}_3(t) + \varepsilon_4(t)\dot{\varepsilon}_4(t) \\
&= \frac{2\varepsilon_1(t)}{1-\mu_1^2(t)}\dot{\mu}_1(t) + \frac{2\varepsilon_2(t)}{1-\mu_2^2(t)}\dot{\mu}_2(t) + \frac{2\varepsilon_3(t)}{1-\mu_3^2(t)}\dot{\mu}_3(t) + \frac{2\varepsilon_4(t)}{1-\mu_4^2(t)}\dot{\mu}_4(t)
\end{aligned}
\tag{7.181}
$$

注意到

$$
\begin{aligned}
\dot{\mu}_1(t) &= \frac{\dot{\tilde{H}}\hbar_1(t) - \tilde{H}\dot{\hbar}_1(t)}{\hbar_1^2(t)} = \frac{1}{\hbar_1(t)}\left(\dot{\tilde{H}} - \mu_1(t)\dot{\hbar}_1(t)\right) \\
&= \frac{1}{\hbar_1(t)}\left[f_H\left(\mu_2(t)\hbar_2(t) + \gamma_d\right) - \dot{H}_{\text{ref}} - \mu_1(t)\dot{\hbar}_1(t)\right] \overset{\text{def}}{=\!=} \lambda_1\left(t, \mu_1(t), \mu_2(t)\right)
\end{aligned}
\tag{7.182}
$$

$$
\begin{aligned}
\dot{\mu}_2(t) &= \frac{\dot{\tilde{\gamma}}\hbar_2(t) - \tilde{\gamma}\dot{\hbar}_2(t)}{\hbar_2^2(t)} = \frac{1}{\hbar_2(t)}\left(\dot{\tilde{\gamma}} - \mu_2(t)\dot{\hbar}_2(t)\right) \\
&= \frac{1}{\hbar_2(t)}\left[f_\gamma\left(H, \gamma, \mu_3(t)\hbar_3(t) + \theta_d\right) - \dot{\gamma}_d - \mu_2(t)\dot{\hbar}_2(t)\right] \overset{\text{def}}{=\!=} \lambda_2\left(t, \mu_2(t), \mu_3(t)\right)
\end{aligned}
\tag{7.183}
$$

$$
\begin{aligned}
\dot{\mu}_3(t) &= \frac{\dot{\tilde{\theta}}\hbar_3(t) - \tilde{\theta}\dot{\hbar}_3(t)}{\hbar_3^2(t)} = \frac{1}{\hbar_3(t)}\left(\dot{\tilde{\theta}} - \mu_3(t)\dot{\hbar}_3(t)\right) \\
&= \frac{1}{\hbar_3(t)}\left[f_\theta\left(\mu_4(t)\hbar_4(t) + q_d\right) - \dot{\theta}_d - \mu_3(t)\dot{\hbar}_3(t)\right] \overset{\text{def}}{=\!=} \lambda_3\left(t, \mu_3(t), \mu_4(t)\right)
\end{aligned}
\tag{7.184}
$$

$$
\begin{aligned}
\dot{\mu}_4(t) &= \frac{\dot{\tilde{q}}\hbar_4(t) - \tilde{q}\dot{\hbar}_4(t)}{\hbar_4^2(t)} = \frac{1}{\hbar_4(t)}\left(\dot{\tilde{q}} - \mu_4(t)\dot{\hbar}_4(t)\right) \\
&= \frac{1}{\hbar_4(t)}\left[f_q\left(h, \gamma, \delta_e\right) - \dot{q}_d - \mu_4(t)\dot{\hbar}_4(t)\right] \overset{\text{def}}{=\!=} \lambda_4\left(t, \mu_4(t)\right)
\end{aligned}
\tag{7.185}
$$

将式(7.182)~式(7.185)表示为

$$
\dot{\mu}(t) = \lambda\left(t, \mu(t)\right) = \begin{bmatrix} \lambda_1\left(t, \mu_1(t), \mu_2(t)\right) \\ \lambda_2\left(t, \mu_2(t), \mu_3(t)\right) \\ \lambda_3\left(t, \mu_3(t), \mu_4(t)\right) \\ \lambda_4\left(t, \mu_4(t)\right) \end{bmatrix}
\tag{7.186}
$$

式中，$\mu(t) = \left[\mu_1(t), \mu_2(t), \mu_3(t), \mu_4(t)\right]^{\text{T}}$。

定义开集 $\Omega_\mu = (-1,1) \times (-1,1) \times (-1,1) \times (-1,1)$。在 Ω_μ 上，对于任意的 $t \in [0, t_{2\max})$，式 (7.186) 必存在唯一的最大解 $\mu(t) : [0, t_{2\max}) \to \Omega_\mu$，这里，$t_{2\max} \in \{\mathbf{R}^+, +\infty\}$。

将式 (7.182)～式 (7.185) 代入式 (7.181) 可得

$$
\begin{aligned}
\dot{W}_H =\ & \frac{2\varepsilon_1(t)}{1 - \mu_1^2(t)} \frac{1}{\hbar_1(t)} \Big[f_H\big(\mu_2(t)\hbar_2(t) + \gamma_d\big) - \dot{H}_{\mathrm{ref}} - \mu_1(t)\dot{\hbar}_1(t) \Big] \\
& + \frac{2\varepsilon_2(t)}{1 - \mu_2^2(t)} \frac{1}{\hbar_2(t)} \Big[f_\gamma\big(H, \gamma, \mu_3(t)\hbar_3(t) + \theta_d\big) - \dot{\gamma}_d - \mu_2(t)\dot{\hbar}_2(t) \Big] \\
& + \frac{2\varepsilon_3(t)}{1 - \mu_3^2(t)} \frac{1}{\hbar_3(t)} \Big[f_\theta\big(\mu_4(t)\hbar_4(t) + q_d\big) - \dot{\theta}_d - \mu_3(t)\dot{\hbar}_3(t) \Big] \\
& + \frac{2\varepsilon_4(t)}{1 - \mu_4^2(t)} \frac{1}{\hbar_4(t)} \Big[f_q\big(h, \gamma, \delta_e\big) - \dot{q}_d - \mu_4(t)\dot{\hbar}_4(t) \Big]
\end{aligned}
\tag{7.187}
$$

根据假设 7.6 与拉格朗日中值定理可得

$$
\begin{cases}
f_H\big(\mu_2(t)\hbar_2(t) + \gamma_d\big) = f_H\big(\mu_2(t)\hbar_2(t)\big) + \gamma_d \dfrac{\partial f_H(\varpi_1)}{\partial \varpi_1}\Big|_{\varpi_1 = \varpi_1^*} \\[2mm]
\varpi_1^* = \mu_2(t)\hbar_2(t) + \psi_1 \gamma_d, \quad \psi_1 \in (0,1)
\end{cases}
\tag{7.188}
$$

$$
\begin{cases}
f_\gamma\big(H, \gamma, \mu_3(t)\hbar_3(t) + \theta_d\big) = f_\gamma\big(H, \gamma, \mu_3(t)\hbar_3(t)\big) + \theta_d \dfrac{\partial f_\gamma(h, \gamma, \varpi_2)}{\partial \varpi_2}\Big|_{\varpi_2 = \varpi_2^*} \\[2mm]
\varpi_2^* = \mu_3(t)\hbar_3(t) + \psi_2 \theta_d, \quad \psi_2 \in (0,1)
\end{cases}
\tag{7.189}
$$

$$
\begin{cases}
f_\theta\big(\mu_4(t)\hbar_4(t) + q_d\big) = f_\theta\big(\mu_4(t)\hbar_4(t)\big) + q_d \dfrac{\partial f_\theta(\varpi_3)}{\partial \varpi_3}\Big|_{\varpi_3 = \varpi_3^*} \\[2mm]
\varpi_3^* = \mu_4(t)\hbar_4(t) + \psi_3 q_d, \quad \psi_3 \in (0,1)
\end{cases}
\tag{7.190}
$$

$$
\begin{cases}
f_q\big(H, \gamma, \delta_e\big) = f_q\big(H, \gamma, 0\big) + \delta_e \dfrac{\partial f_q(H, \gamma, \varpi_4)}{\partial \varpi_4}\Big|_{\varpi_4 = \varpi_4^*} \\[2mm]
\varpi_4^* = \psi_4 \delta_e, \quad \psi_4 \in (0,1)
\end{cases}
\tag{7.191}
$$

将式 (7.188)～式 (7.191) 代入式 (7.187) 并根据前文的转换误差和控制律可得

$$\dot{W}_H = \frac{2\varepsilon_1(t)}{1-\mu_1^2(t)}\frac{1}{\hbar_1(t)}\left[f_H\big(\mu_2(t)\hbar_2(t)\big)-\dot{H}_{\mathrm{ref}}-\mu_1(t)\dot{\hbar}_1(t)-k_\gamma\varepsilon_1(t)\frac{\partial f_H(\varpi_1)}{\partial\varpi_1}\right]$$

$$+\frac{2\varepsilon_2(t)}{1-\mu_2^2(t)}\frac{1}{\hbar_2(t)}\left[f_\gamma\big(H,\gamma,\mu_3(t)\hbar_3(t)\big)-\dot{\gamma}_d-\mu_2(t)\dot{\hbar}_2(t)-k_\theta\varepsilon_2(t)\frac{\partial f_\gamma(H,\gamma,\varpi_2)}{\partial\varpi_2}\bigg|_{\varpi_2=\varpi_2^*}\right]$$

$$+\frac{2\varepsilon_3(t)}{1-\mu_3^2(t)}\frac{1}{\hbar_3(t)}\left[f_\theta\big(\mu_4(t)\hbar_4(t)\big)-\dot{\theta}_d-\mu_3(t)\dot{\hbar}_3(t)-k_q\varepsilon_3(t)\frac{\partial f_\theta(\varpi_3)}{\partial\varpi_3}\bigg|_{\varpi_3=\varpi_3^*}\right]$$

$$+\frac{2\varepsilon_4(t)}{1-\mu_4^2(t)}\frac{1}{\hbar_4(t)}\left[f_q(H,\gamma,0)-\dot{q}_d-\mu_4(t)\dot{\hbar}_4(t)-k_{\delta_e}\varepsilon_4(t)\frac{\partial f_q(H,\gamma,\varpi_4)}{\partial\varpi_4}\bigg|_{\varpi_4=\varpi_4^*}\right] \tag{7.192}$$

由假设 7.6 可得

$$\begin{cases}\dfrac{\partial f_H(\varpi_1)}{\partial\varpi_1}\bigg|_{\varpi_1=\varpi_1^*}\geqslant B_\gamma,\ \dfrac{\partial f_\gamma(H,\gamma,\varpi_2)}{\partial\varpi_2}\bigg|_{\varpi_2=\varpi_2^*}\geqslant B_\theta\\[4mm]\dfrac{\partial f_\theta(\varpi_3)}{\partial\varpi_3}\bigg|_{\varpi_3=\varpi_3^*}\geqslant B_q,\ \dfrac{\partial f_q(H,\gamma,\varpi_4)}{\partial\varpi_4}\bigg|_{\varpi_4=\varpi_4^*}\geqslant B_{\delta_e}\end{cases} \tag{7.193}$$

则式 (7.192) 变为

$$\dot{W}_H \leqslant \frac{2\varepsilon_1(t)}{1-\mu_1^2(t)}\frac{1}{\hbar_1(t)}\left[f_H\big(\mu_2(t)\hbar_2(t)\big)-\dot{H}_{\mathrm{ref}}-\mu_1(t)\dot{\hbar}_1(t)-k_\gamma B_\gamma\varepsilon_1(t)\right]$$

$$+\frac{2\varepsilon_2(t)}{1-\mu_2^2(t)}\frac{1}{\hbar_2(t)}\left[f_\gamma\big(H,\gamma,\mu_3(t)\hbar_3(t)\big)-\dot{\gamma}_d-\mu_2(t)\dot{\hbar}_2(t)-k_\theta B_\theta\varepsilon_2(t)\right]$$

$$+\frac{2\varepsilon_3(t)}{1-\mu_3^2(t)}\frac{1}{\hbar_3(t)}\left[f_\theta\big(\mu_4(t)\hbar_4(t)\big)-\dot{\theta}_d-\mu_3(t)\dot{\hbar}_3(t)-k_q B_q\varepsilon_3(t)\right]$$

$$+\frac{2\varepsilon_4(t)}{1-\mu_4^2(t)}\frac{1}{\hbar_4(t)}\left[f_q(h,\gamma,0)-\dot{q}_d-\mu_4(t)\dot{\hbar}_4(t)-k_{\delta_e} B_{\delta_e}\varepsilon_4(t)\right] \tag{7.194}$$

注意到

$$\begin{cases}\dot{\gamma}_d = -\dfrac{2k_\gamma\dot{\mu}_1(t)}{1-\mu_1^2(t)} = -\dfrac{2k_\gamma}{1-\mu_1^2(t)}\dfrac{1}{\hbar_1(t)}\left[f_H\big(\mu_2(t)\hbar_2(t)+\gamma_d\big)-\dot{H}_{\mathrm{ref}}-\mu_1(t)\dot{\hbar}_1(t)\right]\\[4mm]\dot{\theta}_d = -\dfrac{2k_\theta\dot{\mu}_2(t)}{1-\mu_2^2(t)} = \dfrac{2k_\theta}{1-\mu_2^2(t)}\dfrac{1}{\hbar_2(t)}\left[f_\gamma\big(H,\gamma,\mu_3(t)\hbar_3(t)+\theta_d\big)-\dot{\gamma}_d-\mu_2(t)\dot{\hbar}_2(t)\right]\\[4mm]\dot{q}_d = -\dfrac{2k_q\dot{\mu}_3(t)}{1-\mu_3^2(t)} = \dfrac{2k_q}{1-\mu_3^2(t)}\dfrac{1}{\hbar_3(t)}\left[f_\theta\big(\mu_4(t)\hbar_4(t)+q_d\big)-\dot{\theta}_d-\mu_3(t)\dot{\hbar}_3(t)\right]\end{cases} \tag{7.195}$$

由于 $f_H\left(\mu_2(t)\hbar_2(t)+\gamma_d\right)$、$\dot{H}_{\text{ref}}$ 与 $\dot{\hbar}_1(t)$ 均有界，再由极值定理可知 $\dot{\gamma}_d$ 有界。同理，$\dot{\theta}_d$ 与 $\dot{q}_d$ 亦有界。因此，必存在有界常数 $\bar{F}_H,\bar{F}_\gamma,\bar{F}_\theta,\bar{F}_q\in\mathbf{R}^+$ 使得

$$\begin{cases}\left|f_H\left(\mu_2(t)\hbar_2(t)\right)-\dot{H}_{\text{ref}}-\mu_1(t)\dot{\hbar}_1(t)\right|\leqslant\bar{F}_H\\\left|f_\gamma\left(H,\gamma,\mu_3(t)\hbar_3(t)\right)-\dot{\gamma}_d-\mu_2(t)\dot{\hbar}_2(t)\right|\leqslant\bar{F}_\gamma\\\left|f_\theta\left(\mu_4(t)\hbar_4(t)\right)-\dot{\theta}_d-\mu_3(t)\dot{\hbar}_3(t)\right|\leqslant\bar{F}_\theta\\\left|f_q(H,\gamma,0)-\dot{q}_d-\mu_4(t)\dot{\hbar}_4(t)\right|\leqslant\bar{F}_q\end{cases}\tag{7.196}$$

且有 $1/\left(1-\mu_1^2(t)\right)>1$，$1/\left(1-\mu_2^2(t)\right)>1$，$1/\left(1-\mu_3^2(t)\right)>1$，$1/\left(1-\mu_4^2(t)\right)>1$，则式 (7.194) 变为

$$\begin{aligned}\dot{W}_H\leqslant&\frac{2}{1-\mu_1^2(t)}\frac{1}{\hbar_1(t)}\left(\bar{F}_H\left|\varepsilon_1(t)\right|-k_\gamma B_\gamma\varepsilon_1^2(t)\right)+\frac{2}{1-\mu_2^2(t)}\frac{1}{\hbar_2(t)}\left(\bar{F}_\gamma\left|\varepsilon_2(t)\right|-k_\theta B_\theta\varepsilon_2^2(t)\right)\\&+\frac{2}{1-\mu_3^2(t)}\frac{1}{\hbar_3(t)}\left(\bar{F}_\theta\left|\varepsilon_3(t)\right|-k_q B_q\varepsilon_3^2(t)\right)+\frac{2}{1-\mu_4^2(t)}\frac{1}{\hbar_4(t)}\left(\bar{F}_q\left|\varepsilon_4(t)\right|-k_{\delta_e}B_{\delta_e}\varepsilon_4^2(t)\right)\end{aligned}$$

$$\tag{7.197}$$

若 $\left|\varepsilon_1(t)\right|>\dfrac{\bar{F}_H}{k_\gamma B_\gamma}$，$\left|\varepsilon_2(t)\right|>\dfrac{\bar{F}_\gamma}{k_\theta B_\theta}$，$\left|\varepsilon_3(t)\right|>\dfrac{\bar{F}_\theta}{k_q B_q}$，$\left|\varepsilon_4(t)\right|>\dfrac{\bar{F}_q}{k_{\delta_e}B_{\delta_e}}$，则 $\dot{W}_H<0$，故 $\varepsilon_1(t)$、$\varepsilon_2(t)$、$\varepsilon_3(t)$ 与 $\varepsilon_4(t)$ 均有界，并将最终收敛到如下紧集：

$$\Omega_\varepsilon=\Omega_{\varepsilon_1(t)}\cup\Omega_{\varepsilon_2(t)}\cup\Omega_{\varepsilon_3(t)}\cup\Omega_{\varepsilon_4(t)}\tag{7.198}$$

式中，

$$\begin{aligned}\Omega_{\varepsilon_1(t)}&=\left\{\varepsilon_1(t)\,\|\,\varepsilon_1(t)\leqslant\bar{F}_H/\left(k_\gamma B_\gamma\right)\right\}\\\Omega_{\varepsilon_2(t)}&=\left\{\varepsilon_2(t)\,\|\,\varepsilon_2(t)\leqslant\bar{F}_\gamma/\left(k_\theta B_\theta\right)\right\}\\\Omega_{\varepsilon_3(t)}&=\left\{\varepsilon_3(t)\,\|\,\varepsilon_3(t)\leqslant\bar{F}_\theta/\left(k_q B_q\right)\right\}\\\Omega_{\varepsilon_4(t)}&=\left\{\varepsilon_4(t)\,\|\,\varepsilon_4(t)\leqslant\bar{F}_q/\left(k_{\delta_e}B_{\delta_e}\right)\right\}\end{aligned}$$

由定理 7.7 可得，$-\hbar_1(t)<\tilde{H}<\hbar_1(t)$，$-\hbar_2(t)<\tilde{\gamma}<\hbar_2(t)$，$-\hbar_3(t)<\tilde{\theta}<\hbar_3(t)$，$-\hbar_4(t)<\tilde{q}<\hbar_4(t)$。因此，通过为 $\hbar_1(t)$、$\hbar_2(t)$、$\hbar_3(t)$ 与 $\hbar_4(t)$ 选取合适的设计参数，即可保证 $\tilde{H}$、$\tilde{\gamma}$、$\tilde{\theta}$ 与 $\tilde{q}$ 具有满意的动态性能与稳态精度。证毕。

至此，已完成了控制律设计与稳定性分析的全部过程。

注 7.9 本节所设计的控制律不需要任何自适应参数或在线学习参数，因而具有比文献[35]～[38]方法更低的计算量和更好的实时性。同时，由于控制律没有任何自适应参数，从而避免了文献[35]和[36]可能出现的参数漂移现象。与文献[38]和[39]的传统反推控制方法不同，本节方法不需要对虚拟控制律反复求一阶导数，避免了传统反推控制的"微分爆炸"问题。

7.4.3 巡航飞行控制仿真验证

以高超声速飞行器的纵向运动模型为被控对象，进行速度与高度参考输入的跟踪仿真。初始状态设为高度 $H(0) = 85000\text{ft}$，速度 $v(0) = 7700\text{ft/s}$，初始速度误差为 $e_v(0) = -0.5\text{ft/s}$，高度误差为 $e_H(0) = -2\text{ft}$，航迹倾斜角 $\gamma(0) = -0.01\text{rad}$，俯仰角 $\theta(0) = 0.02\text{rad}$，俯仰角速度 $q(0) = 0.05\text{rad/s}$，弹性状态量 $\eta_1(0) = 0.97$、$\eta_2(0) = 0.75$、$\dot{\eta}_1(0) = \dot{\eta}_2(0) = 0$。参考轨迹 $v_{\text{ref}}(t)$ 和 $H_{\text{ref}}(t)$ 由二阶滤波器 $\dfrac{v_{\text{ref}}(s)}{v_c(s)} = \dfrac{H_{\text{ref}}(s)}{H_c(s)} = \dfrac{0.03^2}{s^2 + 2 \times 0.95 \times 0.03s + 0.03^2}$ 生成，其中 $v_c = 1000\text{ft/s}$ 和 $H_c = 3000\text{ft}$。控制器的参数设置为 $k_v = 0.5$，$k_\gamma = 0.04$，$k_\theta = 0.05$，$k_q = 0.1$，$k_{\delta_e} = 0.8$。性能函数取为

$$\hbar_0(t) = \coth(0.8t + 0.8) - 1 + 0.06$$
$$\hbar_1(t) = \coth(0.8t + 0.25) - 1 + 0.5$$
$$\hbar_2(t) = \coth(0.8t + 1.8) - 1 + 0.0045$$
$$\hbar_3(t) = \coth(0.8t + 1.6) - 1 + 0.0082$$
$$\hbar_4(t) = \coth(0.8t + 1.2) - 1 + 0.06$$

将本节的预设性能控制方法与传统的鲁棒反推控制(robust back-stepping control, RBC)方法进行对比仿真。由图 7.17～图 7.20 可见，采用预设性能控制方法时的速度跟踪误差与高度跟踪误差均被限定在预设区域内；与鲁棒反推控制方法相比，预设性能控制方法能够保证速度跟踪误差与高度跟踪误差具有更好的动态性能；当参数存在摄动时，预设性能控制方法的控制精度也更高，表现出更强的鲁棒性。图 7.21 与图 7.22 表明，两种控制方法的航迹倾斜角控制效果相当，但预设性能控制方法的航迹倾斜角响应更平滑。图 7.23～图 7.26 表明，虽然鲁棒反推控制方法的俯仰角与俯仰角速度响应更平滑，但采用预设性能控制方法时，这两个角度响应没有高频抖振现象，并且预设性能控制方法能够保证俯仰角跟踪误差与俯仰角速度跟踪误差具有更好的动态性能与稳态精度。由图 7.27～图 7.30 可见，两种控制方法的弹性状态与控制输入均没有高频抖振现象。

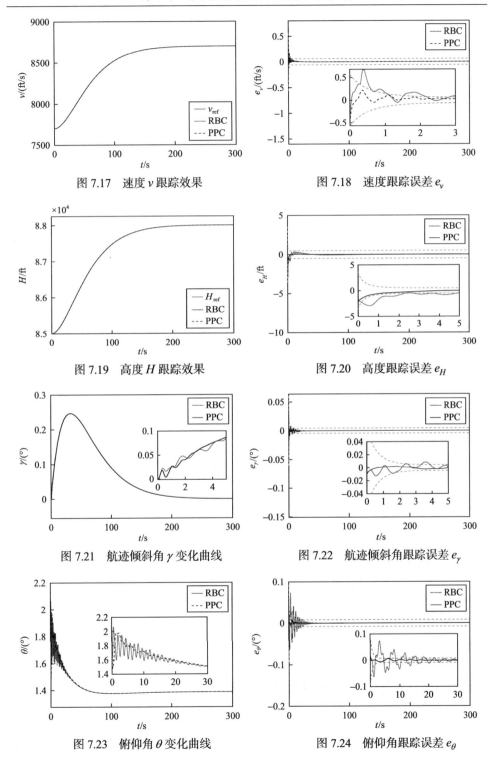

图 7.17　速度 v 跟踪效果

图 7.18　速度跟踪误差 e_v

图 7.19　高度 H 跟踪效果

图 7.20　高度跟踪误差 e_H

图 7.21　航迹倾斜角 γ 变化曲线

图 7.22　航迹倾斜角跟踪误差 e_γ

图 7.23　俯仰角 θ 变化曲线

图 7.24　俯仰角跟踪误差 e_θ

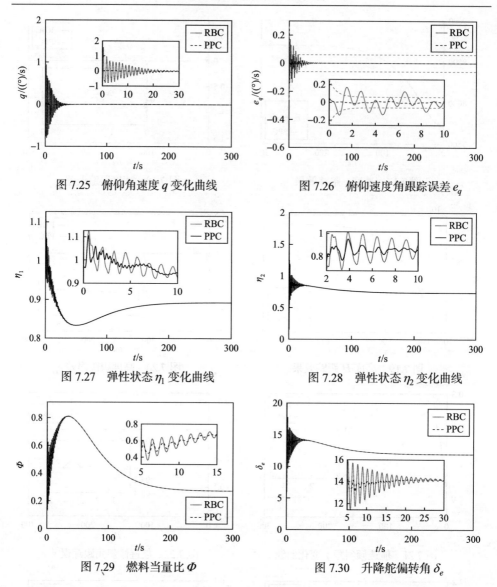

图 7.25　俯仰角速度 q 变化曲线　　　　　图 7.26　俯仰速度角跟踪误差 e_q

图 7.27　弹性状态 η_1 变化曲线　　　　　图 7.28　弹性状态 η_2 变化曲线

图 7.29　燃料当量比 Φ　　　　　　图 7.30　升降舵偏转角 δ_e

7.5　本 章 小 结

　　本章首先针对不确定和输出误差约束影响下的非线性系统的控制问题，设计了预设性能控制策略，实现了系统输出跟踪误差的稳态和瞬态性能。在控制器设计过程中，采用自适应律估计不确定的上界，设计新的滤波器估计虚拟控制输入的导数，从而处理"微分爆炸"问题。然后，针对一类不确定严反馈非线性 MIMO 系统，提出了具有预设跟踪性能的自适应神经网络动态面控制方法。将原有受预设性能约束的系统转换为一不受约束的等价系统，以等价系统为研究对象，利用神经网络直接逼近期望的控制信号，代替逼近系统中的未知非线性项，通过杨氏不等式等效变换，使在线更新参数数量仅为子系统的个数，减少了计算量。接着，提出了一种不依赖初始误差的高超声速飞行器新型非仿射预设性能控制方法。通过设计一种新型性能函数，使控制律摆脱了对跟踪误差精确初值的依赖，且能保证所有跟踪误差具有良好的动态性能与稳态精度。所设计的控制律不含有任何自适应参数或学习参数，具有良好的实时性。最后，高超声速飞行器的仿真结果表明，在存在气动参数不确定和输出误差约束的情况下，所设计的控制器能够保证速度和高度的预设性能稳定跟踪。

参 考 文 献

[1] Zhang T P, Ge S S. Adaptive dynamic surface control of nonlinear systems with unknown dead zone in pure feedback form[J]. Automatica, 2008, 44(7): 1895-1903.

[2] Ren B B, Ge S S, Su C Y, et al. Adaptive neural control for a class of uncertain nonlinear systems in pure-feedback form with hysteresis input[J]. IEEE Transactions on Systems, Man, and Cybernetics, Part B(Cybernetics), 2009, 39(2): 431-443.

[3] Wang M, Wang C, Zhang S Y. Direct adaptive neural control of completely non-affine pure-feedback nonlinear systems with small-gain approach[J]. Proceedings of the Chinese Control and Decision Conference, Guilin, 2009: 395-400.

[4] Chen B, Liu X P, Liu K F, et al. Direct adaptive fuzzy control of nonlinear strict-feedback systems[J].Automatica, 2009, 45(6): 1530-1535.

[5] Lin Y, Hsu L, Sun X X. A variable structure MRAC with expected transient and steady-state performance[J]. Automatica, 2006, 42(5): 805-813.

[6] Xu H J, Ioannou P A. Robust adaptive control for a class of MIMO nonlinear systems with guaranteed error bounds[J]. IEEE Transactions on Automatic Control, 2003, 48(5): 728-742.

[7] Ding Z T, Ye X D. A flat-zone modification for robust adaptive control of nonlinear output feedback systems with unknown high-frequency gains[J]. IEEE Transactions on Automatic Control, 2002, 47(2): 358-363.

[8] Zhou J, Wen C, Zhang Y. Adaptive backstepping control of a class of uncertain nonlinear systems with unknown backlash-like hysteresis[J]. IEEE Transactions on Automatic Control, 2004, 49(10): 1751-1759.

[9] Miller D E, Davison E J. An adaptive controller which provides an arbitrarily good transient and steady state response[J]. IEEE Transactions on Automatic Control, 1991, 36(1): 68-81.

[10] Bechlioulis C P, Rovithakis G A. Adaptive control with guaranteed transient and steady state tracking error bounds for strict feedback systems[J]. Automatica, 2009, 45(2): 532-538.

[11] 林岩, 毛剑琴, 孙秀霞. 具有理想跟踪特性的多变量变结构模型参考自适应控制[J]. 自动化学报, 2002, 28(1): 41-49.

[12] Yan L, Hsu L, Costa R R, et al. Variable structure model reference adaptive control for systems with unknown high frequency gain[C]. Proceedings of the 42th IEEE International Conference on Decision and Control, Maul, 2003: 3525-3530.

[13] Chen B W, Tan L G. Adaptive anti-saturation tracking control with prescribed performance for hypersonic vehicle[J].International Journal of Control, Automation and Systems, 2020, 18(2): 394-404.

[14] Bu X W, Wu X Y, Zhu F J, et al. Novel prescribed performance neural control of a flexible air-breathing hypersonic vehicle with unknown initial errors[J]. ISA Transactions, 2015, 59: 149-159.

[15] Wang Y Y, Hu J B. Improved prescribed performance control for air-breathing hypersonic vehicles with unknown deadzone input nonlinearity[J]. ISA Transactions, 2018, 79: 95-107.

[16] Bu X W, Xiao Y, Wang K. A prescribed performance control approach guaranteeing small overshoot for air-breathing hypersonic vehicles via neural approximation[J]. Aerospace Science and Technology, 2017, 71: 485-498.

[17] Shao X L, Shi Y, Zhang W D. Input-and-measurement event-triggered control for flexible air-breathing hypersonic vehicles with asymmetric partial-state constraints[J]. Nonlinear Dynamics, 2020, 102(1): 163-183.

[18] Liu Y, Li G, Li Y C, et al. Novel prescribed performance control scheme for flexible hypersonic flight vehicles with nonaffine dynamics and neural approximation[J]. International Journal of Aerospace Engineering, 2021: 8859681.

[19] 冯振欣, 郭建国, 周军. 高超声速飞行器新型预设性能控制器设计[J]. 宇航学报, 2018, 39(6): 656-663.

[20] 王鹏飞, 王洁, 时建明, 等. 高超声速飞行器预设性能反演鲁棒控制[J]. 电机与控制学报, 2017, 21(2): 94-102.

[21] Bu X W, Xiao Y. Prescribed performance-based low-computational cost fuzzy control of a hypersonic vehicle using non-affine models[J]. Advances in Mechanical Engineering, 2018, 10(1): 1-12.

[22] 李小兵, 赵思源, 卜祥伟, 等. 高超声速飞行器非仿射模型的预设性能反演控制[J]. 控制理论与应用, 2019, 36(10): 1672-1681.

[23] 韦俊宝, 李海燕, 李静, 等. 基于有限时间预设性能的高超声速飞行器反演控制[J]. 控制与决策, 2023, 38(6): 1593-1601.

[24] Bechlioulis C P, Rovithakis G A. Robust adaptive control of feedback linearizable MIMO nonlinear systems with prescribed performance[J]. IEEE Transactions on Automatic Control,

2008, 53(9): 2090-2099.

[25] Ge S S, Tee K P. Approximation-based control of nonlinear MIMO time-delay systems[J]. Automatica, 2007, 43(1): 31-43.

[26] 李铁山, 王晓飞, 杨宇宇. 一类非线性 MIMO 系统鲁棒自适应神经网络 DSC 设计[J]. 哈尔滨工程大学学报, 2009, 30(2): 121-125.

[27] Zhang T P, Ge S S. Adaptive neural network tracking control of MIMO nonlinear systems with unknown dead zones and control directions[J]. IEEE Transactions on Neural Networks, 2009, 20(3): 483-497.

[28] Ge S S, Wang C. Adaptive neural control of uncertain MIMO nonlinear systems[J]. IEEE Transactions on Neural Networks, 2004, 15(3): 674-692.

[29] 胡云安, 耿宝亮, 盖俊峰. 初始误差未知的不确定系统预设性能反演控制[J]. 华中科技大学学报(自然科学版), 2014, 42(8): 43-47.

[30] Parker J T, Serrani A, Yurkovich S, et al. Control-oriented modeling of an air-breathing hypersonic vehicle[J]. Journal of Guidance, Control, and Dynamics, 2007, 30(3): 856-869.

[31] Bolender M A, Doman D B. Nonlinear longitudinal dynamical model of an air-breathing hypersonic vehicle[J]. Journal of Spacecraft and Rockets, 2007, 44(2): 374-387.

[32] Sontag E D. Mathematical Control Theory[M]. New York: Springer, 1998.

[33] Gao D X, Wang S X, Zhang H J. A singularly perturbed system approach to adaptive neural back-stepping control design of hypersonic vehicles[J]. Journal of Intelligent & Robotic Systems, 2014, 73: 249-259.

[34] Bechlioulis C P, Rovithakis G A. A low-complexity global approximation-free control scheme with prescribed performance for unknown pure feedback systems[J]. Automatica, 2014, 50(4): 1217-1226.

[35] Fiorentini L, Serrani A. Adaptive restricted trajectory tracking for a non-minimum phase hypersonic vehicle model[J]. Automatica, 2012, 48(7): 1248-1261.

[36] Fiorentini L, Serrani A, Bolender M A, et al. Nonlinear robust adaptive control of flexible air-breathing hypersonic vehicles[J]. Journal of Guidance, Control and Dynamics, 2009, 32(2): 402-417.

[37] Bu X W, Wu X Y, Ma Z, et al. Nonsingular direct neural control of air-breathing hypersonic vehicle via back-stepping[J]. Neurocomputing, 2015, 153: 164-173.

[38] Butt W A, Yan L, Kendrick A S. Adaptive integral dynamic surface control of a hypersonic flight vehicle[J]. International Journal of Systems Science, 2015, 46(10): 1717-1728.

[39] Bu X W, Wu X Y, Ma Z, et al. Novel auxiliary error compensation design for the adaptive neural control of a constrained flexible air-breathing hypersonic vehicle[J]. Neurocomputing, 2016, 171: 313-324.

第8章 递归滑模动态面自适应飞行控制

8.1 引 言

动态面控制方法继承了反推控制处理非线性问题的优点，同时避免了反推控制中的"微分爆炸"的问题，但是其对控制器本身的低通滤波器时间常数 τ_i 的摄动非常敏感，τ_i 的设置会对控制系统产生非常大的影响，稍有不慎就会引起系统振荡甚至发散。τ_i 通常选取为一个很小的正数，而且靠经验取值。Swaroop 等[1,2] 最初提出动态面方法的时候就注意了这一点，并给出了参数 τ_i 影响系统性能的仿真实例。遗憾的是，动态面方法的这一缺点在后续的研究中并没有引起足够的重视。动态面控制方法的这一缺点严重制约了其在实际系统中的应用，实际控制中存在如下问题：①滤波器时间常数过小使得控制器对于高频扰动非常敏感，高频扰动容易通过虚拟控制信号放大，最终导致实际控制信号出现高频抖振。高频控制信号可能诱发系统共振，激发系统未建模动态等，造成难以预计的危害。②基于动态面策略的自适应控制方法通常是根据各级子系统跟踪误差进行参数调整和学习。因此，跟踪误差中高频信号的出现会使得基于动态面的自适应控制方法学习效率低下，容易出现过学习和误学习的现象。③因为采样控制周期必须小于滤波器时间常数[2]，滤波器时间常数过小对数字控制系统的采样控制周期提出了苛刻的要求。

第 5 章中，基于直接自适应动态面飞行控制方法设计的高超声速飞行器控制系统也未能避免上述问题，从 5.4.4 节的仿真结果可以看到，当滤波器时间常数由 $\tau_2 = \tau_3 = 0.01$ 变为 $\tau_2 = \tau_3 = 0.1$ 时，作为控制量的舵偏角出现频率较高的振动，同时也超出了其规定的偏转范围 $\delta_e \in [-20°, 20°]$，而控制舵面作为实际的执行机构无法完成如此的控制指令。因此，这种情况对于高超声速飞行器复杂条件下的飞行是不能容忍的。

为解决上述理论与工程问题，本章首先分析传统动态面控制反推策略的局限性，指出反推时各级子系统跟踪误差之间存在相互影响和制约的关系，进而提出反推时每步控制信号的设计需要综合其之前子系统跟踪误差的思想。然后，基于此思想提出非线性系统的递归滑模动态面控制方法。接着，利用神经网络逼近系统不确定性，提出一种自适应神经网络递归滑模动态面控制方法，进一步降低控制器对于系统建模的要求，提高控制精度。最后，针对高超声速飞行器纵向通道控制问题，提出递归滑模动态面自适应巡航飞行控制方法，保证其在滤波器时间常数变化较大的情况下依然具有优越的跟踪性能,舵面偏转角未超出允许的范围,控制性能和过渡过程品质良好,更易于工程实现。

8.2 非线性系统的递归滑模动态面自适应控制

本节提出一种非线性系统的递归滑模动态面自适应控制方法。该方法在第 5 章所提的直接自适应动态面飞行控制方法的基础上,通过在动态面控制设计的每一步中引入递归滑模面,将前面每一步的跟踪误差都考虑到下一步的控制律设计中去,以解决自适应神经网络动态面控制方法中滤波器时间常数非常脆弱的问题,并通过仿真算例验证了本节所提递归滑模动态面自适应控制方法的有效性。

8.2.1 问题描述

考虑如下形式的非线性不确定系统:

$$\begin{cases} \dot{x}_i = x_{i+1} + f_i(\overline{x}_i) + \Delta f_i(\overline{x}_i), & 1 \leqslant i \leqslant n-1 \\ \dot{x}_n = u + f_n(\overline{x}_n) + \Delta f_n(\overline{x}_n), & n \geqslant 2 \\ y = x_1 \end{cases} \tag{8.1}$$

式中,$\overline{x}_i = [x_1, \cdots, x_i]^T \in \mathbf{R}^i$,$i = 1, 2, \cdots, n$,为系统的状态向量;$f_i(\overline{x}_i)$ 为已知函数;$\Delta f_i(\overline{x}_i)$ 为未知不确定函数;$u \in \mathbf{R}$ 为系统的输入。

控制目标 设计控制器,使系统(8.1)输出 y 跟踪指定参考信号 r,并保证闭环系统所有信号半全局一致终结有界。

假设 8.1 $\Delta f_i(\overline{x}_i)$ 对其所有成员变量为连续函数,且满足 $|\Delta f_i(\overline{x}_i)| < \psi_i(\overline{x}_i)$,其中 $\psi_i(\overline{x}_i)$ 对其所有成员变量为 C^1 类函数,为已知函数。

假设 8.2 $f_i(\overline{x}_i)$ 对其所有成员变量为 C^1 类函数。

假设 8.3 参考信号 r 及其 1 阶和 2 阶导数 $\dot{r}$、$\ddot{r}$ 存在,且 $(r, \dot{r}, \ddot{r})$ 属于已知紧集 Ω_1,即

$$(r, \dot{r}, \ddot{r}) \in \Omega_1 = \{(r, \dot{r}, \ddot{r}) : r^2 + \dot{r}^2 + \ddot{r}^2 \leqslant K_0\} \subset \mathbf{R}^3 \tag{8.2}$$

式中,K_0 为已知正常数。

为书写方便,下文采用 f_i、Δf_i 和 ψ_i 分别表示 $f_i(\overline{x}_i)$、$\Delta f_i(\overline{x}_i)$ 和 $\psi_i(\overline{x}_i)$。

8.2.2 传统动态面控制反推策略的局限性分析

从 2.3.3 节动态面控制方法的设计过程可以看出,中间虚拟控制信号 $x_{i+1,d}$ 的设计仅考虑了前一个子系统的跟踪误差 S_i。然而,受引入低通滤波器的影响,误

差变量 S_i 并不能代表系统状态与虚拟控制信号之间的真实跟踪误差 $x_i - x_{i,d}$ ；而且，实际上各个子系统的跟踪误差之间是相互影响和制约的，设计控制量迫使单个跟踪误差 $S_i = 0$ 并不是最佳选择。例如，$S_i < 0$ 时会有加速减小 S_{i-1} 的趋势；此时若 $S_{i-1} < 0$，显然就加重 $S_{i-1} < 0$ 的严重性，是很不利的；$S_{i-1} > 0$，$S_i < 0$ 显然是我们所希望的，这时我们无须控制 S_i 快速收敛到零。同样是 $S_i < 0$，对系统的影响却完全不同，一个是我们不希望的，另一个却是我们希望的。所以，在反推时，虚拟控制量 $x_{i+1,d}$ 的设计仅仅考虑前一个子系统跟踪误差 S_i 是片面的，每一个子系统的跟踪误差也不是越小越好。如果考虑低通滤波器引起的延迟，基于局部跟踪误差依次反推的局限性容易诱发系统振荡甚至发散。因此，传统动态面控制方法对其控制器自身参数，特别是其低通滤波器时间常数的取值非常敏感。传统动态面控制方法要求其低通滤波器时间常数取一个很小的正数且取值范围通常很小。至今为止，也没有直接设计动态面控制方法低通滤波器时间常数的有效方法，在实际应用中需要根据经验进行试凑和验证。另外，低通滤波器时间常数取值很小会使得控制器对高频扰动非常敏感，这严重制约着传统动态面控制方法的工程应用。

结论 8.1　我们在设计虚拟控制信号 $x_{i+1,d}$ 时，有必要兼顾所有之前子系统跟踪误差 $S_1, \cdots, S_i$ 的相互影响。

8.2.3　递归滑模动态面控制方法

本节提出一种递归滑模动态面控制方法。该方法通过在动态面控制设计的每一步中引入递归滑模面，将前面每一步的跟踪误差都考虑到下一步的控制律设计中去，解决动态面控制方法中滤波器时间常数非常脆弱的问题，并通过仿真算例验证递归滑模动态面控制方法的有效性。

1. 递归滑模动态面控制律设计

考虑到传统动态面控制方法的局限性，本节将滑模控制方法与传统动态面结合，提出一种滑模控制的递归设计方法。下面给出递归滑模控制器的具体设计步骤。

步骤 1　考虑系统(8.1)中的子系统：$\dot{x}_1 = x_2 + f_1 + \Delta f_1$，定义第 1 个滑模切换函数 s_1 为

$$e_1 = x_1 - r$$
$$s_1 = e_1 \tag{8.3}$$

则

$$\dot{s}_1 = x_2 + f_1 + \Delta f_1 - \dot{r} \tag{8.4}$$

根据式 (8.4)，设计虚拟控制信号 $x_{2,d}$ 为

$$\begin{cases} x_{2,d} = x_{2,d1} - k_1 s_1 - x_{2,d2}\,\text{sign}(s_1) \\ x_{2,d1} = -f_1 + \dot{r}, \quad x_{2,d2} = \psi_1 \end{cases} \tag{8.5}$$

为了削弱或消除抖振现象，采用正切余弦函数 $\tanh(\cdot)$ 代替符号函数 $\text{sign}(\cdot)$，式 (8.5) 可以重写为

$$\begin{cases} x_{2,d} = x_{2,d1} - k_1 s_1 - x_{2,d2}\tanh\left(\dfrac{x_{2,d2}s_1}{2\varepsilon}\right) \\ x_{2,d1} = -f_1 + \dot{r}, \quad x_{2,d2} = \psi_1 \end{cases} \tag{8.6}$$

为了避免下一步设计中对虚拟控制信号 $x_{2,d}$ 求导，使用时间常数为 τ_2 的 1 阶低通滤波器对 $x_{2,d}$ 进行滤波，得到 $x_{2,d}$ 的估计值 z_2，即

$$\tau_2 \dot{z}_2 + z_2 = x_{2,d}, \quad z_2(0) = x_{2,d}(0) \tag{8.7}$$

注 8.1 为了削弱或消除抖振现象，在本节后续设计步骤中，我们将不加说明地用函数 $\tanh(\cdot)$ 代替函数 $\text{sign}(\cdot)$。

步骤 i ($2 \leqslant i \leqslant n-1$) 考虑系统 (8.1) 中的子系统：$\dot{x}_i = x_{i+1} + f_i + \Delta f_i$，定义第 i 个滑模切换函数 s_i 为

$$\begin{aligned} e_i &= x_i - z_i \\ s_i &= c_{i-1}s_{i-1} + e_i, \quad c_{i-1} \geqslant 0 \end{aligned} \tag{8.8}$$

则

$$\dot{s}_i = c_{i-1}\dot{s}_{i-1} + x_{i+1} + f_i + \Delta f_i - \dot{z}_i \tag{8.9}$$

类似地，设计虚拟控制信号和低通滤波器为

$$\begin{cases} x_{i+1,d} = x_{i+1,d1} - x_{i+1,d2}\tanh\left(\dfrac{x_{i+1,d2}s_i}{2\varepsilon}\right) - k_i s_i - s_{i-1} \\ x_{i+1,d1} = c_{i-1}(x_{i,d1} - x_i) - f_i + \dot{z}_i, \quad x_{i+1,d2} = c_{i-1}x_{i,d2} + \psi_i \end{cases} \tag{8.10}$$

$$\tau_{i+1}\dot{z}_{i+1} + z_{i+1} = x_{i+1,d}, \quad z_{i+1}(0) = x_{i+1,d}(0) \tag{8.11}$$

步骤 n 考虑系统 (8.1) 中的子系统：$\dot{x}_n = u + f_n + \Delta f_n$，定义第 n 个滑模切换函数 s_n 为

$$e_n = x_n - z_n$$
$$s_n = c_{n-1}s_{n-1} + e_n, \quad c_{n-1} \geqslant 0 \tag{8.12}$$

则

$$\dot{s}_n = c_{n-1}\dot{s}_{n-1} + u + f_n + \Delta f_n - \dot{z}_n \tag{8.13}$$

最后，设计实际控制输入 u 为

$$\begin{cases} u = u_{d1} - u_{d2}\tanh\left(\dfrac{u_{d2}s_n}{2\varepsilon}\right) - k_n s_n - s_{n-1} \\ u_{d1} = c_{n-1}(x_{n,d1} - x_n) - f_n + \dot{z}_n, \quad u_{d2} = c_{n-1}x_{n,d2} + \psi_n \end{cases} \tag{8.14}$$

上面控制器设计步骤中，$k_i > 0$（$i = 1,2,\cdots,n$），$c_i > 0$（$i = 1,2,\cdots,n-1$），$\varepsilon > 0$ 为待设计参数。

注 8.2　而本节通过定义递归滑模切换函数式（8.8）和式（8.12），综合考虑了当前子系统之前的所有子系统跟踪误差。递归的控制律形式使得控制律充分利用了已有的信息，减少了计算量。

2. 闭环系统稳定性分析

为了分析闭环系统的稳定性，引入引理 8.1，它们在本章中将被多次引用。

引理 8.1[3]　设 Ω 是系统 $\dot{x} = f(t,x)$ 的一个正向不变集，如果存在一个函数 $V: \Omega \to \mathbf{R}^+$ 对任意 $x \in \Omega$ 连续可微且满足 $\dot{V}(x) \leqslant 0$。设 $E = \left\{x \in \Omega \middle| \dot{V}(x) = 0\right\}$，$M$ 是包含于 E 的最大不变集，那么当 $t \to \infty$ 时，始于 Ω 的任一有界解 $x(t)$ 趋于 M。

下面给出递归滑模动态面控制方法的主要结论。

定理 8.1　考虑满足假设 8.1~8.3 的非线性不确定系统（8.1），采用控制律（8.6）、（8.7）、（8.10）、（8.11），则存在控制参数 $\tau_i > 0$（$i = 2,3,\cdots,n$）、$k_i > 0$（$i = 1,2,\cdots,n$）、$c_i > 0$（$i = 1,2,\cdots,n-1$）、$\varepsilon > 0$，使得闭环系统所有状态半全局一致终结有界，且通过调整控制器参数可以使跟踪误差最终可以收敛至原点的指定小邻域。

证明　定义 Lyapunov 函数：

$$V(s_i) = \frac{1}{2}s_i^2, \quad i = 1,2,\cdots,n \tag{8.15}$$

当 $i = 1$ 时，有

$$\dot{V}(s_1) = s_1(x_2 + f_1 + \Delta f_1 - \dot{r}) \tag{8.16}$$

由式（8.7）和式（8.8），有

$$x_2 = s_2 - c_1 s_1 + x_{2,d} - \tau_2 \dot{z}_2 \tag{8.17}$$

将式 (8.17) 代入式 (8.16)，可得

$$\dot{V}(s_1) = s_1(s_2 - c_1 s_1 + x_{2,d} - \tau_2 \dot{z}_2 + f_1 + \Delta f_1 - \dot{r}) \tag{8.18}$$

又正切余弦函数 $\tanh(\cdot)$ 满足如下关系式：

$$s_1 x_{2,d2} \tanh\left(\frac{s_1 x_{2,d2}}{2\varepsilon}\right) + 0.557\varepsilon \geqslant |s_1 x_{2,d2}| \tag{8.19}$$

将式 (8.5)、式 (8.19) 代入式 (8.18)，有

$$\dot{V}(s_1) \leqslant -(c_1 + k_1)s_1^2 + s_1 s_2 - \tau_2 \dot{z}_2 s_1 + 0.557\varepsilon \tag{8.20}$$

类似地，对于 $2 \leqslant i \leqslant n-1$，有

$$\dot{V}(s_i) \leqslant -(c_i + k_i)s_i^2 - s_{i-1}s_i + s_i s_{i+1} - \tau_{i+1}\dot{z}_{i+1}s_i + 0.557\varepsilon \tag{8.21}$$

最后，有

$$\dot{V}(s_n) \leqslant -k_n s_n^2 - s_{n-1}s_n + 0.557\varepsilon \tag{8.22}$$

由式 (8.20)～式 (8.22)，有

$$\sum_{i=1}^{i=n} \dot{V}(s_i) \leqslant -\sum_{i=1}^{n} k_i s_i^2 + \sum_{i=1}^{n-1} c_i s_i^2 - \sum_{i=1}^{n-1} \tau_{i+1}\dot{z}_{i+1}s_i + 0.557n\varepsilon \tag{8.23}$$

定义滤波误差：

$$y_i = z_i - x_{i,d}, \quad i = 2,3,\cdots,n \tag{8.24}$$

由式 (8.24) 及式 (8.7) 和式 (8.11)，有

$$y_i = -\tau_i \dot{z}_i \tag{8.25}$$

将式 (8.25) 代入式 (8.23)，有

$$\sum_{i=1}^{i=n} \dot{V}(s_i) \leqslant -\sum_{i=1}^{n} k_i s_i^2 + \sum_{i=1}^{n-1} c_i s_i^2 + \sum_{i=1}^{n-1} y_{i+1}s_i + 0.557n\varepsilon \tag{8.26}$$

由式 (8.24) 和式 (8.25)，有

$$\dot{y}_i = -\frac{y_i}{\tau_i} - \dot{x}_{i,d} \tag{8.27}$$

由式(8.5)、式(8.10)，以及假设 8.1～8.3，易知必定存在连续函数 $\eta_i(\cdot)$，使式(8.28)成立：

$$\left|\dot{x}_{i,d}\right| \leqslant \eta_i(s_1,\cdots,s_i,y_2,\cdots,y_i,\tau_2,\cdots,\tau_{i-1},k_1,\cdots,k_{i-1},c_1,\cdots,c_{i-2},r,\dot{r},\ddot{r}) \quad (8.28)$$

定义

$$V(y_i) = \frac{y_i^2}{2} \quad (8.29)$$

由式(8.27)、式(8.28)和杨氏不等式，有

$$\dot{V}(y_i) \leqslant -\frac{y_i^2}{\tau_i} + |y_i|\eta_i \leqslant -\left(\frac{1}{\tau_i}-\frac{1}{2}\right)y_i^2 + \frac{\eta_i^2}{2} \quad (8.30)$$

最后，定义 Lyapunov 函数：

$$V = \sum_{i=1}^{n} V(s_i) + \sum_{i=2}^{n} V(y_i) \quad (8.31)$$

则

$$\dot{V} \leqslant -\sum_{i=1}^{n} k_i s_i^2 + \sum_{i=1}^{n-1} c_i s_i^2 + \sum_{i=1}^{n-1} y_{i+1}s_i - \sum_{i=2}^{n}\left(\frac{1}{\tau_i}-\frac{1}{2}\right)y_i^2 + \sum_{i=2}^{n}\frac{\eta_i^2}{2} + 0.557n\varepsilon \quad (8.32)$$

取

$$\begin{aligned}&\frac{1}{\tau_i} \geqslant \frac{1}{2} + \frac{1}{4(\lambda_i+c_i)} + \alpha_0\\&k_i \geqslant \lambda_i + \alpha_0, \quad i=1,2,\cdots,n-1\\&k_n \geqslant \alpha_0\end{aligned} \quad (8.33)$$

式中，$\lambda_i > 0$，$\alpha_0 > 0$。利用杨氏不等式有

$$\dot{V} \leqslant -a_0\left(\sum_{i=1}^{n}s_i^2 + \sum_{i=2}^{n}y_i^2\right) + \sum_{i=2}^{n}\frac{\eta_i^2}{2} + 0.557n\varepsilon \cdot \quad (8.34)$$

定义如下紧集：

$$\Omega_i = \left\{(s_1,\cdots,s_i,y_2,\cdots,y_i): \frac{1}{2}\sum_{j=1}^{i}s_j^2 + \frac{1}{2}\sum_{j=2}^{i}y_j^2 \leqslant p\right\}, \quad i=2,3,\cdots,n \quad (8.35)$$

式中，$p > 0$ 为正常数。

根据假设 8.3，参考信号 r 的属性集合 Ω_1 是已知紧集，因此 $\Omega_1 \times \Omega_i$，$i = 2$, 3, $\cdots$, n 仍是紧集，于是连续函数 $|\eta_i|$ 在 $\Omega_1 \times \Omega_i$ 上存在最大值，不妨设为 M_i。因此，由式(8.34)，有

$$\dot{V} \leqslant -2a_0 V + C \tag{8.36}$$

式中，

$$C = 0.557n\varepsilon + \sum_{i=2}^{n} \frac{M_i^2}{2} \tag{8.37}$$

通过设置 $a_0 > C/(2p)$，则当 $V \geqslant p$ 时，$\dot{V} < 0$。因此，$V \leqslant p$ 是一个不变集。即如果 $V(0) \leqslant p$，则 $V(t) \leqslant p$ 对 $\forall t > 0$ 成立。跟踪误差最终可以收敛到半径为 C/a_0 的球域。取 $a_0 > \max\{C/(2p), C/\varepsilon\}$，则 $e_1^2 \leqslant 2V \leqslant \varepsilon$。因为 ε 可以任意设置，所以跟踪误差最终可以收敛至原点的指定小邻域。

注 8.3 从稳定性分析中可以看出，通过增大 k_i $(i = 1, 2, \cdots, n)$ 可以有效减小稳态跟踪误差。

注 8.4 参数 c_i $(1 \leqslant i \leqslant n-1)$ 的引入，一方面考虑了所有子系统跟踪误差，减小了 M_i 的值，从而扩大了控制参数的取值范围。另一方面由式(8.33)可以看出参数 c_i 的引入也直接增大了 τ_i 的取值范围。

3. 数值仿真对比验证

1) 仿真算例 1

本节通过一个仿真实例，分析传统动态面控制方法和本节递归滑模动态面控制方法对于控制器中滤波器时间常数选取的敏感性。选择文献[2]所提传统动态面控制方法与本节递归滑模动态面控制方法进行对比。直接选用文献[2]仿真算例中的非线性系统：

$$\begin{cases} \dot{x}_1 = x_2 + \Delta f_1(x_1) \\ \dot{x}_2 = x_3 \\ \dot{x}_3 = u \\ y = x_1 \end{cases} \tag{8.38a}$$

式中，$\Delta f_1(x_1) = x_1^2 \sin x_1$，系统初始状态 $x(0) = [0,1,0]^T$，参考跟踪信号 $r = \sin t$。根据本节控制器设计方法，设计如表 8.1 所示控制律。本节方法与传统动态面控制方法中相同的控制参数取 $k_1 = 40$，$k_2 = k_3 = 60$，$\psi_1 = x_1^2$，$\psi_2 = \psi_3 = 0$，$\varepsilon = 0.2$。

本节方法另外的两个控制参数取 $c_1=10$ ， $c_2=30$ 。分别取三组低通滤波器时间常数，即 $\tau_2=\tau_3=0.01$ 、 $\tau_2=\tau_3=0.024$ 和 $\tau_2=\tau_3=0.028$ 进行对比仿真。图 8.1~图 8.3 显示了低通滤波器时间常数对两种控制方法的影响。从图中可以看出，当取 $\tau_2=\tau_3=0.01$ 时，两种方法控制效果基本相同，跟踪误差 e_1 约为参考信号幅值的 2%。当取 $\tau_2=\tau_3=0.024$ 时，本节方法控制效果基本保持不变，而传统动态面控制方法的控制信号 u 已经出现了明显的振荡。当取 $\tau_2=\tau_3=0.028$ ，本节方法控制效果依然保持良好，而传统动态面控制方法出现了严重的振荡，系统最终变得不稳定。为了进一步验证本节方法对于低通滤波器时间常数的非脆弱性，取 $\tau_2=\tau_3=0.5$ 进行仿真，仿真结果如图 8.4 所示。可以看出本节方法的跟踪误差略有增大，约为参考跟踪信号的 3%，控制效果仍然较为理想。而传统动态面控制方法仿真不到 3s 就已经发散。

表 8.1　递归滑模动态面控制方法控制律

误差定义	虚拟控制信号和控制律	低通滤波器
$e_1=x_1-r$ $s_1=e_1$	$\begin{cases} x_{2,d}=x_{2,d1}-k_1s_1-x_{2,d2}\tanh\left(\dfrac{x_{2,d2}s_1}{2\varepsilon}\right) \\ x_{2,d1}=-f_1+\dot{r}, \quad x_{2,d2}=\psi_1 \end{cases}$	$\begin{cases} \tau_2\dot{z}_2+z_2=x_{2,d} \\ z_2(0)=x_{2,d}(0) \end{cases}$
$e_2=x_2-z_2$ $s_2=c_1s_1+e_2$	$\begin{cases} x_{3,d}=x_{3,d1}-x_{3,d2}\tanh\left(\dfrac{x_{3,d2}s_2}{2\varepsilon}\right)-k_2s_2-s_1 \\ x_{3,d1}=c_1(x_{2,d1}-x_2)-f_2+\dot{z}_2, \quad x_{3,d2}=c_1x_{2,d2}+\psi_2 \end{cases}$	$\begin{cases} \tau_3\dot{z}_3+z_3=x_{3,d} \\ z_3(0)=x_{3,d}(0) \end{cases}$
$e_3=x_3-z_3$ $s_3=c_2s_2+e_3$	$\begin{cases} u=u_{d1}-u_{d2}\tanh\left(\dfrac{u_{d2}s_3}{2\varepsilon}\right)-k_3s_3-s_2 \\ u_{d1}=c_2(x_{3,d1}-x_3)-f_3+\dot{z}_3, \quad u_{d2}=c_2x_{3,d2}+\psi_3 \end{cases}$	

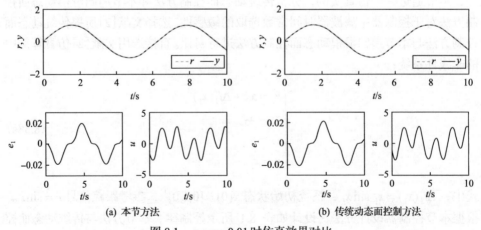

(a) 本节方法　　　　　　　　　　　　(b) 传统动态面控制方法

图 8.1　$\tau_2=\tau_3=0.01$ 时仿真效果对比

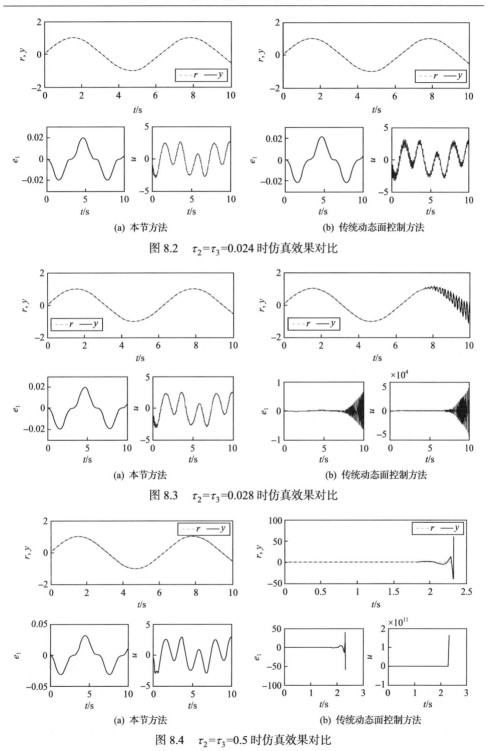

(a) 本节方法　　　　　　　　　　　　(b) 传统动态面控制方法

图 8.2　$\tau_2=\tau_3=0.024$ 时仿真效果对比

(a) 本节方法　　　　　　　　　　　　(b) 传统动态面控制方法

图 8.3　$\tau_2=\tau_3=0.028$ 时仿真效果对比

(a) 本节方法　　　　　　　　　　　　(b) 传统动态面控制方法

图 8.4　$\tau_2=\tau_3=0.5$ 时仿真效果对比

　　可见，相对于传统动态面控制方法，本节所提方法对控制器自身参数的取值具有更强的非脆弱性。

　　2) 仿真算例 2

　　本节通过一个仿真实例，对比传统动态面控制方法和本节递归滑模动态面控制方法对于高频扰动的敏感性。考虑如下仿真对象：

$$\begin{cases} \dot{x}_1 = x_2 + \Delta f_1(x_1) \\ \dot{x}_2 = x_3 \\ \dot{x}_3 = u \\ y = x_1 \end{cases} \tag{8.38b}$$

式中，$\Delta f_1(x_1) = x_1^2 \sin x_1 + 10^{-3} \sin(50t)$，系统初始状态 $x(0) = [0,1,0]^T$，参考跟踪信号 $r = \sin t$。对比系统 (8.38a) 和系统 (8.38b)，可以发现系统 (8.38b) 只是比系统 (8.38a) 增加了一个很小的高频扰动分量 $10^{-3} \sin(50t)$。仍然将本节方法与文献 [2] 传统动态面控制方法进行对比。本节方法仍然采用如表 8.1 所示控制律。从仿真算例 1 可以看出，采用传统动态面控制方法所设计的控制器，当低通滤波器时间常数 $\tau_2 = \tau_3 = 0.024$ 时就开始出现振荡现象。因此，在仿真中，传统动态面控制方法低通滤波器参数取 $\tau_2 = \tau_3 = 0.02$，本节方法低通滤波器参数取 $\tau_2 = \tau_3 = 0.2$。另外，取 $\psi_1 = x_1^2 + 10^{-3}$，其余仿真参数与仿真算例 1 相同。仿真结果如图 8.5 所示。从仿真结果可以看出，两种控制方法控制效果基本相同，但传统动态面控制方法的控制输入出现了强烈的高频抖振。一个很小的高频扰动就能引起传统动态面控制方法如此强烈的高频抖振。仔细分析传统动态面控制控制方法不难发现，传统动态面控制方法的低通滤波器时间常数取值范围很小，这使得高频扰动能够在虚拟控制信号的反推过程中，一步步随系统阶次呈指数方式放大。

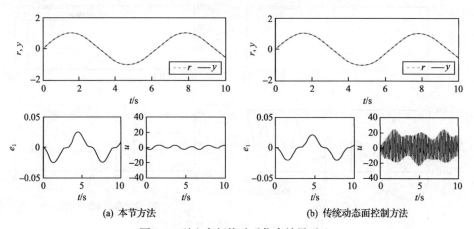

　　　(a) 本节方法　　　　　　　　　　　　(b) 传统动态面控制方法

图 8.5　引入高频扰动后仿真效果对比

结论 8.2 本节提出的递归滑模动态面控制方法在设计虚拟控制信号 $x_{i+1,d}$ 时，兼顾了所有之前子系统跟踪误差 $e_1,\cdots,e_i$ 的相互影响，从而扩大了控制器中低通滤波器参数的取值范围，进而大大降低了控制器对于高频扰动的敏感性。

4. 递归滑模参数对低通滤波器摄动的敏感度分析

为了分析本节控制器对自身参数摄动的敏感度，本节通过数值仿真探索递归滑模参数 c_i 如何影响低通滤波器时间常数 τ_i 的取值范围。选用仿真算例 1 所描述的闭环系统作为分析实例，取 $[c_1,c_2,c_3]=c[1,3,3]$，$\tau_2=\tau_3=\tau$，其余参数与仿真算例 1 相同。以参数 c 的取值为横坐标，参数 τ 的取值范围为纵坐标，分析参数 c 的取值与控制器对参数 τ 摄动灵敏度的关系。仿真结果如图 8.6 所示，图中黑色部分为参数 τ 的取值范围。可见增大递归滑模参数 c 可以有效提高参数 τ 的取值范围，从而降低了控制系统对参数 τ 的敏感度。

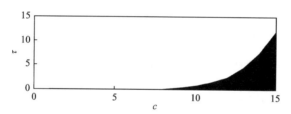

图 8.6 低通滤波器时间常数 τ 的取值范围

8.2.4 自适应神经网络递归滑模动态面控制方法

文献 [4] 将动态面控制方法与自适应神经网络设计框架相结合，提出了基于自适应神经网络的动态面控制方法。但由于传统动态面控制方法的局限性，文献 [4] 方法对神经网络自适应参数的选取依赖性较大。为解决这一问题，本节将自适应神经网络与递归滑模动态面控制结合，提出一种自适应神经网络递归滑模动态面控制方法。

1. RBF 神经网络逼近模型描述

RBF 神经网络是一种高效的系统模型辨识器，它能够以任意精度逼近在有界紧集内的非线性光滑函数 [5]。从 8.2.3 节控制器的设计过程中可以看出，由于系统不确定性的影响，每一级滑模切换函数的导数中存在未知项，我们定义该未知项为 $\Delta \dot{s}_i$。利用 RBF 神经网络逼近滑模子系统的不确定项 $\Delta \dot{s}_i$，则 $\Delta \dot{s}_i$ 可以表示为

$$\Delta \dot{s}_i = \theta_i^{*\mathrm{T}} \xi_i(\overline{x}_i) + \delta_i(\overline{x}_i)$$

式中，$\overline{x}_i \in \Omega_{\overline{x}_i}$ 为网络输入，$\Omega_{\overline{x}_i}$ 是定义在 $\mathbf{R}^i$ 上的一个紧集；$\delta_i(\overline{x}_i)$ 为神经网络重

构误差函数；$\xi_i(\overline{x}_i) = [\xi_{i,1}(\overline{x}_i), \cdots, \xi_{i,p_i}(\overline{x}_i)]^T \in \mathbf{R}^{p_i}$ 为径向基函数向量；p_i 为神经网络 i 的隐层节点个数；$\theta_i^* \in \mathbf{R}^{p_i}$ 为在紧集 $\Omega_{\overline{x}_i}$ 内的理想权值向量，其定义为

$$\theta_i^* = \arg \min_{\hat{\theta}_i^T \in \mathbf{R}^{p_i}} \left\{ \sup_{\overline{x}_i \in \Omega_{\overline{x}_i}} \left\| \Delta \dot{s}_i - \hat{\theta}_i^T \xi_i(\overline{x}_i) \right\| \right\}$$

实际上，θ_i^* 的值无法得到，用 $\hat{\theta}_i$ 表示其估计值，定义 $\tilde{\theta}_i = \hat{\theta}_i - \theta_i^*$ 为估计误差。于是 $\Delta \dot{s}_i$ 可以表示为

$$\Delta \dot{s}_i = \hat{\theta}_i^T \xi_i(\overline{x}_i) - \tilde{\theta}_i^T \xi_i(\overline{x}_i) + \delta_i(\overline{x}_i) \tag{8.39}$$

假设 8.4　神经网络权值 θ_i^* 有界，即存在正常数 θ_M，满足 $\left\| \theta_i^* \right\| < \theta_M$。

假设 8.5　存在 C^1 类函数 $\rho_i(\overline{x}_i)$，满足 $\rho_i(\overline{x}_i) > \left| \delta_i(\overline{x}_i) \right|$。

为书写方便，下文采用 ξ_i 和 ρ_i 分别表示 $\xi_i(\overline{x}_i)$ 和 $\rho_i(\overline{x}_i)$。

2. 自适应神经网络递归滑模动态面控制律设计

本节将针对系统 (8.1)，引入自适应 RBF 神经网络在线逼近系统未建模不确定性，将 8.2.3 节提出的递归滑模动态面控制方法与自适应神经网络控制方法相结合，提高控制器应对系统未建模不确定性的能力。递归滑模动态面的控制结构与自适应神经网络的结合，能够有效克服传统神经网络动态面控制对其自适应参数的选取依赖性较大的问题。

步骤 1　考虑系统 (8.1) 中的子系统：$\dot{x}_1 = x_2 + f_1 + \Delta f_1$，定义第 1 个滑模切换函数 s_1 为

$$\begin{cases} e_1 = x_1 - r \\ s_1 = e_1 \end{cases} \tag{8.40}$$

则

$$\dot{s}_1 = x_2 + f_1 + \Delta \dot{s}_1 - \dot{r} \tag{8.41}$$

式中，$\Delta \dot{s}_1 = \Delta f_1$。

将式 (8.39) 代入式 (8.41)，得

$$\dot{s}_1 = x_2 + f_1 + \hat{\theta}_1^T \xi_1 - \tilde{\theta}_1^T \xi_1 + \delta_1 - \dot{r} \tag{8.42}$$

根据式 (8.42)，设计如下虚拟控制信号和自适应律：

$$\begin{cases} x_{2,d} = x_{2,d1} - x_{2,d2}\,\mathrm{sign}(s_1) - k_1 s_1 \\ x_{2,d1} = -f_1 - \hat{\theta}_1^{\mathrm{T}}\xi_1 + \dot{r}, \quad x_{2,d2} = \rho_1 \end{cases} \tag{8.43}$$

$$\dot{\hat{\theta}}_1 = \Gamma_1[\xi_1 s_1 - \sigma_1(\hat{\theta}_1 - \hat{\theta}_1^0)] \tag{8.44}$$

为了削弱或消除抖振现象,采用正切余弦函数 $\tanh(\cdot)$ 代替符号函数 $\mathrm{sign}(\cdot)$,式(8.43)可以重写为

$$\begin{cases} x_{2,d} = x_{2,d1} - k_1 s_1 - x_{2,d2}\tanh\left(\dfrac{x_{2,d2}s_1}{2\varepsilon}\right) \\ x_{2,d1} = -f_1 - \hat{\theta}_1^{\mathrm{T}}\xi_1 + \dot{r}, \quad x_{2,d2} = \rho_1 \end{cases} \tag{8.45}$$

为了避免在下一步设计中对虚拟控制信号 $x_{2,d}$ 求导,使用时间常数为 τ_2 的一阶低通滤波器对虚拟控制信号进行滤波,得到 $x_{2,d}$ 的估计值 z_2:

$$\tau_2 \dot{z}_2 + z_2 = x_{2,d}, \quad z_2(0) = x_{2,d}(0) \tag{8.46}$$

步骤 i($2 \leqslant i \leqslant n-1$)　考虑系统(8.1)中的子系统: $\dot{x}_i = x_{i+1} + f_i + \Delta f_i$,定义第 i 个滑模切换函数 s_i 为

$$\begin{aligned} e_i &= x_i - z_i \\ s_i &= c_{i-1}s_{i-1} + e_i, \quad c_{i-1} \geqslant 0 \end{aligned} \tag{8.47}$$

则

$$\dot{s}_i = c_{i-1}\hat{\dot{s}}_{i-1} + x_{i+1} + f_i + \Delta\dot{s}_i - \dot{z}_i \tag{8.48}$$

式中, $\Delta\dot{s}_i = \Delta f_i + c_{i-1}(\dot{s}_{i-1} - \hat{\dot{s}}_{i-1})$, $\hat{\dot{s}}_{i-1} = (x_i - x_{i,d1})$。

将式(8.39)代入式(8.48),得

$$\dot{s}_i = c_{i-1}\hat{\dot{s}}_{i-1} + x_{i+1} + f_i + \hat{\theta}_i^{\mathrm{T}}\xi_i - \tilde{\theta}_i^{\mathrm{T}}\xi_i + \delta_i - \dot{z}_i \tag{8.49}$$

类似地,设计虚拟控制信号、自适应律和低通滤波器为

$$\begin{cases} x_{i+1,d} = x_{i+1,d1} - x_{i+1,d2}\tanh\left(\dfrac{x_{i+1,d2}s_i}{2\varepsilon}\right) - k_i s_i - s_{i-1} \\ x_{i+1,d1} = c_{i-1}(x_{i,d1} - x_i) - f_i - \hat{\theta}_i^{\mathrm{T}}\xi_i + \dot{z}_i, \quad x_{i+1,d2} = \rho_i \end{cases} \tag{8.50}$$

$$\dot{\hat{\theta}}_i = \Gamma_i[\xi_i s_i - \sigma_i(\hat{\theta}_i - \hat{\theta}_i^0)] \tag{8.51}$$

$$\tau_{i+1}\dot{z}_{i+1} + z_{i+1} = x_{i+1,d}, \quad z_{i+1}(0) = x_{i+1,d}(0) \tag{8.52}$$

步骤 n 考虑系统(8.1)中的子系统: $\dot{x}_n = u + f_n + \Delta f_n$,定义第 n 个滑模切换函数 s_n 为

$$\begin{cases} e_n = x_n - z_n \\ s_n = c_{n-1}s_{n-1} + e_n, \quad c_{n-1} \geqslant 0 \end{cases} \tag{8.53}$$

则

$$\begin{aligned} \dot{s}_n &= c_{n-1}\hat{\dot{s}}_{n-1} + u + f_n + \Delta\dot{s}_n - \dot{z}_n \\ &= c_{n-1}\hat{\dot{s}}_{n-1} + u + f_n + \hat{\theta}_n^{\mathrm{T}}\xi_n - \tilde{\theta}_n^{\mathrm{T}}\xi_n + \delta_n - \dot{z}_n \end{aligned} \tag{8.54}$$

式中, $\Delta\dot{s}_n = \Delta f_n + c_{n-1}(\dot{s}_{n-1} - \hat{\dot{s}}_{n-1})$, $\hat{\dot{s}}_{n-1} = x_n - x_{n,d1}$。

最后,设计实际控制输入 u 和自适应律为

$$\begin{cases} u = u_{d1} - u_{d2}\tanh\left(\dfrac{u_{d2}s_n}{2\varepsilon}\right) - k_n s_n - s_{n-1} \\ u_{d1} = c_{n-1}(x_{n,d1} - x_n) - f_n - \hat{\theta}_n^{\mathrm{T}}\xi_n + \dot{z}_n, \quad u_{d2} = \rho_n \end{cases} \tag{8.55}$$

$$\dot{\hat{\theta}}_n = \Gamma_n[\xi_n s_n - \sigma_n(\hat{\theta}_n - \hat{\theta}_n^0)] \tag{8.56}$$

上面控制器设计步骤中, $k_i > 0$、 $\sigma_i > 0$ $(i = 1,2,\cdots,n)$、 $c_i > 0$ $(i = 1,2,\cdots,n-1)$、 $\varepsilon > 0$ 为待设计参数; Γ_i $(i = 1,2,\cdots,n)$ 为待设计正定对称矩阵; $\hat{\theta}_i^0$ $(i = 1,2,\cdots,n)$ 为神经网络 i 初始权值。

3. 闭环系统稳定性分析

定理 8.2 考虑满足假设 8.2~8.3 的非线性不确定系统(8.1)和满足假设 8.4 和假设 8.5 的神经网络逼近模型,采用控制律式(8.44)~式(8.46),式(8.50)~式(8.52)和式(8.55)、式(8.56),则存在控制参数 $\tau_i > 0$ $(i = 2,3,\cdots,n)$、 $k_i > 0$、 Γ_i、 σ_i $(i = 1,2,\cdots,n)$、 $c_i > 0$ $(i = 1,2,\cdots,n-1)$、 $\varepsilon > 0$,使得闭环系统所有状态半全局一致终结有界,且通过调整控制器参数可以使跟踪误差最终收敛至原点的指定小邻域。

证明 定义 Lyapunov 函数:

$$V(s_i) = \frac{1}{2}s_i^2 + \frac{1}{2}\tilde{\theta}_i^{\mathrm{T}}\Gamma_i^{-1}\tilde{\theta}_i, \quad i = 1,2,\cdots,n \tag{8.57}$$

则当 $i = 1$ 时,有

$$\dot{V}(s_1) = s_1(x_2 + f_1 + \Delta \dot{s}_1 - \dot{r}) + \tilde{\theta}_1^{\mathrm{T}}(\Gamma_1^{-1}\dot{\hat{\theta}}_1) \tag{8.58}$$

由式(8.46)和式(8.47)，有

$$x_2 = s_2 - c_1 s_1 + x_{2,d} - \tau_2 \dot{z}_2 \tag{8.59}$$

将式(8.39)和式(8.59)代入式(8.58)，可得

$$\dot{V}(s_1) = s_1(s_2 - c_1 s_1 + x_{2,d} - \tau_2 \dot{z}_2 + f_1 + \hat{\theta}_1^{\mathrm{T}} \xi_1 + \delta_1 - \dot{r}) + \tilde{\theta}_1^{\mathrm{T}}(\Gamma_1^{-1}\dot{\hat{\theta}}_1 - \xi_1 s_1) \tag{8.60}$$

由杨氏不等式，有

$$
\begin{aligned}
\tilde{\theta}_i^{\mathrm{T}}(\hat{\theta}_i - \theta_i^0) &= \tilde{\theta}_i^{\mathrm{T}}(\tilde{\theta}_i + \theta_i^* - \theta_i^0) = \tilde{\theta}_i^{\mathrm{T}}\tilde{\theta}_i + \tilde{\theta}_i^{\mathrm{T}}(\theta_i^* - \theta_i^0) \\
&\geqslant \frac{1}{2}\|\tilde{\theta}_i\| - \frac{1}{2}\|\theta_i^* - \theta_i^0\|^2
\end{aligned} \tag{8.61}
$$

将式(8.19)、式(8.44)、式(8.45)、式(8.61)代入式(8.60)，有

$$
\begin{aligned}
\dot{V}(s_1) \leqslant{}& -(c_1 + k_1)s_1^2 - \frac{1}{2}\frac{\sigma_1}{\lambda_{\max}(\Gamma_1^{-1})}\tilde{\theta}_1^{\mathrm{T}}\Gamma_1^{-1}\tilde{\theta}_1 \\
&+ s_1 s_2 - \tau_2 \dot{z}_2 s_1 + \frac{\sigma_1}{2}\|\theta_1^* - \theta_1^0\|^2 + 0.557\varepsilon
\end{aligned} \tag{8.62}
$$

类似地，对于 $2 \leqslant i \leqslant n-1$，有

$$
\begin{aligned}
\dot{V}(s_i) \leqslant{}& -(c_i + k_i)s_i^2 - \frac{1}{2}\frac{\sigma_i}{\lambda_{\max}(\Gamma_i^{-1})}\tilde{\theta}_i^{\mathrm{T}}\Gamma_i^{-1}\tilde{\theta}_i \\
&- \tau_{i+1}\dot{z}_{i+1}s_i - s_{i-1}s_i + s_i s_{i+1} + \frac{\sigma_i}{2}\|\theta_i^* - \theta_i^0\|^2 + 0.557\varepsilon
\end{aligned} \tag{8.63}
$$

最后，对于 $i = n$，有

$$\dot{V}(s_n) \leqslant -k_n s_n^2 - \frac{1}{2}\frac{\sigma_n}{\lambda_{\max}(\Gamma_n^{-1})}\tilde{\theta}_n^{\mathrm{T}}\Gamma_n^{-1}\tilde{\theta}_n - s_{n-1}s_n + \frac{\sigma_n}{2}\|\theta_n^* - \theta_n^0\|^2 + 0.557\varepsilon \tag{8.64}$$

由式(8.62)～式(8.64)，有

$$
\begin{aligned}
\sum_{i=1}^{n} V(s_i) \leqslant{}& -\left(\sum_{i=1}^{n} k_i + \sum_{i=1}^{n-1} c_i\right)s_i^2 - \frac{1}{2}\sum_{i=1}^{n}\frac{\sigma_i}{\lambda_{\max}(\Gamma_i^{-1})}\tilde{\theta}_i^{\mathrm{T}}\Gamma_i^{-1}\tilde{\theta}_i \\
&- \sum_{i=1}^{n-1}\tau_{i+1}\dot{z}_{i+1}s_i + \sum_{i=1}^{n}\frac{\sigma_i}{2}\|\theta_i^* - \theta_i^0\|^2 + 0.557n\varepsilon
\end{aligned} \tag{8.65}
$$

定义滤波误差：

$$y_i = z_i - x_{i,d}, \quad i = 2, 3, \cdots, n \tag{8.66}$$

由式 (8.46) 和式 (8.52)，有

$$y_i = -\tau_i \dot{z}_i \tag{8.67}$$

将式 (8.67) 代入式 (8.65)，有

$$
\begin{aligned}
\sum_{i=1}^{n} V(s_i) \leqslant & -\left(\sum_{i=1}^{n} k_i + \sum_{i=1}^{n-1} c_i \right) s_i^2 - \frac{1}{2} \sum_{i=1}^{n} \frac{\sigma_i}{\lambda_{\max}(\Gamma_i^{-1})} \tilde{\theta}_i^{\mathrm{T}} \Gamma_i^{-1} \tilde{\theta}_i \\
& + \sum_{i=1}^{n-1} y_{i+1} s_i + \sum_{i=1}^{n} \frac{\sigma_i}{2} \left\| \theta_i^* - \theta_i^0 \right\|^2 + 0.557 n \varepsilon
\end{aligned} \tag{8.68}
$$

由式 (8.66) 和式 (8.67)，有

$$\dot{y}_i = -\frac{y_i}{\tau_i} - \dot{x}_{i,d} \tag{8.69}$$

由式 (8.44)～式 (8.46)，式 (8.50)～式 (8.52)，以及假设 8.2～假设 8.5，易知必定存在连续函数 η_i，使式 (8.70) 成立：

$$\left| \dot{x}_{i,d} \right| \leqslant \eta_i (s_1, \cdots, s_i, y_2, \cdots, y_i, \tau_2, \cdots, \tau_{i-1}, k_1, \cdots, k_{i-1}, c_1, \cdots, c_{i-2}, r, \dot{r}, \ddot{r}) \tag{8.70}$$

定义

$$V(y_i) = \frac{y_i^2}{2} \tag{8.71}$$

由式 (8.69)、式 (8.70) 及杨氏不等式，有

$$\dot{V}(y_i) \leqslant -\frac{y_i^2}{\tau_i} + |y_i| \eta_i \leqslant -\left(\frac{1}{\tau_i} - \frac{1}{2} \right) y_i^2 + \frac{\eta_i^2}{2} \tag{8.72}$$

最后，定义 Lyapunov 函数：

$$V = \sum_{i=1}^{n} V(s_i) + \sum_{i=2}^{n} V(y_i) \tag{8.73}$$

则由式(8.68)和式(8.72)，有

$$
\dot{V} \leqslant -\left(\sum_{i=1}^{n} k_i + \sum_{i=1}^{n-1} c_i\right) s_i^2 + \sum_{i=1}^{n-1} y_{i+1} s_i - \sum_{i=2}^{n}\left(\frac{1}{\tau_i} - \frac{1}{2}\right) y_i^2 - \frac{1}{2}\sum_{i=1}^{n}\frac{\sigma_i}{\lambda_{\max}(\Gamma_i^{-1})}\tilde{\theta}_i^{\mathrm{T}}\Gamma_i^{-1}\tilde{\theta}_i
$$
$$
+ \sum_{i=2}^{n}\frac{\eta_i^2}{2} + 0.557n\varepsilon + \sum_{i=1}^{n}\frac{\sigma_i}{2}\left\|\theta_i^* - \theta_i^0\right\|^2
\tag{8.74}
$$

取

$$
\frac{1}{\tau_i} \geqslant \frac{1}{2} + \frac{1}{4(\lambda_i + c_i)} + \alpha_0
$$
$$
k_i \geqslant \lambda_i + \alpha_0, \quad i = 1, 2, \cdots, n-1
$$
$$
k_n \geqslant \alpha_0
\tag{8.75}
$$

式中，$\lambda_i > 0$，$\alpha_0 > 0$。利用杨氏不等式有

$$
\dot{V} \leqslant -a_0\left(\sum_{i=1}^{n} s_i^2 + \sum_{i=2}^{n} y_i^2\right) - \frac{1}{2}\sum_{i=1}^{n}\frac{\sigma_i}{\lambda_{\max}(\Gamma_i^{-1})}\tilde{\theta}_i^{\mathrm{T}}\Gamma_i^{-1}\tilde{\theta}_i
$$
$$
+ \sum_{i=2}^{n}\frac{\eta_i^2}{2} + \sum_{i=1}^{n}\frac{\sigma_i}{2}\left\|\theta_i^* - \theta_i^0\right\|^2 + 0.557n\varepsilon
\tag{8.76}
$$

定义如下紧集：

$$
\Omega_i = \left\{(s_1, \cdots, s_i, y_2, \cdots, y_i, \tilde{\theta}_1, \cdots, \tilde{\theta}_i): \frac{1}{2}\sum_{j=1}^{i}(s_j^2 + \tilde{\theta}_j^{\mathrm{T}}\Gamma_j^{-1}\tilde{\theta}_j) + \frac{1}{2}\sum_{j=2}^{i} y_j^2 \leqslant p\right\}, \quad i = 2, 3, \cdots, n
\tag{8.77}
$$

式中，$p > 0$ 为常数。

根据假设 8.3，参考信号 r 的属性集合 Ω_1 是已知紧集，因此 $\Omega_1 \times \Omega_i (i = 2, 3, \cdots, n)$ 仍是紧集，所以，连续函数 $|\eta_i|$ 在 $\Omega_1 \times \Omega_i$ 上存在最大值，不妨设为 M_i。因此，由式(8.76)有

$$
\dot{V} \leqslant -2\mu V + C
\tag{8.78}
$$

式中，

$$
\mu = \min_{1 \leqslant i \leqslant n}\left\{a_0, \frac{1}{2}\frac{\sigma_i}{\lambda_{\max}(\Gamma_i^{-1})}\right\}
\tag{8.79}
$$

$$C = 0.557n\varepsilon + \sum_{i=2}^{n} \frac{M_i^2}{2} + \sum_{i=1}^{n} \frac{\sigma_i}{2} \left\| \theta_i^* - \theta_i^0 \right\|^2 \tag{8.80}$$

通过设置 a_0、σ_i、Γ_i 可以使 $\mu > C/(2p)$，则当 $V \geqslant p$ 时，$\dot{V} < 0$。因此，$V \leqslant p$ 是一个不变集。即如果 $V(0) \leqslant p$，则 $V(t) \leqslant p$ 对 $\forall t > 0$ 成立。跟踪误差最终可以收敛到半径为 C/μ 的球域。取 $\mu > \max\{C/(2p), C/\varepsilon\}$，则 $e_1^2 \leqslant 2V \leqslant \varepsilon$。因为 ε 可以任意设置，所以跟踪误差最终可以收敛至原点的指定小邻域。

注 8.5 $\sigma_i (i = 1, 2, \cdots, n)$ 的主要作用是为了保证神经网络的稳定性。但它会在一定程度影响神经网络学习的速率，因此 σ_i 的值不应过大。

4. 数值仿真对比验证

1) 跟踪控制效果对比

本节通过一个仿真实例，对比控制器自身参数选取对控制器的影响。选择传统神经网络动态面方法[4]与本节方法进行仿真对比。直接选用文献[4]仿真所用的非匹配不确定非线性系统：

$$\begin{cases} \dot{x}_1 = x_2 + \Delta f_1(\bar{x}_1) \\ \dot{x}_2 = x_3 + \Delta f_2(\bar{x}_2) \\ \dot{x}_3 = u \\ y = x_1 \end{cases} \tag{8.81}$$

式中，$\Delta f_1(\bar{x}_1)$ 和 $\Delta f_2(\bar{x}_2)$ 为未知非线性函数。

控制的目的是设计控制输入 u，使输出 y 跟踪参考信号 $r(t)$。在仿真中设 $\Delta f_1(\bar{x}_1) = x_1^3$，$\Delta f_2(\bar{x}_2) = x_1^2 + x_2^2$，系统初始状态为 $[x_{10}, x_{20}, x_{30}] = [0, 1, 0]$，参考信号 $r(t) = \sin t$。本节方法设计如表 8.2 所示控制律。本节方法和文献[4]神经网络自适应动态面控制 (neural network-based adaptive dynamic surface control, NN DSC) 方法相同的参数取 $\rho_1 = \rho_2 = 10^{-4}$，$k_1 = 40$，$k_2 = k_3 = 60$，$\varepsilon = 0.2$，$\sigma_1 = \sigma_2 = 10^{-3}$；本节方法的另外两个参数取 $c_1 = 10$，$c_2 = 30$。两种方法采用相同的神经网络进行不确定项的在线逼近，其中 θ_1、θ_2 的隐层神经元个数分别为 10 和 100，NN 的基函数向量 $\xi_{ij} = \exp\left(-\dfrac{\left\| \bar{x}_i - \bar{a}_{ij} \right\|^2}{b} \right)$，神经网络初始权值 $\hat{\theta}_1^0 = 0$，$\hat{\theta}_2^0 = 0$；中心值 $\bar{a}_{1j}$ 在区间 $[-1, 1]$ 均匀取值，$\bar{a}_{2j}$ 在矩形区域 $\{(1,1), (-1,1), (-1,-1), (1,-1)\}$ 内均匀取值。尺度因子 $b = 0.1$。分别取如下四组低通滤波器时间常数 τ_2、τ_3 和神经网络学习速率参数 Γ_1、Γ_2 进行仿真：① $\tau_2 = \tau_3 = 0.02, \Gamma_1 = \Gamma_2 = \text{diag}\{5\}$；② $\tau_2 = \tau_3 = 0.02,$

$\Gamma_1 = \Gamma_2 = \text{diag}\{280\}$; ③ $\tau_2 = \tau_3 = 0.026$, $\Gamma_1 = \Gamma_2 = \text{diag}\{1\}$; ④ $\tau_2 = \tau_3 = 0.026$, $\Gamma_1 = \Gamma_2 = \text{diag}\{10\}$ 。仿真中微分方程数值求解采用函数 ode45。

表 8.2 自适应神经网络递归滑模动态面控制方法控制律

误差定义	虚拟控制信号和控制律	低通滤波器和自适应律
$e_1 = x_1 - r$ $s_1 = e_1$	$\begin{cases} x_{2,d} = x_{2,d1} - x_{2,d2}\tanh(s_1 x_{2,d2}/(2\varepsilon)) - k_1 s_1 \\ x_{2,d1} = -\hat{\theta}_1^{\text{T}}\xi_1 + \dot{r}, \quad x_{2,d2} = \rho_1 \end{cases}$	$\begin{cases} \tau_2 \dot{z}_2 + z_2 = x_{2,d} \\ z_2(0) = x_{2,d}(0) \end{cases}$ $\dot{\hat{\theta}}_1 = \Gamma_1[\xi_1 s_1 - \sigma_1(\hat{\theta}_1 - \hat{\theta}_1^0)]$
$e_2 = x_2 - z_2$ $s_2 = c_1 s_1 + e_2$	$\begin{cases} x_{3,d} = x_{3,d1} - x_{3,d2}\tanh(s_2 x_{3,d2}/(2\varepsilon)) - k_2 s_2 - s_1 \\ x_{3,d1} = c_1(x_{2,d1} - x_2) - \hat{\theta}_2^{\text{T}}\xi_2 + \dot{z}_2, \quad x_{3,d2} = \rho_2 \end{cases}$	$\begin{cases} \tau_3 \dot{z}_3 + z_3 = x_{3,d} \\ z_3(0) = x_{3,d}(0) \end{cases}$ $\dot{\hat{\theta}}_2 = \Gamma_2[\xi_2 s_2 - \sigma_2(\hat{\theta}_2 - \hat{\theta}_2^0)]$
$e_3 = x_3 - z_3$ $s_3 = c_2 s_2 + e_2$	$\begin{cases} u = u_{d1} - u_{d2}\tanh(u_{d2}s_3/(2\varepsilon)) - k_3 s_3 - s_2 \\ u_{d1} = c_2(x_{3,d1} - x_3) + \dot{z}_3, \quad u_{d2} = c_2 x_{3,d2} \end{cases}$	

仿真结果如图 8.7～图 8.10 所示。从图中可以看出，两种方法都对系统不确定性具有鲁棒性，但文献[4]方法在低通滤波器时间常数 τ_2、τ_3 和神经网络学习速率 Γ_1、Γ_2 过大时都容易引起振荡甚至发散。本节方法对低通滤波器时间常数 τ_2、τ_3 和神经网络学习速率参数 Γ_1、Γ_2 的摄动都具有很强的非脆弱性，这是传统神经网络自适应动态面不可比拟的。

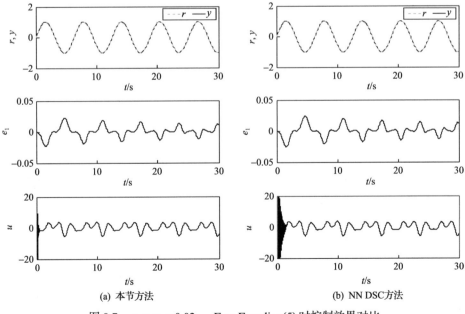

(a) 本节方法 (b) NN DSC方法

图 8.7 $\tau_2 = \tau_3 = 0.02$、$\Gamma_1 = \Gamma_2 = \text{diag}\{5\}$ 时控制效果对比

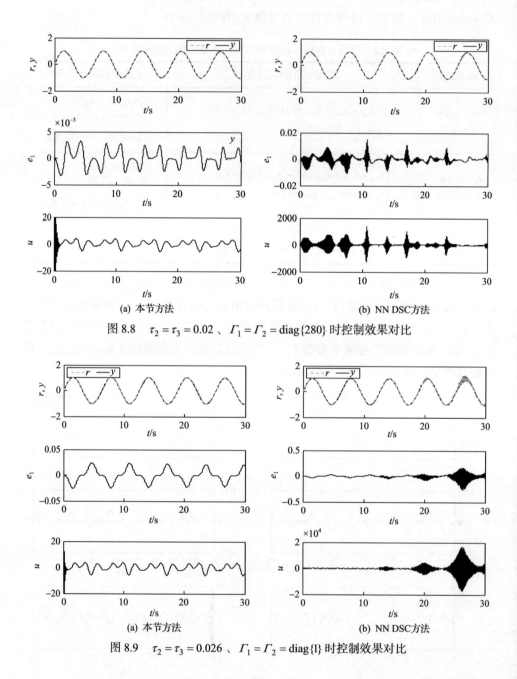

(a) 本节方法　　　　　　　　　　　(b) NN DSC方法

图 8.8　$\tau_2 = \tau_3 = 0.02$、$\Gamma_1 = \Gamma_2 = \mathrm{diag}\{280\}$ 时控制效果对比

(a) 本节方法　　　　　　　　　　　(b) NN DSC方法

图 8.9　$\tau_2 = \tau_3 = 0.026$、$\Gamma_1 = \Gamma_2 = \mathrm{diag}\{1\}$ 时控制效果对比

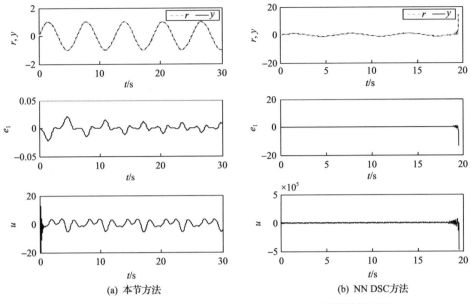

(a) 本节方法　　　　　　　　　　　(b) NN DSC方法

图 8.10　$\tau_2 = \tau_3 = 0.026$、$\Gamma_1 = \Gamma_2 = \mathrm{diag}\{10\}$ 时控制效果对比

为进一步验证本节方法的非脆弱性，取更为极端的参数 $\tau_2 = \tau_3 = 0.1$，$\Gamma_1 = \Gamma_2 = \mathrm{diag}\{100\}$ 进行仿真，结果如图 8.11 所示，可见本节方法仍然能够保持较好的跟踪效果，而传统动态面方法控制系统维持不到 1s 就发散了。

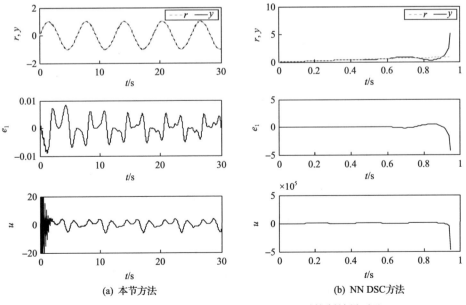

(a) 本节方法　　　　　　　　　　　(b) NN DSC方法

图 8.11　$\tau_2 = \tau_3 = 0.1$、$\Gamma_1 = \Gamma_2 = \mathrm{diag}\{100\}$ 时控制效果对比

2)神经网络逼近效果对比

仍然采用"跟踪控制效果对比"中的控制系统，并与文献[4]方法进行对比。取低通滤波器参数 $\tau_2 = \tau_3 = 0.02$，保持其余控制参数不变，分别取如下四组神经网络自适应参数进行仿真：① $\varGamma_1 = \varGamma_2 = \mathrm{diag}\{50\}$；② $\varGamma_1 = \varGamma_2 = \mathrm{diag}\{100\}$；③ $\varGamma_1 = \varGamma_2 = \mathrm{diag}\{150\}$；④ $\varGamma_1 = \varGamma_2 = \mathrm{diag}\{300\}$。

仿真结果如图 8.12～图 8.15 所示，可以看出本节方法随着神经网络自适应参数的增大，逼近效果越来越好，只有在第四组参数下出现了轻微的过学习现象；而文献[4]方法在前两组自适应参数下逼近效果较好，当 $\varGamma_1 = \varGamma_2 = \mathrm{diag}\{150\}$ 时，出现了较为严重的过学习现象，当 $\varGamma_1 = \varGamma_2 = \mathrm{diag}\{300\}$ 时过学习现象已经导致了系统发散。可见本节方法对于神经网络自适应参数也具有更为非脆弱的特性。

结论 8.3　本节方法和文献[4]方法中神经网络的逼近项是不同的。本节方法中神经网络逼近的不确定项为 $\Delta \dot{s}$（$\Delta \dot{s}_i = \Delta f_i + c_{i-1}(\dot{s}_{i-1} - \hat{s}_{i-1})$，$\hat{s}_{i-1} = x_i - x_{i,d1}$），而文献[4]中神经网络逼近的不确定项为 Δf_i。这里的仿真主要是对比神经网络逼近性能的非脆弱性。

结论 8.4　本节提出的递归滑模动态面控制方法在设计虚拟控制信号 $x_{i+1,d}$ 时，兼顾了所有之前子系统跟踪误差 $e_1, \cdots, e_i$ 的相互影响，能够有效增强控制系统对于控制器自身参数摄动的非脆弱性，提高自适应神经网络的学习效率。

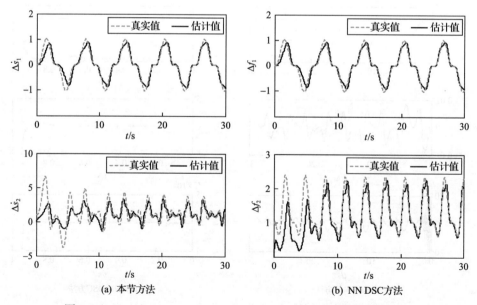

(a) 本节方法　　　　　　　　　　　(b) NN DSC方法

图 8.12　$\tau_2 = \tau_3 = 0.02$、$\varGamma_1 = \varGamma_2 = \mathrm{diag}\{50\}$ 时神经网络逼近效果对比

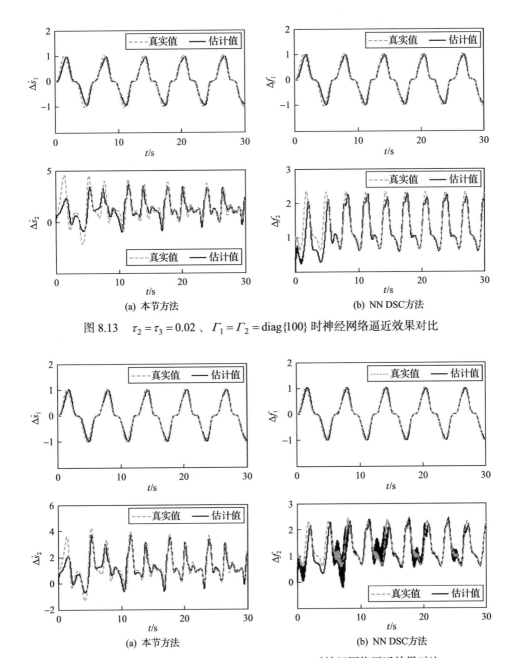

图 8.13 $\tau_2 = \tau_3 = 0.02$、$\Gamma_1 = \Gamma_2 = \mathrm{diag}\{100\}$ 时神经网络逼近效果对比

图 8.14 $\tau_2 = \tau_3 = 0.02$、$\Gamma_1 = \Gamma_2 = \mathrm{diag}\{150\}$ 时神经网络逼近效果对比

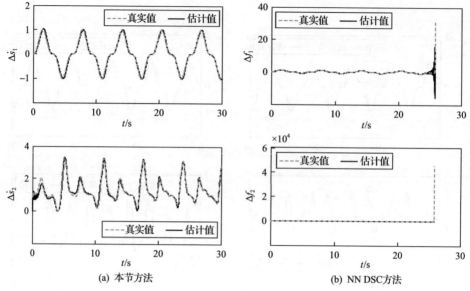

图 8.15　$\tau_2 = \tau_3 = 0.02$、$\Gamma_1 = \Gamma_2 = \text{diag}\{300\}$ 时神经网络逼近效果对比

8.3　高超声速飞行器递归滑模动态面自适应巡航飞行控制

本节提出的高超声速飞行器递归滑模动态面自适应巡航飞行控制方法具体为：根据飞行器纵向模型的特点，分别设计基于自适应递归滑模动态面控制的高度控制器和基于神经网络动态逆的速度控制器。在高度控制器设计中，通过引入递归滑模面，将动态面控制中前一步的跟踪误差考虑到下一步的控制律设计中，使控制律的设计综合考虑前面每个子系统跟踪误差间的相互影响，有效解决高超声速飞行器动态面控制对滤波器时间常数摄动脆弱的问题。基于 Lyapunov 稳定性定理证明纵向控制系统的半全局稳定性，并保证其所有信号一致终结有界。

需要指出的是，高超声速飞行器飞行控制系统是六自由度非线性控制系统，类似文献[6]，尽管本节只考虑纵向通道的飞行控制器设计，但本节方法同样对于六自由度高超声速飞行器飞行控制具有普遍意义。

8.3.1　递归滑模动态面自适应巡航飞行控制律设计

1. 高度控制器设计

针对高度子系统模型(3.33)，结合 5.2 节提出的直接自适应动态面控制方法和 8.2 节提出的递归滑模动态面自适应控制方法设计高度控制器。设计过程中，选取 RBF 神经网络直接逼近高度控制器中的中间控制信号，更新参数取所有神经网络

权值范数平方的最大值[7]，即定义常数 $\theta := \max\left\{\dfrac{1}{g_m}\left\|\theta_i^*\right\|^2, 1 \leqslant i \leqslant n\right\}$ 。在文献[8]

设计方法的基础上，在每一步的设计中引入一个滑模面，构造递归滑模面，使控制律的设计综合考虑前面每个子系统跟踪误差间的相互影响。高度控制器设计步骤如下。

步骤 1 定义滑模面：

$$e_1 = x_1 - y_r, \quad S_1 = e_1 \tag{8.82}$$

则有

$$\dot{S}_1 = f_1 + g_1 x_2 - \dot{y}_r \tag{8.83}$$

定义 Lyapunov 函数：

$$V_1 = \frac{1}{2}S_1^2 + \frac{g_m}{2r}\tilde{\theta}^2 \tag{8.84}$$

式中，$\tilde{\theta}$ 为估计误差，$\tilde{\theta} = \hat{\theta} - \theta$ 。

对式(8.84)求导可得

$$\dot{V}_1 = S_1\dot{S}_1 + \frac{g_m}{r}\tilde{\theta}\dot{\hat{\theta}} = S_1\left(f_1 + g_1 x_2 - \dot{y}_r\right) + \frac{g_m}{r}\tilde{\theta}\dot{\hat{\theta}} \tag{8.85}$$

选取中间虚拟控制信号为

$$x_{2c} = -g_1^{-1}\left(k_1 S_1 + f_1 + g_1^2 S_1 - \dot{y}_r\right) \tag{8.86}$$

在式(8.85)右边增加和减少一项 $S_1 g_1 x_{2c}$ ，整理后可以得到

$$\dot{V}_1 = -k_1 S_1^2 + S_1 g_1(x_2 - x_{2c}) - g_1^2 S_1^2 + \frac{g_m}{r}\tilde{\theta}\dot{\hat{\theta}} \tag{8.87}$$

类似文献[8]，利用 RBF 神经网络直接逼近中间虚拟控制信号 x_{2c} ，对于给定的紧集 $\Omega_{Z_1} \in \mathbf{R}^4$ ，使 $\theta_1^{*\mathrm{T}}$ 、δ_1 对于任意 $Z_1 = [x_1, S_1, \dot{y}_r, V] \in \Omega_{Z_1}$ ，有

$$x_{2c} = \theta_1^{*\mathrm{T}}\xi(Z_1) + \delta_1, \quad |\delta_1| \leqslant \delta_1^*, \delta_1^* > 0 \tag{8.88}$$

根据 θ 的定义，并结合式(8.88)可知：

$$\begin{aligned}
-S_1 g_1 x_{2c} &= -S_1 g_1 \theta_1^{*\mathrm{T}}\xi(Z_1) - S_1 g_1 \delta_1 \\
&= -S_1 g_1 \frac{\theta_1^{*\mathrm{T}}}{\left\|\theta_1^*\right\|}\xi(Z_1)\left\|\theta_1^*\right\| - S_1 g_1 \delta_1 \\
&\leqslant \frac{g_m}{2a_1^2}S_1^2\theta\xi_1^{\mathrm{T}}(Z_1)\xi_1(Z_1) + \frac{g_M}{2}a_1^2 + \frac{1}{2}g_1^2 S_1^2 + \frac{1}{2}\delta_1^{*2}
\end{aligned} \tag{8.89}$$

所以, 将式 (8.89) 代入式 (8.87) , 可以得到

$$\dot{V}_1 = -k_1 S_1^2 + S_1 g_1 (x_2 - x_{2c}) - g_1^2 S_1^2 + \frac{g_m}{r} \tilde{\theta} \dot{\hat{\theta}}$$

$$\leqslant -k_1 S_1^2 + S_1 g_1 x_2 + \frac{g_m}{2a_1^2} S_1^2 \theta \xi_1^{\mathrm{T}}(Z_1) \xi_1(Z_1) \tag{8.90}$$

$$-\frac{1}{2} g_1^2 S_1^2 + \frac{g_M}{2} a_1^2 + \frac{1}{2} \delta_1^{*2} + \frac{g_m}{r} \tilde{\theta} \dot{\hat{\theta}}$$

此时, 设计可行的虚拟控制律如下:

$$\bar{x}_2 = -\frac{1}{2a_1^2} S_1 \hat{\theta} \xi_1^{\mathrm{T}}(Z_1) \xi_1(Z_1) \tag{8.91}$$

在式 (8.90) 右边增加和减少一项 $S_1 g_1 \bar{x}_2$, 可得

$$\dot{V}_1 \leqslant -k_1 S_1^2 + S_1 g_1 (x_2 - \bar{x}_2) - \frac{1}{2} g_1^2 S_1^2 + \frac{g_M}{2} a_1^2$$

$$+ \frac{1}{2} \delta_1^{*2} + \frac{g_m}{r} \tilde{\theta} \left(\dot{\hat{\theta}} - \frac{r}{2a_1^2} S_1^2 \xi_1^{\mathrm{T}}(Z_1) \xi_1(Z_1) \right) \tag{8.92}$$

为了避免"微分爆炸", 将 $\bar{x}_2$ 通过一阶低通滤波器, 可以得到其估计值:

$$\tau_2 \dot{\alpha}_2 + \alpha_2 = \bar{x}_2, \quad \alpha_2(0) := \bar{x}_2(0) \tag{8.93}$$

式中, τ_2 为滤波器时间常数, 以下设计中类似参数相同定义。

步骤 2 定义递归滑模面:

$$e_2 = x_2 - \alpha_2, \quad S_2 = c_1 S_1 + e_2 \tag{8.94}$$

对 S_2 进行求导:

$$\dot{S}_2 = c_1 \dot{S}_1 + \dot{x}_2 - \dot{\alpha}_2 = c_1 \dot{S}_1 + x_3 - \dot{\alpha}_2 \tag{8.95}$$

定义 Lyapunov 函数 $V_2 = \frac{1}{2} S_2^2$, 类似步骤 1, 选取中间虚拟控制信号为

$$x_{3c} = -g_2^{-1} \left(k_2 S_2 + c_1 \dot{S}_1 + g_2^2 S_2 + \frac{1}{2} S_2 - \dot{\alpha}_2 \right) \tag{8.96}$$

类似步骤 1, 对于任意 $Z_2 = [S_1, x_2, \alpha_2, \dot{\alpha}_2] \in \Omega_{Z_2} \in \mathbf{R}^4$, 设计可行的虚拟控制律如式 (8.97) 所示:

$$\bar{x}_3 = -\frac{1}{2a_2^2}S_2\hat{\theta}\xi_2^{\mathrm{T}}(Z_2)\xi_2(Z_2) \tag{8.97}$$

V_2 导数满足

$$
\begin{aligned}
\dot{V}_2 \leqslant &-k_2S_2^2 + S_2(x_3 - \bar{x}_3) - \frac{1}{2}g_2^2S_2^2 + \frac{g_M}{2}a_2^2 \\
&+ \frac{1}{2}\delta_2^{*2} - S_2S_1g_1 - \frac{g_m}{2a_2^2}S_2^2\tilde{\theta}\xi_2^{\mathrm{T}}(Z_2)\xi_2(Z_2)
\end{aligned}
\tag{8.98}
$$

同样，将 $\bar{x}_3$ 通过一阶低通滤波器，可以得到其估计值：

$$\tau_3\dot{\alpha}_3 + \alpha_3 = \bar{x}_3, \quad \alpha_3(0) := \bar{x}_3(0) \tag{8.99}$$

步骤 3　定义递归滑模面：

$$e_3 = x_3 - \alpha_3, \quad S_3 = c_2S_2 + e_3 \tag{8.100}$$

定义 Lyapunov 函数 $V_3 = \frac{1}{2}S_3^2$，类似前述步骤，选取中间控制信号为

$$x_{4c} = -g_3^{-1}\left(k_3S_3 + c_2\dot{S}_2 + f_3 + \frac{1}{2}g_3^2S_3 - \dot{\alpha}_3\right) \tag{8.101}$$

对于任意 $Z_3 = [x_2, x_3, S_2, \dot{S}_2, S_3, \alpha_3, \dot{\alpha}_3, V] \in \Omega_{Z_3} \in \mathbf{R}^8$，设计最终控制律如式 (8.102) 所示：

$$u = -\frac{1}{2a_3^2}S_3\hat{\theta}\xi_3^{\mathrm{T}}(Z_3)\xi_3(Z_3) \tag{8.102}$$

参数更新律为

$$\dot{\hat{\theta}}(t) = \sum_{i=1}^{3}\frac{r}{2a_i^2}S_i^2\xi_i^{\mathrm{T}}(Z_i)\xi_i(Z_i) - b_0\hat{\theta}, \quad \hat{\theta}(0) \geqslant 0 \tag{8.103}$$

V_3 导数满足

$$\dot{V}_3 \leqslant -k_3S_3^2 - S_3S_2g_2 - \frac{g_m}{2a_3^2}S_3^2\tilde{\theta}\xi_3^{\mathrm{T}}(Z_3)\xi_3(Z_3) + \frac{g_M}{2}a_3^2 + \frac{1}{2}\delta_3^{*2} \tag{8.104}$$

2. 速度控制器设计

速度控制器设计参见 5.4.2 节，即动态逆控制律、神经网络自适应控制律和参

数自适应律分别见式(5.154)、式(5.155)和式(5.156)。

8.3.2 纵向控制系统稳定性分析

高度控制器闭环系统的稳定性证明如下。

定义一阶低通滤波器滤波误差：

$$y_{i+1} = \alpha_{i+1} - \bar{x}_{i+1}, \quad i = 1,2 \tag{8.105}$$

所以

$$x_{i+1} - \bar{x}_{i+1} = S_{i+1} + y_{i+1} \tag{8.106}$$

$$\dot{\alpha}_{i+1} = -\frac{y_{i+1}}{\tau_{i+1}} \tag{8.107}$$

结合式(8.105)～式(8.107)，可得

$$\begin{aligned}
\dot{y}_{i+1} = \dot{\alpha}_{i+1} - \dot{\bar{x}}_{i+1} = &-\frac{y_{i+1}}{\tau_{i+1}} + \frac{1}{2a_i^2}\Big(\dot{S}_i\hat{\theta}\xi_i^{\mathrm{T}}(Z_i)\xi_i(Z_i) \\
&+ S_i\dot{\hat{\theta}}\xi_i^{\mathrm{T}}(Z_i)\xi_i(Z_i) + 2S_i\hat{\theta}\dot{\xi}_i^{\mathrm{T}}(Z_i)\xi_i(Z_i)\Big)
\end{aligned} \tag{8.108}$$

由式(8.108)可得

$$\left| \dot{y}_{i+1} + \frac{y_{i+1}}{\tau_{i+1}} \right| \leqslant \zeta_{i+1}(S_1, S_2, S_3, y_2, y_3, \hat{\theta}, y_r, \dot{y}_r, \ddot{y}_r) \tag{8.109}$$

利用杨氏不等式将式(8.108)整理后得

$$y_{i+1}\dot{y}_{i+1} \leqslant -\frac{y_{i+1}^2}{\tau_{i+1}} + |y_{i+1}|\zeta_{i+1}(\cdot) \leqslant -\frac{y_{i+1}^2}{\tau_{i+1}} + \frac{y_{i+1}^2}{2} + \frac{\zeta_{i+1}^2(\cdot)}{2} \tag{8.110}$$

式中，$\zeta_{i+1}(\cdot)$ 为与 S_1、S_2、S_3、y_2、y_3、$\hat{\theta}$、y_r、$\dot{y}_r$、$\ddot{y}_r$ 相关的连续函数。

定理 8.3　对于由式(3.33)构成的闭环系统，满足假设 3.6～假设 3.9，式(8.102)、式(8.103)分别为系统的控制律和更新律，且初始条件满足 $V(0) \leqslant p$，p 为任意给定的正常数，那么一定存在设计参数 k_i、τ_{i+1}、a_i、r、b_0，使得高度控制器闭环系统的所有信号半全局一致终结有界，且通过适当选择设计参数，可以确保跟踪误差收敛到原点的一个小邻域内。

证明　设计如下 Lyapunov 函数：

$$V(t) = \sum_{i=1}^{3} V_i + \frac{1}{2}\sum_{i=1}^{2} y_{i+1}^2 \tag{8.111}$$

对其求导，并将式(8.90)、式(8.98)、式(8.104)和式(8.110)代入后整理得

$$
\begin{aligned}
\dot{V}(t) &= \sum_{i=1}^{3} \dot{V}_i + \sum_{i=1}^{2} y_{i+1} \dot{y}_{i+1} \\
&\leqslant -\sum_{i=1}^{3} k_i S_i^2 + \sum_{i=1}^{2} S_i g_i y_{i+1} - \sum_{i=1}^{2} \frac{1}{2} g_i^2 S_i^2 + \sum_{i=1}^{2} y_{i+1} \dot{y}_{i+1} \\
&\quad - \frac{g_m}{r} b_0 \hat{\theta} \tilde{\theta} + \frac{1}{2} \sum_{i=1}^{3} (g_M a_i^2 + \delta_i^{*2})
\end{aligned}
\tag{8.112}
$$

由假设 3.9 和定理 8.3 表述可知，对于任意 $B_0 > 0$ 和 $p > 0$，由集合 $\Omega_r = \Big\{ (y_r,$ $\dot{y}_r, \ddot{y}_r) \Big| y_r^2 + \dot{y}_r^2 + \ddot{y}_r^2 \leqslant B_0 \Big\}$ 和 $\Omega_i = \Big\{ \sum_{j=1}^{i} V_j + \frac{1}{2} \sum_{j=1}^{i-1} y_{j+1}^2 \leqslant p \Big\} (i = 1, 2, 3)$ 构成的紧集 $\Omega_r \times$ Ω_i 内存在 $\zeta_{i+1}(\cdot)$ 的一个最大值 M_{i+1}，则

$$
y_{i+1} \dot{y}_{i+1} \leqslant -\frac{y_{i+1}^2}{\tau_{i+1}} + \frac{y_{i+1}^2}{2} + \frac{M_{i+1}}{2}
\tag{8.113}
$$

再由杨氏不等式可得

$$
S_i g_i y_{i+1} \leqslant \frac{1}{2} S_i^2 g_i^2 + \frac{1}{2} y_{i+1}^2
\tag{8.114}
$$

注意到 $-2\hat{\theta}\tilde{\theta} \leqslant \theta^2 - \tilde{\theta}^2$，将式(8.113)和式(8.114)代入式(8.112)后整理得

$$
\begin{aligned}
\dot{V}(t) &\leqslant -\sum_{i=1}^{3} k_i S_i^2 + \sum_{i=1}^{2} \left(1 - \frac{1}{\tau_{i+1}} \right) y_{i+1}^2 - \frac{g_m}{2r} b_0 \tilde{\theta}^2 + \frac{g_m}{2r} b_0 \theta^2 \\
&\quad + \sum_{i=1}^{3} \frac{g_M a_i^2 + \delta_i^{*2}}{2} + \sum_{i=1}^{2} \frac{M_{i+1}}{2}
\end{aligned}
\tag{8.115}
$$

选择设计参数：$k_i \geqslant 0.5\lambda_0 (i = 1, 2, 3)$，$\tau_{i+1}^{-1} \geqslant 0.5\lambda_0 + 1 (i = 1, 2)$，$\lambda_0 = b_0$，$d_0 =$ $\dfrac{g_m}{2r} b_0 \theta^2 + \sum_{i=1}^{3} \dfrac{g_M a_i^2 + \delta_i^{*2}}{2} + \sum_{i=1}^{2} \dfrac{M_{i+1}}{2}$。

式(8.115)可整理为

$$
\dot{V}(t) \leqslant -\lambda_0 V(t) + d_0
\tag{8.116}
$$

令 $\lambda_0 > d_0 / p$，则当 $V(t) = p$ 时 $\dot{V}(t) < 0$，说明 $V(t) \leqslant p$ 为一个不变集。式(8.116)两边在 $[0, t]$ 内积分得

$$0 \leqslant V(t) \leqslant d_0\lambda_0^{-1} + \left(V(0) - d_0\lambda_0^{-1}\right)\mathrm{e}^{-\lambda_0 t} \tag{8.117}$$

那么 $\lim\limits_{t\to\infty} V(t) = d_0\lambda_0^{-1}$，进而可知：

$$\sum_{i=1}^{3} S_i^2 \leqslant 2d_0\lambda_0^{-1} + \left(2V(0) - 2d_0\lambda_0^{-1}\right)\mathrm{e}^{-\lambda_0 t} \tag{8.118}$$

说明，若 $b \geqslant \sqrt{2d_0\lambda_0^{-1}}$，取 $\lambda_0 < d_0/p$，则有 $T(\alpha_0) \geqslant 0$，能够使跟踪误差 e_1 满足 $|e_1| = |x_1 - y_r| \leqslant b$，$\forall t \geqslant T(\alpha_0)$。

因此，高度控制器闭环系统的所有信号半全局一致终结有界，跟踪误差收敛到原点半径为 b 的邻域内。

根据 5.4.2 节容易证明速度控制子系统的所有信号也是半全局一致终结有界，跟踪误差亦可收敛到原点的一个小邻域内。在此不再单独证明其稳定性。

8.3.3　巡航飞行控制仿真验证

在 MATLAB/Simulink 环境下仿真验证本节提出的递归滑模动态面自适应巡航飞行控制方法，仿真初始条件和跟踪指令信号如下。

选取初始平衡点为 H=33528m，v=4590.3m/s，$\gamma=0°$，$\alpha=1.8048°$，$q=0\,(°)/s$，其他状态置零；控制量为升降舵偏转角 δ_e 和油门开度 β_T，方向舵偏转角 δ_r 置零，飞行器模型参数见文献[9]。控制目标为要求飞行器能够跟踪给定的高度和速度指令，为验证仿真效果，跟踪指令信号为如下经过滤波处理后的高度阶跃信号、速度阶跃信号和高度方波信号。

(1)速度需要保持在 4590.3m/s，高度阶跃信号为 $\Delta H = 186$m。

(2)高度需要保持在 33528m，速度阶跃信号为 $\Delta v = 30.5$m/s。

(3)速度需要保持在 4590.3m/s，高度方波信号幅值为 610m，周期为 80s。

为了验证本节方法的有效性，将仿真结果与 5.4.4 节所提方法进行对比。5.4.4 节中滤波器时间常数取值为 $\tau_2 = \tau_3 = 0.01$，为突出仿真效果，本节将时间常数扩大 50 倍，与 5.4.4 节中时间常数扩大 10 倍的仿真结果图 5.19～图 5.21 进行对比验证。控制器参数具体选择如下[10-12]。

(1)在 5.4.4 节中时间常数取为 $\tau_2 = \tau_3 = 0.1$；

(2)本节时间常数取为 $\tau_2 = \tau_3 = 0.5$，滑模面参数 $c_1 = -3$，$c_2 = -9$。

(3)其余参数取值同 5.4.4 节，即分别为 $k_p = -0.6$，$k_1 = 20$，$k_2 = 12$，$k_3 = 10$，$a_1 = 0.1$，$a_3 = 0.1$，$r = 25$，$b_0 = 0.01$；神经网络节点数为 $l_1 = 9$，$l_2 = 9$，$l_v = 5$，中心值 μ_i 在区间 $[-2,2]$ 均匀取值，宽度 $\eta_i = 100$；$k_v = 0.01$，$\Gamma_v = \mathrm{diag}\{5\times10^{-4}\}$，$\delta_v = 0.1$；升降舵偏转范围为 $[-20°, 20°]$，仿真结果如图 8.16～图 8.18 所示。

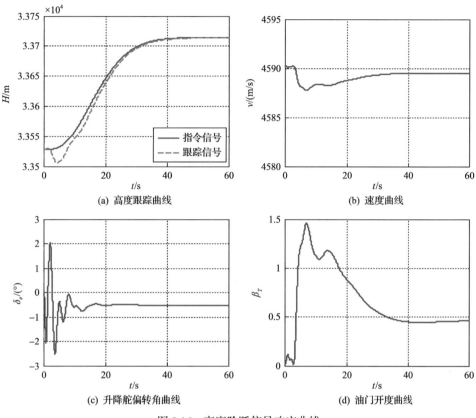

图 8.16　高度阶跃信号响应曲线

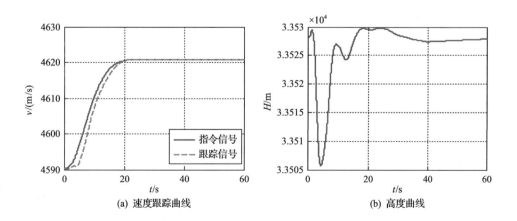

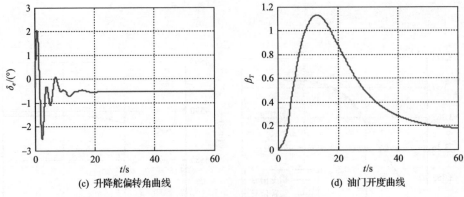

(c) 升降舵偏转角曲线　　　　　　　　(d) 油门开度曲线

图 8.17　速度阶跃信号响应曲线

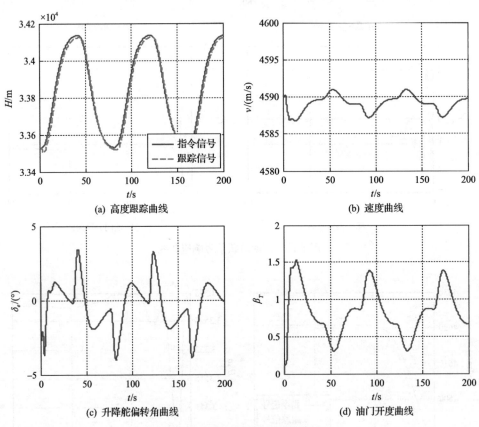

(a) 高度跟踪曲线　　　　　　　　　　(b) 速度曲线

(c) 升降舵偏转角曲线　　　　　　　　(d) 油门开度曲线

图 8.18　高度方波信号响应曲线

　　由 5.4.4 节的仿真结果图 5.19～图 5.21 可以看出,当时间常数由 $\tau_2 = \tau_3 = 0.01$ 扩大到 $\tau_2 = \tau_3 = 0.1$ 时,虽然 5.4.4 节的控制方法对于高度和速度指令信号仍能保持较好的跟踪效果,但升降舵偏转角 δ_e 出现了较高频率的抖动,且大大超出了其

允许的范围 $\delta_e \in [-20°, 20°]$。5.4.4 节控制方法对滤波器时间常数摄动脆弱的问题可见一斑。而采用本节的递归滑模动态面自适应飞行控制方法，在将时间常数扩大 50 倍之后，不仅可以较好地跟踪高度和速度指令信号，而且相较于 5.4.4 节的仿真结果，升降舵偏转角 δ_e 在允许的范围内且振动频率显著减少。仿真结果表明，递归滑模动态面自适应飞行控制方法有效提高了控制系统对滤波器时间常数摄动的鲁棒性。

8.4 本章小结

本章首先针对传统动态面控制方法(基于局部误差依次反推)的局限性，提出了反推时每步控制律的设计需要综合各子系统跟踪误差的思想，并基于该思想提出了递归滑模动态面控制方法的基本框架。然后利用自适应神经网络逼近系统不确定性，设计了一种自适应神经网络递归滑模动态面控制方法。递归滑模动态面控制方法不仅对于系统不确定性和外界干扰具有很强的鲁棒性，且对于控制器自身参数的摄动也具有非脆弱的特性。同时，递归滑模动态面控制方法扩大了控制器中滤波器时间常数的取值范围，克服了传统动态面控制方法对于高频扰动敏感的缺陷。本章将动态面方法与滑模控制原理有机结合，为解决非匹配不确定系统的控制问题提供了新的途径。接着，针对高超声速飞行器纵向通道控制问题，本章提出了一种递归滑模动态面自适应巡航飞行控制方法。通过引入递归滑模面，将动态面控制中前一步的跟踪误差考虑到下一步的控制律设计中，使控制律的设计综合考虑前面每个子系统跟踪误差间的相互影响，克服了滤波器时间常数变化对控制系统性能的影响。利用神经网络直接逼近中间虚拟控制律和最终控制律，大大减少了更新参数的数量。控制系统设计过程简单，计算量显著减少。仿真结果表明，当滤波器时间常数扩大 50 倍后，所设计的控制器仍然具有优越的跟踪性能，升降舵偏转角未超出允许范围，控制性能和过渡过程品质良好，有效提高了控制系统对于滤波器时间常数摄动的鲁棒性，更易于工程实现。

参 考 文 献

[1] Swaroop D, Gerdes J C, Yip P P, et al. Dynamic surface control of nonlinear systems[C]. Proceedings of the American Control Conference, Albuquerque, 1997: 3028-3034.

[2] Swaroop D, Hedrick J K, Yip P P, et al. Dynamic surface control for a class of nonlinear systems [J]. IEEE Transactions on Automatic Control, 2000, 45(10): 1893-1899.

[3] Ge S S, Hang C C, Lee T H, et al. Stable Adaptive Neural Network Control[M]. Boston: Kluwer Academic, 2002.

[4] Wang D, Huang J. Neural network-based adaptive dynamic surface control for a class of

uncertain nonlinear systems in strict-feedback form[J]. IEEE Transactions on Neural Networks, 2005, 16(1): 195-202.

[5] Sanner R M, Slotine J J E. Gaussian networks for direct adaptive control[J]. IEEE Transactions on Neural Networks, 1992, 3(6): 837-863.

[6] 高道祥, 孙增圻, 罗熊, 等. 基于 Backstepping 的高超声速飞行器模糊自适应控制[J]. 控制理论与应用, 2008, 25(5): 805-810.

[7] 刘树光, 孙秀霞, 董文瀚, 等. 一类纯反馈非线性系统的简化自适应神经网络动态面控制[J]. 控制与决策, 2012, 27(2): 266-270.

[8] 程志浩, 孙秀霞, 刘树光, 等. 高超声速飞行器自适应神经网络动态面控制[J]. 飞行力学, 2013, 31(5): 425-428.

[9] Xu H J, Mirmirani M, Ioannou P A. Robust neural adaptive control of a hypersonic flight vehicle[C]. Proceedings of AIAA Guidance, Navigation, and Control conference and Exhibit, Austin, 2003: 1-8.

[10] 刘树光, 王栋, 刘希, 等. 高超声速飞行器自适应递归滑模动态面控制[C]. 全球智能控制与自动化大会, 沈阳, 2014: 4387-4392.

[11] Liu X, Sun X X, Liu S G, et al. Nonlinear gains recursive sliding mode dynamic surface control with integral action[J]. Asian Journal of Control, 2015, 17(5): 1955-1961.

[12] 刘希, 孙秀霞, 刘树光, 等. 非脆弱递归滑模动态面自适应神经网络控制[J]. 控制理论与应用, 2013, 30(10): 1323-1328.

第9章 非线性增益递归滑模动态面自适应飞行控制

9.1 引　　言

　　第 8 章提出的递归滑模动态面自适应飞行控制方法，提高了控制器对其自身参数的非脆弱性，降低了控制系统对高频噪声的敏感程度。然而，它与传统的动态面控制方法一样都是基于线性增益设计的，线性增益使得控制系统的控制精度与动态品质之间存在矛盾。为了能够保证较高的控制精度，必然要求选取较大的控制增益，而绝大多数控制执行器能够提供的控制量都是有界的，过大的控制增益容易引起系统输入饱和限制，进而诱发系统振荡甚至发散。反过来，为了避免控制系统出现输入饱和限制，就只能选择较小的控制增益，而过小的控制增益又会影响系统的控制精度。工程实践表明，具有"小误差大增益，大误差小增益"特性的非线性增益能够有效避免由控制增益过大引起的输入饱和限制，协调系统控制精度与动态品质之间的矛盾。但是直接引入非线性增益后，基于传统动态面控制方法无法得到系统半全局一致稳定性的理论证明。

　　另外，高超声速飞行器飞行环境较为复杂，对控制精度以及动态品质要求比较高，对控制器参数的适应度也提出了较高的要求。前述章节针对存在不确定性的高超声速飞行器纵向模型设计了自适应神经网络动态面控制器，其主要优势包括两个：一是采用自适应神经网络避免了对不确定性的预估计；二是提高了系统的稳态跟踪特性，使得高超声速飞行器具有较好的跟踪特性和鲁棒性能。然而，控制器设计过程中采用了线性增益，导致系统精度与控制增益之间的矛盾，即如若提高系统动态品质及控制精度，必然采取增加控制增益的方式，这就可能造成系统不稳定。自适应神经网络的引进使得我们不得不考虑自适应增益适应度的问题：增大自适应增益能够提高系统的跟踪特性，但是也可能造成系统的不稳定。

　　为解决上述理论与工程问题，本章首先通过引入新的非线性增益函数并设计相应的 Lyapunov 函数，分别基于神经网络自适应方法和非线性积分方法，提出两种非线性增益递归滑模动态面飞行控制方法，并给出控制参数设置与优化规则，有效解决系统控制精度与动态品质之间的矛盾。然后，针对固定翼无人机自主着陆过程中的航迹倾斜角跟踪控制问题，基于积分型非线性增益递归滑模动态面控制方法，提出一种新的无人机航迹倾斜角跟踪控制方法。最后，结合自适应增益与递归滑模控制，设计高超声速飞行器非线性增益递归滑模动态面控制器，通过引入非线性增益和递归滑模面改善控制增益与动态品质之间的矛盾，提高自适应神经网络的自适应增益适应度。

9.2　非线性增益自适应神经网络递归滑模
动态面飞行控制

对比 8.2.3 节和 8.2.4 节可以发现，若取神经网络权值 $\theta_i = 0$，神经网络重构误差上界 $\rho_i(\overline{x}_i) > \delta_i(\overline{x}_i) = \Delta f_i$，并去掉控制律中的神经网络自适应律，则自适应神经网络递归滑模动态面控制方法（8.2.4 节）演化为递归滑模动态面控制方法（8.2.3 节）。本章在递归滑模动态面控制方法的基础上引入非线性增益，也有类似的结论。为节约篇幅，这里只介绍非线性增益自适应神经网络递归滑模动态面控制方法。

9.2.1　两种新型非线性增益函数

为了改善控制器的动态性能，并能够利用 Lyapunov 函数对控制系统进行稳定性分析，我们设计了两种连续可导的非线性增益函数：$\mathrm{fzlh}(x,a,\delta)$ 和 $\mathrm{flrc}(x,a,\delta)$。这两个函数都充分体现了"小误差大增益，大误差小增益"等工程实践中总结出来的经验功能，且具有许多优良的性质。

（1）新型非线性增益函数 $\mathrm{fzlh}(x,a,\delta)$：

$$\mathrm{fzlh}(x,a,\delta) = \begin{cases} x, & |x| \leqslant \delta \\ \left(\dfrac{|x|^a}{a\delta^{a-1}} + \delta - \dfrac{\delta}{a} \right)\mathrm{sign}(x), & |x| > \delta \end{cases} \tag{9.1}$$

式中，$0 < a < 1$，$\delta > 0$。当 $\delta = 0.1$ 时，分别取 $a = 0.1$ 和 $a = 0.3$，函数 $\mathrm{fzlh}(x,a,\delta)$ 的曲线如图 9.1 所示。

性质 9.1　函数 $\mathrm{fzlh}(x,a,\delta)$ 基于其自变量 x 严格单调递增且连续可导，其导数表达式为

$$\mathrm{dfz}(x,a,\delta) = \frac{\mathrm{d}(\mathrm{fzlh}(x,a,\delta))}{\mathrm{d}x} = \begin{cases} 1, & |x| \leqslant \delta \\ \left(\dfrac{|x|}{\delta} \right)^{a-1}, & |x| > \delta \end{cases} \tag{9.2}$$

证明　根据式（9.1），有

$$\frac{\mathrm{d}(\mathrm{fzlh}(x,a,\delta))}{\mathrm{d}x} = \begin{cases} \left(\dfrac{x}{\delta}\right)^{a-1}, & x > \delta \\ 1, & -\delta < x < \delta \\ \left(\dfrac{-x}{\delta}\right)^{a-1}, & x < -\delta \end{cases} \tag{9.3}$$

由式(9.3)可以得到如下极限关系式:

$$\lim_{x\to\delta^+} \frac{\mathrm{d}(\mathrm{fzlh}(x,a,\delta))}{\mathrm{d}x} = \lim_{x\to\delta^-} \frac{\mathrm{d}(\mathrm{fzlh}(x,a,\delta))}{\mathrm{d}x} = 1 \tag{9.4}$$

$$\lim_{x\to-\delta^-} \frac{\mathrm{d}(\mathrm{fzlh}(x,a,\delta))}{\mathrm{d}x} = \lim_{x\to-\delta^+} \frac{\mathrm{d}(\mathrm{fzlh}(x,a,\delta))}{\mathrm{d}x} = 1 \tag{9.5}$$

由式(9.2)和式(9.3)可知,函数 $\mathrm{fzlh}(x,a,\delta)$ 是其自变量 x 的连续可导、单调递增函数。利用绝对值的定义,式(9.3)可以简写为式(9.2)。

性质 9.2　定义

$$\mathrm{fzL}(x,a,\delta) = \frac{1}{2}\big(\mathrm{dfz}(x,a,\delta)x + \mathrm{fzlh}(x,a,\delta)\big) \tag{9.6}$$

则 $\mathrm{fzL}(x,a,\delta)$ 为其自变量 x 的单调增函数,即当 $x_1 > x_2$ 时,有

$$\mathrm{fzL}(x_1,a,\delta) > \mathrm{fzL}(x_2,a,\delta) \tag{9.7}$$

由非线性增益函数 $\mathrm{fzlh}(x,a,\delta)$ 的性质 9.1,有

$$x \cdot \mathrm{fzL}(x,a,\delta) > \frac{1}{2}x \cdot \mathrm{fzlh}(x,a,\delta) \tag{9.8}$$

性质 9.3　定义

$$\mathrm{fzN}(x,a,\delta) = \frac{\mathrm{fzL}(x,a,\delta)}{x} \tag{9.9}$$

则对任意的 x ,有 $\mathrm{fzN}(x,a,\delta) > 0$,其表达式可以写为

$$\mathrm{fzN}(x,a,\delta) = \begin{cases} 1, & |x| \leqslant \delta \\ \dfrac{\mathrm{fzL}(x,a,\delta)}{x}, & |x| > \delta \end{cases} \tag{9.10}$$

(2) 新型非线性增益函数 $\mathrm{flrc}(x,a,\delta)$：

$$\mathrm{flrc}(x,a,\delta)=\begin{cases}x, & |x|\leqslant\delta\\\left(\dfrac{\ln\left(1-a\delta+a|x|\right)}{a}+\delta\right)\mathrm{sign}(x), & |x|>\delta\end{cases} \tag{9.11}$$

式中，$a>0$，$0<\delta\leqslant 2/a$。当 $\delta=0.1$ 时，分别取 $a=5$ 和 $a=10$，函数 $\mathrm{flrc}(x,a,\delta)$ 的曲线如图 9.2 所示。

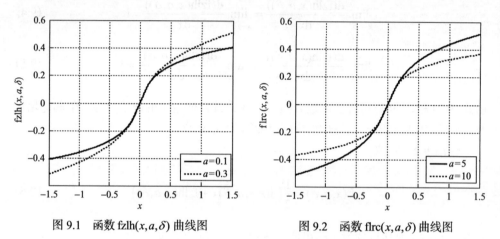

图 9.1　函数 $\mathrm{fzlh}(x,a,\delta)$ 曲线图　　　　图 9.2　函数 $\mathrm{flrc}(x,a,\delta)$ 曲线图

性质 9.4　函数 $\mathrm{flrc}(x,a,\delta)$ 基于其自变量 x 严格单调递增且连续可导，其导数表达式为

$$\mathrm{dfl}(x,a,\delta)=\frac{\mathrm{d}(\mathrm{flrc}(x,a,\delta))}{\mathrm{d}x}=\begin{cases}\dfrac{1}{1+a(|x|-\delta)}, & |x|>\delta\\1, & |x|\leqslant\delta\end{cases} \tag{9.12}$$

证明　根据式 (9.11)，有

$$\frac{\mathrm{d}(\mathrm{flrc}(x,a,\delta))}{\mathrm{d}x}=\begin{cases}\dfrac{1}{1+ax-a\delta}, & x>\delta\\1, & -\delta<x<\delta\\\dfrac{1}{1-ax-a\delta}, & x<-\delta\end{cases} \tag{9.13}$$

由式 (9.13) 可以得到如下极限关系式：

$$\lim_{x \to \delta^+} \frac{d(\text{flrc}(x,a,\delta))}{dx} = \lim_{x \to \delta^-} \frac{d(\text{flrc}(x,a,\delta))}{dx} = 1 \tag{9.14}$$

$$\lim_{x \to -\delta^-} \frac{d(\text{flrc}(x,a,\delta))}{dx} = \lim_{x \to -\delta^+} \frac{d(\text{flrc}(x,a,\delta))}{dx} = 1 \tag{9.15}$$

由式(9.13)～式(9.15)，可知函数 $\text{flrc}(x,a,\delta)$ 是其自变量 x 的连续可导、单调递增函数。易知，利用绝对值的定义，式(9.13)可以简写为式(9.12)。

性质 9.5　定义

$$\text{flL}(x,a,\delta) = \frac{1}{2}\big(\text{dfl}(x,a,\delta)x + \text{fzlh}(x,a,\delta)\big) \tag{9.16}$$

则 $\text{flL}(x,a,\delta)$ 为其自变量 x 的单调增函数，即当 $x_1 > x_2$ 时，有

$$\text{flL}(x_1,a,\delta) > \text{flL}(x_2,a,\delta) \tag{9.17}$$

由非线性增益函数 $\text{flrc}(x,a,\delta)$ 的性质 9.1，有

$$x \cdot \text{flL}(x,a,\delta) > \frac{1}{2} x \cdot \text{flrc}(x,a,\delta) \tag{9.18}$$

性质 9.6　定义

$$\text{flN}(x,a,\delta) = \frac{\text{flL}(x,a,\delta)}{x} \tag{9.19}$$

则对于任意 x ，有 $\text{flN}(x,a,\delta) > 0$ ，其表达式可以写为

$$\text{flN}(x,a,\delta) = \begin{cases} 1, & |x| \leqslant \delta \\ \dfrac{\text{flL}(x,a,\delta)}{x}, & |x| > \delta \end{cases} \tag{9.20}$$

为书写方便，下文采用 $\text{fzlh}_i(x)$、$\text{fzL}_i(x)$、$\text{fzN}_i(x)$、$\text{flrc}_i(x)$、$\text{flL}_i(x)$ 和 $\text{flN}_i(x)$ 分别代替 $\text{fzlh}(x,a_i,\delta_i)$、$\text{fzL}(x,a_i,\delta_i)$、$\text{fzN}(x,a_i,\delta_i)$、$\text{flrc}(x,a_i,\delta_i)$、$\text{flL}(x,a_i,\delta_i)$ 和 $\text{flN}(x,a_i,\delta_i)$ 。

9.2.2　非线性增益自适应神经网络递归滑模动态面控制律设计

本节仍然考虑 8.2.1 节所描述的控制问题。在控制器设计中，仍然采用 RBF 神经网络在线逼近模型不确定性，并以非线性增益函数 $\text{fzlh}(x,a,\delta)$ 为例阐述非线性增益递归滑模动态面控制的设计步骤。在下面的控制器设计中，a_i、δ_i、c_i、k_i、

Γ_i、σ_i ($i = 1, 2, \cdots, n$)、ε、τ_i ($i = 2, 3, \cdots, n$) 为待设计控制参数，其中 Γ_i 为正定对角矩阵，其余控制参数均为正常数。下面具体介绍控制器的设计步骤。

步骤 1　考虑系统 (8.1) 中的子系统：$\dot{x}_1 = x_2 + f_1 + \Delta f_1$，定义滑模切换函数 s_1 为

$$\begin{cases} e_1 = x_1 - r \\ s_1 = e_1 \end{cases} \tag{9.21}$$

则

$$\dot{s}_1 = x_2 + f_1 + \Delta f_1 - \dot{r} \tag{9.22}$$

类似式 (8.39)，Δf_1 利用 RBF 神经网络进行逼近，即 $\Delta f_1 = \hat{\theta}_1^{\mathrm{T}} \xi_1 - \tilde{\theta}_1^{\mathrm{T}} \xi_1 + \delta_1$，代入式 (9.22)，得

$$\dot{s}_1 = x_2 + f_1 + \hat{\theta}_1^{\mathrm{T}} \xi_1 - \tilde{\theta}_1^{\mathrm{T}} \xi_1 + \delta_1 - \dot{r} \tag{9.23}$$

根据式 (9.23)，设计如下虚拟控制信号和自适应律：

$$\begin{cases} x_{2,d} = x_{2,d1} - x_{2,d2} \operatorname{sign}\left(\dfrac{x_{2,d2} \cdot \mathrm{fzL}_1(s_1)}{2\varepsilon} \right) - k_1 \cdot \mathrm{fzL}_1(s_1) \\ x_{2,d1} = -f_1 - \hat{\theta}_1^{\mathrm{T}} \xi_1 + \dot{r}, \quad x_{2,d2} = \rho_1 \end{cases} \tag{9.24}$$

$$\dot{\hat{\theta}}_1 = \Gamma_1 [\theta_1 \cdot \mathrm{fzL}_1(s_1) - \sigma_1 (\hat{\theta}_1 - \hat{\theta}_1^0)] \tag{9.25}$$

为了削弱或消除抖振现象，采用正切余弦函数 $\tanh(\cdot)$ 代替符号函数 $\operatorname{sign}(\cdot)$，则式 (9.24) 重写为

$$\begin{cases} x_{2,d} = x_{2,d1} - x_{2,d2} \cdot \tanh\left(\dfrac{x_{2,d2} \cdot \mathrm{fzL}_1(s_1)}{2\varepsilon} \right) - k_1 \cdot \mathrm{fzL}_1(s_1) \\ x_{2,d1} = -f_1 - \hat{\theta}_1^{\mathrm{T}} \xi_1 + \dot{r}, \quad x_{2,d2} = \rho_1 \end{cases} \tag{9.26}$$

为了避免下一步设计中对虚拟控制律求导，使用时间常数为 τ_2 的一阶低通滤波器对虚拟控制律进行滤波，得到 $x_{2,d}$ 的估计值 z_2：

$$\tau_2 \dot{z}_2 + z_2 = x_{2,d}, \quad z_2(0) = x_{2,d}(0) \tag{9.27}$$

注 9.1　为了削弱或消除抖振现象，在本节后续设计步骤中，我们将不加说明地用函数 $\tanh(\cdot)$ 代替函数 $\operatorname{sign}(\cdot)$。

步骤 i ($2 \leqslant i \leqslant n-1$)　考虑系统 (8.1) 中的子系统：$\dot{x}_i = x_{i+1} + f_i + \Delta f_i$，定义滑

模切换函数 s_i 为

$$\begin{cases} e_i = x_i - z_i \\ s_i = c_{i-1} s_{i-1} + e_i \end{cases} \tag{9.28}$$

则有

$$\dot{s}_i = c_{i-1} \dot{s}_{i-1} + x_{i+1} + f_i + \Delta f_i - \dot{z}_i \tag{9.29}$$

类似式 (8.39)，Δf_i 利用 RBF 神经网络进行逼近，即 $\Delta f_i = \tilde{\theta}_i^{\mathrm{T}} \xi_i - \tilde{\theta}_i^{\mathrm{T}} \xi_i + \delta_i$，代入式 (9.29)，得

$$\dot{s}_i = c_{i-1} \dot{s}_{i-1} + x_{i+1} + f_i + \hat{\theta}_i^{\mathrm{T}} \xi_i - \tilde{\theta}_i^{\mathrm{T}} \xi_i + \delta_i - \dot{z}_i \tag{9.30}$$

类似地，设计虚拟控制律、自适应律和低通滤波器为

$$\begin{cases} x_{i+1,d} = x_{i+1,d1} - x_{i+1,d2} \cdot \tanh\left(\dfrac{x_{i+1,d2} \cdot \mathrm{fzL}_i(s_i)}{2\varepsilon} \right) - k_i \cdot \mathrm{fzL}_i(s_i) - \dfrac{\mathrm{fzL}_{i-1}(s_{i-1})}{\mathrm{fzN}_i(s_i)} \\ x_{i+1,d1} = c_{i-1}(x_{i,d1} - x_i) - f_i - \hat{\theta}_i^{\mathrm{T}} \xi_i + \dot{z}_i, \quad x_{i+1,d2} = \rho_i \end{cases} \tag{9.31}$$

$$\dot{\hat{\theta}}_i = \varGamma_i [\xi_i \cdot \mathrm{fzL}_i(s_i) - \sigma_i(\hat{\theta}_i - \hat{\theta}_i^0)] \tag{9.32}$$

$$\tau_{i+1} \dot{z}_{i+1} + z_{i+1} = x_{i+1,d}, \quad z_{i+1}(0) = x_{i+1,d}(0) \tag{9.33}$$

　　步骤 n　考虑系统 (8.1) 中的子系统：$\dot{x}_n = u + f_n + \Delta f_n$，定义滑模切换函数 s_n 为

$$\begin{cases} e_n = x_n - z_n \\ s_n = c_{n-1} s_{n-1} + e_n \end{cases} \tag{9.34}$$

则有

$$\begin{aligned} \dot{s}_n &= c_{n-1} \dot{s}_{n-1} + u + f_n + \Delta f_n - \dot{z}_n \\ &= c_{n-1} \dot{s}_{n-1} + u + f_n + \hat{\theta}_n^{\mathrm{T}} \xi_n - \tilde{\theta}_n^{\mathrm{T}} \xi_n + \delta_n - \dot{z}_n \end{aligned} \tag{9.35}$$

最后，设计控制输入和自适应律：

$$\begin{cases} u = u_{d1} - \dfrac{\mathrm{fzL}_n(s_n) u_{d2}^2}{2\varepsilon} - k_n \cdot \mathrm{fzL}_n(s_n) - c_n s_n - \dfrac{\mathrm{fzL}_{n-1}(s_{n-1})}{\mathrm{fzN}_n(s_n)} \\ u_{d1} = c_{n-1}(x_{n,d1} - x_n) - f_n - \hat{\theta}_n^{\mathrm{T}} \xi_n + \dot{z}_n, \quad u_{d2} = \rho_n \end{cases} \tag{9.36}$$

$$\dot{\theta}_n = \Gamma_n[\xi_n \cdot \text{fzL}_n(s_n) - \sigma_n(\hat{\theta}_n - \hat{\theta}_n^0)] \tag{9.37}$$

注 9.2　由式(9.26)、式(9.31)和式(9.36)可以看出，每一步虚拟控制量和最终实际控制量都引入了工程实践中总结出来的"小误差大增益，大误差小增益"非线性增益功能，可以有效改善当误差较大时控制量过大、系统稳定性变差等情况。

注 9.3　由式(9.25)、式(9.32)和式(9.37)可以看出，神经网络的自适应律中也引入了工程经验的非线性增益和递归滑模参数，可以有效防止神经网络过度学习，提高控制系统的稳定性。

9.2.3　闭环系统稳定性分析

定理9.1　考虑满足假设 8.2 和假设 8.3 的非线性不确定系统(8.1)和满足假设 8.4 和假设 8.5 的神经网络逼近模型，控制律式(9.26)、式(9.31)和式(9.36)，低通滤波器式(9.27)和式(9.33)，以及自适应律式(9.25)、式(9.32)和式(9.37)构成的闭环系统，则存在控制参数 τ_i ($i=2,3,\cdots,n$)、a_i、δ_i、c_i、k_i、Γ_i、σ_i ($i=1,2,\cdots,n$)、$\varepsilon > 0$，使闭环系统所有状态半全局一致终结有界且跟踪误差可以收敛至原点的指定小邻域。

证明　定义

$$V(s_i) = \frac{1}{2}\text{fzlh}_i(s_i)s_i + \frac{1}{2}\tilde{\theta}_i^{\text{T}}\Gamma_i^{-1}\tilde{\theta}_i, \quad i=1,2,\cdots,n \tag{9.38}$$

则当 $i=1$ 时，有

$$\dot{V}(s_1) = \text{fzL}_1(s_1)(x_2 + f_1 + \Delta\dot{s}_1 - \dot{x}_{1,d}) + \tilde{\theta}_1^{\text{T}}\Gamma_1^{-1}\dot{\hat{\theta}}_1 \tag{9.39}$$

由式(9.27)和式(9.28)，有

$$x_2 = s_2 - c_1 s_1 + x_{2,d} - \tau_2\dot{z}_2 \tag{9.40}$$

将式(8.39)、式(9.40)代入式(9.39)，可得

$$\begin{aligned}\dot{V}(s_1) = &\text{fzL}_1(s_1)(s_2 - c_1 s_1 + x_{2,d} - \tau_2\dot{z}_2 + f_1 + \hat{\theta}_1^{\text{T}}\xi_1(\overline{x}_1) + \delta_i - \dot{r})\\ &+ \tilde{\theta}_1^{\text{T}}(\Gamma_1^{-1}\dot{\hat{\theta}}_1 - \xi_1(\overline{x}_1)\text{fzL}_1(s_1))\end{aligned} \tag{9.41}$$

将式(9.24)和式(9.25)代入式(9.41)，利用正切余弦函数 $\tanh(\cdot)$ 关系式[1]：

$$\text{fzL}_1(s_1)x_{2,d2} \cdot \tanh\left(\frac{\text{fzL}_1(s_1)x_{2,d2}}{2\varepsilon}\right) + 0.557\varepsilon \geqslant \left|\text{fzL}_1(s_1)x_{2,d2}\right| \tag{9.42}$$

和杨氏不等式

$$
\begin{aligned}
\tilde{\theta}_1^{\mathrm{T}}(\hat{\theta}_1 - \theta_1^0) &= \tilde{\theta}_1^{\mathrm{T}}(\tilde{\theta}_1 + \theta_1^* - \theta_1^0) = \tilde{\theta}_1^{\mathrm{T}}\tilde{\theta}_1 + \tilde{\theta}_1^{\mathrm{T}}(\theta_1^* - \theta_1^0) \\
&\geqslant \frac{1}{2}\|\tilde{\theta}_1\| - \frac{1}{2}\|\theta_1^* - \theta_1^0\|^2
\end{aligned}
\tag{9.43}
$$

可以得到

$$
\begin{aligned}
\dot{V}(s_1) \leqslant\ & -c_1 s_1 \cdot \mathrm{fzL}_1(s_1) - k_1 \cdot \mathrm{fzL}_1^2(s_1) + \mathrm{fzL}_1(s_1)s_2 - \frac{1}{2}\frac{\sigma_1}{\lambda_{\max}(\Gamma_1^{-1})}\tilde{\theta}_1^{\mathrm{T}}\Gamma_1^{-1}\tilde{\theta}_1 \\
& + 0.557\varepsilon + \frac{\sigma_1}{2}\|\theta_1^* - \theta_1^0\|^2 - \tau_2 \dot{z}_2 \cdot \mathrm{fzL}_1(s_1)
\end{aligned}
\tag{9.44}
$$

类似地，对于 $2 \leqslant i \leqslant n-1$，有

$$
\begin{aligned}
\dot{V}(s_i) =\ & \mathrm{fzL}_i(s_i)(c_{i-1}\dot{s}_{i-1} + x_{i+1} + f_i + \Delta f_i - \dot{z}_i) \\
\leqslant\ & -c_i s_i \cdot \mathrm{fzL}_i(s_i) - k_i \cdot \mathrm{fzL}_i^2(s_i) - \frac{1}{2}\frac{\sigma_i}{\lambda_{\max}(\Gamma_i^{-1})}\tilde{\theta}_i^{\mathrm{T}}\Gamma_i^{-1}\tilde{\theta}_i + \mathrm{fzL}_i(s_i)s_{i+1} \\
& - \mathrm{fzL}_{i-1}(s_{i-1})s_i - \tau_{i+1}\dot{z}_{i+1} \cdot \mathrm{fzL}_i(s_i) + 0.557\varepsilon + \frac{\sigma_i}{2}\|\theta_i^* - \theta_i^0\|^2
\end{aligned}
\tag{9.45}
$$

最后，对于 $i = n$，有

$$
\begin{aligned}
\dot{V}(s_n) =\ & \mathrm{fzL}_n(s_n)(c_{n-1}\dot{s}_{n-1} + u + f_n + \Delta f_n - \dot{z}_n) \\
\leqslant\ & -c_n s_n \cdot \mathrm{fzL}_n(s_n)s_n - k_n \cdot \mathrm{fzL}_n^2(s_n) - \mathrm{fzL}_{n-1}(s_{n-1})s_n \\
& - \frac{1}{2}\frac{\sigma_n}{\lambda_{\max}(\Gamma_n^{-1})}\tilde{\theta}_n^{\mathrm{T}}\Gamma_n^{-1}\tilde{\theta}_n + \frac{\sigma_n}{2}\|\theta_n^* - \hat{\theta}_n^0\|^2 + 0.557\varepsilon
\end{aligned}
\tag{9.46}
$$

由式 (9.44)～式 (9.46)，有

$$
\begin{aligned}
\sum_{i=1}^{n}\dot{V}(s_i) =\ & -\sum_{i=1}^{n}c_i s_i \cdot \mathrm{fzL}_i(s_i) - \frac{1}{2}\sum_{i=1}^{n}\frac{\sigma_i}{\lambda_{\max}(\Gamma_i^{-1})}\tilde{\theta}_i^{\mathrm{T}}\Gamma_i^{-1}\tilde{\theta}_i - \sum_{i=1}^{n}k_i \cdot \mathrm{fzL}_i^2(s_i) \\
& + \sum_{i=1}^{n}\frac{\sigma_i}{2}\|\theta_i^* - \theta_i^0\|^2 + 0.557n\varepsilon - \sum_{i=1}^{n-1}\tau_{i+1}\dot{z}_{i+1} \cdot \mathrm{fzL}_i(s_i)
\end{aligned}
\tag{9.47}
$$

定义低通滤波器跟踪误差：

$$
y_i = z_i - x_{i,d}, \quad i = 2,3,\cdots,n
\tag{9.48}
$$

由式 (9.27)、式 (9.33) 和式 (9.48)，有

$$y_i = -\tau_i \dot{z}_i \tag{9.49}$$

$$\dot{y}_i = -\frac{y_i}{\tau_i} - \dot{x}_{i,d} \tag{9.50}$$

由式(9.25)~式(9.27)，式(9.31)~式(9.33)，以及假设 8.2 和假设 2.3，易知必定存在连续函数 η_i（$i = 2,3,\cdots,n$），使式(9.51)成立：

$$|\dot{x}_{i,d}| \leqslant \eta_i(s_1,\cdots,s_i,y_2,\cdots,y_i,\tilde{\theta}_1,\cdots,\tilde{\theta}_i,\tau_2,\cdots,\tau_{i-1},k_1,\cdots,k_{i-1},c_1,\cdots,c_{i-2},r,\dot{r},\ddot{r}) \tag{9.51}$$

定义

$$V(y_i) = \frac{y_i^2}{2} \tag{9.52}$$

由式(9.50)和式(9.51)，有

$$\dot{V}(y_i) \leqslant -\frac{y_i^2}{\tau_i} + |y_i| \eta_i \leqslant -\left(\frac{1}{\tau_i} - \frac{1}{2}\right)y_i^2 + \frac{\eta_i^2}{2} \tag{9.53}$$

最后，定义 Lyapunov 函数：

$$V = \sum_{i=1}^{n} V(s_i) + \sum_{i=2}^{n} V(y_i) \tag{9.54}$$

由式(9.47)、式(9.49)和式(9.53)，有

$$\begin{aligned}
\dot{V} \leqslant &-\sum_{i=1}^{n} c_i s_i \cdot \text{fzL}_i(s_i) - \frac{1}{2}\sum_{i=1}^{n} \frac{\sigma_i}{\lambda_{\max}(\Gamma_i^{-1})} \tilde{\theta}_i^{\mathrm{T}} \Gamma_i^{-1} \tilde{\theta}_i - \sum_{i=1}^{n} k_i \cdot \text{fzL}_i^2(s_i) \\
&-\sum_{i=1}^{n-1} y_{i+1} \cdot \text{fzL}_i(s_i) - \sum_{i=2}^{n}\left(\frac{1}{\tau_i} - \frac{1}{2}\right)y_i^2 + \sum_{i=1}^{n}\frac{\sigma_i}{2}\left\|\theta_i^* - \hat{\theta}_i^0\right\|^2 + 0.557n\varepsilon + \sum_{i=2}^{n}\frac{\eta_i^2}{2}
\end{aligned} \tag{9.55}$$

取

$$\begin{cases}
\dfrac{1}{\tau_i} \geqslant 1 + \alpha_0 \\
k_i \geqslant \dfrac{1}{2}, \quad i = 1,2,\cdots,n-1 \\
k_n \geqslant 0 \\
c_i > 2\alpha_0
\end{cases} \tag{9.56}$$

式中，$\alpha_0 > 0$。

由式 (9.8) 并利用杨氏不等式有

$$\dot{V} \leqslant -\frac{1}{2}\sum_{i=1}^{n}\frac{\sigma_i}{\lambda_{\max}(\Gamma_i^{-1})}\tilde{\theta}_i^{\mathrm{T}}\Gamma_i^{-1}\tilde{\theta}_i - a_0\sum_{i=2}^{n}y_i^2 - a_0\sum_{i=1}^{n}s_i \cdot \mathrm{fzlh}_i(s_i) \tag{9.57}$$
$$+ \sum_{i=1}^{n}\frac{\sigma_i}{2}\left\|\theta_i^* - \hat{\theta}_i^0\right\|^2 + \sum_{i=2}^{n}\frac{\eta_i^2}{2} + 0.557n\varepsilon$$

对于 $i = 2, 3, \cdots, n$，定义紧集：

$$\Omega_i = \left\{ (s_1, \cdots, s_i, y_2, \cdots, y_i, \tilde{\theta}_1, \cdots, \tilde{\theta}_i) : \sum_{j=1}^{i}(s_j \cdot \mathrm{fzlh}_j(s_j) + \tilde{\theta}_i^{\mathrm{T}}\Gamma_i^{-1}\tilde{\theta}_i) + \sum_{j=2}^{i}y_j^2 \leqslant 2p \right\} \tag{9.58}$$

式中，$p > 0$ 为常数。

根据假设 8.3，参考信号 r 的属性集合 Ω_1 是已知紧集，因此，$\Omega_1 \times \Omega_i$ ($i = 2, 3, \cdots, n$) 仍是紧集，所以连续函数 $|\eta_i|$ 在 $\Omega_1 \times \Omega_i$ 上存在最大值，不妨设为 M_i。因此，由式 (9.57)，有

$$\dot{V} \leqslant -2\mu V + C \tag{9.59}$$

式中，

$$\mu = \min_{1 \leqslant i \leqslant n}\left\{ a_0, \frac{1}{2}\frac{\sigma_i}{\lambda_{\max}(\Gamma_i^{-1})} \right\} \tag{9.60}$$

$$C = 0.557n\varepsilon + \sum_{i=2}^{n}\frac{M_i^2}{2} + \sum_{i=1}^{n}\frac{\sigma_i}{2}\left\|\theta_i^* - \hat{\theta}_i^0\right\|^2 \tag{9.61}$$

通过设置 a_0、σ_i、Γ_i 使 $\mu > C/(2p)$，则当 $V \geqslant p$ 时，$\dot{V} < 0$。因此，$V \leqslant p$ 是一个不变集。即如果 $V(0) \leqslant p$，则 $V(t) \leqslant p$ 对 $\forall t > 0$ 成立，于是闭环系统所有状态半全局一致终结有界，且跟踪误差最终可以收敛到半径为 $C/(2\mu)$ 的球域。取 $\mu > \max\{C/(2p), C/\varepsilon\}$，则 $\mathrm{fzlh}_1(e_1)e_1 \leqslant 2V \leqslant \varepsilon$。因为 ε 可以任意设置，所以跟踪误差最终可以收敛至原点的指定小邻域。

注 9.4　由式 (9.55) 可以看出，通过引入参数 c_i 构造递归滑模动态面的控制策略，恰好能够解决传统动态面控制方法在引入非线性增益函数后无法得到系统半全局一致稳定性证明的难题。

注 9.5　由式(9.59)～式(9.61)可以看出，随着系统阶数 n 的增大，误差也会增大。通过增大 α_0、Γ_i，减小 ε 可以减小跟踪误差，但同时也会带来控制量过大的问题，这就需要通过减小非线性增益函数参数 a_i 和 δ_i 来协调系统控制精度和动态性能之间的矛盾。

注 9.6　神经网络的个数应该随着其逼近的不确定函数的维数和状态空间范围的增大而相应增大。在计算量和内存允许的条件下应尽可能多地增加神经网络个数，在增加神经网络个数的同时应适当减少其自适应参数 Γ_i，以防止过学习。

9.2.4　数值仿真验证

为了验证本节方法在能够有效解决传统动态面方法中系统控制精度和动态品质之间的矛盾，选用如下具有输入饱和约束的弹簧-小车阻尼系统[2]进行仿真：

$$\begin{cases} \dot{x}_1 = x_2 \\ \dot{x}_2 = -\dfrac{k}{m}x_1 - \dfrac{c}{m}x_2 + \dfrac{1}{m}u(v(t)) + \Delta f_2(x_1, x_2) \end{cases} \tag{9.62}$$

式中，输入 $u(v(t))$ 描述如下：

$$u(v(t)) = \begin{cases} \text{sign}(v(t))u_M, & |v(t)| \geqslant u_M \\ v(t), & |v(t)| < u_M \end{cases} \tag{9.63}$$

系统不确定性 $\Delta f_2(x_1, x_2) = 0.1x_1 + 0.2x_2 + 0.1\sin x_1$；$x_1$ 和 x_2 分别为小车位置和速度；m 为小车质量；k 为弹簧强度常数；c 为阻尼系数。

最大输入 $u_M = 20\text{N}$。设 $m = 1\text{kg}$，$c = 2\text{N·s/m}$，$k = 8\text{N/m}$。理想输出指令为 $r(t) = -0.2\cos(3\pi t) + 0.2$，初始值 $x_1(0) = 0.5\text{m}$，$x_2(0) = 0\text{m/s}$。采用文献[3]神经网络自适应动态面控制(NN DSC)方法和本节方法进行仿真对比(控制器的设计中不考虑输入饱和约束)。利用本节方法设计如表 9.1 所示控制律。

两种方法采用一个相同的神经网络在线逼近未知不确定项，且其隐层神经元个数 p_2 为 40，NN 的基函数向量 $\xi_{2j} = \exp\left(-\dfrac{\|\bar{x}_i - \bar{a}_{2j}\|^2}{b}\right)$，神经网络初始权值 $\hat{\theta}_2^0 = 0$；中心值 $\bar{a}_{2j}$ 在矩形区域 $\{(1,4),(1,-4),(-1,-4),(-1,4)\}$ 内均匀取值，尺度因子 $b = 0.5$。两种控制方法相同的控制参数取为：$\tau_2 = 0.01$，$\varepsilon = 0.01$，$\rho_2 = 0.01$，$\Gamma_2 = \text{diag}\{0.1\}$，$\sigma_1 = \sigma_2 = 0.01$。本节方法其余的控制参数取为：$c_1 = 3$，$c_2 = 2$，

$a_1 = a_2 = 0.6$，$\delta_1 = \delta_2 = 0.01$。分别取两组控制增益参数 $k_1 = 4$、$k_2 = 6$ 和 $k_1 = 40$、$k_2 = 60$ 进行仿真。

表 9.1　非线性增益自适应神经网络递归滑模动态面飞行控制方法控制律

误差定义	虚拟控制信号和控制律	低通滤波器和自适应律
$e_1 = x_1 - r$ $s_1 = e_1$	$\begin{cases} x_{2,d1} = \dot{r}, \quad x_{2,d2} = 0 \\ x_{2,d} = x_{2,d1} - x_{2,d2} \cdot \tanh(\mathrm{fzL}_1(s_1)x_{2,d2}/(2\varepsilon)) \\ \qquad - k_1 \cdot \mathrm{fzL}_1(s_1) \end{cases}$	$\begin{cases} \tau_2 \dot{z}_2 + z_2 = x_{2,d} \\ z_2(0) = x_{2,d}(0) \end{cases}$ $\dot{\hat{\theta}}_1 = \Gamma_1[\theta_1 \cdot \mathrm{fzL}_1(s_1) - \sigma_1(\hat{\theta}_1 - \hat{\theta}_1^0)]$
$e_2 = x_2 - z_2$ $s_2 = c_1 s_1 + e_2$	$\begin{cases} u_{d1} = c_1(x_{2,d1} - x_2) + \dfrac{k}{m}x_1 + \dfrac{c}{m}x_2 - \hat{\theta}_2^{\mathrm{T}}\xi_2 + \dot{z}_2 \\ u_{d2} = \rho_2 \\ u_d = m\left(u_{d1} - u_{d2} \cdot \tanh\left(\dfrac{\mathrm{fzL}_2(s_2)u_{d2}}{2\varepsilon}\right) - \dfrac{\mathrm{fzL}_1(s_1)}{\mathrm{fzN}_2(s_2)} \right. \\ \qquad \left. - c_2 s_2 - k_2 \cdot \mathrm{fzL}_2(s_2)\right) \end{cases}$	

仿真结果如图 9.3 和图 9.4 所示。可以看出，当取较小的控制增益时，两种方法都可以避免出现输入饱和的现象，但两种方法的控制精度都不高。当取较大的控制增益时，本节方法既避免了出现输入饱和现象，又保证了较高的控制精度，而文献[3]方法引起了输入饱和的限制进而引起了系统的振荡。

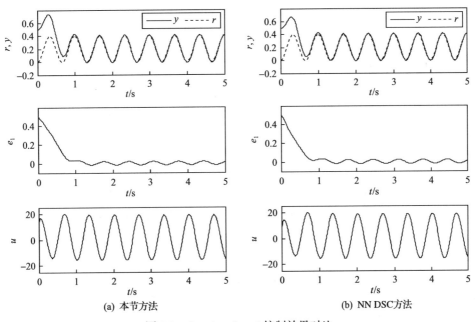

(a) 本节方法　　　　　　　　　　(b) NN DSC方法

图 9.3　$k_1 = 4$、$k_2 = 6$ 控制效果对比

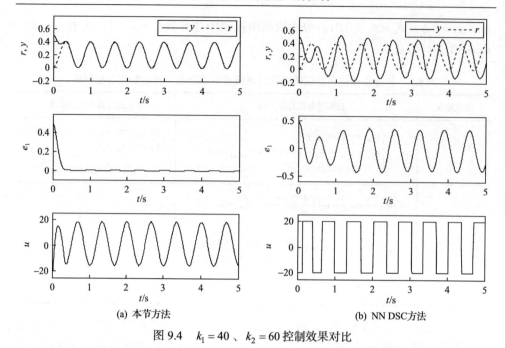

图 9.4　$k_1 = 40$、$k_2 = 60$ 控制效果对比

9.3　积分型非线性增益递归滑模动态面飞行控制

　　9.2 节提出的自适应神经网络递归滑模动态面飞行控制方法理论上能够利用 RBF 神经网络在线逼近系统不确定性，对系统不确定性具有较强的鲁棒性。然而，自适应神经网络方法在一些应用场合还存在一些问题：①自适应神经网络参数较多，且系统不确定性的逼近精度依赖神经元的个数，这对控制器的内存和运算效率提出了较高的要求。②实际系统中可能存在未建模外界干扰，未建模外界干扰与系统状态无关，容易导致神经网络的误学习。③自适应神经网络方法仍然只能保证跟踪误差收敛至原点的一个指定小邻域内，并不能彻底消除稳态跟踪误差。

　　基于此，本节提出一种积分型非线性增益递归滑模动态面飞行控制方法，通过在第一个滑模切换函数中引入一个非线性积分项，结合递归滑模控制中的非线性阻尼项，增强控制对系统不确定性和未知外界干扰的鲁棒性。

9.3.1　积分型非线性增益递归滑模动态面控制律设计

　　本节仍然考虑 8.2.1 节所描述的控制问题。引入待设计控制器参数：$\lambda_1 > 0$、$\lambda_2 > 0$、$\varepsilon > 0$、$\tau_i > 0$（$i = 2, 3, \cdots, n$）、a_i、δ_i、$c_i > 0$ 和 $k_i > 0$（$i = 1, 2, \cdots, n$），设计控制律如下。

　　步骤 1　考虑系统 (8.1) 中的子系统：$\dot{x}_1 = x_2 + f_1 + \Delta f_1$，定义第 1 个滑模切换

函数 s_1 为

$$\begin{cases} e_1 = x_1 - r \\ s_1 = e_1 + \lambda_1 \int_0^t \tanh\left(\lambda_2 e_1(\tau)\right) \mathrm{d}\tau \end{cases} \tag{9.64}$$

对 s_1 求导，得

$$\dot{s}_1 = x_2 + f_1 + \Delta f_1 + \lambda_1 \tanh(\lambda_2 e_1) - \dot{r} \tag{9.65}$$

根据式 (9.65)，设计虚拟控制信号：

$$\begin{cases} x_{2,d} = x_{2,d1} - x_{2,d2} \cdot \text{sign}(s_1) - k_1 \cdot \text{fzL}_1(s_1) \\ x_{2,d1} = -f_1 - \lambda_1 \tanh(\lambda_2 e_1) + \dot{r},\ x_{2,d2} = \psi_1 \end{cases} \tag{9.66}$$

为了削弱抖振，我们适当降低控制性能要求，采用正切余弦函数 $\tanh(\cdot)$ 代替符号函数 $\text{sign}(\cdot)$，于是，式 (9.66) 可以重写为

$$\begin{cases} x_{2,d} = x_{2,d1} - x_{2,d2} \cdot \tanh\left(\dfrac{\text{fzL}_1(s_1) x_{2,d2}}{2\varepsilon}\right) - k_1 \cdot \text{fzL}_1(s_1) \\ x_{2,d1} = -f_1 - \lambda_1 \cdot \tanh(\lambda_2 e_1) + \dot{r},\ x_{2,d2} = \psi_1 \end{cases} \tag{9.67}$$

为了避免对虚拟控制信号 $x_{2,d}$ 求微分，采用时间常数为 τ_2 的一阶低通滤波器 (9.68) 对信号 $x_{2,d}$ 进行滤波：

$$\tau_2 \dot{z}_2 + z_2 = x_{2,d},\quad z_2(0) = x_{2,d}(0) \tag{9.68}$$

注 9.7　为了削弱或消除抖振现象，在本节后续设计步骤中，我们将不加说明地用函数 $\tanh(\cdot)$ 代替函数 $\text{sign}(\cdot)$。

步骤 i（$2 \leqslant i \leqslant n-1$）　考虑系统 (8.1) 中的子系统：$\dot{x}_i = x_{i+1} + f_i + \Delta f_i$，定义滑模切换函数 s_i 为

$$\begin{cases} e_i = x_i - z_i \\ s_i = c_{i-1} s_{i-1} + e_i \end{cases} \tag{9.69}$$

对 s_i 求导，得

$$\dot{s}_i = c_{i-1} \dot{s}_{i-1} + x_{i+1} + f_i + \Delta f_i - \dot{z}_i \tag{9.70}$$

类似地，设计虚拟控制信号和低通滤波器如下：

$$\begin{cases} x_{i+1,d} = x_{i+1,d1} - x_{i+1,d2}\tanh\left(\dfrac{\mathrm{fzL}_i(s_i)x_{i+1,d2}}{2\varepsilon}\right) - \dfrac{\mathrm{fzL}_{i-1}(s_{i-1})}{\mathrm{fzN}_i(s_i)} - k_i \cdot \mathrm{fzL}_i(s_i) \\ x_{i+1,d1} = c_{i-1}(x_{i,d1} - x_i) - f_i + \dot{z}_i,\ x_{i+1,d2} = c_{i-1}x_{i,d2} + \psi_i \end{cases} \tag{9.71}$$

$$\tau_{i+1}\dot{z}_{i+1} + z_{i+1} = x_{i+1,d},\quad z_{i+1}(0) = x_{i+1,d}(0) \tag{9.72}$$

步骤 *n*　考虑系统 (8.1) 中的子系统：$\dot{x}_n = u + f_n + \Delta f_n$，定义滑模切换函数 s_n 为

$$\begin{cases} e_n = x_n - z_n \\ s_n = c_{n-1}s_{n-1} + e_n \end{cases} \tag{9.73}$$

对 s_n 求导，得

$$\dot{s}_n = c_{n-1}\dot{s}_{n-1} + u + f_n + \Delta f_n - \dot{z}_n \tag{9.74}$$

最后，设计实际控制信号 u 为

$$\begin{cases} u = u_{d1} - u_{d2} \cdot \tanh\left(\dfrac{\mathrm{fzL}_n(s_n)u_{d2}}{2\varepsilon}\right) - \dfrac{\mathrm{fzL}_{n-1}(s_{n-1})}{\mathrm{fzN}_n(s_n)} - c_n s_n - k_n \cdot \mathrm{fzL}_n(s_n) \\ u_{d1} = c_{n-1}(x_{n,d1} - x_n) - f_n + \dot{z}_n \\ u_{d2} = c_{n-1}x_{n,d2} + \psi_n \end{cases} \tag{9.75}$$

9.3.2　闭环系统稳定性分析

定理 9.2　考虑满足假设 8.2 和假设 8.3 的非线性不确定系统 (8.1) 和满足假设 8.4 和假设 8.5 的神经网络逼近模型，以及控制律式 (9.67)、式 (9.68)、式 (9.71)、式 (9.72) 和式 (9.74) 构成的闭环，系统则存在控制器参数：ε、λ_1、λ_2、τ_i $(i = 2,3,\cdots,n)$、a_i、δ_i、k_i、c_i $(i = 1,2,\cdots,n)$ 使得闭环系统满足：

(1) 闭环系统所有状态半全局一致终结有界。

(2) 跟踪误差最终能够收敛到原点的指定小邻域，且当参考信号满足 $\lim\limits_{t\to\infty}\dot{r} = 0$ 时，不存在稳态跟踪误差。

证明　定义

$$V(s_i) = \frac{\mathrm{fzlh}_i(s_i)s_i}{2},\quad i = 1,2,\cdots,n \tag{9.76}$$

$$\Rightarrow \dot{V}(s_1) = \mathrm{fzL}_1(s_1)(x_2 + f_1 + \Delta f_1 + \lambda_1 \cdot \tanh(\lambda_2 e_1) - \dot{r}) \tag{9.77}$$

根据式 (9.68) 和式 (9.69)，有

$$x_2 = s_2 - c_1 s_1 + x_{2,d} - \tau_2 \dot{z}_2 \tag{9.78}$$

将式(9.78)代入式(9.77)，有

$$\dot{V}(s_1) = fzL_1(s_1)(s_2 - c_1 s_1 + x_{2,d} - \tau_2 \dot{z}_2 + f_1 + \Delta f_1 - \dot{r}) \tag{9.79}$$

利用正切余弦函数 tanh(·) 关系式[1]，有

$$fzL_1(s_1 x_{2,d2}) \tanh\left(\frac{fzL_1(s_1 x_{2,d2})}{2\varepsilon}\right) + 0.557\varepsilon \geqslant \left| fzL_1(s_1) x_{2,d2} \right| \tag{9.80}$$

将式(9.67)和式(9.80)代入式(9.79)，得

$$\dot{V}(s_1) \leqslant -c_1 s_1 \cdot fzL_1(s_1) - k_1 \cdot fzL_1^2(s_1) + fzL_1(s_1)s_2 - \tau_2 \dot{z}_2 \cdot fzL_1(s_1) + 0.557\varepsilon \tag{9.81}$$

类似地，对于 $2 \leqslant i \leqslant n-1$，有

$$\begin{aligned}\dot{V}(s_i) &= fzL_i(s_i)(c_{i-1}\dot{s}_{i-1} + x_{i+1} + f_i + \Delta f_i - \dot{z}_i) \\ &\leqslant -c_i s_i \cdot fzL_i(s_i) - k_i \cdot fzL_i^2(s_i) + fzL_i(s_i)s_{i+1} - fzL_{i-1}(s_{i-1})s_i \\ &\quad - \tau_{i+1}\dot{z}_{i+1} \cdot fzL_i(s_i) + 0.557\varepsilon\end{aligned} \tag{9.82}$$

当 $i = n$ 时，有

$$\begin{aligned}\dot{V}(s_n) &= fzL_n(s_n)(c_{n-1}\dot{s}_{n-1} + u + f_n + \Delta f_n - \dot{z}_n) \\ &\leqslant -c_n \cdot fzL_n(s_n)s_n - k_n \cdot fzL_n^2(s_n) - fzL_{n-1}(s_{n-1})s_n + 0.557\varepsilon\end{aligned} \tag{9.83}$$

由式(9.81)～式(9.83)可得

$$\sum_{i=1}^n \dot{V}(s_i) \leqslant -\sum_{i=1}^n k_i \cdot fzL_i^2(s_i) - \sum_{i=1}^n c_i s_i \cdot fzL_i(s_i) - \sum_{i=1}^{n-1} \tau_{i+1}\dot{z}_{i+1} \cdot fzL_i(s_i) + 0.557n\varepsilon \tag{9.84}$$

定义滤波器跟踪误差：

$$y_i = z_i - x_{i,d}, \quad i = 2,3,\cdots,n \tag{9.85}$$

根据式(9.68)和式(9.72)，有

$$y_i = -\tau_i \dot{z}_i \tag{9.86}$$

$$\dot{y}_i = -\frac{y_i}{\tau_i} - \dot{x}_{i,d} \tag{9.87}$$

由式(9.67)、式(9.68)、式(9.71)、式(9.72)，以及假设 8.1～假设 8.3，易知必定

存在连续函数 η_i（$i=2,3,\cdots,n$），使式（9.88）成立：

$$\left|\dot{x}_{i,d}\right| \leqslant \eta_i(s_1,\cdots,s_i,y_2,\cdots,y_i,\lambda_1,\lambda_2,\tau_2,\cdots,\tau_{i-1},k_1,\cdots,k_{i-1},c_1,\cdots,c_{i-2},r,\dot{r},\ddot{r}) \quad (9.88)$$

定义

$$V(y_i) = \frac{y_i^2}{2} \tag{9.89}$$

由式（9.87）和式（9.88），有

$$\dot{V}(y_i) \leqslant -\frac{y_i^2}{\tau_i} + \left|y_i\right|\eta_i \leqslant -\left(\frac{1}{\tau_i}-\frac{1}{2}\right)y_i^2 + \frac{\eta_i^2}{2} \tag{9.90}$$

定义 Lyapunov 函数：

$$V = \sum_{i=1}^{n}V(s_i) + \sum_{i=2}^{n}V(y_i) \tag{9.91}$$

根据式（9.84）、式（9.86）和式（9.90），有

$$\begin{aligned}
\dot{V} \leqslant &-\sum_{i=1}^{n}k_i \cdot \text{fzL}_i^2(s_i) - \sum_{i=1}^{n}c_is_i \cdot \text{fzL}_i(s_i) + 0.557n\varepsilon \\
&+ \sum_{i=1}^{n-1}y_{i+1} \cdot \text{fzL}_i(s_i) - \sum_{i=2}^{n}\left(\frac{1}{\tau_i}-\frac{1}{2}\right)y_i^2 + \sum_{i=2}^{n}\frac{\eta_i^2}{2}
\end{aligned} \tag{9.92}$$

根据不等式（9.93）设计控制参数：

$$\begin{cases}
\dfrac{1}{\tau_i} \geqslant 1+\alpha_0 \\
k_i \geqslant \dfrac{1}{2}, \quad i=1,2,\cdots,n-1 \\
k_n \geqslant 0 \\
c_i > 2\alpha_0
\end{cases} \tag{9.93}$$

则有

$$\dot{V} \leqslant -\sum_{i=1}^{n}2\alpha_0 s_i \cdot \text{fzL}_i(s_i) - \alpha_0\sum_{i=2}^{n}y_i^2 + 0.557n\varepsilon + \sum_{i=2}^{n}\frac{\eta_i^2}{2} \tag{9.94}$$

另由式（9.8）可得

$$\text{fzL}_i(s_i) > \frac{1}{2}\text{fzlh}_i(s_i) \tag{9.95}$$

考虑如下紧集：

$$\Omega_i = \left\{ (s_1,\cdots,s_i,y_2,\cdots,y_i) \left| \sum_{j=1}^{i}s_j^2 + \sum_{j=2}^{i}y_i^2 \leqslant p \right. \right\}, \quad i = 2,3,\cdots,n \tag{9.96}$$

式中，$p > 0$ 为已知正常数。根据假设 8.3，参考信号 r 的属性集合 Ω_1 是已知紧集，因此 $\Omega_1 \times \Omega_i$（$i = 2,3,\cdots,n$）仍是紧集，所以连续函数 $|\eta_i|$ 在 $\Omega_1 \times \Omega_i$ 上存在最大值，不妨设为 M_i。于是根据式（9.94）和式（9.95），有

$$\dot{V} < -2\alpha_0 V + C \tag{9.97}$$

式中，

$$C = 0.557n\varepsilon + \sum_{i=2}^{n}\frac{M_i^2}{2} \tag{9.98}$$

取 $\alpha_0 > C/(2p)$，由式（9.97）可知，当 $V \geqslant p$ 时有 $\dot{V} < 0$。因此，$V < p$ 是一个不变集，即闭环系统所有状态半全局一致终结有界。取 $\alpha_0 > \max\{C/(2p),C/\varepsilon\}$，则有 $\lim\limits_{t\to\infty}\text{fzlh}_1(s_1)s_1 \leqslant 2V \leqslant \varepsilon$。因为参数 ε 可以任意选取，所以 s_1 可以收敛至原点的任意指定小邻域。不失一般性，设

$$\lim_{t\to\infty}|s_1(t)| < \frac{\kappa_0}{2} \tag{9.99}$$

式中，$\kappa_0 > 0$ 是一个预先定义的正数。

定义

$$V_I = \frac{I^2}{2}, \quad I = \lambda_1\int_0^t \tanh(\lambda_2 e_1(\tau))\mathrm{d}\tau \tag{9.100}$$

则

$$\dot{V}_I = I\big(\lambda_1\tanh(\lambda_2 e_1)\big) = I\lambda_1\tanh\big(\lambda_2(s_1 - I)\big) \tag{9.101}$$

根据式（9.99），当 $|I| > \kappa_0/2$ 时，有 $\lim\limits_{t\to\infty}\dot{V}_I < 0$。这表明

$$\lim_{t\to\infty}|I| \leqslant \frac{\kappa_0}{2} \tag{9.102}$$

于是

$$\lim_{t\to\infty}|e_1| = \lim_{t\to\infty}|s_1 - I| \leqslant \lim_{t\to\infty}\left(|s_1| + |I|\right) < \kappa_0 \tag{9.103}$$

因为 κ_0 可以任意设置，e_1 可以收敛至原点的指定小邻域。显然，如果参考信号 $\lim_{t\to\infty}\dot{r} = 0$ ，有 $\lim_{t\to\infty}\dot{s}_1 = 0$ ，于是由式(9.64)，有

$$\lim_{t\to\infty}e_1\dot{e}_1 = -e_1\lambda_1\tanh(\lambda_2 e_1) < 0 \Rightarrow \lim_{t\to\infty}|e_1| = 0 \tag{9.104}$$

9.3.3　数值仿真验证

考虑如下被控对象：

$$\begin{cases} \dot{x}_1 = x_2 + \Delta f(x_1) \\ \dot{x}_2 = x_3 + \Delta f(x_1, x_2) \\ \dot{x}_3 = u \\ y = x_1 \end{cases} \tag{9.105}$$

控制的目的是设计控制输入 u ，使输出 y 跟踪参考信号 $r(t)$ 。设未知不确定函数 $\Delta f(x_1) = x_1^2\sin x_1$ ，$\Delta f(x_1, x_2) = x_1^2 + x_2^2$ 系统初始状态为 $[x_{10}, x_{20}, x_{30}] = [0, 1, 0]$ ，参考信号 $r(t) = 1 - (4.5t^2 + 3t + 1)e^{-3t}$ 。

将本节方法与文献[4]传统动态面控制方法进行对比仿真。根据本节方法，设计如表9.2所示控制律。两种方法相同的控制器参数取为 $\psi_1 = x_1^2$ ，$\psi_2 = x_1^2 + x_2^2$ ，

表 9.2　积分型非线性增益递归滑模动态面飞行控制方法控制律

误差定义	虚拟控制信号和控制律	低通滤波器
$e_1 = x_1 - r$ $s_1 = e_1 + \lambda_1\int_0^t\tanh(\lambda_2 e_1(\tau))\mathrm{d}\tau$	$\begin{cases} x_{2,d1} = -f_1 - \lambda_1\cdot\tanh(\lambda_2 e_1) + \dot{r}, x_{2,d2} = \psi_1 \\ x_{2,d} = x_{2,d1} - x_{2,d2}\cdot\tanh\left(\dfrac{\mathrm{fzL}_1(s_1)x_{2,d2}}{2\varepsilon}\right) \\ \quad - k_1\,\mathrm{fzL}_1(s_1) \end{cases}$	$\begin{cases} \tau_2\dot{z}_2 + z_2 = x_{2,d} \\ z_2(0) = x_{2,d}(0) \end{cases}$
$e_2 = x_2 - z_2$ $s_2 = c_1 s_1 + e_2$	$\begin{cases} x_{3,d1} = c_1(x_{2,d1} - x_2) - f_2 + \dot{z}_2, x_{3,d2} = c_1 x_{2,d2} + \psi_2 \\ x_{3,d} = x_{3,d1} - x_{3,d2}\cdot\tanh\left(\dfrac{\mathrm{fzL}_2(s_2)x_{3,d2}}{2\varepsilon}\right) \\ \quad - \dfrac{\mathrm{fzL}_1(s_1)}{\mathrm{flrcN}_2(s_2)} - k_2\cdot\mathrm{fzL}_2(s_2) \end{cases}$	$\begin{cases} \tau_3\dot{z}_3 + z_3 = x_{3,d} \\ z_3(0) = x_{3,d}(0) \end{cases}$
$e_3 = x_3 - z_3$ $s_3 = c_2 s_2 + e_3$	$\begin{cases} u_{d1} = c_2(x_{3,d1} - x_3) - f_3 + \dot{z}_3, u_{d2} = c_2 x_{3,d2} + \psi_3 \\ u = u_{d1} - u_{d2}\cdot\tanh\left(\dfrac{\mathrm{fzL}_3(s_3)u_{d2}}{2\varepsilon}\right) - \dfrac{\mathrm{fzL}_2(s_2)}{\mathrm{fzN}_3(s_3)} \\ \quad - c_3 s_3 - k_3\,\mathrm{fzL}_3(s_3) \end{cases}$	

$k_1 = 2$，$k_2 = k_3 = 3$，$\varepsilon = 0.1$，$\tau_2 = \tau_3 = 0.01$；本节方法其余的控制参数取为：$\lambda_1 = 2$，$\lambda_2 = 1$，$a_i = 0.5$，$\delta_i = 0.01$（$i = 1,2,3$），$c_0 = 2$，$c_2 = c_2 = 3$。仿真结果如图 9.5 所示。可以看出本节方法可以消除稳态跟踪误差。

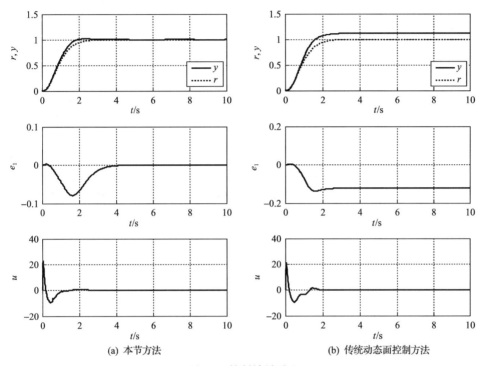

(a) 本节方法　　　　　　　　　　(b) 传统动态面控制方法

图 9.5　控制效果对比

9.4　控制参数的设置与优化规则

相对于传统动态面控制方法，9.2 节和 9.3 节提出的非线性递归滑模动态面控制方法，增加了一些控制参数：递归滑模参数 c_i，非线性函数参数 a_i、δ_i，以及非线性积分参数 λ_1、λ_2。实际上，当采用非线性增益函数 fzlh(x, a, δ)（flrc(x, a, δ)）时，取 $a_i \to 1$（$a_i \to 0$），$c_i = 0$，$\lambda_1 = 0$，$\lambda_2 = 0$，则本章非线性增益自适应神经网络递归滑模动态面控制方法等价于文献[3]方法，积分型非线性增益递归滑模动态面控制方法等价于文献[4]传统动态面控制方法。可见本节方法实际上是一种更为广义的动态面控制方法，相对于传统动态面控制方法增加了控制参数设计的自由度，提供了改善控制性能的空间。如何设置和优化控制参数，是一个值得研究的课题。下面给出 9.2 节和 9.3 节所提方法控制参数的一些经验设置规则。这些规则是作者所在团队在大量仿真试验的基础上总结出来的。

(1) 参数 δ_i 主要是防止误差为零时出现除数为零的情况，应尽量设置得小一些。

(2) 参数 a_i 通常可以设置为 $a_1 = a_2 = \cdots = a_n$。当采用非线性增益函数 $\mathrm{fzlh}(x,a,\delta)$（$\mathrm{flrc}(x,a,\delta)$）时，出现控制量过大或动态品质较差的情况，应减小（增大）a_i。

(3) 参数 c_i 应设置为 $c_n > 0$，$c_{n-1} > c_{n-2} > \cdots > c_1 > 0$。对于三阶系统（$n = 3$）通常设置 $c_2 = 2c_1 \sim 3c_1$。

(4) 参数 k_i 应设置为 $k_n > k_{n-1} > \cdots > k_1 > 0$。

(5) 当系统控制精度或响应速度不够时应增大 k_i 和 c_i。

(6) 系统出现振荡或非脆弱性较差时应增大 c_i 以及 k_i/k_{i-1} 和 c_i/c_{i-1} 的比值。

(7) 神经网络参数 Γ_i 不宜过大。如果引入神经网络后系统稳定性变差，则应减小 Γ_i，增大 σ_i。

(8) 参数 τ_i 必须大于数字控制系统的采样周期，通常取 $\tau_i = 0.01 \sim 0.05$。在系统出现抖振或受高频信号干扰明显时，应增大 τ_i。

基于递归滑模方法的控制器其自身参数的摄动具有非脆弱的特性，应用上述规则粗略调整就可以设计出理想的控制器，实现控制精度和动态品质之间的平衡优化。在此基础上，应用遗传算法等一些现有的智能参数寻优方法可以挖掘更为优越的控制性能，有兴趣的读者可以进行深入研究。

9.5　无人机航迹倾斜角的非线性增益递归滑模动态面飞行控制

在飞行着陆期间，需要在大气紊流、阵风、风切变等复杂大气环境中对无人机的航迹倾斜角进行精确的跟踪控制。无人机航迹倾斜角跟踪控制问题属于一种典型的不确定系统鲁棒跟踪控制问题。因此，研究无人机航迹倾斜角的跟踪控制具有典型的现实和理论意义。目前，应用于固定翼飞行器自主着陆的控制方法主要是基于线性小扰动方程，典型的有 μ 综合方法[5]、比例-积分-微分（proportion integration differentiation, PID）控制方法及其辅助方法[6]、鲁棒 H_2/H_∞ 控制器方法[7,8]、增益调度方法[9,10]等。这些基于线性小扰动方程的控制方法发展较为成熟，已经成功地应用于无人机自主着陆的控制中。为了追求更高的控制精度和抗干扰能力，许多学者也正致力于研究基于非线性模型的先进控制算法在无人机自主着陆中的应用[11-16]。这些文献为无人机自主着陆控制方法研究做出了非常有意义的探索。

本节针对固定翼无人机自主着陆过程中的航迹倾斜角跟踪控制问题，基于 9.3 节提出的积分型非线性增益递归滑模动态面飞行控制方法，给出一种新的无人机航迹倾斜角跟踪控制方法。

9.5.1　无人机航迹倾斜角运动模型的建立

固定翼无人机是具有六自由度的复杂非线性系统。对于飞机的着陆过程，可以将六自由度飞机运动模型进行纵向解耦，建立如下航迹倾斜角运动方程[15]：

$$\begin{cases} \dot{x}_1 = f_1(x_1) + g_5 x_2 + d_1(x_1, t) \\ \dot{x}_2 = x_3 \\ \dot{x}_3 = f_2(x_1, x_2, x_3) + g_3 x_4 + d_2(x_1, x_2, x_3, t) \end{cases} \tag{9.106}$$

式中，

$$\begin{cases} f_1(x_1) = -g_6 - g_5 x_1 - g_4 \cos x_1 \\ f_2(x_1, x_2, x_3) = g_0 + g_1 x_3 + g_2 x_2 - g_2 x_1 \\ g_0 = \dfrac{1}{I_{yy}} \overline{q} S \overline{c} C_{m0}, g_1 = \dfrac{1}{I_{yy}} \overline{q} S \overline{c} C_{mq}, g_2 = \dfrac{1}{I_{yy}} \overline{q} S \overline{c} C_{m\alpha} \\ g_3 = \dfrac{1}{I_{yy}} \overline{q} S \overline{c} C_{m\delta_e}, g_4 = \dfrac{g}{v}, g_5 = \dfrac{\overline{q} S}{mv} C_{L_\alpha} + \dfrac{T}{mv} \\ g_6 = -\dfrac{\overline{q} S}{mv} C_{L_0} \end{cases} \tag{9.107}$$

x_1 为航迹倾斜角，x_2 为俯仰角，x_3 为俯仰角速度，x_4 为升降舵偏转角；$d_1(x_1, t)$ 和 $d_2(x_1, x_2, x_3, t)$ 为模型参数摄动和外界大气扰动的总和。参数 v、m、g、T、I_{yy}、$\overline{q}$、S、$\overline{c}$、C_{m0}、C_{mq}、$C_{m\alpha}$、$C_{m\delta e}$、C_{L_α}、C_{L_0} 的含义参见文献[17]。

假设 9.1　$d_1(x_1, t)$、$d_2(x_1, x_2, x_3, t)$ 为不确定有界函数，且满足

$$\left| d_1(x_1, t) \right| < D_1(x_1) \tag{9.108}$$

$$\left| d_2(x_1, x_2, x_3, t) \right| < D_2(x_1, x_2, x_3) \tag{9.109}$$

式中，$D_1(x_1)$ 和 $D_2(x_1, x_2, x_3)$ 为已知 C^1 类函数。

假设 9.2　升降舵舵机模型为[18,19]

$$\dot{x}_4 = \text{sat}\left(\frac{1}{\tau} (\text{sat}(u, u_M) - x_4), u_R \right) \tag{9.110}$$

式中，u 为舵机控制输入；u_M 为舵机最大偏转角；u_R 为舵机最大偏转角速度；函数 sat(·) 的表达式为

$$\text{sat}(x, x_M) = \begin{cases} x, & |x| < x_M \\ x_M \, \text{sign}(x), & |x| \geqslant x_M \end{cases} \tag{9.111}$$

根据文献[19]，在本节中设舵机模型参数为：$\tau = 0.05$，$u_M = 25$，$u_R = 60$。

假设 9.3　参考航迹倾斜角指令 γ_c 属于紧集，即

$$\gamma_c \in \Omega_1 = \{(\gamma_c, \dot{\gamma}_c, \ddot{\gamma}_c) : \gamma_c^2 + \dot{\gamma}_c^2 + \ddot{\gamma}_c^2 \leqslant K_0\} \tag{9.112}$$

式中，$K_0 > 0$ 为已知常数。

控制目标　设计舵机控制输入 u 使航迹倾斜角 x_1 跟踪期望的航迹倾斜角指令 γ_c。

9.5.2　非线性增益递归滑模动态面飞行控制律设计

为书写方便，下文以 f_1、f_2、d_1、d_2、D_1 和 D_2 分别表示 $f_1(x_1)$、$f_2(x_1, x_2, x_3)$、$d_1(x_1, t)$、$d_2(x_1, x_2, x_3, t)$、$D_1(x_1)$ 和 $D_2(x_1, x_2, x_3)$。引入控制器参数 $\lambda_1 > 0$、$\lambda_2 > 0$、$\varepsilon > 0$、$\tau_i > 0$ $(i = 2, 3, 4)$、a_i、δ_i、$c_i > 0$ 和 $k_i > 0$ $(i = 1, 2, 3, 4)$，设计如下控制律。

步骤 1　定义第一个滑模面：

$$\begin{cases} e_1 = x_1 - \gamma_c \\ s_1 = e_1 + \lambda_1 \displaystyle\int_0^t \tanh(\lambda_2 e_1(\tau)) \mathrm{d}\tau \end{cases} \tag{9.113}$$

于是有

$$\dot{s}_1 = f_1 + g_5 x_2 + d_1 + \lambda_1 \cdot \tanh(\lambda_2 e_1) - \dot{\gamma}_c \tag{9.114}$$

根据式 (8.9)，设计中间虚拟控制信号：

$$\begin{cases} x_{2,d} = x_{2,d1} - x_{2,d2} \cdot \mathrm{sign}(s_1) - k_1 \cdot \mathrm{fzL}(s_1) \\ x_{2,d1} = -f_1 - \lambda_1 \cdot \tanh(\lambda_2 e_1) + \dot{\gamma}_c, \quad x_{2,d2} = D_1 \end{cases} \tag{9.115}$$

为了避免抖振，采用正切余弦函数 $\tanh(\cdot)$ 代替符号函数 $\mathrm{sign}(\cdot)$，式 (9.115) 可以重写为

$$\begin{cases} x_{2,d} = x_{2,d1} - x_{2,d2} \cdot \tanh\left(\dfrac{\mathrm{fzL}(s_1) x_{2,d2}}{2\varepsilon}\right) - k_1 \cdot \mathrm{fzL}(s_1) \\ x_{2,d1} = -f_1 - \lambda_1 \cdot \tanh(\lambda_2 e_1) + \dot{\gamma}_c, \quad x_{2,d2} = D_1 \end{cases} \tag{9.116}$$

为了避免对信号 $x_{2,d}$ 求微分，将 $x_{2,d}$ 通过一个时间常数为 τ_2 $(\tau_2 > 0)$ 的一阶低通滤波器：

$$\tau_2 \dot{z}_2 + z_2 = x_{2,d}, \quad z_2(0) = x_{2,d}(0) \tag{9.117}$$

为简洁起见，下文中的控制律将不加说明地用函数 $\tanh(\cdot)$ 代替函数 $\mathrm{sign}(\cdot)$。

步骤 2　定义第二个滑模面：

$$\begin{cases} e_2 = g_5 x_2 - z_2 \\ s_2 = c_1 s_1 + e_2 \end{cases} \tag{9.118}$$

于是有

$$\dot{s}_2 = c_1 \dot{s}_1 + g_5 x_3 - \dot{z}_2 \tag{9.119}$$

类似地，设计中间虚拟控制信号和低通滤波器：

$$\begin{cases} x_{3,d} = x_{3,d1} - x_{3,d2} \cdot \tanh\left(\dfrac{\mathrm{fzL}(s_2) x_{3,d2}}{2\varepsilon}\right) - \dfrac{\mathrm{fzL}(s_1)}{\mathrm{fzN}(s_2)} - k_2 \cdot \mathrm{fzL}(s_2) \\ x_{3,d1} = c_1(x_{3,d1} - g_5 x_2) + \dot{z}_2, \quad x_{3,d2} = c_1 x_{3,d2} \end{cases} \tag{9.120}$$

$$\tau_3 \dot{z}_3 + z_3 = x_{3,d}, \quad z_3(0) = x_{3,d}(0) \tag{9.121}$$

步骤 3　定义第三个滑模面：

$$\begin{cases} e_3 = g_5 x_3 - z_3 \\ s_3 = c_2 s_2 + e_3 \end{cases} \tag{9.122}$$

于是有

$$\dot{s}_3 = c_2 \dot{s}_2 + g_5 f_2 + g_5 g_3 x_4 + g_5 d_2 - \dot{z}_3 \tag{9.123}$$

定义中间虚拟控制信号和低通滤波器：

$$\begin{cases} x_{4,d} = x_{4,d1} - x_{4,d2} \cdot \tanh\left(\dfrac{\mathrm{fzL}(s_3) x_{4,d2}}{2\varepsilon}\right) - k_3 \cdot \mathrm{fzL}(s_3) - \dfrac{\mathrm{fzL}(s_2)}{\mathrm{fzN}(s_3)} \\ x_{4,d1} = c_2(x_{4,d1} - g_5 x_3) - g_5 f_2 + \dot{z}_3, \quad x_{4,d2} = c_2 x_{4,d2} + g_5 D_2 \end{cases} \tag{9.124}$$

$$\tau_4 \dot{z}_4 + z_4 = x_{4,d}, \quad z_4(0) = x_{4,d}(0) \tag{9.125}$$

步骤 4　定义第四个滑模面：

$$\begin{cases} e_4 = g_5 g_3 x_4 - z_4 \\ s_4 = c_3 s_3 + e_4 \end{cases} \tag{9.126}$$

于是有

$$\dot{s}_4 = c_3 \dot{s}_3 - \frac{1}{\tau} g_5 g_3 x_4 + \frac{1}{\tau} g_5 g_3 u - \dot{z}_4 \tag{9.127}$$

设计期望输入 u 为

$$u = \frac{\tau}{g_5 g_3}\left[u_{d1} - u_{d2}\cdot\tanh\left(\frac{\mathrm{fzL}(s_4)u_{d2}}{2\varepsilon}\right) - k_4\cdot\mathrm{fzL}(s_4) - \frac{\mathrm{fzL}(s_3)}{\mathrm{fzN}(s_4)} - c_4 s_4\right]$$

$$\begin{cases} u_{d1} = c_3(x_{4,d1} - g_5 g_3 x_4) + \dfrac{1}{\tau}g_5 g_3 x_4 + \dot{z}_4 \\ u_{d2} = c_3 x_{4,d2} \end{cases} \tag{9.128}$$

9.5.3　无人机航迹倾斜角飞行控制仿真验证

1. 指令跟踪仿真

采用 West Virginia 大学的 YF-22 无人机[17]为仿真对象，其纵向非线性模型参数为：$\bar{c}=0.76\mathrm{m}^2$，$S=1.37\mathrm{m}^2$，$I_{yy}=7.51\ \mathrm{kg\cdot m}^2$，$m=20.64\mathrm{kg}$，$T=54.62\mathrm{N}$，$v=42\mathrm{m/s}$；$C_{L_0}=0$，$C_{m_0}=0.0445$，$C_{m_q}=-1.7125$，$C_{m_\alpha}=-0.7067$，$C_{\delta_e}=-0.5428$。因为攻角 $\alpha=x_2-x_1$，设阵风产出的附加攻角 $\Delta\alpha=\sin(0.3t)$，则有 $\Delta x_2 - \Delta x_1 = \Delta\alpha = \sin(0.3t)$。考虑模型误差同时包括建模参数误差和阵风产生的附加攻角，因此，设

$$d_1(x_1) = 0.1 + 0.83x_1 + 0.035\cos x_1 + c_5\sin(0.3t)$$
$$d_2(x_1,x_2,x_3) = 0.2 + 25x_3 - 13.3x_2 - 13.3x_1 + c_5\sin(0.3t)$$

取

$$D_1(x_1) = 0.1 + |c_5| + 0.85|x_1| + 0.04|\cos x_1|$$
$$D_2(x_1,x_2,x_3) = 0.2 + |c_5| + 25|x_3| + 14|x_2| + 14|x_1|$$

设初始状态 $x_1=0$，$x_2=0$，$x_3=0$，$x_4=0$，期望航迹倾斜角指令 $\gamma_c = 8\sin(0.2t)\sin(0.1t)$。选择文献[4]传统动态面控制方法与本节方法进行对比。本节方法与文献[4]传统动态面控制方法中相同的控制参数取 $\tau=0.1$，$\varepsilon=1$，$k_1=2$，$k_2=4$，$k_3=6$，$k_4=6$；取本节另外的控制器参数 $\lambda_1=0.1$，$\lambda_2=20$，$c_1=0.2$，$c_2=0.5$，$c_3=1$，$c_4=0.5$，并取非线性增益函数参数 $a=0.9$，$\delta=0.01$。

为对比本节方法与传统动态面控制方法的控制效果，进行两组仿真试验：第一组仿真不考虑量测噪声的影响；第二组仿真考虑在状态量 x_1、x_2、x_3 上存在高频量测噪声，设

$$\begin{cases} y_1 = x_1 + 0.1\sin(50t) \\ y_2 = x_2 + 0.1\sin(50t)\cos(50t) \\ y_3 = x_3 + 0.1\cos(50t) \end{cases} \tag{9.129}$$

式中，y_1、y_2 和 y_3 分别为 x_1、x_2 和 x_3 对应的量测值。

不考虑量测噪声时控制效果如图 9.6 所示，考虑量测噪声时控制效果如图 9.7

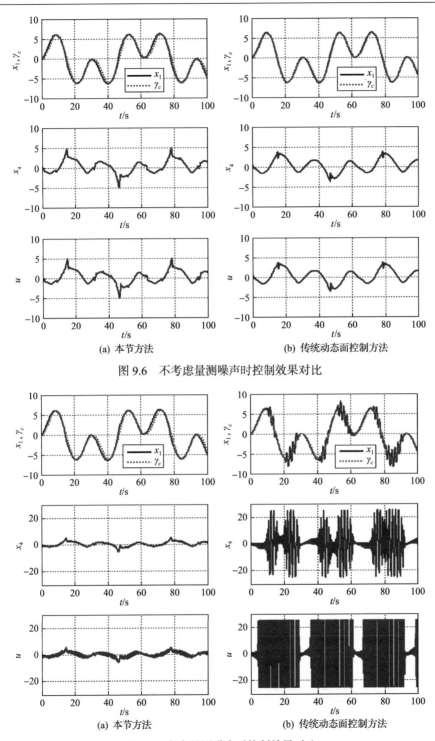

(a) 本节方法　　　　　　　　　　　(b) 传统动态面控制方法

图 9.6　不考虑量测噪声时控制效果对比

(a) 本节方法　　　　　　　　　　　(b) 传统动态面控制方法

图 9.7　考虑量测噪声时控制效果对比

所示。由仿真结果可以看出，当不考虑量测噪声的影响时，本节方法与传统动态面控制方法效果相当，控制量略显平滑。当考虑量测噪声的影响时，本节方法控制效果基本不变，控制舵面只出现了轻微的抖动现象。但传统动态面控制方法的控制舵面出现了剧烈的振荡，而且控制舵面出现了饱和现象，这在实际应用时是不能允许的。

注 9.8　虽然在仿真对比中，两种方法取相同的低通滤波器时间常数 τ，但本节方法抑制高频量测噪声的能力仍然具有明显的优势。这进一步验证了递归滑模控制器结构的合理性。

2. 阶跃响应仿真

考虑到无人机着陆和着舰通常采用等角下降的方式，且下降航迹倾斜角通常为 –3°。考虑假设 9.3 的要求，首先采用二阶低通指令滤波器 $1/(s+1)^2$ 对 $0°{\sim}{-}3°$ 的阶跃信号进行滤波，然后分别应用本节方法和传统动态面控制方法进行控制。同时为了对比两种方法稳态跟踪控制效果，去掉第 1 部分中的时变干扰项，即阵风产生的攻角项，设干扰：

$$d_1(x_1) = 0.1 + 0.83x_1 + 0.035\cos x_1$$

$$d_2(x_1, x_2, x_3) = 0.2 + 25x_3 - 13.3x_2 - 13.3x_1$$

采用与第 1 部分中相同的无人机模型和控制参数，仿真结果如图 9.8 所示。可以看出，由于积分项的引入，本节方法能够很快消除稳态误差，而传统动态面控制方法存在一定的稳态误差。

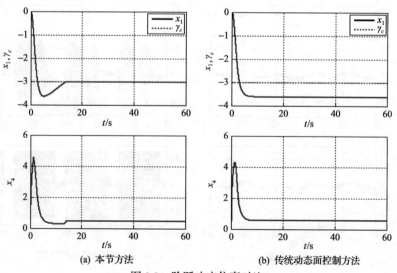

(a) 本节方法　　　　　　　　　　(b) 传统动态面控制方法

图 9.8　阶跃响应仿真对比

9.6　高超声速飞行器非线性增益递归滑模动态面巡航飞行控制

　　针对高超声速飞行器纵向模型，考虑参数摄动、未建模动态和外界干扰等各种不确定性因素的综合影响，提出一种非线性增益递归滑模动态面巡航飞行控制方法。该方法在高度控制器的每一步设计中引入递归滑模面，使控制律的设计综合考虑前面每个子系统跟踪误差间的相互影响；通过非线性增益函数调节高超声速飞行器姿态控制精度与控制增益之间的矛盾，利用神经网络逼近飞行器气动参数不确定性和未知外界干扰，进一步通过设计递归滑模动态面控制器提高系统的控制精度。

9.6.1　非线性增益函数设计

　　在很多高端领域中我们对系统的控制精度具有较高的要求，实际工程中不得不采用增大控制增益的方式来解决；然而提高控制增益又使得系统稳定性受到威胁，因此设计一种非线性增益函数对于精度要求较高的高超声速飞行器飞行控制系统具有重大意义。本节采用 9.2.1 节设计的非线性增益函数，具体设计高超声速飞行器纵向飞行控制的非线性增益函数表达式，如下所示：

$$F(x,a,b,\delta) = \begin{cases} x, & |x| \leqslant \delta \\ \left(\dfrac{(|x|+c)^a + d}{b} \right) \text{sign}(x), & |x| > \delta \end{cases} \tag{9.130}$$

式中，$0 < a < 1$，$b \geqslant 1$，$0 < \delta < \dfrac{2}{1-a}\left(\dfrac{a}{b}\right)^{\frac{1}{1-a}}$，$c = \left(\dfrac{a}{b}\right)^{\frac{1}{1-a}} - \delta$，$d = b\delta - (\delta + c)^a$。

　　通过式(9.130)可以发现 $F(x,a,b,\delta)$ 是关于自变量 x 的连续可导函数，因此对式(9.130)求导可以得出其导数：

$$\frac{\mathrm{d}F(x,a,b,\delta)}{\mathrm{d}x} = \begin{cases} 1, & |x| \leqslant \delta \\ \left(\dfrac{|x|}{\delta} \right)^{a-1}, & |x| > \delta \end{cases} \tag{9.131}$$

　　由式(9.131)不难看出非线性增益函数 $F(x,a,b,\delta)$ 的导数 $\dfrac{\mathrm{d}F(x,a,b,\delta)}{\mathrm{d}x} > 0$，因此非线性增益函数为单调递增的。

　　根据式(9.130)和式(9.131)定义一个新的函数 $L(x,a,b,\delta)$，其表达式如下：

$$L(x,a,b,\delta) = \frac{1}{2}\left(\frac{\mathrm{d}(F(\cdot))}{\mathrm{d}x}x + F(\cdot)\right) \tag{9.132}$$

通过表达式(9.132)可以看出 $L(x,a,b,\delta)$ 也是关于自变量 x 的单调递增函数，结合式(9.130)有

$$L(x,a,b,\delta) > \frac{1}{2}F(x,a,b,\delta) \tag{9.133}$$

定义第三个函数：

$$N(x,a,b,\delta) = \frac{L(x,a,b,\delta)}{x} \tag{9.134}$$

由式(9.134)可知，对于任意 x 有 $N(x,a,b,\delta) > 0$。

为便于书写，文中 $F(x,a,b,\delta)$、$L(x,a,b,\delta)$ 和 $N(x,a,b,\delta)$ 分别简写为 $F(x)$、$L(x)$ 和 $N(x)$。

9.6.2　动态面自适应巡航飞行控制律设计

在控制器设计过程中将高度子系统与速度子系统分开设计。控制对象的主体模型仍然采用 3.4 节中的纵向模型，不同的是，本节考虑参数摄动、未建模动态和外界干扰等各种不确定性因素的综合影响，在式(3.32)和式(3.33)中增加了不确定项，即将纵向模型变换如下：

$$\begin{cases} \dot{x}_1 = f_1(x_1,v) + g_1(v)x_2 + \psi_1 \\ \dot{x}_2 = x_3 \\ \dot{x}_3 = f_3(x_1,x_2,x_3,v) + g_3(v)u + \psi_3 \end{cases} \tag{9.135}$$

$$\dot{v} = f_v(x_1,x_2,x_3,v) + g_v(x_1,x_2,v)\beta + \psi_v \tag{9.136}$$

式中，$\psi_1 = \Delta f_1(x_1,v) + \Delta g_1(v)x_2$ 表示系统气动参数误差，$\psi_3 = \Delta f_3(x_1,x_2,x_3,v) + \Delta g_3(v)u + d_1$ 表示模型本身不确定项以及外界干扰等不确定项总和，$\psi_v = \Delta f_v + \Delta g_v\beta + d_2$ 为参数不确定性和外界干扰总和。模型中其他符号的表达式以及各个参数的含义同 3.4 节中的定义。

1. 高度控制器设计

高度控制器设计采用非线性增益自适应神经网络递归滑模动态面控制方法，具体设计步骤如下。

步骤 1　定义第一个误差函数和滑模面：

$$\begin{cases} e_1 = x_1 - \gamma_d \\ s_1 = e_1 \end{cases} \tag{9.137}$$

对式 (9.137) 求导并将高超声速飞行器严反馈表达式 (9.135) 代入后可得

$$\dot{s}_1 = \dot{e}_1 = f_1 + g_1 x_2 + \psi_1 - \dot{\gamma}_d \tag{9.138}$$

利用自适应神经网络逼近式 (9.138) 中的不确定项 ψ_1，则式 (9.138) 可转化为

$$\dot{s}_1 = f_1 + g_1 x_2 + \hat{W}_1^{\mathrm{T}} \Phi_1 - \tilde{W}_1^{\mathrm{T}} \Phi_1 + \xi_1 - \dot{\gamma}_d \tag{9.139}$$

结合非线性增益设计虚拟控制律，即

$$\begin{cases} x_{2d} = x_{2d1} + g_1^{-1}\left(-\rho_1 \tanh\left(\dfrac{L_1(s_1)\rho_1}{2\varepsilon}\right) - k_1 L_1(s_1)\right) \\ x_{2d1} = g_1^{-1}\left(-f_1 - \hat{W}_1^{\mathrm{T}}\Phi_1 + \dot{\gamma}_d\right) \end{cases} \tag{9.140}$$

设计自适应律为

$$\dot{\hat{W}}_1 = \Gamma_1(\Phi_1 L_1(s_1) - \sigma_1 \hat{W}_1) \tag{9.141}$$

式 (9.140) 中参数 $k_1 > 0$，神经网络逼近误差 $\rho_1 > 0$。式 (9.141) 中 $\sigma_1 > 0$ 为待设计参数，$\Gamma_1 > 0$ 为自适应增益，在接下来几步设计中 k_i、σ_i、$\Gamma_i (i = 1, 2, 3, 4)$ 与此处意义相同，后面将不再重复说明。

为避免对虚拟控制律求导，采用动态面技术将虚拟控制律通入一阶低通滤波器进行滤波，即

$$\tau_2 \dot{z}_2 + z_2 = x_{2,d}, \quad z_2(0) = x_{2,d}(0) \tag{9.142}$$

式中，τ_2 为时间常数。接下来的设计中 τ_3 也为时间常数，因此后面将不再重复说明。

步骤 2　定义第二个误差函数和滑模面：

$$\begin{cases} e_2 = x_2 - z_2 \\ s_2 = c_1 s_1 + e_2 \end{cases} \tag{9.143}$$

式中，$c_1 > 0$ 为控制量参数。

对式 (9.143) 求导并将式 (9.135) 代入得

$$\dot{s}_2 = c_1 \dot{s}_1 + \dot{e}_2 = c_1 \hat{\dot{s}}_1 + \Delta \dot{s}_2 + x_3 - \dot{z}_2 \tag{9.144}$$

式中，$\hat{\dot{s}}_1 = c_1(x_2 - x_{2d1})$，$\Delta \dot{s}_2 = c_1(\dot{s}_1 - \hat{\dot{s}}_1)$。$\Delta \dot{s}_2$ 为第 1 步中滤波器引起的误差，采

用自适应神经网络进行逼近，即

$$\Delta \dot{s}_2 = \hat{W}_2^{\mathrm{T}} \Phi_2 - \tilde{W}_2^{\mathrm{T}} \Phi_2 + \xi_2 \tag{9.145}$$

将式(9.145)代入式(9.144)可得

$$\dot{s}_2 = c_1 \hat{s}_1 + x_3 + \hat{W}_2^{\mathrm{T}} \Phi_2 - \tilde{W}_2^{\mathrm{T}} \Phi_2 + \xi_2 - \dot{z}_2 \tag{9.146}$$

因此，结合非线性增益可设计如下虚拟控制律：

$$\begin{cases} x_{3d} = x_{3d1} - \rho_2 \tanh\left(\dfrac{L_2(s_2)\rho_2}{2\varepsilon} \right) - k_2 L_2(s_2) - \dfrac{L_1(s_1)}{N_2(s_2)} g_1 \\ x_{3d1} = c_1(x_{2d1} - x_2) - \hat{W}_2^{\mathrm{T}} \Phi_2 + \dot{z}_2 \end{cases} \tag{9.147}$$

自适应神经网络的自适应律为

$$\dot{\hat{W}}_2 = \Gamma_2 \left(\Phi_2 L_2(s_2) - \sigma_2 \hat{W}_2 \right) \tag{9.148}$$

与步骤1类似，为避免对虚拟控制律求导而采用动态面技术，即

$$\tau_3 \dot{z}_3 + z_3 = x_{3,d}, \quad z_3(0) = x_{3,d}(0) \tag{9.149}$$

步骤3　定义第三个误差函数和滑模面：

$$\begin{cases} e_3 = x_3 - z_3 \\ s_3 = c_2 s_2 + e_3 \end{cases} \tag{9.150}$$

对式(9.150)求导并将式(9.135)代入可得

$$\begin{cases} \dot{s}_3 = c_2 \dot{s}_2 + \dot{e}_3 \\ \quad = c_2 \hat{s}_2 + f_3 + g_3 u + \Delta \dot{s}_3 - \dot{z}_3 \\ \Delta \dot{s}_3 = c_2(\dot{s}_2 - \hat{s}_2) + \psi_3, \ \hat{s}_2 = (x_3 - x_{3,d1}) \end{cases} \tag{9.151}$$

式中，$\Delta \dot{s}_3$ 为模型本身的不确定项和滤波器的滤波误差组成的整体不确定项，采用自适应神经网络进行逼近，即

$$\Delta \dot{s}_3 = \hat{W}_2^{\mathrm{T}} \Phi_2 - \tilde{W}_2^{\mathrm{T}} \Phi_2 + \xi_2 \tag{9.152}$$

将式(9.152)代入式(9.151)后可得

$$\dot{s}_3 = c_2 \hat{s}_2 + f_3 + g_3 u + \hat{W}_3^{\mathrm{T}} \Phi_3 - \tilde{W}_3^{\mathrm{T}} \Phi_3 + \xi_3 - \dot{z}_3 \tag{9.153}$$

因此，结合非线性增益函数可设计如下控制律：

$$
\begin{cases}
u = g_3^{-1}\left(u_{d1} - \rho_3 \tanh\left(\dfrac{L_3(s_3)\rho_3}{2\varepsilon}\right) - k_3 L_3(s_3) - c_3 s_3 - \dfrac{L_2(s_2)}{N_3(s_3)}\right) \\
u_{d1} = c_2(x_{2d1} - x_3) - f_3 - \hat{W}_3^{\mathrm{T}}\Phi_3 + \dot{z}_3
\end{cases}
\tag{9.154}
$$

设计自适应律为

$$
\dot{\hat{W}}_3 = \Gamma_3\left(\Phi_3 L_3(s_3) - \sigma_3 \hat{W}_3\right)
\tag{9.155}
$$

注 9.9　从式(9.140)、式(9.147)和式(9.154)可以看出，在控制器每步设计中引入了非线性增益函数，有效改善控制增益和控制精度之间的矛盾。

注 9.10　在设计虚拟控制律和控制律过程中，如式(9.143)和式(9.150)采用递归滑模的方式对上一步产生的误差进行削弱。

注 9.11　如式(9.145)和式(9.152)神经网络逼近过程中不像传统的神经网络只逼近不确定项，而是逼近递归整体项，进一步减小了神经网络的逼近误差。

2. 速度控制器设计

定义速度误差和速度滑模面：

$$
\begin{cases}
e_v = v - v_d \\
s_v = e_v
\end{cases}
\tag{9.156}
$$

对式(9.156)求导并将速度严反馈表达式(9.136)代入并用自适应神经网络逼近系统中的不确定项，即

$$
\begin{aligned}
\dot{s}_v &= f_4 + g_4\beta + \psi_v - \dot{v}_d \\
&= f_4 + g_4\beta + \hat{W}_4^{\mathrm{T}}\Phi_4 - \tilde{W}_4^{\mathrm{T}}\Phi_4 + \xi_4 - \dot{v}_d
\end{aligned}
\tag{9.157}
$$

在式(9.157)基础上结合发动机模型式(3.30)设计速度控制律，即

$$
\begin{cases}
\beta_c = w_n^{-2}(\ddot{\beta} + 2\xi\omega_n\dot{\beta} + w_n^2\beta) \\
\beta = g_4^{-1}\left(\beta_{d1} - \rho_4 \tanh\left(\dfrac{L_4(s_v)\rho_4}{2\varepsilon}\right) - k_4 s_v\right) \\
\beta_{d1} = -f_4 - \hat{W}_4^{\mathrm{T}}\Phi_4 + \dot{v}_d
\end{cases}
\tag{9.158}
$$

设计自适应律为

$$
\dot{\hat{W}}_4 = \Gamma_4\left(\Phi_4 L_4(s_v) - \sigma_4 \hat{W}_4\right)
\tag{9.159}
$$

9.6.3　纵向控制系统稳定性分析

1. 高度子系统稳定性分析

本节依然采取 Lyapunov 稳定性定理,对所设计的高超声速飞行器纵向飞行控制系统进行稳定性分析,并分别对高度和速度子系统稳定性进行证明。

定理 9.3　对于高超声速飞行器纵向模型式(9.135),且满足假设 3.6~假设 3.9,采用本节所设计的控制律式(9.140)、式(9.147)、式(9.158)和自适应律式(9.141)、式(9.148)和式(9.159)构成的闭环系统,如若初始状态有界,则存在参数 $\tau_i\ (i=2,3)$、c_i、k_i、Γ_i、$\sigma_i\ (i=1,2,3)$、$\varepsilon>0$ 使得闭环系统所有状态半全局一致终结有界。

证明　构造高度子系统 Lyapunov 函数:

$$V = \sum_{i=1}^{3} V_i \tag{9.160}$$

对式(9.160)求导得

$$\dot{V} = \sum_{i=1}^{3} \dot{V}_i \tag{9.161}$$

构造 Lyapunov 函数 V_1,即

$$V_1 = \frac{1}{2}F_1(s_1)s_1 + \frac{1}{2}\tilde{W}_1^{\mathrm{T}}\Gamma_1^{-1}\tilde{W}_1 \tag{9.162}$$

对式(9.162)求导并将式(9.139)和非线性函数导数式(9.132)代入,可得

$$\begin{aligned}\dot{V}_1 &= L_1(s_1)\dot{s}_1 + \tilde{W}_1^{\mathrm{T}}\Gamma_1^{-1}\dot{\tilde{W}}_1 \\ &= L_1(s_1)(f_1 + g_1x_2 + \hat{W}_1^{\mathrm{T}}\Phi_1 - \tilde{W}_1^{\mathrm{T}}\Phi_1 + \xi_1 - \dot{\gamma}_d) + \tilde{W}_1^{\mathrm{T}}\Gamma_1^{-1}\dot{\hat{W}}_1\end{aligned} \tag{9.163}$$

参考前述章节中针对自适应神经网络权值的分析以及将自适应律代入后进行缩放的结果,即

$$\tilde{W}_i^{\mathrm{T}}\hat{W}_i \geqslant \frac{1}{2}\left|\tilde{W}_i\right|^2 - \frac{1}{2}\left|W_i^*\right|^2 \tag{9.164}$$

将式(9.163)结合式(9.142)和式(9.143),化简后再结合式(9.164)并将虚拟控制律式(9.140)和自适应律式(9.141)代入后可得

$$\dot{V}_1 = L_1(s_1)\Big[f_1 + g_1(s_2 - c_1 s_1 + x_{2d} - \tau_2 \dot{z}_2) + \hat{W}_1^{\mathrm{T}} \Phi_1$$
$$-\tilde{W}_1^{\mathrm{T}} \Phi_1 + \xi_1 - \dot{\gamma}_d \Big] + \tilde{W}_1^{\mathrm{T}} \Gamma_1^{-1} \dot{\hat{W}}_1$$
$$\leqslant -c_1 g_1 L_1(s_1) s_1 - k_1 L_1^2(s_1) + L_1(s_1) g_1 s_2 - \tau_2 g_1 L_1(s_1) \dot{z}_2$$
$$+\frac{\varepsilon}{2} - \frac{\sigma_1}{2\lambda_{\max}(\Gamma_1^{-1})} \tilde{W}_1^{\mathrm{T}} \Gamma_1^{-1} \tilde{W}_1 + \frac{\sigma_1}{2}\big|W_1^*\big|^2 \tag{9.165}$$

构造 Lyapunov 函数 V_2，即

$$V_2 = \frac{1}{2} F_2(s_2) s_2 + \frac{1}{2} \tilde{W}_2^{\mathrm{T}} \Gamma_2^{-1} \tilde{W}_2 + \frac{1}{2} y_2^2 \tag{9.166}$$

本节对于滤波误差的定义仍然采取前述章节中的定义方式，因此容易得出

$$\dot{y}_i y_i \leqslant -\frac{y_i^2}{\tau_i} + |y_i| \zeta_i \leqslant -\left(\frac{1}{\tau_i} - \frac{1}{2}\right) y_i^2 + \frac{1}{2} \zeta_i^2, \quad i = 2,3 \tag{9.167}$$

对式 (9.166) 求导并将虚拟控制律式 (9.147) 和自适应律式 (9.148) 代入，并利用杨氏不等式进行缩放可得

$$\dot{V}_2 = L_2(s_2)(c_1 \dot{\hat{s}}_1 + s_3 - c_2 s_2 + x_{3d} + \hat{W}_2^{\mathrm{T}} \Phi_2 - \tilde{W}_2^{\mathrm{T}} \Phi_2 + \xi_2 - \dot{z}_2)$$
$$+ \tilde{W}_2^{\mathrm{T}} \Gamma_2^{-1} \dot{\hat{W}}_2 + \dot{y}_2 y_2$$
$$\leqslant -c_2 L_2(s_2) s_2 - k_2 L_2^2(s_2) + L_2(s_2) s_3 - L_1(s_1) g_1 s_2 - \tau_3 L_2(s_2) \dot{z}_3 + \frac{\varepsilon}{2} \tag{9.168}$$
$$- \frac{\sigma_2}{2\lambda_{\max}(\Gamma_2^{-1})} \tilde{W}_2^{\mathrm{T}} \Gamma_2^{-1} \tilde{W}_2 + \frac{\sigma_2}{2}|W_2^*|^2 - \left(\frac{1}{\tau_2} - \frac{1}{2}\right) y_2^2 + \frac{1}{2} \zeta_2^2$$

同样构造 Lyapunov 函数 V_3，即

$$V_3 = \frac{1}{2} F_3(s_3) s_3 + \frac{1}{2} \tilde{W}_3^{\mathrm{T}} \Gamma_3^{-1} \tilde{W}_3 + \frac{1}{2} y_3^2 \tag{9.169}$$

类似步骤 2 可以得出缩放后的 $\dot{V}_3$，即

$$\dot{V}_3 \leqslant -c_3 L_3(s_3) s_3 - k_3 L_3^2(s_3) - L_2(s_2) s_3 + \frac{\varepsilon}{2} \tag{9.170}$$
$$- \frac{\sigma_3}{2\lambda_{\max}(\Gamma_3^{-1})} \tilde{W}_3^{\mathrm{T}} \Gamma_3^{-1} \tilde{W}_3 + \frac{\sigma_3}{2}|W_3^*|^2 - \left(\frac{1}{\tau_3} - \frac{1}{2}\right) y_3^2 + \frac{1}{2} \zeta_3^2$$

因此，将式 (9.165)、式 (9.168) 和式 (9.170) 代入式 (9.161) 可得

$$\dot{V} \leqslant -c_1 g_1 L_1(s_1) s_1 - c_2 L_2(s_2) s_2 - c_3 L_3(s_3) s_3$$

$$-\sum_{i=1}^{3} k_i L_i^2(s_i) + \sum_{i=1}^{3} \frac{\sigma_i}{2\lambda_{\max}(\Gamma_i^{-1})} \tilde{W}_i^{\mathrm{T}} \Gamma_i^{-1} \tilde{W}_i + \sum_{i=1}^{3} \frac{\sigma_i}{2} |W_i^*|^2 \qquad (9.171)$$

$$+ \frac{3\varepsilon}{2} + g_m L_1(s_1) y_2 + L_2(s_2) y_3 - \sum_{i=2}^{3} \left(\frac{1}{\tau_i} - \frac{1}{2} \right) y_i^2 + \sum_{i=2}^{3} \frac{\zeta_i^2}{2}$$

取 $\dfrac{1}{\tau_2} \geqslant \dfrac{1}{2}(1 + g_m^2) + \alpha_0$ ，$\dfrac{1}{\tau_3} \geqslant 1 + \alpha_0$ ，$g_m c_1 > 2\alpha_0$ ，$c_2, c_3 > 2\alpha_0$ ，$k_1, k_2 \geqslant \dfrac{1}{2}$ ，

$k_3 > 0$ ，结合式（9.133）并利用杨氏不等式进行缩放：

$$\dot{V} \leqslant -\sum_{i=1}^{3} \frac{\sigma_i}{2\lambda_{\max}(\Gamma_i^{-1})} \tilde{W}_i^{\mathrm{T}} \Gamma_i^{-1} \tilde{W}_i - a_0 \sum_{i=2}^{3} y_i^2$$

$$-a_0 \sum_{i=1}^{3} s_i F_i(s_i) + \sum_{i=1}^{3} \frac{\sigma_i}{2} |W_i^*|^2 + \sum_{i=2}^{3} \frac{\zeta_i^2}{2} + \frac{3\varepsilon}{2} \qquad (9.172)$$

定义紧集：

$$\Omega_i = \left\{ (s_1, s_2, s_3, y_2, y_3, \tilde{W}_1, \tilde{W}_2, \tilde{W}_3) \,\Big|\, \sum_{j=1}^{i} (F_j(s_j) s_j + \tilde{W}_i^{\mathrm{T}} \Gamma_i^{-1} \tilde{W}_i) + \sum_{j=2}^{i} y_j^2 \leqslant 2p \right\}, \quad i = 1,2,3$$

$$(9.173)$$

式中，$p \geqslant 0$。

根据假设 3.9 可知参考信号构成的集合 Ω_1 为紧集，因此 $\Omega_1 \times \Omega_i$（$i=1,2,3$）仍是紧集，则存在正常数 M_i 使得 $|\zeta_i| \leqslant M_i (i=2,3)$。

令 $\mu = \min\limits_{1 \leqslant i \leqslant 3} \left\{ a_0, \dfrac{\sigma_i}{2\lambda_{\max}(\Gamma_i^{-1})} \right\}$，$C = \dfrac{3\varepsilon}{2} + \sum\limits_{i=2}^{3} \dfrac{M_i^2}{2} + \sum\limits_{i=1}^{3} \dfrac{\sigma_i}{2} |W_i^*|^2$，则式（9.172）可以简化成

$$\dot{V} \leqslant -2\mu V + C \qquad (9.174)$$

由式（9.174）可以发现通过参数设置能够使得 $\mu > C/(2p)$，此时若 $V \geqslant p$ 则 $\dot{V} < 0$，因此 $V \leqslant p$ 是一个不变集，即对 $\forall t > 0$ 如果 $V(0) \leqslant p$，则 $V(t) \leqslant p$。综上所述，通过参数设置我们可以使得跟踪误差最终收敛到半径为 $C/(2\mu)$ 的球域内，且球域大小可以根据参数进行设定。因此，闭环系统所有状态半全局一致终结有界并且状态误差能够收敛到任意小的邻域内。

2. 速度子系统稳定性分析

构造速度 Lyapunov 函数 V_4，即

$$V_4 = \frac{1}{2}F_4(s_v)s_v + \frac{1}{2}\tilde{W}_4^{\mathrm{T}}\varGamma_4^{-1}\tilde{W}_4 \tag{9.175}$$

对式(9.175)求导并将式(9.157)代入后可得

$$\dot{V}_4 = L_4(s_v)\left(f_4 + g_4\beta + \hat{W}_4^{\mathrm{T}}\varPhi_4 - \tilde{W}_4^{\mathrm{T}}\varPhi_4 + \xi_4 - \dot{v}_d\right) + \tilde{W}_4^{\mathrm{T}}\varGamma_4^{-1}\dot{\hat{W}}_4 \tag{9.176}$$

将速度控制律式(9.158)以及速度自适应律式(9.159)代入式(9.176)并利用杨氏不等式进行缩放，即

$$\dot{V}_4 \leqslant -\frac{\sigma_4}{2\varGamma_4^{-1}}\tilde{W}_4^{\mathrm{T}}\varGamma_4^{-1}\tilde{W}_4 - c_4 s_4 F_4(s_4) + \frac{\sigma_4}{2}\left|W_4^*\right|^2 \tag{9.177}$$

设计参数 $\mu = \min\left\{c_4, \dfrac{\sigma_4}{2\varGamma_4^{-1}}\right\}$，$C = \dfrac{\sigma_4}{2}\left|W_4^*\right|^2$，因此，式(9.177)可以转化成

$$\dot{V}_4 \leqslant -2\mu V_4 + C \tag{9.178}$$

类似于高度证明，结合定理9.3和式(9.178)可以看出，速度子系统也是稳定的，且跟踪误差同样能够收敛到一个较小的邻域内，因此，速度子系统的闭环系统所有状态半全局一致终结有界。

9.6.4 巡航飞行控制仿真验证

在9.6.1节中，针对存在不确定性的高超声速飞行器纵向模型，设计了基于非线性增益的自适应神经网络递归滑模动态面控制器，为验证方法的有效性，本节将由飞行控制系统和飞机本体模型构成的闭环系统进行数值仿真。

在本节仿真过程中飞行器的初始状态[20]选取为 $H_0 = 33528\mathrm{m}$，$v_0 = 4590.3\mathrm{m/s}$，$\alpha_0 = 1.8048°$，γ、q 等其他状态均置零。此外高超声速飞行器的不确定性[20]选取为 $|\Delta m| \leqslant 0.03$，$|\Delta I| \leqslant 0.02$，$|\Delta S| \leqslant 0.01$，$|\Delta \bar{c}| \leqslant 0.01$，$|\Delta \rho| \leqslant 0.06$，$|\Delta c_e| \leqslant 0.03$，$|d_1| \leqslant 0.01$，$|d_2| \leqslant 0.01$。

为突出本节方法的优越性，我们针对两组不同的控制增益和自适应增益进行仿真，即首先对较小的控制增益和自适应增益进行仿真，然后对较大的控制增益和自适应增益进行仿真。

控制器参数设计：在较小控制增益和自适应增益时参数取值为 $k_1 = 4$，$k_2 = 4$，$k_3 = 2$，$k_4 = 4$，$\tau_2 = \tau_3 = 0.01$，$k_p = 1$，$\varGamma_1 = \varGamma_2 = \varGamma_3 = \varGamma_4 = \mathrm{diag}\{5\}$，神经网络节点均选为 $n = 10$，中心值 ζ_i 在区间 $[-2,2]$ 均匀取值，$\eta_i = 0.1$，$\sigma_i = 10^{-3}$，本节其他参数 $a_1 = a_2 = a_3 = 0.5$，$b_1 = b_2 = b_3 = 1$，$\delta_1 = \delta_2 = \delta_3 = 10^{-9}$，$c_1 = 1$，$c_2 = 2$，

$c_3 = 2$，仿真结果如图 9.9 和图 9.10 所示。同样在较大控制增益和自适应增益时参数选取为 $k_1 = 40$，$k_2 = 40$，$\Gamma_1 = \Gamma_2 = \Gamma_3 = \mathrm{diag}\{100\}$。其他参数保持不变，仿真结果如图 9.11 和图 9.12 所示。

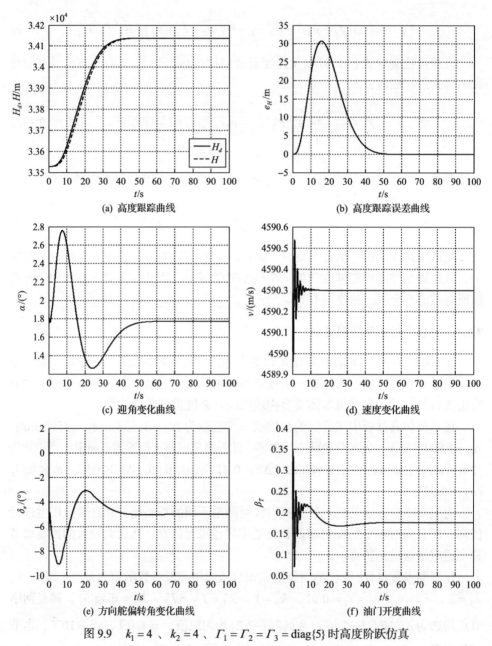

(a) 高度跟踪曲线

(b) 高度跟踪误差曲线

(c) 迎角变化曲线

(d) 速度变化曲线

(e) 方向舵偏转角变化曲线

(f) 油门开度曲线

图 9.9　$k_1 = 4$、$k_2 = 4$、$\Gamma_1 = \Gamma_2 = \Gamma_3 = \mathrm{diag}\{5\}$ 时高度阶跃仿真

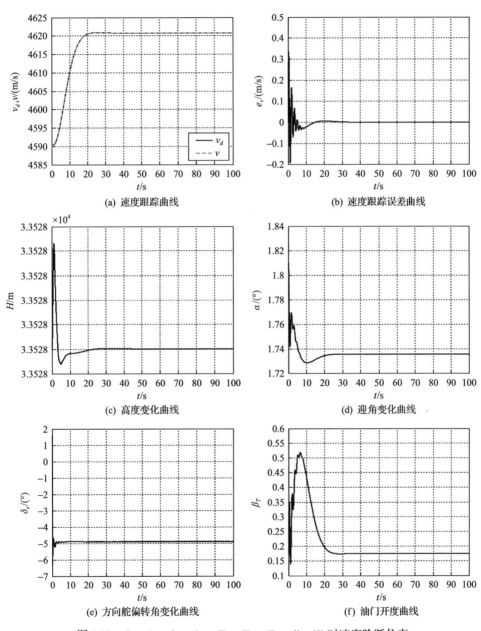

(a) 速度跟踪曲线

(b) 速度跟踪误差曲线

(c) 高度变化曲线

(d) 迎角变化曲线

(e) 方向舵偏转角变化曲线

(f) 油门开度曲线

图 9.10　$k_1 = 4$ 、$k_2 = 4$ 、$\Gamma_1 = \Gamma_2 = \Gamma_3 = \mathrm{diag}\{5\}$ 时速度阶跃仿真

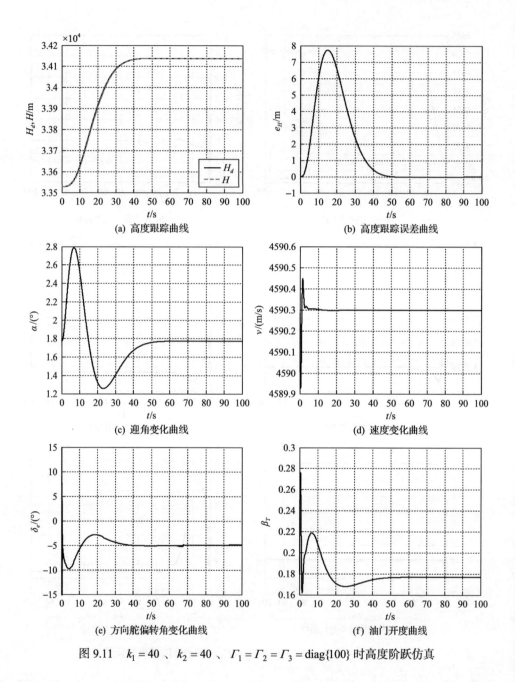

(a) 高度跟踪曲线　　　　　　　　　　(b) 高度跟踪误差曲线

(c) 迎角变化曲线　　　　　　　　　　(d) 速度变化曲线

(e) 方向舵偏转角变化曲线　　　　　　(f) 油门开度曲线

图 9.11　$k_1 = 40$、$k_2 = 40$、$\Gamma_1 = \Gamma_2 = \Gamma_3 = \mathrm{diag}\{100\}$ 时高度阶跃仿真

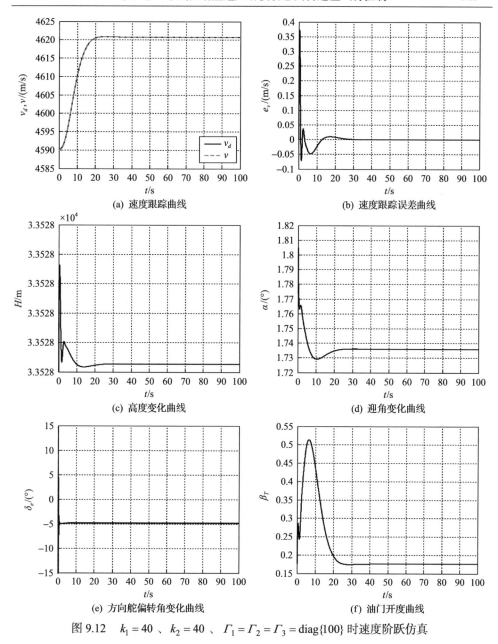

(a) 速度跟踪曲线　　　(b) 速度跟踪误差曲线

(c) 高度变化曲线　　　(d) 迎角变化曲线

(e) 方向舵偏转角变化曲线　　　(f) 油门开度曲线

图 9.12　$k_1 = 40$、$k_2 = 40$、$\Gamma_1 = \Gamma_2 = \Gamma_3 = \mathrm{diag}\{100\}$ 时速度阶跃仿真

对小增益参数构成的闭环系统进行高度阶跃仿真。高度指令从 $H_0 = 33528\,\mathrm{m}$ 升高到 $H_d = 34138\,\mathrm{m}$，在此过程中速度指令保持在 $v = 4590.3\,\mathrm{m/s}$，具体仿真结果如图 9.9 所示。

对小增益参数构成的闭环系统进行速度阶跃仿真。速度指令从 $v_0 = 4590.3\,\mathrm{m/s}$ 变化到 $v_d = 4620.8\,\mathrm{m/s}$。在此过程中高度指令保持在 $H = 33528\,\mathrm{m}$ 始终不变，仿真结果如图 9.10 所示。

通过仿真图 9.9 和图 9.10 不难发现在较小增益(包括控制增益 k 和自适应增益 Γ 均较小)条件下，本节所设计控制器在高超声速飞行器存在不确定的情况下能够较好地跟踪上已知指令，具有较强的鲁棒性。通过图 9.9(a)、(b)可以看出，在相同条件下的高度阶跃仿真中，本节所设计控制方法具有较小的跟踪误差且过渡过程有所提高。此外，通过图 9.9(d)可以看出，在高度阶跃情况下速度响应在 14s 左右就已经达到稳态。通过速度阶跃仿真图 9.10(c)可以看出，本节所设计的控制器在速度阶跃条件下高度响应在 20s 已经趋于稳态值。综上所述，在小增益条件下本节所设计控制方法具有较好的动态过程。为继续提高系统的跟踪精度我们将采取提高控制器控制增益和自适应增益的方式，具体仿真结果如图 9.11 和图 9.12 所示。

当参数采取较大控制增益和较大自适应增益，即 $k_1 = 40$，$k_2 = 40$，$\Gamma_1 = \Gamma_2 = \Gamma_3 = \text{diag}\{100\}$，同样对闭环系统进行高度阶跃仿真。高度指令依然从 $H_0 = 33528\text{m}$ 升高到 $H_d = 34138\text{m}$，速度指令保持在 $v = 4590.3\text{m/s}$，仿真结果如图 9.11 所示。

速度阶跃响应采用和高度阶跃相同的较大控制增益和较大自适应增益 $k_1 = 40$，$k_2 = 40$，$\Gamma_1 = \Gamma_2 = \Gamma_3 = \text{diag}\{100\}$ 进行仿真，为方便和小增益时对比，速度阶跃信号同样采用从 $V_0 = 4590.3\text{m/s}$ 变化到 $v_d = 4620.8\text{m/s}$，而高度指令信号保持在 $H = 33528\text{m}$ 不变，具体仿真如图 9.12 所示。

当控制增益和自适应增益分别取 $k_1 = 40$、$k_2 = 40$、$\Gamma_1 = \Gamma_2 = \Gamma_3 = \text{diag}\{100\}$ 时，响应曲线在大增益参数下仍然能够实现稳定跟踪，因此，本节所设计的控制器使系统不仅具有良好的跟踪性能，也提高了参数的适应度。

(1)高度阶跃下的仿真对比。通过大增益条件下的高度跟踪曲线(图 9.11(a)和(b))与小增益条件下的高度跟踪曲线(图 9.9(a)和(b))对比可以看出，在大增益条件下系统的跟踪误差明显较小。在小增益高度阶跃仿真图 9.9(d)中速度的变化曲线抖动较为强烈且在 15s 左右达到稳态值，而在大增益条件下速度变化曲线如图 9.11(d)所示，通过仿真图可以看出，在大增益条件下速度曲线的抖动较为平缓，在 11s 左右已经达到稳态值且误差相对较小。

(2)速度阶跃下的仿真对比。通过小增益条件下速度跟踪以及误差曲线(图 9.10(a)和(b))可以看出，速度跟踪过程中跟踪曲线抖动较为剧烈，且在 33s 左右才达到稳定，而从大增益条件下的速度跟踪曲线和误差曲线(图 9.12(a)和(b))可以看出，在大增益条件下速度跟踪曲线的抖动相对较小且在 28s 左右达到稳态。其次，在小增益和大增益条件下，高度仿真曲线采用相同的比例尺，从图 9.10(c)和图 9.12(c)可以看出，大增益条件下的高度误差相对较小，且在 8s 左右已经达到稳态值，而小增益条件下在 20s 后才趋于稳定。

9.7 本 章 小 结

本章针对传统动态面控制方法中系统控制精度和动态性能之间难以协调的矛盾,在第8章递归滑模动态面自适应飞行控制方法的基础上引入非线性增益,提出了两种非线性增益递归滑模动态面飞行控制方法。首先,利用神经网络在线逼近系统不确定性,提出了一种非线性增益自适应神经网络递归滑模动态面飞行控制方法。该方法通过引入一个新的非线性增益函数,设计递归滑模动态面的控制策略并构造新的 Lyapunov 函数,有效解决了传统动态面控制方法中系统控制精度和动态性能之间的矛盾,能够避免由控制增益过大而引起的输入饱和约束,同时该方法大大增强了控制系统对自身参数摄动的非脆弱性。接着,考虑神经网络自适应方法计算负担重、传统动态面控制方法存在稳态跟踪误差的问题,提出了一种积分型非线性增益递归滑模动态面飞行控制方法,并将该方法成功应用于无人机航迹倾斜角的跟踪控制问题。本章在引入非线性增益的同时证明了整个系统的半全局一致有界性,为非线性增益在实际工程中的应用提供了理论依据。有趣的是,递归滑模动态面控制方法恰好能够解决传统动态面控制方法在引入非线性增益函数后无法得到系统半全局一致稳定性证明的难题。这在一定程度上说明了递归滑模动态面控制方法的合理性。

在理论研究的基础上,本章针对存在参数不确定性以及非线性干扰的高超声速飞行器,设计了基于非线性增益的高超声速飞行器自适应神经网络动态面滑模控制器。该方法通过神经网络逼近未知非线性函数,利用递归滑模解决动态面控制中滤波器时间常数变化导致的控制性能下降问题;同时设计非线性增益函数,解决了控制增益与动态品质之间的矛盾,改善了神经网络自适应增益的适应度问题,使得飞行器在巡航过程中能够更加精准地实现对指令信号的跟踪。仿真结果表明,所设计的控制器能够有效克服参数不确定等因素带来的干扰,提高了系统的鲁棒性,使高超声速飞行器以较高的控制精度稳定飞行。由于控制器相对设计简单、易于实现,具有一定的工程实用价值。

参 考 文 献

[1] Polycarpou M M, Ioannou P A. A robust adaptive nonlinear control design[J]. Automatica, 1996, 32(3): 423-427.

[2] Wen C Y, Zhou J, Liu Z T, et al. Robust adaptive control of uncertain nonlinear systems in the presence of input saturation and external disturbance[J]. IEEE Transactions on Automatic Control, 2011, 56(7): 1672-1678.

[3] Wang D, Huang J. Neural network-based adaptive dynamic surface control for a class of

uncertain nonlinear systems in strict-feedback form[J]. IEEE Transactions on Neural Networks, 2005, 16(1): 195-202.

[4] Swaroop D, Hedrick J K, Yip P P, et al. Dynamic surface control for a class of nonlinear systems [J]. IEEE Transactions on Automatic Control, 2000, 45(10): 1893-1899.

[5] 王会, 李绍燕, 陈宗基. 基于 μ 综合方法的运输机纵向自动着陆控制律[J]. 北京航空航天大学学报, 2003, 29(12): 1059-1063.

[6] 吴成富, 冯乐, 隋丹, 等. 模型预测控制算法在飞机自动着陆控制系统中的应用[J]. 西北工业大学学报, 2004, 22(2): 140-144.

[7] Niewoehner R J, Kaminer I. Design of an autoland controller for an F-14 aircraft using H-infinity synthesis[J]. Journal of Guidance, Control and Dynamics, 1996, 19(3): 656-663.

[8] Shyh S P, Agarwal R K. Design of automatic landing systems using mixed H_2/H_∞ control[J]. Journal of Guidance, Control and Dynamics, 1999, 22(1): 103-114.

[9] Huang X Y, Wang Q, Wang Y L, et al. Adaptive augmentation of gain-scheduled controller for aerospace vehicles[J]. Journal of Systems Engineering and Electronics, 2013, 24(2): 272-280.

[10] 李玮, 王青, 董朝阳. 基于切换多胞的飞行器变增益输出反馈控制[J]. 北京航空航天大学学报, 2013, 39(8): 1106-1110.

[11] Rizwan Y, Waslander S L, Nielsen C. Nonlinear aircraft modeling and controller design for target tracking[C]. Proceedings of the American Control Conference, San Francisco, 2011: 3191-3196.

[12] 车军, 张新国. 自动着陆精确轨迹跟踪控制[J]. 北京航空航天大学学报, 2005, (31)9: 975-979.

[13] 韩英华, 范彦铭. 基于非线性动态逆的无人机自动着陆控制系统[J]. 航空学报, 2008, 29: s66-s71.

[14] Xiong H, Yi J Q, Fan G L, et al. Anti-crosswind autolanding of UAVs based on active disturbance rejection control[C]. Proceedings of the AIAA Guidance, Navigation, and Control Conference, Toronto, 2010: 1-8.

[15] Luo Y, Yoo H Y, Ishihara A. Adaptive backstepping design for a longitudinal UAV model utilizing a fully tuned growing radial basis function network[C]. Proceedings of the Infotech@Aerospace 2011, St. Louis, 2011: 1-23.

[16] 陈伟, 卢京潮, 袁燎原, 等. 基于高增益观测器的航迹角自适应反步控制[J]. 北京航空航天大学学报, 2013, 39(10): 1414-1420.

[17] Campa G, Gu Y, Seanor B, et al. Design and flight-testing of non-linear formation control laws[J]. Control Engineering Practice, 2007, 15(9): 1077-1092.

[18] Matsutani M, Annaswamy A, Crespo L. Adaptive control in the presence of rate saturation with application to a transport aircraft model[C]. Proceedings of the AIAA Guidance, Navigation,

and Control Conference, Toronto, 2010: 1-15.

[19] Richard S R. Non-linear F-16 simulation using simulink and MATLAB (Version 1.0) [R]. Saint Paul: University of Minnesota, 2003.

[20] Xu H J, Mirmirani M D, Ioannou P A. Adaptive sliding mode control design for a hypersonic flight vehicle[J]. Journal of Guidance, Control and Dynamics, 2004, 27 (5) : 829-838.

第10章　有限时间动态面自适应飞行控制

10.1　引　言

　　针对高超声速飞行器巡航飞行控制问题，早期的工作研究了诸多线性反馈控制方法，之后提出了滑模控制[1,2]、自适应反推控制[3-5]和容错控制[6,7]等非线性控制方法。近年来，研究重点逐步从一般的控制器设计转向解决实际场景或者满足具体要求的飞行控制器设计问题。为了处理高超声速飞行器模型中的复杂不确定性，要求控制器具有鲁棒性。针对这一问题，一系列的自适应控制方法被提出。其中，基于神经网络[4,8,9]或者模糊逻辑系统[10-12]通用逼近器的智能控制方法被广泛研究，用以解决模型动态完全未知时的高超声速飞行器非线性控制问题。进一步，基于扰动观测器的自适应控制算法被用于处理未知系统的不确定性[13-15]。

　　除了要求控制系统的鲁棒性外，良好的跟踪性能也是高超声速飞行器设计的主要目标，而收敛速度和收敛精度是评价跟踪性能优劣的两大重要指标。为了提高高超声速飞行器的收敛速度，文献[16]研究了一类具有模型参数不确定、外部扰动和输入饱和条件下高超声速飞行器的有限时间跟踪控制问题。通过引入双曲正切函数和辅助系统设计了一种抗饱和快速自适应终端滑模控制器，不仅能满足执行器的物理限制要求，也保证了系统是有限时间稳定的。文献[17]研究了具有系统摄动和执行器故障的柔性高超声速飞行器的跟踪控制问题，提出了一种新的用于高阶高度回环的有限时间指令滤波反推控制方法。然而，有限时间控制中的稳定时间依赖于系统的初始条件，因此限制了实际的应用范围。为了克服这一限制，文献[18]提出了一种改进的鲁棒固定时间滑模控制方法，其中的控制器由新型快速固定时间积分滑模面、连续固定时间类超扭转趋近律和一致收敛观测器组成，解决了高超声速飞行器存在执行器故障的问题。文献[19]针对高超声速飞行器在多源不确定性和执行器故障下的跟踪控制问题，设计了结合非奇异快速终端滑模控制器和实际固定时间反推控制器的复合固定时间控制方法。此外，考虑到飞行的安全性，通常要求高超声速飞行器的状态量满足物理约束。文献[20]考虑超燃冲压发动机对攻角的约束，基于障碍 Lyapunov 函数研究了高超声速飞行器的复合容错控制问题。不仅如此，文献[21]针对具有参数不确定性的柔性高超声速飞行器的纵向动力学模型，提出了一种未知准确初始误差的预定性能神经网络控制器。

　　虽然上述显著的研究工作使高超声速飞行控制器更加贴合实际应用需求，但在以下几个方面仍然存在改进的空间：①当前控制方法大部分是关于有限时间或者固定时间控制的，在具体飞行任务中要求在预先设定的时间内达到稳定的研究成果较少。②对于大多数现有的解决状态受限的控制方法，都需要初始跟踪条件的先验知识，即初始跟踪误差必须满足某些预先设定的范围。③当高超声速飞行器的动态方程未知时，对于已建立的有限时间和固定时间控制算法，跟踪误差只能保证收敛到一个未知的残差集内，而不能保证收敛到预先设定的范围。因此，在初始跟踪条件完全未知的情况下，如何设计令人满意的控制器，来保证跟踪误差在预定时间内渐近收敛到预定范围值得深入研究。此外，由于外部环境是复杂多变的，如果不考虑执行机构的故障也可能无法保证飞行器的准确跟踪。

　　基于以上分析，本章首先就一类非线性严反馈系统，提出一种全新的扰动观测器设计思路，并基于新型扰动观测器提出一类广义非线性严反馈系统的有限时间动态面跟踪控制方法。然后应用所提出的有限时间动态面跟踪控制方法，就具有执行器故障的高超声速飞行器巡航飞行控制，提出一种具有可预设收敛时间和跟踪误差的自适应渐近跟踪控制方法，有效解决初始误差先验知识未知的限制，同时满足实际场景的特定需要。

10.2　基于新型扰动观测器的非线性系统有限时间动态面跟踪控制

　　本节就一类非线性严反馈系统，提出一种全新的扰动观测器设计思路，用以消除典型的无界且非光滑的复合扰动带来的不利影响。结合所设计的扰动观测器，提出一类广义非线性严反馈系统的有限时间跟踪控制方法。

　　本节所提控制方法的创新点归纳为：①与现有的大多数控制方法不同，取消了复合扰动项必须是有界、可微或慢时变的严格的限制性假设条件，反之扰动项可能是无界、不可微或快时变的。②将一阶滑模微分器与改进的动态面控制技术相结合，构造了不包含扰动项的误差估计，在此基础上设计了一种新型扰动观测器，同时在自适应控制律中考虑了相应的鲁棒补偿器。③考虑到在控制设计过程中无法精确获得复合扰动的先验知识，无须借助模糊逻辑系统或神经网络技术，也可以实现闭环系统的稳定性和鲁棒性。

10.2.1　问题描述和基本假设

　　考虑如下一类非线性严反馈系统：

$$\begin{cases} \dot{\chi}_i = f_i(\overline{\chi}_i, t) + g_i(\overline{\chi}_i, t)\chi_{i+1} + \delta_i(\overline{\chi}_i, t) \\ \dot{\chi}_n = f_n(\chi, t) + g_n(\chi, t)u + \delta_n(\chi, t) \\ y = \chi_1 \end{cases} \tag{10.1}$$

式中，$\bar{\chi}_i = [\chi_1, \chi_2, \cdots, \chi_i]^T \in \mathbf{R}^i$ 和 $\chi = [\chi_1, \chi_2, \cdots, \chi_n]^T \in \mathbf{R}^n$ 分别表示可量测的系统状态向量；$u \in \mathbf{R}$ 和 $y \in \mathbf{R}$ 分别表示系统输入和输出；$f_i(\bar{\chi}_i, t)$ $(i = 1, 2, \cdots, n)$ 表示已知可微的非线性系统函数；$g_i(\bar{\chi}_i, t)$ 表示已知可微的控制增益函数；特别地，连续函数 $\delta_i(t) = \Delta f_i(\bar{\chi}_i, t) + \Delta g_i(\bar{\chi}_i, t)\chi_{i+1} + d_i(t)$ 表示系统的复合扰动项，其中 $\Delta f_i(\bar{\chi}_i, t)$ 表示非线性系统函数的未知不确定部分，$\Delta g_i(\bar{\chi}_i, t)$ 表示控制增益函数的未知不确定部分，$d_i(t)$ 表示外部扰动和系统不确定性。

控制目标 对于系统 (10.1)，设计一种新型扰动观测器，并基于此设计有限时间跟踪控制方法，使得系统输出 y 能够跟踪期望的轨迹 y_d，并且通过适当选择设计参数，跟踪误差可以在有限时间内收敛到原点的邻域内。

假设 10.1[22] 期望的轨迹 y_d 是足够光滑的，其 n 阶导数 $\dot{y}_d$ 和 $\ddot{y}_d$ 是有界的且满足条件 $\Omega_0 := \left\{ [y_d, \dot{y}_d, \ddot{y}_d]^T \,\middle|\, y_d^2 + \dot{y}_d^2 + \ddot{y}_d^2 \leqslant B_0 \right\}$，其中 B_0 是一个正常数。

假设 10.2[23] 对于已知的控制增益函数 $g_i(\bar{\chi}_i)$，存在未知的正常数 g_m 和 g_M 满足 $0 < g_m \leqslant g_i(\bar{\chi}_i) \leqslant g_M$。

注 10.1 值得注意的是，在现有的控制方法中，大多数都存在扰动项 $\delta_i(t)$ $(i = 1, 2, \cdots, n)$ 满足 $|\delta_i(t)| \leqslant \delta_0^*$ 或者 $|\dot{\delta}_i(t)| \leqslant \delta_1^*$，其中 δ_0^* 和 δ_1^* 为未知正常数的假设条件。然而，由于未建模的动态不确定性和系统不确定性，扰动项可能是无界的，而且在实际系统中也可能难以获得扰动项 $\delta_i(t)$ 的先验知识。如果不考虑这些因素，系统性能将会严重下降，甚至导致不稳定。因此，该方法旨在消除这些限制性假设条件，扩大扰动观测器的应用范围。

定理 10.1[24] 令 $S(Z)$ 为定义在紧集 $\Omega_Z \subset \mathbf{R}^n$ 上的任意非线性连续函数，利用 RBF 神经网络对函数 $S(Z)$ 进行逼近，那么对于任意给定的 $\varepsilon^* > 0$，选择足够大的正整数 l，就能满足

$$S(Z) = \Theta^{*T}\psi(Z) + \varepsilon(Z), \quad \forall Z \in \Omega_Z \tag{10.2}$$

式中，$\varepsilon(Z)$ 为神经网络逼近误差且 $|\varepsilon(Z)| \leqslant \varepsilon_M$，其中 $\varepsilon_{Mi} > 0$ 为未知正常数；Θ^* 是最优权值向量，表示所有的 $Z \in \Omega_Z$ 中使 $|\varepsilon(Z)|$ 最小的 Θ 值，即 $\Theta^* = \arg\min\limits_{W \in \mathbf{R}^l} \left\{ \sup\limits_{Z \in \Omega_Z} \left| S(Z) - \Theta^T\psi(Z) \right| \right\}$。

此外，选取 $\psi(Z)$ 为常用的高斯函数形式：

$$\psi(Z) = \exp\left[\frac{-(Z_i - \phi_i)^T(Z_i - \phi_i)}{\varpi_i^2} \right], \quad i = 1, 2, \cdots, w \tag{10.3}$$

式中，ϕ_i、ϖ_i 和 w 分别表示高斯函数的中心、宽度和个数。

RBF 神经网络在紧集中能够以任意精度近似任意连续函数，随着网络中节点数量增多，逼近精度也提高。

引理 10.1[25]　设计一阶滑模微分器为

$$\begin{cases} \dot{\rho}_0 = \zeta_0 = -\tau_0 \left| \rho_0 - f(t) \right|^{1/2} \mathrm{sign}(\rho_0 - f(t)) + \rho_1 \\ \dot{\rho}_1 = -\tau_1 \mathrm{sign}(\rho_1 - \zeta_0) \end{cases} \tag{10.4}$$

式中，ρ_0、ρ_1 和 ζ_0 为系统的状态；τ_0 和 τ_1 为一阶滑模微分器的设计参数；$f(t)$ 为已知函数。如果初始条件满足 $\rho_0 - f(t_0)$ 和 $\zeta_0 - \dot{f}(t_0)$ 有界，那么 ζ_0 可以以任意精度逼近微分项 $\dot{f}(t)$。

引理 10.2[26]　双曲正切函数是连续且可微的，对于任意 $q \in \mathbf{R}$ 和 $\forall \upsilon > 0$ 满足

$$\begin{cases} 0 \leqslant |q| - q \tanh\left(\dfrac{q}{\upsilon}\right) \leqslant 0.2785\upsilon \\ 0 \leqslant q \tanh\left(\dfrac{q}{\upsilon}\right) \end{cases} \tag{10.5}$$

引理 10.3　对于任意 $\chi \in \mathbf{R}$，下面的不等式成立：

$$\left| |\chi|^{1/2} \mathrm{sign}(\chi) - \left(\chi \tanh\left(\dfrac{\chi}{\mu}\right) \right)^{1/2} \tanh\left(\dfrac{\chi}{\mu}\right) \right| \leqslant \gamma \tag{10.6}$$

式中，μ 为设计参数；γ 为一个未知正常数。

证明　为了得到上述不等式，需要对以下两种情形进行讨论。

情形 1　对于任何 $\chi \in \mathbf{R}$，当 $|\chi|^{1/2} + \left(\chi \tanh\left(\dfrac{\chi}{\mu}\right) \right)^{1/2} \geqslant 1$ 时，有

$$\begin{aligned} \left| |\chi|^{1/2} + \left(\chi \tanh\left(\dfrac{\chi}{\mu}\right) \right)^{1/2} \right| &\leqslant \left| |\chi|^{1/2} - \left(\chi \tanh\left(\dfrac{\chi}{\mu}\right) \right)^{1/2} \right| \left| |\chi|^{1/2} + \left(\chi \tanh\left(\dfrac{\chi}{\mu}\right) \right)^{1/2} \right| \\ &= \left| |\chi| - \chi \tanh\left(\dfrac{\chi}{\mu}\right) \right| \end{aligned} \tag{10.7}$$

根据引理 10.2，有

$$\left| |\chi|^{1/2} - \left(\chi \tanh\left(\dfrac{\chi}{\mu}\right) \right)^{1/2} \right| \leqslant |\chi| - \chi \tanh\left(\dfrac{\chi}{\mu}\right) \leqslant 0.2785\mu \tag{10.8}$$

考虑符号函数的性质，可知：

$$\left| |\chi|^{1/2} \operatorname{sign}(\chi) - \left(\chi \tanh\left(\frac{\chi}{\mu}\right)\right)^{1/2} \operatorname{sign}(\chi) \right| = \left| |\chi|^{1/2} - \left(\chi \tanh\left(\frac{\chi}{\mu}\right)\right)^{1/2} \right| \leqslant 0.2785\mu \quad (10.9)$$

$$\left| \left(\chi \tanh\left(\frac{\chi}{\mu}\right)\right)^{1/2} \operatorname{sign}(\chi) - \left(\chi \tanh\left(\frac{\chi}{\mu}\right)\right)^{1/2} \operatorname{sign}\left(\frac{\chi}{\mu}\right) \right| = 0 \quad (10.10)$$

注意到 μ 是一个未知的正常数，因此有

$$\left| \left(\chi \tanh\left(\frac{\chi}{\mu}\right)\right)^{1/2} \operatorname{sign}\left(\frac{\chi}{\mu}\right) - \left(\chi \tanh\left(\frac{\chi}{\mu}\right)\right)^{1/2} \tanh\left(\frac{\chi}{\mu}\right) \right|$$
$$\leqslant \left(\chi \tanh\left(\frac{\chi}{\mu}\right)\right)^{1/2} \left| \operatorname{sign}\left(\frac{\chi}{\mu}\right) - \tanh\left(\frac{\chi}{\mu}\right) \right| \quad (10.11)$$

当 $\chi \geqslant 0$ 时，有

$$\left| \operatorname{sign}\left(\frac{\chi}{\mu}\right) - \tanh\left(\frac{\chi}{\mu}\right) \right| = \left| 1 - \frac{e^{(\chi/\mu)} - e^{-(\chi/\mu)}}{e^{(\chi/\mu)} + e^{-(\chi/\mu)}} \right| = \frac{2e^{-(\chi/\mu)}}{e^{(\chi/\mu)} + e^{-(\chi/\mu)}} \leqslant e^{-(\chi/\mu)} \quad (10.12)$$

当 $\chi < 0$ 时，有

$$\left| \operatorname{sign}\left(\frac{\chi}{\mu}\right) - \tanh\left(\frac{\chi}{\mu}\right) \right| = \left| -1 - \frac{e^{(\chi/\mu)} - e^{-(\chi/\mu)}}{e^{(\chi/\mu)} + e^{-(\chi/\mu)}} \right| = \frac{2e^{(\chi/\mu)}}{e^{(\chi/\mu)} + e^{-(\chi/\mu)}} \leqslant e^{(\chi/\mu)} \quad (10.13)$$

考虑到符号函数与双曲正切函数之间的差值呈指数增长，则有

$$\left| \left(\chi \tanh\left(\frac{\chi}{\mu}\right)\right)^{1/2} \operatorname{sign}\left(\frac{\chi}{\mu}\right) - \left(\chi \tanh\left(\frac{\chi}{\mu}\right)\right)^{1/2} \tanh\left(\frac{\chi}{\mu}\right) \right|$$
$$\leqslant \left(\chi \tanh\left(\frac{\chi}{\mu}\right)\right)^{1/2} \left(e^{-|\chi/\mu|}\right) \leqslant \gamma^* \quad (10.14)$$

式中，γ^* 为一个正常数。

因此，根据式(10.9)、式(10.10)和式(10.14)可以得到

$$\left| |\chi|^{1/2} \operatorname{sign}(\chi) - \left(\chi \tanh\left(\frac{\chi}{\mu}\right)\right)^{1/2} \tanh\left(\frac{\chi}{\mu}\right) \right| \leqslant 0.2785\mu + \gamma^* = \gamma \quad (10.15)$$

情形 2　对于任何 $\chi \in \mathbf{R}$，当 $|\chi|^{1/2} + \left(\chi\tanh\left(\dfrac{\chi}{\mu}\right)\right)^{1/2} < 1$ 时，易知 $|\chi| < 1$，然后进一步可以得到不等式(10.6)的结论。

综上所述，完成了引理 10.3 的证明。

注 10.2　需要注意的是，通过引理 10.1 中的一阶滑模微分器构造出的跟踪微分器是不连续的，由于所采用符号函数的不连续性，所得到的动态系统也将会是不连续的，并且会引起闭环系统解的唯一性和存在性等问题。引发上述问题会对闭环的性能造成不利影响，因此提出形如引理 10.3 的不等式，利用平滑的双曲正切函数来保证反推过程的可行性。

引理 10.4　令 $\tau\dot{\beta}+\beta=\alpha$，$y=\beta-\alpha$，其中 α 和 β 分别为低通滤波器的输入和输出，y 为滤波误差。若有 $\dfrac{1}{2\tau} = \hat{\alpha}^2 + \varepsilon_0$，那么滤波误差 y 是有界的，并且 β 可以任意精度逼近，其中 ε_0 为正常数，$\hat{\alpha}$ 为微分项 $\dot{\alpha}$ 的估计。

证明　注意到 $\tau\dot{\beta}+\beta=\alpha$ 和 $y=\beta-\alpha$，因此有 $\dot{\beta}=-\dfrac{y}{\tau}$。

选择下列二次型函数为

$$V_F = \frac{1}{2}y^2 \tag{10.16}$$

其时间导数为

$$\dot{V}_F = y\dot{y} = y\left(-\frac{y}{\tau}-\dot{\alpha}\right) = -\frac{y^2}{\tau} - y\dot{\alpha} \tag{10.17}$$

应用引理 10.1 中的一阶滑模微分器得到 $\hat{\dot{\alpha}}$，因此有

$$|\dot{\alpha}-\hat{\dot{\alpha}}| \leqslant \varepsilon \tag{10.18}$$

式中，ε 是一个正常数。

选择 $\dfrac{1}{2\tau} = \hat{\alpha}^2 + \varepsilon_0$，其中 $\varepsilon_0 > 0$ 为设计参数，则可得到

$$-\frac{y^2}{2\tau} - y\dot{\alpha} = -(\hat{\alpha}^2+\varepsilon_0)y^2 - y\dot{\alpha} \leqslant \frac{1}{4} - \varepsilon_0 y^2 - |\hat{\alpha}||y| - y\dot{\alpha} \leqslant \frac{1}{4} - \varepsilon_0 y^2 + |\varepsilon y| \tag{10.19}$$

将式(10.19)代入式(10.17)，得到

$$\dot{V}_F \leqslant -\frac{y^2}{2\tau} + \frac{1}{4} - \varepsilon_0 y^2 + |\varepsilon y| \leqslant -\left(\varepsilon_0 - \frac{1}{2} + \frac{1}{2\tau}\right)y^2 + \frac{1}{4} + \frac{1}{2}\varepsilon^2 \leqslant -c_1 V_F + c_2 \tag{10.20}$$

式中，$c_1 = 2\varepsilon_0 - 1 + \dfrac{1}{\tau}$，$c_2 = \dfrac{1}{4} + \dfrac{1}{2}\varepsilon^2$。

因此，适当地调整设计参数可以使得滤波误差 y 被调节到任意小。

至此，完成了引理 10.4 的证明。

引理 10.5[27] 对于 $\chi, y \in \mathbf{R}$ 和任意实数 $c, d, \iota > 0$，存在

$$|\chi|^c |y|^d \leqslant \frac{c}{c+d}\iota |\chi|^{c+d} + \frac{d}{c+d}\iota^{-\frac{c}{d}}|y|^{c+d} \tag{10.21}$$

推论 10.1 对于 $\Phi \in \mathbf{R}^+$ 和任意实数 $0 < \gamma < 1$，可以得到

$$\Phi^\gamma \leqslant \Delta(\gamma) + \Phi \tag{10.22}$$

式中，$\Delta(\gamma) = (1-\gamma)\gamma^{\frac{\gamma}{1-\gamma}} > 0$。

证明 利用引理 10.5，将 $\chi = 1$，$y = \Phi$，$c = 1 - \gamma$，$d = \gamma$，$\iota = \mathrm{e}^{(\gamma/(1-\gamma))\ln\gamma}$ 代入式(10.21)，则可以得到上述结论。

推论 10.2 考虑到非线性系统 $\dot{\chi}(t) = f(\chi, t)$，$\chi \in D \subseteq \mathbf{R}^n$，其中 $f: D \to \mathbf{R}^n$ 是一个连续函数且 $f(0) = 0$，此外，$\chi(t, \chi_0)$ 是系统的解且初始条件 $\chi(0) = \chi_0$。

如果存在一个光滑的正定函数 $V(\chi)$ 和标量 $c > 0$，$0 < \gamma < 1$，$\varrho > 0$，使得对于 $t \geqslant 0$，有

$$\dot{V}(\chi) \leqslant -cV^\gamma(\chi) + \varrho \tag{10.23}$$

则非线性系统 $\dot{\chi} = f(\chi)$ 是半全局实际有限时间稳定的(semi-global practical finite-time stable, SGPFS)。其稳定时间为

$$T_{\mathrm{reach}} \leqslant \frac{1}{(1-\gamma)\eta c}\left[V^{1-\gamma}(\chi_0) - \left(\frac{\varrho}{(1-\eta)c}\right)^{(1-\gamma)/\gamma}\right] \tag{10.24}$$

证明 对于 $\forall 0 < \eta < 1$，根据式(10.23)，有 $\dot{V}(\chi) \leqslant -\eta c V^\gamma(\chi) - (1-\eta)c V^\gamma(\chi) + \varrho$。

令集合 $\Omega_\chi = \left\{\chi \mid V^\gamma(\chi) \leqslant \dfrac{\varrho}{(1-\eta)c}\right\}$ 和 $\bar{\Omega}_\chi = \left\{\chi \mid V^\gamma(\chi) > \dfrac{\varrho}{(1-\eta)c}\right\}$，考虑以下两种情形。

情形 1 如果 $\chi(t) \in \bar{\Omega}_\chi$，有 $\dot{V}(\chi) \leqslant -\eta c V^\gamma(\chi)$，积分得 $\displaystyle\int_0^T \frac{\dot{V}(\chi)}{V^\gamma(\chi)}\mathrm{d}t \leqslant -\int_0^T \eta c \mathrm{d}t$。

进而得到不等式 $\dfrac{1}{1-\gamma}V^{1-\gamma}(\chi(T)) - \dfrac{1}{1-\gamma}V^{1-\gamma}(\chi(0)) \leqslant -\eta cT$。

令 $T_{\text{reach}} = \dfrac{1}{(1-\gamma)\eta c}\left[V^{1-\gamma}(\chi_0) - \left(\dfrac{\varrho}{(1-\eta)c}\right)^{(1-\gamma)/\gamma}\right]$，其中 $V(\chi_0)$ 表示 $V(\chi)$ 的初始值，进而得到对于 $\forall T > T_{\text{reach}}$，有 $\chi(t) \in \Omega_\chi$。

情形 2　如果 $\chi(t) \in \Omega_\chi$，根据情形 1，则 $\chi(t)$ 的轨迹不会超过集合 Ω_χ。

综上所述，系统到达集合 Ω_χ 的稳定时间 T_{reach} 是有界的，也就是说 $\dot{\chi} = f(\chi)$ 的解在有限时间内是有界的。

10.2.2　控制器设计

本节通过使用反推技术构造非线性系统(10.1)的自适应控制器。为了便于理解，所提出的控制方法的总体框架如图 10.1 所示。

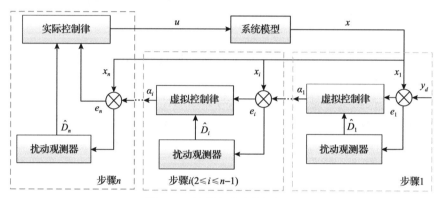

图 10.1　控制方法总体框架图

自适应控制律的设计首先基于以下误差的定义：

$$\begin{cases} e_1 = \chi_1 - y_d \\ e_i = \chi_i - \alpha_{i-1} \end{cases} \tag{10.25}$$

式中，e_1 为跟踪误差；α_{i-1} $(i = 2,3,\cdots,n)$ 为后续设计的虚拟控制输入。

递归设计过程总共包含 n 步，在反推设计的每一步中设计中间控制量 α_{i-1} 使得相应的子系统趋于平衡位置，最终设计出实际控制输入 u 即可实现系统(10.1)的稳定。

步骤 1　首先，考虑式(10.1)的以下子系统并注意有 $e_1 = \chi_1 - y_d$：

$$\dot{e}_1 = f_1(\chi_1) + g_1(\chi_1)\chi_2 + \delta_1 - \dot{y}_d \tag{10.26}$$

式中，χ_2 可以视为虚拟控制输入。

考虑以下 Lyapunov 函数：

$$V_{e1} = \frac{1}{2}e_1^2 \qquad (10.27)$$

根据式 (10.26)，V_{e1} 的时间导数为

$$\dot{V}_{e1} = e_1 \left(f_1(\chi_1) + g_1(\chi_1)\chi_2 + \delta_1 - \dot{y}_d \right) \qquad (10.28)$$

调用式 (10.26)，得到

$$\delta_1 = \dot{e}_1 - \left(f_1(\chi_1) + g_1(\chi_1)\chi_2 - \dot{y}_d \right) \qquad (10.29)$$

由于 $\dot{e}_1$ 不可直接使用，采用以下一阶滑模微分器设计辅助变量对 $\dot{e}_1$ 进行估计：

$$\begin{cases} \dot{\rho}_{1,0} = \zeta_{1,0} = -\varepsilon_{1,0} \left| \rho_{1,0} - e_1(t) \right|^{1/2} \mathrm{sign}(\rho_{1,0} - e_1(t)) + \rho_{1,1} \\ \dot{\rho}_{1,1} = -\varepsilon_{1,1}\mathrm{sign}(\rho_{1,1} - \zeta_{1,0}) \end{cases} \qquad (10.30)$$

式中，$\rho_{1,0}$、$\rho_{1,1}$ 和 $\zeta_{1,0}$ 表示系统的状态；$\varepsilon_{1,0}$ 和 $\varepsilon_{1,1}$ 为正的设计常数。

注 10.3 由式 (10.26) 可知，跟踪误差信号的导数项 $\dot{e}_1$ 包含扰动项 δ_1。值得强调的是，如果扰动项 δ_1 是无界的，那么导数项的计算就会变得复杂。为了有效处理这一问题，采用引理 10.1 的一阶滑模微分器用于逼近导数项 $\dot{e}_1$，因此降低了扰动观测器设计中的计算复杂度，且该方法能够保持闭环系统的跟踪性能。

根据引理 10.1，有

$$\left| \zeta_{1,0} - \dot{e}_1(t) \right| \leqslant \upsilon_{1,0} \qquad (10.31)$$

由一阶滑模微分器的逼近性质可知，$\upsilon_{1,0}$ 为正常数。

定义

$$\hat{\zeta}_{1,0} = -\varepsilon_{1,0} \left(\left(\rho_{1,0} - e_1(t) \right) \tanh\left(\frac{\rho_{1,0} - e_1(t)}{\mu_{1,0}} \right) \right)^{1/2} \tanh\left(\frac{\rho_{1,0} - e_1(t)}{\mu_{1,0}} \right) + \rho_{1,1} \qquad (10.32)$$

式中，$\hat{\zeta}_{1,0}$ 为辅助变量 $\zeta_{1,0}$ 的估计值。

根据引理 10.3，将其中的 χ 用 $\rho_{1,0} - e_1(t)$ 替代，然后利用式 (10.30) 和式 (10.32)，得到

$$\left| \zeta_{1,0} - \hat{\zeta}_{1,0} \right| \leqslant \gamma_1 \qquad (10.33)$$

式中，γ_1 为正常数，并可以通过适当选择设计参数收敛到任意小。

注 10.4 通过一阶滑模微分器设计了一个辅助变量 $\zeta_{1,0}$ 来估计 $\dot{e}_1$，然后变量

$\hat{\zeta}_{1,0}$ 也可以同样看成是 $\dot{e}_1$ 的估计，紧接着利用式 (10.29) 来设计新型扰动观测器，通过适当调整设计参数可以使得估计误差收敛到任意小。这两个变量都具有良好的估计性能，但为了避免符号函数带来的不连续性，采用引理 10.3 中的双曲正切函数来保证反推过程的可行性是十分必要的。

现在，设计辅助扰动观测器 $\hat{\delta}_1$ 和实际扰动观测器 $\hat{D}_1$ 如下：

$$\hat{\delta}_1 = \hat{\zeta}_{1,0} - \left(f_1(\chi_1) + g_1(\chi_1)\chi_2 - \dot{y}_d\right) \tag{10.34}$$

$$\hat{D}_1 = \hat{\delta}_1 - \tau_1\hat{D}_1 \tag{10.35}$$

式中，τ_1 为正常数。滤波误差 $y_1 = \hat{D}_1 - \hat{\delta}_1$，根据引理 10.4，可以通过适当调整设计参数 τ_1，使得滤波误差 y_1 为一个正常数。

基于所设计的扰动观测器，构造一个虚拟控制律 α_1 如下：

$$\alpha_1 = g_1^{-1}(\chi_1)\left(-c_1 e_1^{2\gamma-1} - k_1 e_1 - f_1(\chi_1) + \dot{y}_d - \lambda_1\hat{D}_1^2 e_1\right) \tag{10.36}$$

式中，c_1、k_1 和 λ_1 为正的设计常数。

调用式 (10.25)，得到 $\chi_2 = e_2 + \alpha_1$，然后将式 (10.36) 代入式 (10.28) 得到

$$\dot{V}_{e_1} = g_1(\chi_1)e_1 e_2 - k_1 e_1^2 - \lambda_1\hat{D}_1^2 e_1^2 + \delta_1 e_1 \tag{10.37}$$

根据式 (10.29) 和式 (10.35)，有

$$-\hat{D}_1 + \delta_1 = \dot{e}_1 - \left(f_1(\chi_1) + g_1(\chi_1)\chi_2 - \dot{y}_d\right) - \left[\hat{\zeta}_{1,0} - \left(f_1(\chi_1) + g_1(\chi_1)\chi_2 - \dot{y}_d\right) + y_1\right]$$

$$= \dot{e}_1 - \hat{\zeta}_{1,0} - y_1 \tag{10.38}$$

在式 (10.31) 和式 (10.33) 的帮助下，可知：

$$\left|-\hat{D}_1 + \delta_1\right| = \left|\dot{e}_1 - \hat{\zeta}_{1,0} - y_1\right| \leqslant \left|\dot{e}_1 - \zeta_{1,0}\right| + \left|\zeta_{1,0} - \hat{\zeta}_{1,0}\right| + y_1 \leqslant \upsilon_{1,0} + \gamma_1 + y_1 = \gamma_1^* \tag{10.39}$$

进一步，得到

$$\delta_1^2 - \hat{D}_1^2 \leqslant \left|\delta_1^2 - \hat{D}_1^2\right| = \left|\delta_1 - \hat{D}_1\right|\left|\delta_1 + \hat{D}_1\right| \leqslant \gamma_1^*\left(2|\delta_1| + \gamma_1^*\right) \leqslant 3\gamma_1^{*2} + \frac{\delta_1^2}{2} \tag{10.40}$$

这也意味着

$$\frac{\delta_1^2}{2} \leqslant 3\gamma_1^{*2} + \hat{D}_1^2 \tag{10.41}$$

因此，可以将式(10.37)改写为

$$\dot{V}_{e1} \leqslant g_1(x_1)e_1e_2 - c_1e_1^{2\gamma} - k_1e_1^2 - \lambda_1\hat{D}_1^2e_1^2 + \frac{\lambda_1\delta_1^2e_1^2}{2} + \frac{1}{2\lambda_1}$$
$$\leqslant g_1(x_1)e_1e_2 - c_1e_1^{2\gamma} - \left(k_1 - 3\lambda_1\gamma_1^{*2}\right)e_1^2 + \frac{1}{2\lambda_1} \tag{10.42}$$

令 $k_1 = 3\lambda_1\gamma_1^{*2} + k_{10}$，其中 $k_{10} > 0$，得到

$$\dot{V}_{e1} \leqslant g_1(x_1)e_1e_2 - c_1e_1^{2\gamma} - k_{10}e_1^2 + \frac{1}{2\lambda_1} \tag{10.43}$$

由于在式(10.43)中存在 e_2，下一步骤将对 e_2 进行研究。

步骤 i $(2 \leqslant i \leqslant n-1)$　每个步骤 i 都递归地使用一个类似的设计过程。

注意有 $e_i = x_i - \alpha_{i-1}$，因此 $\dot{e}_i$ 的动态方程可以描述为

$$\dot{e}_i = f_i(\bar{\chi}_i) + g_i(\bar{\chi}_i)\chi_{i+1} + \delta_i - \dot{\alpha}_{i-1} \tag{10.44}$$

考虑以下 Lyapunov 函数：

$$V_{ei} = \frac{1}{2}e_i^2 \tag{10.45}$$

根据式(10.44)，V_{ei} 的时间导数为

$$\dot{V}_{ei} = e_i\left(f_i(\bar{\chi}_i) + g_i(\bar{\chi}_i)\chi_{i+1} + \delta_i - \dot{\alpha}_{i-1}\right) \tag{10.46}$$

为了估计微分项 $\dot{\alpha}_{i-1}$，设计一个辅助变量 $\Theta_{i,0}$ 如下：

$$\dot{\vartheta}_{i-1,0} = \Theta_{i,0} = -\sigma_{i,0}\left|\vartheta_{i-1,0} - \alpha_{i-1}\right|^{1/2}\text{sign}(\vartheta_{i-1,0} - \alpha_{i-1}) + \vartheta_{i-1,1}$$
$$\dot{\vartheta}_{i-1,1} = -\sigma_{i,1}\text{sign}(\vartheta_{i-1,1} - \Theta_{i,0}) \tag{10.47}$$

式中，$\vartheta_{i-1,0}$、$\vartheta_{i-1,1}$ 和 $\Theta_{i,0}$ 为系统的状态；$\sigma_{i,0}$ 和 $\sigma_{i,1}$ 为正的设计常数。

利用一阶滑模微分器的逼近性质，得到

$$\left|\Theta_{i,0} - \dot{\alpha}_{i-1}\right| \leqslant \upsilon_{i,1} \tag{10.48}$$

式中，$\upsilon_{i,1}$ 为正的常数。

根据式(10.47)，微分项 $\dot{\alpha}_{i-1}$ 的估计定义如下：

$$\hat{\dot{\alpha}}_{i-1} = -\sigma_{i,0}\left(\left(\vartheta_{i-1,0} - \alpha_{i-1}\right)\tanh\left(\frac{\vartheta_{i-1,0} - \alpha_{i-1}}{\mu_{i,1}}\right)\right)^{1/2}\tanh\left(\frac{\vartheta_{i-1,0} - \alpha_{i-1}}{\mu_{i,1}}\right) + \vartheta_{i-1,1} \tag{10.49}$$

通过式(10.47)、式(10.49)和引理 10.3，可知

$$\left|\hat{\dot{\alpha}}_{i-1} - \Theta_{i,0}\right| \leqslant \varsigma_i \tag{10.50}$$

式中，ς_i 为正的常数。

因此，下列不等式满足

$$\left|\hat{\dot{\alpha}}_{i-1} - \dot{\alpha}_{i-1}\right| \leqslant \left|\Theta_{i,0} - \dot{\alpha}_{i-1}\right| + \left|\hat{\dot{\alpha}}_{i-1} - \Theta_{i,0}\right| \leqslant \upsilon_{i,1} + \varsigma_i \tag{10.51}$$

调用式(10.44)，得到

$$\delta_i = \dot{e}_i - \left(f_i(\bar{\chi}_i) + g_i(\bar{\chi}_i)\chi_{i+1} - \dot{\alpha}_{i-1}\right) \tag{10.52}$$

与之前的步骤 1 类似，由于 $\dot{e}_i$ 不可直接使用，采用以下一阶滑模微分器设计辅助变量对 $\dot{e}_i$ 进行估计：

$$\begin{cases} \dot{\rho}_{i,0} = \zeta_{i,0} = -\varepsilon_{i,0}\left|\rho_{i,0} - e_i(t)\right|^{1/2}\mathrm{sign}(\rho_{i,0} - e_i(t)) + \rho_{i,1} \\ \dot{\rho}_{i,1} = -\varepsilon_{i,1}\mathrm{sign}(\rho_{i,1} - \zeta_{i,0}) \end{cases} \tag{10.53}$$

式中，$\rho_{i,0}$、$\rho_{i,1}$ 和 $\zeta_{i,0}$ 为系统的状态；$\varepsilon_{i,0}$ 和 $\varepsilon_{i,1}$ 为正的设计常数。

根据引理 10.1，有

$$\left|\zeta_{i,0} - \dot{e}_i(t)\right| \leqslant \upsilon_{i,0} \tag{10.54}$$

由一阶滑模微分器的逼近性质可知，$\upsilon_{i,0}$ 为正常数。

类似地，定义函数 $\hat{\zeta}_{i,0}$ 为

$$\hat{\zeta}_{i,0} = -\varepsilon_{i,0}\left(\left(\rho_{i,0} - e_i(t)\right)\tanh\left(\frac{\rho_{i,0} - e_i(t)}{\mu_{i,0}}\right)\right)^{1/2}\tanh\left(\frac{\rho_{i,0} - e_i(t)}{\mu_{i,0}}\right) + \rho_{i,1} \tag{10.55}$$

式中，$\hat{\zeta}_{i,0}$ 为辅助变量 $\zeta_{i,0}$ 的估计值。

利用式(10.53)、式(10.55)和引理 10.3，得到

$$\left|\zeta_{i,0} - \hat{\zeta}_{i,0}\right| \leqslant \gamma_i \tag{10.56}$$

式中，γ_i 为正的常数。

设计辅助扰动观测器 $\hat{\delta}_i$ 和实际扰动观测器 $\hat{D}_i$ 如下：

$$\hat{\delta}_i = \hat{\zeta}_{i,0} - \left(f_i(\bar{\chi}_i) + g_i(\bar{\chi}_i)\chi_{i+1} - \hat{\dot{\alpha}}_{i-1}\right) \tag{10.57}$$

$$\hat{D}_i = \hat{\delta}_i - \tau_i \hat{D}_i \tag{10.58}$$

式中，τ_i 为正常数。滤波误差 $y_i = \hat{D}_i - \hat{\delta}_i$。

基于所设计的扰动观测器，构造一个虚拟控制律 α_i 如下：

$$\alpha_i = g_i^{-1}(\overline{\chi}_i)\left(-c_i e_i^{2\gamma-1} - k_i e_i - f_i(\overline{\chi}_i) + \hat{\alpha}_{i-1} - \lambda_i \hat{D}_i^2 e_i\right) \tag{10.59}$$

式中，c_i、k_i 和 λ_i 为正的设计常数。

调用式(10.25)，得到 $\chi_{i+1} = e_{i+1} + \alpha_i$，然后将式(10.59)代入式(10.46)得到

$$\dot{V}_{ei} = g_i(\overline{\chi}_i)e_i e_{i+1} - k_i e_i^2 + e_i\left(\hat{\dot{\alpha}}_{i-1} - \dot{\alpha}_{i-1}\right) + e_i(\delta_i - \lambda_i \hat{D}_i^2 e_i) \tag{10.60}$$

根据式(10.52)和式(10.58)，有

$$\begin{aligned}
\delta_i - \hat{D}_i &= \dot{e}_i - \left(f_i(\overline{\chi}_i) + g_i(\overline{\chi}_i)\chi_{i+1} - \dot{\alpha}_{i-1}\right) - \left[\hat{\zeta}_{i,0} - \left(f_i(\overline{\chi}_i) + g_i(\overline{\chi}_i)\chi_{i+1} - \hat{\dot{\alpha}}_{i-1}\right) + y_i\right] \\
&= \dot{e}_i - \hat{\zeta}_{i,0} + \dot{\alpha}_{i-1} - \hat{\dot{\alpha}}_{i-1} - y_i
\end{aligned} \tag{10.61}$$

结合式(10.61)、式(10.54)和式(10.56)，可知

$$\left|\delta_i - \hat{D}_i\right| \leqslant \left|\dot{e}_i - \zeta_{i,0}\right| + \left|\zeta_{i,0} - \hat{\zeta}_{i,0}\right| + \left|\dot{\alpha}_{i-1} - \hat{\dot{\alpha}}_{i-1}\right| + y_i \leqslant \upsilon_{i,0} + \gamma_i + \upsilon_{i,1} + \varsigma_i + y_i = \gamma_i^* \tag{10.62}$$

进一步，得到

$$\delta_i^2 - \hat{D}_i^2 \leqslant \left|\delta_i^2 - \hat{D}_i^2\right| = \left|\delta_i - \hat{D}_i\right|\left|\delta_i + \hat{D}_i\right| \leqslant \gamma_i^*\left(2|\delta_i| + \gamma_i^*\right) \leqslant 3\gamma_i^{*2} + \frac{\delta_i^2}{2} \tag{10.63}$$

这也意味着

$$\frac{\delta_i^2}{2} \leqslant 3\gamma_i^{*2} + \hat{D}_i^2 \tag{10.64}$$

因此，可以将式(10.60)改写为

$$\begin{aligned}
\dot{V}_{ei} &\leqslant g_i(\overline{x}_i)e_i e_{i+1} - c_i e_i^{2\gamma} - k_i e_i^2 + \left(\upsilon_{i,1} + \varsigma_i\right)e_i - \lambda_i \hat{D}_i^2 e_i^2 + \frac{\lambda_i \delta_i^2 e_i^2}{2} + \frac{1}{2\lambda_i} \\
&\leqslant g_i(\overline{x}_i)e_i e_{i+1} - c_i e_i^{2\gamma} + \left(\upsilon_{i,1} + \varsigma_i\right)|e_i| - \left(k_i - 3\lambda_i \gamma_i^{*2}\right)e_i^2 + \frac{1}{2\lambda_i}
\end{aligned} \tag{10.65}$$

令 $k_i = 3\lambda_i\gamma_i^{*2} + k_{i0}$ ，其中 $k_{i0} > 0$ ，得到

$$\dot{V}_{ei} \leqslant g_i(\overline{\chi}_i)e_ie_{i+1} - c_ie_i^{2\gamma} + \left(\upsilon_{i,1} + \varsigma_i\right)\left|e_i\right| - k_{i0}e_i^2 + \frac{1}{2\lambda_i} \tag{10.66}$$

步骤 n　注意到有 $e_n = \chi_n - \alpha_{n-1}$ ，因此 $\dot{e}_n$ 的动态方程可以描述为

$$\dot{e}_n = f_n(\chi) + g_n(\chi)u + \delta_n - \dot{\alpha}_{n-1} \tag{10.67}$$

考虑以下 Lyapunov 函数：

$$V_{en} = \frac{1}{2}e_n^2 \tag{10.68}$$

根据式（10.67），V_{en} 的时间导数为

$$\dot{V}_{en} = e_n\left(f_n(\chi) + g_n(\chi)u + \delta_n - \dot{\alpha}_{n-1}\right) \tag{10.69}$$

类似地，设计一个辅助变量 $\varTheta_{n,0}$ 来估计微分项 $\dot{\alpha}_{n-1}$：

$$\begin{cases} \dot{\vartheta}_{n-1,0} = \varTheta_{n,0} = -\sigma_{n,0}\left|\vartheta_{n-1,0} - \alpha_{n-1}\right|^{1/2}\mathrm{sign}(\vartheta_{n-1,0} - \alpha_{n-1}) + \vartheta_{n-1,1} \\ \dot{\vartheta}_{n-1,1} = -\sigma_{n,1}\mathrm{sign}(\vartheta_{n-1,1} - \varTheta_{n,0}) \end{cases} \tag{10.70}$$

式中，$\vartheta_{n-1,0}$、$\vartheta_{n-1,1}$ 和 $\varTheta_{n,0}$ 为系统的状态；$\sigma_{n,0}$ 和 $\sigma_{n,1}$ 为正的设计常数。

利用一阶滑模微分器的逼近性质，得到

$$\left|\varTheta_{n,0} - \dot{\alpha}_{n-1}\right| \leqslant \upsilon_{n,1} \tag{10.71}$$

式中，$\upsilon_{n,1}$ 为正的常数。

类似于步骤 i，微分项 $\dot{\alpha}_{n-1}$ 的估计定义如下：

$$\hat{\dot{\alpha}}_{n-1} = -\sigma_{n,0}\left((\vartheta_{n-1,0} - \alpha_{n-1})\tanh\left(\frac{\vartheta_{n-1,0} - \alpha_{n-1}}{\mu_{n,1}}\right)\right)^{1/2}\tanh\left(\frac{\vartheta_{n-1,0} - \alpha_{n-1}}{\mu_{n,1}}\right) + \vartheta_{n-1,1} \tag{10.72}$$

通过式（10.70）、式（10.72）和引理 10.3，可知

$$\left|\hat{\dot{\alpha}}_{n-1} - \varTheta_{n,0}\right| \leqslant \varsigma_n \tag{10.73}$$

式中，ς_n 为正的常数。

因此，下列不等式满足

$$\left|\hat{\dot{\alpha}}_{n-1}-\dot{\alpha}_{n-1}\right|=\left|\Theta_{n,0}-\dot{\alpha}_{n-1}\right|+\left|\hat{\dot{\alpha}}_{n-1}-\Theta_{n,0}\right|\leqslant \upsilon_{n,1}+\varsigma_n \tag{10.74}$$

调用式(10.67)，得到

$$\delta_n=\dot{e}_n-\left(f_n(\chi)+g_n(\chi)u-\dot{\alpha}_{n-1}\right) \tag{10.75}$$

与之前的步骤 1 类似，由于 $\dot{e}_n$ 不可直接使用，采用以下一阶滑模微分器设计辅助变量对其进行估计：

$$\begin{cases}\dot{\rho}_{n,0}=\zeta_{n,0}=-\varepsilon_{n,0}\left|\rho_{n,0}-e_n(t)\right|^{1/2}\operatorname{sign}(\rho_{n,0}-e_n(t))+\rho_{n,1}\\ \dot{\rho}_{n,1}=-\varepsilon_{n,1}\operatorname{sign}(\rho_{n,1}-\zeta_{n,0})\end{cases} \tag{10.76}$$

式中，$\rho_{n,0}$、$\rho_{n,1}$ 和 $\zeta_{n,0}$ 为系统的状态；$\varepsilon_{n,0}$ 和 $\varepsilon_{n,1}$ 为正的设计常数。

根据引理 10.1，有

$$\left|\zeta_{n,0}-\dot{e}_n(t)\right|\leqslant \upsilon_{n,0} \tag{10.77}$$

由一阶滑模微分器的逼近性质可知，$\upsilon_{n,0}$ 为正常数。

类似地，定义函数 $\hat{\zeta}_{n,0}$ 为

$$\hat{\zeta}_{n,0}=-\varepsilon_{n,0}\left((\rho_{n,0}-e_n(t))\tanh\left(\frac{\rho_{n,0}-e_n(t)}{\mu_{n,0}}\right)\right)^{1/2}\tanh\left(\frac{\rho_{n,0}-e_n(t)}{\mu_{n,0}}\right)+\rho_{n,1} \tag{10.78}$$

式中，$\hat{\zeta}_{n,0}$ 为辅助变量 $\zeta_{n,0}$ 的估计值。

利用式(10.76)、式(10.78)和引理 10.3，得到

$$\left|\zeta_{n,0}-\hat{\zeta}_{n,0}\right|\leqslant \gamma_n \tag{10.79}$$

式中，γ_n 为正的常数。

设计辅助扰动观测器 $\hat{\delta}_n$ 和实际扰动观测器 $\hat{D}_n$ 如下：

$$\hat{\delta}_n=\hat{\zeta}_{n,0}-\left(f_n(\chi)+g_n(\chi)u-\hat{\dot{\alpha}}_{n-1}\right) \tag{10.80}$$

$$\hat{D}_n=\hat{\delta}_n-\tau_n\hat{\dot{D}}_n \tag{10.81}$$

式中，τ_n 为正常数，滤波误差 $y_n=\hat{D}_n-\hat{\delta}_n$。

基于所设计的扰动观测器，构造出的实际控制律 u 为

$$u = g_n^{-1}(\chi)\left(-c_n e_n^{2\gamma-1} - k_n e_n - f_n(\chi) + \dot{\hat{\alpha}}_{n-1} - \lambda_n \hat{D}_n^2 e_n\right) \tag{10.82}$$

式中，c_n、k_n 和 λ_n 为正设计常数。

接下来，将式(10.82)代入式(10.69)得到

$$\dot{V}_{en} = -k_n e_n^2 + e_n\left(\delta_n - \lambda_n \hat{D}_n^2 e_n\right) + e_n\left(\dot{\hat{\alpha}}_{n-1} - \dot{\alpha}_{n-1}\right) \tag{10.83}$$

根据式(10.75)和式(10.81)，有

$$\begin{aligned}\delta_n - \hat{D}_n &= \dot{e}_n - \left(f_n(\chi) + g_n(\chi)u - \dot{\alpha}_{n-1}\right) - \left[\hat{\zeta}_{n,0} - \left(f_n(\chi) + g_n(\chi)u - \dot{\hat{\alpha}}_{n-1}\right) + y_n\right]\\ &= \dot{e}_n - \hat{\zeta}_{n,0} + \dot{\alpha}_{n-1} - \dot{\hat{\alpha}}_{n-1} - y_n\end{aligned} \tag{10.84}$$

结合式(10.74)、式(10.77)和式(10.79)，可知

$$\begin{aligned}\left|\delta_n - \hat{D}_n\right| &= \left|\dot{e}_n - \zeta_{n,0}\right| + \left|\zeta_{n,0} - \hat{\zeta}_{n,0}\right| + \left|\dot{\hat{\alpha}}_{n-1} - \dot{\alpha}_{n-1}\right| + y_n\\ &\leqslant \upsilon_{n,0} + \gamma_n + \upsilon_{n,1} + \varsigma_n + y_n = \gamma_n^*\end{aligned} \tag{10.85}$$

进一步，得到

$$\delta_n^2 - \hat{D}_n^2 \leqslant \left|\delta_n^2 - \hat{D}_n^2\right| = \left|\delta_n - \hat{D}_n\right|\left|\delta_n + \hat{D}_n\right| \leqslant \gamma_n^*\left(2|\delta_n| + \gamma_n^*\right) \leqslant 3\gamma_n^{*2} + \frac{\delta_n^2}{2} \tag{10.86}$$

这也意味着

$$\frac{\delta_n^2}{2} \leqslant 3\gamma_n^{*2} + \hat{D}_n^2 \tag{10.87}$$

因此，可以将式(10.83)改写为

$$\dot{V}_{en} \leqslant -c_n e_n^{2\gamma} + \left(\upsilon_{n,1} + \varsigma_n\right)|e_n| - \left(k_n - 3\lambda_n\gamma_n^{*2}\right)e_n^2 + \frac{1}{2\lambda_n} \tag{10.88}$$

令 $k_n = 3\lambda_n\gamma_n^{*2} + k_{n0}$，其中 $k_{n0} > 0$，得到

$$\dot{V}_{en} \leqslant -c_n e_n^{2\gamma} + \left(\upsilon_{n,1} + \varsigma_n\right)|e_n| - k_{n0}e_n^2 + \frac{1}{2\lambda_n} \tag{10.89}$$

至此，完成了扰动观测器和跟踪控制器的设计过程。

10.2.3 闭环系统稳定性分析

本节主要证明扰动观测器和跟踪控制器的收敛性。

定理 10.2 考虑在假设 10.1 和假设 10.2 下的非线性系统(10.1),构造虚拟控制律式(10.36)和式(10.59),设计无有界或可微等限制条件的新型滑模扰动观测器式(10.35)、式(10.58)和式(10.81)。基于所设计的扰动观测器,提出了实际的控制律式(10.82),通过适当选择设计参数,跟踪误差 $e_1 = \chi_1 - y_d$ 可以在有限时间内收敛到原点的邻域内。

证明 为了分析闭环系统的稳定性,考虑以下 Lyapunov 函数:

$$V = \sum_{i=1}^{n} V_{ei} = \sum_{i=1}^{n} \frac{1}{2} e_i^2 \tag{10.90}$$

由(10.43)、式(10.66)和式(10.89)可知, V 的时间导数为

$$
\begin{aligned}
\dot{V} &\leqslant -\sum_{i=1}^{n} c_i e_i^{2\gamma} - \sum_{i=1}^{n} k_{i0} e_i^2 + \sum_{i=2}^{n} (\upsilon_{i,1} + \varsigma_i)|e_i| + \sum_{i=1}^{n-1} g_i(\bar{\chi}_i) e_i e_{i+1} + \sum_{i=1}^{n} \frac{1}{2\lambda_i} \\
&\leqslant -\sum_{i=1}^{n} c_i e_i^{2\gamma} - \sum_{i=1}^{n} k_{i0} e_i^2 + \sum_{i=2}^{n} \upsilon_{i,2}|e_i| + \sum_{i=1}^{n-1} g_i(\bar{\chi}_i) e_i e_{i+1} + \sum_{i=1}^{n} \frac{1}{2\lambda_i}
\end{aligned}
\tag{10.91}
$$

式中, $\upsilon_{i,2} = \upsilon_{i,1} + \varsigma_i$ 。

结合假设 10.2 和下列不等式:

$$\upsilon_{i,2}|e_i| \leqslant \frac{1}{2}\left(\frac{\upsilon_{i,2}^2 e_i^2}{c_1} + c_1\right) \tag{10.92}$$

$$g_i(\bar{\chi}_i) e_i e_{i+1} \leqslant \frac{1}{2} g_M \left(e_i^2 + e_{i+1}^2\right) \tag{10.93}$$

然后,可以把式(10.91)改写成

$$\dot{V} \leqslant -\sum_{i=1}^{n} c_i e_i^{2\gamma} - \sum_{i=1}^{n} k_{i0} e_i^2 + \sum_{i=2}^{n} \frac{1}{2}\left(\frac{\upsilon_{i,2}^2 e_i^2}{c_1} + c_1\right) + \sum_{i=1}^{n} \frac{1}{2\lambda_i} + \sum_{i=1}^{n-1} \frac{1}{2} g_M(e_i^2 + e_{i+1}^2) \tag{10.94}$$

注意到 $\sum_{i=1}^{n-1} \frac{1}{2} g_M\left(e_i^2 + e_{i+1}^2\right) \leqslant \sum_{i=1}^{n} g_M e_i^2$,进一步有

$$\dot{V} \leqslant -\sum_{i=1}^{n} c_i e_i^{2\gamma} - \sum_{i=1}^{n} k_{i0} e_i^2 + \sum_{i=1}^{n} \frac{1}{2} \frac{\upsilon_{i,2}^2}{c_1} e_i^2 + \sum_{i=1}^{n} g_M e_i^2 + \frac{1}{2} n c_1 + \sum_{i=1}^{n} \frac{1}{2\lambda_i} \tag{10.95}$$

式中，c_1、$\upsilon_{i,2}$ 和 g_M 均为正的常数。

令 $k_{i0} = \dfrac{1}{2}\dfrac{\upsilon_{i,2}^2}{c_1} + g_M + k_{i1}$，其中 k_{i1} 为正常数，则式(10.95)可以表达为

$$\dot{V} \leqslant -\sum_{i=1}^{n} c_i e_i^{2\gamma} - \sum_{i=1}^{n} k_{i1} e_i^2 + \frac{1}{2} n c_1 + \sum_{i=1}^{n} \frac{1}{2\lambda_i} \tag{10.96}$$

应用推论 10.1，令 $\Phi = \sum_{i=1}^{n} k_{i1} e_i^2$，可知

$$\left(\sum_{i=1}^{n} k_{i1} e_i^2\right)^{\gamma} \leqslant \Delta(\gamma) + \sum_{i=1}^{n} k_{i1} e_i^2 \tag{10.97}$$

即 $-\sum_{i=1}^{n} k_{i1} e_i^2 \leqslant -\left(\sum_{i=1}^{n} k_{i1} e_i^2\right)^{\gamma} + \Delta(\gamma)$。

根据式(10.97)，则式(10.96)可以进一步表示为

$$\dot{V} \leqslant -\sum_{i=1}^{n} c_i e_i^{2\gamma} - \left(\sum_{i=1}^{n} k_{i1} e_i^2\right)^{\gamma} + \Delta(\gamma) + \frac{1}{2} n c_1 + \sum_{i=1}^{n} \frac{1}{2\lambda_i} \leqslant -C_1 V^{\gamma} + C_2 \tag{10.98}$$

式中，$C_1 = \min\{2c_i, 2k_{i1}\}$，$C_2 = \Delta(\gamma) + \dfrac{1}{2} n c_1 + \sum_{i=1}^{n} \dfrac{1}{2\lambda_i}$。

根据推论 10.2，系统的解是有限时间收敛的。因此，通过适当的在线调整设计参数，跟踪误差 e_1 可以在有限时间内收敛到原点的邻域内。

注 10.5 具体考虑复合扰动 $\delta_i(\bar{\chi}_i, t)$ 有界和无界的两种情况：

(1)当 $\delta_i(\bar{\chi}_i, t)$ 有界时，根据式(10.98)易知 V 与跟踪误差 e_i $(i=1,2,\cdots,n)$ 均有界。由于 $e_1 = \chi_1 - y_d$ 且 y_d 是有界的，当然得到 χ_1 是有界的结论。考虑式(10.39)，复合扰动的估计 $\hat{D}_1$ 在这种情况下是有界的。由于 α_1 是有界信号 χ_1、e_1、$\dot{y}_d$ 和 $\hat{D}_1$ 构成的函数，因此虚控制律 α_1 也是有界的。注意到 $\chi_i = e_i + \alpha_{i-1}$，可以看到虚拟信号 α_{i-1} 和状态变量 χ_i $(i=2,3,\cdots,n)$ 同样是有界的，类似地，实际控制律 u 也是有界的。因此，闭环系统的所有信号证明都是有界的。

(2)当 $\delta_i(\bar{\chi}_i, t)$ 无界时，根据式(10.62)，其估计项 $\hat{D}_i$ 是无界的，这就导致虚拟控制律 α_i 和实际控制输入 u 是无界的，因为复合扰动的估计 $\hat{D}_i$ 是包含在控制律中以抵消扰动带来的负面影响的，如式(10.59)和式(10.82)所示。这也意味着需要一个较大的控制能量，以抑制无界扰动带来的不利影响。但需要指出的是，即便是

在这种情况下，跟踪误差 e_1 的有界性和跟踪性能仍能得到保证。

至此，定理 10.2 证毕。

10.2.4 数值仿真与分析

本节给出两个仿真实例，验证本节所设计方法的有效性。

例 10.1 为了说明本节所提出的控制方法的有效性，考虑以下扰动及其导数均无界的二阶非线性系统：

$$\begin{cases} \dot{\chi}_1 = \chi_1 e^{-0.5\chi_1} + (1 + e^{-0.1\chi_1^2})\chi_2 \\ \dot{\chi}_2 = -p_1\chi_1 - p_2\chi_2 - \chi_1^3 + q_0\cos(\omega t) + u + \delta(\chi,t) \\ y = \chi_1 \end{cases} \tag{10.99}$$

式中，复合扰动项设为 $\delta(\chi,t) = \chi_1^2 + \chi_1 + t\sin t$。为了进行模拟仿真，假设 $p_1 = 0.3 + 0.2\sin(10t)$，$p_2 = 0.2 + 0.2\cos(5t)$，$q_0 = 5 + 0.1\cos t$，$\omega = 0.5 + 0.1\sin t$。期望轨迹为 $y_d = \sin(0.5t)$。

注 10.6 与现有技术不同的是，可以看到复合扰动 $\delta(\chi,t)$ 是随着时间的增长而增长的，因此可以很容易证明复合扰动 $\delta(\chi,t)$ 是不受上下界限制的，而且其导数也是无界的。这个具体的例子打破了传统扰动器设计中的边界假设前提，使得跟踪控制设计工作极具挑战性，因此现有的方法并不能直接使用。为了克服这一困难，本书首次提出了一种不受有界或可微假设限制的新型扰动观测器设计方法，使得所提出的设计方法大大区别于现有的大多数方法。

根据定理 10.2，提出了自适应跟踪控制器为式(10.82)，其中设计的扰动观测器为式(10.58)和式(10.81)。对于复合扰动 $\delta(\chi,t)$，设计参数设为：$\varepsilon_{1,0} = 10$，$\varepsilon_{1,1} = 1$，$\mu_{1,0} = 0.1$；$\sigma_{2,0} = 30$，$\sigma_{2,1} = 1$，$\mu_{2,1} = 0.5$；$\varepsilon_{2,0} = 20$，$\varepsilon_{2,1} = 1$，$\mu_{2,0} = 0.1$。其他设计参数设为 $k_1 = 6$，$\lambda_1 = 1$ 和 $k_2 = 4$，$\lambda_2 = 1$。设初始条件为 $\hat{\zeta}_{1,0}(0) = \hat{\zeta}_{2,0}(0) = \hat{\alpha}_1(0) = 0$，$[\chi_1(0), \chi_2(0)]^T = [0, 0]^T$ 和 $\rho_{1,1}(0) = \rho_{2,1}(0) = \vartheta_{1,1}(0) = 0$。仿真结果如图 10.2～图 10.7 所示。

从图 10.2 中可以明显看出，系统输出 y 可以跟随所期望的轨迹 y_d，并且获得了较好的跟踪性能。图 10.3 显示跟踪误差 e 收敛到可允许的范围内，系统状态响应曲线 χ_2 和虚拟控制律 α_1 的有界性分别可以在图 10.4 和图 10.5 中体现，控制输入 u 如图 10.6 所示。特别地，从图 10.7 可以看出，扰动观测器 $\hat{D}$ 能够有效地逼近不断增长的复合扰动 δ。值得注意的是，在复合扰动无界的情况下，利用一阶滑模微分器实现了良好的跟踪性能，极大地提高了系统的鲁棒性和可靠性。

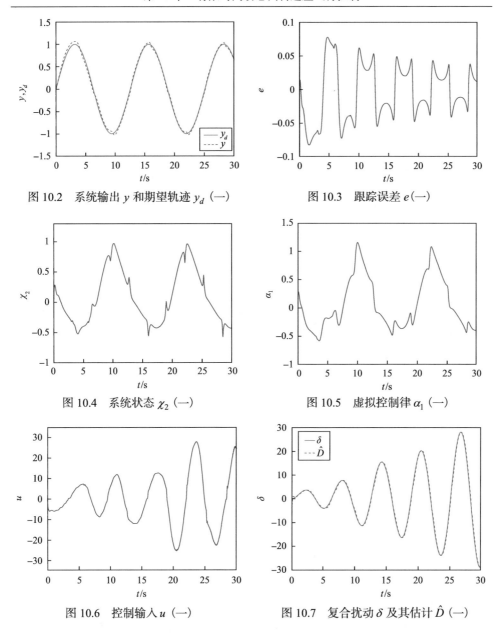

图 10.2　系统输出 y 和期望轨迹 y_d（一）

图 10.3　跟踪误差 e（一）

图 10.4　系统状态 χ_2（一）

图 10.5　虚拟控制律 α_1（一）

图 10.6　控制输入 u（一）

图 10.7　复合扰动 δ 及其估计 $\hat{D}$（一）

注 10.7　在现有的大多数传统扰动观测器的设计方法中，假设条件总是采用一个常数作为上界。然而在实际应用中，这个假设条件是非常严苛的，因为随着系统状态和时间的变化这个扰动的边界可能是不存在的，这意味着在实现系统稳定性之前，不能简单地假定扰动的不利影响是有界的。借助一阶滑模微分估计器和双曲正切函数的性质，消除了对复合扰动项的限制性假设条件，即使是在复合扰动项无界且非光滑的情况下，所提出的新型扰动观测器仍可以克服上述复杂情况，基于此扰动观测器设计的自适应控制器具有明显的优势。因此，与传统的基于标准扰动观测器的控制器相比，本节方法具有更宽松的条件和更广泛的应用范围。

例 10.2　为了进一步验证所提方法的有效性，考虑了一个极点平衡的倒立摆跟踪控制问题[28]。其非线性系统描述如下：

$$\begin{cases} \dot{\chi}_1 = \chi_2 \\ \dot{\chi}_2 = \dfrac{ml\chi_2^2 \sin\chi_1 \cos\chi_1 - (M+m)g\sin\chi_1}{ml\cos^2\chi_1 - 4\big/[3l(M+m)]} \\ \qquad\quad - \dfrac{-\cos\chi_1}{ml\cos^2\chi_1 - 4\big/[3l(M+m)]}u + \delta(\chi,t) \\ y = \chi_1 \end{cases} \tag{10.100}$$

式中，χ_1 为倒立摆与垂线之间的夹角（以弧度（rad）为单位）；M 为小车的质量；m 为杆的质量；g 为重力常数；l 为杆的半长；u 为施加于小车的力；$\delta(\chi,t)$ 为复合扰动。

仿真采用的参数如下：$M=1\text{kg}$，$m=0.1\text{kg}$，$l=0.5\text{m}$，$g=9.8\text{m/s}^2$。扰动项 $\delta(\chi,t)$ 是存在死区模型的非光滑项，其表达式为

$$\delta(\chi,t) = \begin{cases} 10(\chi_2 - 0.3) + \dfrac{(\chi_2 - 0.3)^2}{7}, & \chi_2 \geqslant 0.3 \\ 0, & -0.3 < \chi_2 < 0.3 \\ 10(\chi_2 + 0.3) + \dfrac{(\chi_2 + 0.3)^2}{7}, & \chi_2 \leqslant -0.3 \end{cases} \tag{10.101}$$

由于复合扰动 $\delta(\chi,t)$ 中的状态量 χ_2 存在非光滑死区，复合扰动是不可微的。此外，假设期望轨迹为 $y_d = 0.5(\sin t + \sin(0.5t))$。

在仿真中，初始条件为 $[\chi_1(0), \chi_2(0)]^{\text{T}} = [0.2, 0]^{\text{T}}$，$\rho_{1,1}(0) = \rho_{2,1}(0) = \vartheta_{1,1}(0) = 0$，$\hat{\zeta}_{1,0}(0) = \hat{\zeta}_{2,0}(0) = \hat{\alpha}_1(0) = 0$。设计参数取为 $\varepsilon_{1,0} = 10$，$\varepsilon_{1,1} = 1$，$\mu_{1,0} = 1$；$\sigma_{2,0} = 10$，$\sigma_{2,1} = 1$，$\mu_{2,1} = 0.1$，$\varepsilon_{2,0} = 10$，$\mu_{2,0} = 0.1$，$\varepsilon_{2,1} = 1$；$k_1 = 4$，$\lambda_1 = 1$，$k_2 = 4$，$\lambda_2 = 1$。仿真结果如图 10.8～图 10.11 所示。

为了显示扰动观测器对动态响应的良好补偿效果，输出响应曲线如图 10.8 所示，可以清楚地看到系统输出 y 能够快速地收敛到期望轨迹 y_d。从图 10.9 可以看出，跟踪误差是在可接受的范围内。由图 10.10 和图 10.11 可以看出，控制输入 u

和系统状态 χ_2 都是有界的。物理系统模型的仿真结果表明，在复合扰动不可微的情况下，基于新型扰动观测器的控制器仍能实现良好的跟踪性能。特别地，在控制器设计中没有提及复合扰动的输入变量信息，即复合扰动的先验知识可以是未知的，因此在实际控制系统中具有广泛的应用前景。

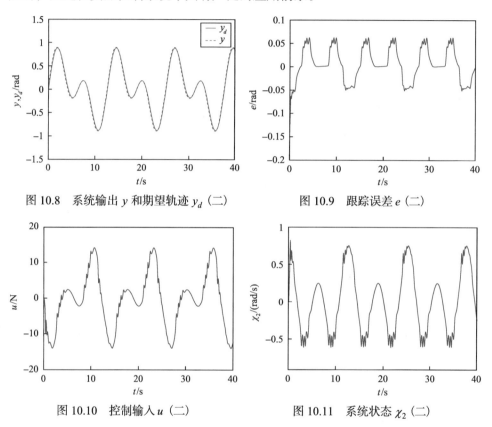

图 10.8　系统输出 y 和期望轨迹 y_d（二）　　　　　图 10.9　跟踪误差 e（二）

图 10.10　控制输入 u（二）　　　　　图 10.11　系统状态 χ_2（二）

10.3　满足预设时间的高超声速飞行器容错跟踪控制

本节针对具有执行器故障的高超声速飞行器，提出一种具有可预设收敛时间和跟踪误差的自适应渐近跟踪控制方法。主要的创新工作有：①引入一个时间尺度坐标映射函数，通过保证变换后跟踪误差的渐近收敛性，实现原始跟踪误差在预定时间内达到收敛。②构造一种改进的 Lyapunov 函数和一类改进的调谐函数，同时结合 Barbalat 引理确保即使初始跟踪条件完全未知，也能实现跟踪误差收敛到预定范围内。③设计两个自适应参数对未知故障进行估计，实现系统的自适应容错控制，增强实际飞行过程中的鲁棒性。

10.3.1　高超声速飞行器的纵向运动模型

美国学者 Bolender 和 Doman 在空军研究实验室以吸气式高超声速飞行器为对象，考虑了机体中高度集成的推进系统，采用了斜激波和普朗特-迈耶尔扩张理论解决振荡弓形激波对推进系统性能的影响，利用拉格朗日方程导出了柔性飞行器的运动方程，捕捉了结构动力学中刚体加速度和柔性体动力学之间的惯性耦合效应，建立了具有代表性的纵向动力学非线性物理模型：

$$
\begin{cases}
\dot{v} = \dfrac{T\cos\alpha - D}{m} - g\sin\gamma \\[2mm]
\dot{H} = v\sin\gamma \\[2mm]
\dot{\gamma} = \dfrac{L + T\sin\alpha}{mv} - \dfrac{g\cos\gamma}{v} \\[2mm]
\dot{\alpha} = q - \dot{\gamma} \\[2mm]
\dot{q} = \dfrac{M}{I_{yy}} \\[2mm]
\ddot{\eta}_i = -2\xi_i\omega_i\dot{\eta}_i - \omega_i^2\eta_i + N_i, \quad i = 1, 2, \cdots, n
\end{cases}
\tag{10.102}
$$

高超声速飞行器的纵向运动模型中，刚体状态 v、H、γ、α、q 分别代表速度、高度、航迹倾斜角（弹道角）、迎角和俯仰角速度；弹性状态 η_i 代表机身的第 i 阶弯曲模态的振幅；m、g、I_{yy}、ξ_i、ω_i 分别代表机体质量、重力加速度、转动惯量、阻尼比和柔性模态频率。

$$
\begin{cases}
T \approx \overline{q}S\left(C_{T,\Phi}(\alpha)\Phi + C_T(\alpha) + C_T^\eta\eta\right) \\[2mm]
D \approx \overline{q}SC_D(\alpha, \delta_e, \delta_c, \eta) \\[2mm]
L \approx \overline{q}SC_L(\alpha, \delta_e, \delta_c, \eta) \\[2mm]
M \approx z_T T + \overline{q}S\overline{c}C_M(\alpha, \delta_e, \delta_c, \eta) \\[2mm]
N_i \approx \overline{q}S\left(N_i^{\alpha^2}\alpha^2 + N_i^\alpha\alpha + N_i^{\delta_e}\delta_e + N_i^{\delta_c}\delta_c + N_i^0 + N_i^\eta\eta\right)
\end{cases}
\tag{10.103}
$$

式中，T、D、L、M、N_i 分别代表推力、阻力、升力、俯仰力矩和广义弹性力，其气动力和力矩的参数拟合值如上所示。其中 $\eta = [\eta_1, \dot{\eta}_1, \cdots, \eta_n, \dot{\eta}_n]^{\mathrm{T}}$，$n \in \mathbf{N}^+$，由于弹性状态完全不可测，在控制律设计中将其视为未知扰动。此外，若纵向运动模型中的刚体状态和控制输入有界，则弹性状态同样有界；$\overline{q}$、S、z_T、$\overline{c}$ 分别代表飞行动压、参考面积、推力力臂和平均气动翼弦长。曲线拟合模型的近似系数表示为

$$
\begin{cases}
C_{T,\Phi}(\cdot) = C_{T,\Phi}^{\alpha^3}\alpha^3 + C_{T,\Phi}^{\alpha^2}\alpha^2 + C_{T,\Phi}^{\alpha}\alpha + C_{T,\Phi}^{0} \\
C_T(\cdot) = C_T^{\alpha^3}\alpha^3 + C_T^{\alpha^2}\alpha^2 + C_T^{\alpha}\alpha + C_T^{0} \\
C_D(\cdot) = C_D^{\alpha^2}\alpha^2 + C_D^{\alpha}\alpha + C_D^{\delta_e^2}\delta_e^2 + C_D^{\delta_e}\delta_e + C_D^{\delta_c^2}\delta_c^2 + C_D^{\delta_c}\delta_c + C_D^{0} + C_D^{\eta}\eta \\
C_L(\cdot) = C_L^{\alpha}\alpha + C_L^{\delta_e}\delta_e + C_L^{\delta_c}\delta_c + C_L^{0} + C_L^{\eta}\eta \\
C_M(\cdot) = C_M^{\alpha^2}\alpha^2 + C_M^{\alpha}\alpha + C_M^{\delta_e}\delta_e + C_M^{\delta_c}\delta_c + C_M^{0} + C_M^{\eta}\eta \\
C_j^{\eta} = \left[C_j^{\eta_1}, 0, \cdots, C_j^{\eta_n}, 0 \right], \quad j = T, M, L, D \\
N_i^{\eta} = \left[N_i^{\eta_1}, 0, \cdots, N_i^{\eta_n}, 0 \right], \quad i = 1, 2, \cdots, n
\end{cases}
\tag{10.104}
$$

控制输入 Φ、δ_e 和 δ_c 分别代表高超声速飞行器的燃料当量比、升降舵偏转角和鸭翼偏转角，隐含于气动力(矩)中。值得注意的是，模型采用鸭式布局来消除升降的耦合效应，因此鸭翼偏转角和升降舵偏转角间存在关系 $\delta_c = k_{ec}\delta_e$，$k_{ec} = -C_L^{\delta_e}/C_L^{\delta_c}$，则高超声速飞行器实际变为两个控制输入：燃料当量比 Φ 和升降舵偏转角 δ_e。

高超声速飞行器的控制目标是：通过设计控制输入燃料当量比 Φ 和升降舵偏转角 δ_e，输出信号速度 v 与高度 H 在纵向运动平面内精确跟踪各自的参考命令；同时保证即使在发生作动器故障的情况下，也可以在设计者预先设定的时间内达到预先设定的跟踪精度。

因为控制输入燃料当量比 Φ 是影响推力的决定性因素，所以控制输出信号中的速度 v 根据 Φ 的作用而发生变化。另外，控制输入中的升降舵偏转角 δ_e 导致俯仰角与航迹倾斜角发生改变，因此控制输出信号中的高度 H 主要被 δ_e 控制。同时忽略了柔性动力学，将整个不可测的弹性状态视为高超声速飞行器的扰动项，从而得到一个不确定的简化高超声速飞行器模型，主要由 5 个刚体动态方程组成：

$$
\dot{v} = f_v + g_v\Phi + d_v
\tag{10.105}
$$

$$
\begin{cases}
\dot{H} = f_H + g_H\gamma + d_H \\
\dot{\gamma} = f_\gamma + g_\gamma\alpha + d_\gamma \\
\dot{\alpha} = f_\alpha + g_\alpha q + d_\alpha \\
\dot{q} = f_q + g_q\delta_e + d_q
\end{cases}
\tag{10.106}
$$

式中，式(10.105)与速度 v 相关，式(10.106)与高度 H 相关。

在关于速度 v 的一个动态方程(10.105)中：

$$\begin{cases} f_v = \dfrac{\overline{q}S}{m}\left[\alpha^3 \cos\alpha C_T^{\alpha^3} + \alpha^2 \cos\alpha C_T^{\alpha^2} + \alpha\cos\alpha C_T^{\alpha} + \cos\alpha C_T^0 - \alpha^2 C_D^{\alpha^2} \right. \\ \qquad\qquad \left. -\alpha C_D^{\alpha} - \delta_e^2\left(C_D^{\delta_D^2} + k_{e,c}^2 \delta_L^{\delta_L^2} \right) - \delta_e\left(C_{D_e}^{\delta_e} + k_{e,c} C_D^{\delta_c} \right) - C_D^0 - \dfrac{mg\sin\gamma}{\overline{q}S} \right] \\ g_v = \dfrac{\overline{q}S}{m}\cos\alpha\left(\alpha^3 C_{T,\Phi}^{\alpha^3} + \alpha^2 C_{T,\Phi}^{\alpha^2} + \alpha C_{T,\Phi}^{\alpha} + C_{T,\Phi}^0 \right) \\ d_v = \dfrac{\overline{q}S}{m} C_T^{\eta}\eta\cos\alpha - \dfrac{\overline{q}S}{m}C_D^{\eta}\eta + \varDelta_v \end{cases} \tag{10.107}$$

式中，复合扰动 d_v 包括阵风、湍流和大气扰动等外部扰动以及气动热弹性导致的结构柔性；$\varDelta_v$ 表示速度动态中的不确定性及外部扰动。

在关于高度 H 的四个动态方程 (10.106) 中：

$$f_H = 0, \quad g_H = v, \quad d_H = \varDelta_H \tag{10.108}$$

$$f_\gamma = \frac{\overline{q}S}{mv}C_L^0 - \frac{g}{v}\cos\gamma, \quad g_\gamma = \frac{\overline{q}S}{mv}C_L^{\alpha}, \quad d_\gamma = \frac{\overline{q}S}{mv}C_L^{\eta}\eta + \varDelta_\gamma \tag{10.109}$$

$$f_\alpha = \frac{\overline{q}}{v}\left(-\frac{\alpha S}{m}C_L^{\alpha} - \frac{S}{m}C_L^0 + \frac{g}{\overline{q}}\cos\gamma \right), \quad g_\alpha = 1, \quad d_\alpha = -\frac{\overline{q}S}{mv}C_L^{\eta}\eta + \varDelta_\alpha \tag{10.110}$$

$$\begin{cases} f_q = \dfrac{\overline{q}S}{I_{yy}}\left[\alpha^3 \Phi z_T C_{T,\Phi}^{\alpha^3} + \alpha^2 \Phi z_T C_{T,\Phi}^{\alpha^2} + \alpha\Phi z_T C_{T,\Phi}^{\alpha} + \Phi z_T C_{T,\Phi}^0 + \alpha^3 z_T C_T^{\alpha^3} \right. \\ \qquad\qquad \left. +\alpha^2\left(z_T C_T^{\alpha^2} + \overline{c}C_M^{\alpha^2} \right) + \alpha\left(z_T C_T^{\alpha} + \overline{c}C_M^{\alpha} \right) + \left(z_T C_T^0 + \overline{c}C_M^0 \right) \right] \\ g_q = \dfrac{\overline{q}Sc}{I_{yy}}\left(C_M^{\delta_e} + k_{e,c}C_M^{\delta_c} \right) \\ d_q = \dfrac{z_T \overline{q}S}{I_{yy}}C_T^{\eta}\eta + \dfrac{\overline{q}Sc}{I_{yy}}C_M^{\eta}\eta + \varDelta_q \end{cases} \tag{10.111}$$

式中，$\varDelta_H$、$\varDelta_\gamma$、$\varDelta_\alpha$ 和 $\varDelta_q$ 表示高度动态中的不确定性及外部扰动。由于实际巡航阶段的 γ 非常小，为简便起见，取 $\sin\gamma = \gamma$。此外，推力控制项 $T\sin\alpha$ 通常比升力项 L 小得多，因此在控制设计过程中可以忽略。

10.3.2　高超声速飞行器的控制器设计

将简化后的高超声速飞行器模型分解为速度子系统(包含速度 v 的 1 个动态方程)和高度子系统(包含高度 H、航迹倾斜角 γ、迎角 α 和俯仰角速度 q 的 4 个动态方程)，分别进行控制律的设计。

同时,考虑包括控制失效和卡死等执行器故障的情况进行自适应控制器设计,执行器故障的形式表达如下:

$$\check{\Phi}_j(t) = \rho_{jh}^1 \Phi_j(t) + \psi_{jh}^1, \quad t \in \left[t_{jh,k}^1, t_{jh,e}^1 \right) \tag{10.112}$$

$$\check{\delta}_{ej}(t) = \rho_{jh}^2 \delta_{ej}(t) + \psi_{jh}^2, \quad t \in \left[t_{jh,k}^2, t_{jh,e}^2 \right) \tag{10.113}$$

式中,$\rho_{jh}^1, \rho_{jh}^2 \in [0,1)$,$h$ 表示系统的第 h 个故障模型;ψ_{jh}^1、ψ_{jh}^2 是未知数;$t_{jh,k}^1$ 和 $t_{jh,e}^1$ 表示速度动态中第 j 个执行器故障发生和结束的时间;$t_{jh,k}^2$ 和 $t_{jh,e}^2$ 表示高度动态中第 j 个执行器故障发生和结束的时间。

以速度子系统为例,注意式(10.112)包含以下三种情况。

(1)当 $\rho_{jh}^1 = 1$ 且 $\psi_{jh}^1 = 0$ 时,无故障发生。

(2)当 $0 < \underline{\rho}_{jh}^1 \leqslant \rho_{jh}^1 \leqslant \overline{\rho}_{jh}^1 < 1$ 且 $\psi_{jh}^1 = 0$ 时,发生执行器部分失效的故障。

(3)当 $\rho_{jh}^1 = 0$ 且 $\psi_{jh}^1 \neq 0$ 时,执行器将不再受控制输入的影响,这意味着发生执行器完全失效的故障。

引理 10.6　对于 $x \in \mathbf{R}$ 和任意常数 $\varepsilon > 0$,有

$$0 \leqslant |x| < \varepsilon + \frac{x^2}{\sqrt{x^2 + \varepsilon^2}} \tag{10.114}$$

1. 速度子系统的控制器设计

本节旨在设计一种速度子系统在执行器故障下的自适应跟踪控制方法,且保证速度跟踪误差在预设时间内收敛到设计者预先定义的范围。首先高超声速飞行器的速度子系统的非线性动态方程描述为

$$\dot{v}(t) = f_v(t) + g_v(t) \sum_{j=1}^{m_1} \left(\rho_{jh}^1 \Phi_j(t) + \psi_{jh}^1 \right) + d_v(t) \tag{10.115}$$

式中,燃料当量比 $\Phi_j \in \mathbf{R}$ 和速度 $v \in \mathbf{R}$ 分别代表速度子系统的输入和输出;$f_v(t)$ 代表未知可微的非线性系统函数;$g_v(t)$ 代表已知可微的控制增益函数;$d_v(t)$ 代表复合扰动。

高超声速飞行器速度子系统的控制目标是:通过设计控制输入 Φ,保证即使发生作动器故障,使得输出信号 v 在设计者预设的时间内以预先设定的跟踪精度稳定跟踪参考指令 v_{ref},且速度量不会超过约束的集合 $\Omega_v := \left\{ v \in \mathbf{R}^n : |v| < k_{c_v} \right\}$。

假设 10.3 参考指令 v_{ref} 及其 n 阶导数都是光滑有界的，即对于任何 $t > 0$，存在正常数 Y_v 使得参考指令 v_{ref} 满足 $\left|v_{ref}(t)\right| \leqslant Y_v < k_{c_v}$，并且参考指令 v_{ref} 的各阶导数均满足 $\left|v_{ref}^{(i)}(t)\right| \leqslant Y_v^i \ (i = 1, 2, \cdots, n)$。

首先提出一个时间尺度坐标映射，将预先设定时间的收敛问题转化为一般的渐近收敛问题。预先设定的收敛时间记为 T^P，要求在规定时间区间内达到收敛效果，即 $t \in \left[0, T^P\right)$。利用下面的时间尺度坐标映射方法，将有限域上的规定时间 $t \in \left[0, T^P\right)$ 映射到无限域上的时间 $\tau \in [0, +\infty)$。

$$t = T^P \frac{e^\tau - 1}{e^\tau + 1} \overset{def}{=\!=} \hat{t}(\tau) \tag{10.116}$$

将上述表达式对变换后的时间 τ 求导，得到

$$\frac{dt}{d\tau} = 2T^P \frac{e^\tau}{(e^\tau + 1)^2} \overset{def}{=\!=} \lambda(\tau) \tag{10.117}$$

易得出以下结论：$\lambda(\tau)$ 是一个单调递减有界函数，满足 $\lambda(\tau) \leqslant \bar{\lambda}$，其中 $\bar{\lambda}$ 为正常数。

注 10.8 时间尺度坐标映射函数的设计需要满足以下性质：①$\hat{t}(0) = 0$；②$\lim\limits_{\tau \to +\infty} \hat{t}(\tau) = T^P$；③函数可微单调递增，且导数始终为正，以此保证与增益函数结合后的符号不发生改变。值得注意的是，函数的设计并不严格局限于这种形式，只要满足以上的条件即可，如 exp 型、tan 型、log 型等。

所以系统方程(10.1)可以转换为如下形式：

$$\begin{cases} \dfrac{d\chi_i}{d\tau} = \lambda(\tau)\left(f_i(\bar{\chi}_i, \tau) + g_i(\bar{\chi}_i, \tau)\chi_{i+1} + \delta_i(\bar{\chi}_i, \tau)\right) \\ \dfrac{d\chi_n}{d\tau} = \lambda(\tau)\left(f_n(\chi, \tau) + g_n(\chi, \tau)u + \delta_n(\chi, \tau)\right) \\ y = \chi_1 \end{cases} \tag{10.118}$$

注 10.9 将原系统转化为新系统(10.118)时，即是将预设时间控制问题转化为一般的渐近收敛问题。只要在新系统的无限时间域内能够达到稳定收敛，那么在映射关系中的原像中，即在预先规定的时间段内就可以达到稳定收敛。

采用时间尺度坐标映射方法，因此速度子系统方程(10.115)改写为

$$\frac{\mathrm{d}v}{\mathrm{d}\tau} = \lambda(\tau)\left[f_v(\tau) + g_v(\tau)\sum_{j=1}^{m_1}\left(\rho_{jh}^1\varPhi_j(\tau) + \psi_{jh}^1\right) + d_v(\tau) \right] \tag{10.119}$$

定义速度跟踪误差：

$$e_v = v - v_{\mathrm{ref}} \tag{10.120}$$

在执行反推过程设计之前，首先引入一个降阶函数 $\mathrm{sg}_v(\cdot)$：

$$\mathrm{sg}_v(e_v) = \begin{cases} \dfrac{e_v}{|e_v|}, & |e_v| \geqslant \pi_v \\[3mm] \dfrac{e_v}{\left(\pi_v^2 - e_v^2\right)^2 + |e_v|}, & |e_v| < \pi_v \end{cases} \tag{10.121}$$

和一个切换函数：

$$\phi_v(e_v) = \begin{cases} 1, & |e_v| \geqslant \pi_v \\ 0, & |e_v| < \pi_v \end{cases} \tag{10.122}$$

式中，$\pi_v > 0$ 是设计者可以预先设计的常数。

根据式(10.121)和式(10.122)，可以得到以下结论：

$$\mathrm{sg}_v(e_v)\phi_v(e_v) = \begin{cases} \dfrac{e_v}{|e_v|}, & |e_v| \geqslant \pi_v \\[3mm] 0, & |e_v| < \pi_v \end{cases} \tag{10.123}$$

且有

$$\left[\phi_v(e_v)\right]^n = \phi_v(e_v) \tag{10.124}$$

考虑速度子系统(10.119)和式(10.120)，有

$$\frac{\mathrm{d}e_v}{\mathrm{d}\tau} = \lambda(\tau)\left[f_v(\tau) + g_v(\tau)\sum_{j=1}^{m_1}\left(\rho_{jh}^1\varPhi_j(\tau) + \psi_{jh}^1\right) + d_v(\tau) \right] - \dot{v}_{\mathrm{ref}} \tag{10.125}$$

选择一个改进的二次型 Lyapunov 函数：

$$L_v = \frac{1}{2}\left(|e_v| - \pi_v\right)^2 \phi_v \tag{10.126}$$

则 L_v 的时间导数表达为

$$\frac{\mathrm{d}L_v}{\mathrm{d}\tau} = \left(\left|e_v\right| - \pi_v\right)\phi_v \mathrm{sg}_v\left(e_v\right)\left[\lambda(\tau)g_v(\tau)\sum_{j=1}^{m_1}\left(\rho_{jh}^1\varPhi_j(\tau) + \psi_{jh}^1\right)\right. \\ \left. + \lambda(\tau)f_v(\tau) + \lambda(\tau)d_v(\tau) - \dot{v}_{\mathrm{ref}}\right] \tag{10.127}$$

定义一个未知非线性函数 $S_v(Z_v)$ ：

$$S_v(Z_v) = \lambda(\tau)f_v(\tau) + \lambda(\tau)d_v(\tau) - \dot{v}_{\mathrm{ref}} \tag{10.128}$$

式中， $Z_v = \left[v, \dot{v}_{\mathrm{ref}}\right]^{\mathrm{T}} \in \mathbf{R}^2$ 。

采用神经网络的一般形式(10.2)去逼近未知函数 $S_v(Z_v)$ ，得到

$$\frac{\mathrm{d}L_v}{\mathrm{d}\tau} = \left(\left|e_v\right| - \pi_v\right)\phi_v \mathrm{sg}_v(e_v)\left[\varTheta_v^{*\mathrm{T}}\psi_v(Z_v) + \varepsilon_v(Z_v) + \lambda(\tau)g_v(\tau)\sum_{j=1}^{m_1}\left(\rho_{jh}^1\varPhi_j(\tau) + \psi_{jh}^1\right)\right]$$

$$\leqslant \left(\left|e_v\right| - \pi_v\right)\phi_v \mathrm{sg}_v(e_v)\left[\theta_v\rho_v + \lambda(\tau)g_v(\tau)\sum_{j=1}^{m}\left(\rho_{jh}^1\varPhi_j(\tau) + \psi_{jh}^1\right)\right] \tag{10.129}$$

定义

$$\theta_v = \sqrt{\varTheta_v^{*\mathrm{T}}\varTheta_v^* + \overline{\varepsilon_v}^2} \tag{10.130}$$

$$\rho_v = \mathrm{sg}_v(e_v)\sqrt{\varphi_v^{\mathrm{T}}(Z_v)\varphi_v(Z_v) + l_0} \tag{10.131}$$

式中， l_0 为一个正设计常数。

接着，定义

$$s_1 = \inf_{t>0}\sum_{j=1}^{m_1}\rho_{jh}^1, \quad \vartheta_1 = \frac{1}{s_1}$$

$$\zeta_1 = \sup_{t>0}\left(\sum_{j=1}^{m_1}\psi_{jh}^1\right) \tag{10.132}$$

式中，未知参数 ϑ_1 和 ζ_1 将通过设计自适应律进行估计。

下一步，将 L_v 的时间导数改写为

$$\frac{\mathrm{d}L_v}{\mathrm{d}\tau} \leqslant \left(\left|e_v\right| - \pi_v\right)\phi_v \mathrm{sg}_v(e_v)\left[\theta_v\rho_v + \lambda(\tau)g_v(\tau)\left(s_1\varPhi_j(\tau) + \zeta_1\right) + v_1(\tau) - v_1(\tau)\right] \tag{10.133}$$

提出一种全新的切换调节函数 $\hbar_v$ 为

$$\hbar_v = \begin{cases} \left(|e_v| - \pi_v\right)\mathrm{sg}_v(e_v)\rho_v, & |e_v| \geqslant \pi_v \\ 0, & |e_v| < \pi_v \end{cases} \tag{10.134}$$

构建一个辅助控制律如下：

$$\begin{aligned} v_1(\tau) &= \hat{\theta}_v\rho_v + c_v\mathrm{sg}_v(e_v) + k_v\left(|e_v| - \pi_v\right)^3\mathrm{sg}_v(e_v) + \frac{0.275\lambda(\tau)g_v(\tau)\epsilon\hat{\zeta}_1}{\left(|e_v| - \pi_v\right)\phi_v\mathrm{sg}_v(e_v)} \\ &\quad + \gamma^2\rho_v\hbar_v + \lambda(\tau)g_v(\tau)\hat{\zeta}_1\tanh\left(\left(|e_v| - \pi_v\right)\phi_v\mathrm{sg}_v(e_v)/\epsilon\right) \end{aligned} \tag{10.135}$$

式中，$\hat{\theta}_v$ 是 θ_v 的估计；$\hat{\zeta}_1$ 是 ζ_1 的估计且有 $\tilde{\zeta}_1 = \zeta_1 - \hat{\zeta}_1$；$c_v$、$k_v$ 和 γ 均为正设计常数。

将式(10.135)代入式(10.133)，得到

$$\begin{aligned} \frac{\mathrm{d}L_v}{\mathrm{d}\tau} &\leqslant \tilde{\theta}_v\hbar_v - c_v\left(|e_v| - \pi_v\right)\phi_v - k_v\left(|e_v| - \pi_v\right)^4\phi_v - 0.275\lambda(\tau)g_v(\tau)\epsilon\hat{\zeta}_1 \\ &\quad + \left(|e_v| - \pi_v\right)\phi_v\mathrm{sg}_v(e_v)\left[\lambda(\tau)g_v(\tau)s_1\Phi_j(\tau) + \lambda(\tau)g_v(\tau)\zeta_1 + v_1(\tau)\right. \\ &\quad \left. - \lambda(\tau)g_v(\tau)\hat{\zeta}_1\tanh\left(\left(|e_v| - \pi_v\right)\phi_v\mathrm{sg}_v(e_v)/\epsilon\right)\right] - \gamma^2\hbar_v^2 \end{aligned} \tag{10.136}$$

式中，$\tilde{\theta}_v = \theta_v - \hat{\theta}_v$ 为广义神经网络权值估计误差。

然后构造实际的平滑控制输入 $\Phi_j(\tau)$ 为

$$\begin{aligned} \Phi_j(\tau) &= -\frac{\left(|e_v| - \pi_v\right)\phi_v\mathrm{sg}_v(e_v)\hat{\vartheta}_1^2 v_1^2(\tau)}{\lambda(\tau)g_v(\tau)\sqrt{\left(|e_v| - \pi_v\right)^2\phi_v^2\mathrm{sg}_v^2(e_v)\hat{\vartheta}_1^2 v_1^2(\tau) + \sigma_1^2}} \\ &\quad - \frac{\sigma_1}{\left(|e_v| - \pi_v\right)\phi_v\mathrm{sg}_v(e_v)\lambda(\tau)g_v(\tau)} \end{aligned} \tag{10.137}$$

式中，σ_1 为一个正设计常数。

设计以下自适应更新律为

$$\dot{\hat{\theta}}_v = \mathrm{Proj}(\gamma\hbar_v), \quad \hat{\theta}_v(0) \in \Omega_{\theta_v} \tag{10.138}$$

$$\begin{aligned} \dot{\hat{\zeta}}_1 &= r\left(|e_v| - \pi_v\right)\phi_v\mathrm{sg}_v(e_v)\lambda(\tau)g_v(\tau)\tanh\left(\left(|e_v| - \pi_v\right)\phi_v\mathrm{sg}_v(e_v)/\epsilon\right) \\ &\quad + 0.275r\lambda(\tau)g_v(\tau)\epsilon \end{aligned} \tag{10.139}$$

$$\dot{\hat{\vartheta}}_1 = \Gamma\left(|e_v| - \pi_v\right)\phi_v\mathrm{sg}_v(e_v)v_1(\tau) \tag{10.140}$$

式中，$\hat{\vartheta}_1$ 为 ϑ_1 的估计且有估计误差 $\tilde{\vartheta}_1 = \vartheta_1 - \hat{\vartheta}_1$；$\mathrm{Proj}(\cdot)$ 为投影算子；Ω_{θ_v} 为已知的紧集，满足 $\theta_v \in \Omega_{\theta_v}$。

至此，完成了速度子系统的自适应跟踪控制器在无限时间域上的设计过程。

2. 高度子系统的控制器设计

本节旨在设计一种高度子系统在执行器故障下的自适应跟踪控制方法，且保证高度跟踪误差在预设时间内收敛到设计者预先定义的范围。首先高超声速飞行器的高度子系统的非线性动态方程描述为

$$
\begin{cases}
\dot{H}(t) = f_H(t) + g_H(t)\gamma(t) + d_H(t) \\
\dot{\gamma}(t) = f_\gamma(t) + g_\gamma(t)\alpha(t) + d_\gamma(t) \\
\dot{\alpha}(t) = f_\alpha(t) + g_\alpha(t)q(t) + d_\alpha(t) \\
\dot{q}(t) = f_q(t) + g_q(t)\sum_{j=1}^{m_2}\left(\rho_{jh}^2\delta_{ej}(t) + \psi_{jh}^2\right) + d_q(t)
\end{cases}
\tag{10.141}
$$

式中，高度 H、航迹倾斜角 γ、迎角 α 和俯仰角速度 q 分别表示系统的四个状态量，升降舵偏转角 $\delta_{ej}\in\mathbf{R}$ 和高度 $H\in\mathbf{R}$ 分别为高度子系统的输入和输出。为了方便描述，将系统的状态量记为 χ_η （$\eta=1,2,3,4$），其中 $\chi_1=H$，$\chi_2=\gamma$，$\chi_3=\alpha$，$\chi_4=q$。$f_{\chi_\eta}(t)$ 表示未知可微的非线性系统函数；$g_{\chi_\eta}(t)$ 表示已知可微的控制增益函数；$d_{\chi_\eta}(t)$ 表示复合扰动。

高超声速飞行器高度子系统的控制目标是：通过设计控制输入 δ_e，保证即使发生作动器故障，使得输出信号 H 在设计者预设的时间内以预先设定的跟踪精度稳定跟踪参考指令 H_{ref}，且状态量 χ_η 不会超过约束的集合 $\Omega_{\chi_\eta}:=\left\{\chi_\eta\in\mathbf{R}^n:\left|\chi_\eta\right|<k_{c_\eta}\right\}$。

假设 10.4　参考指令 H_{ref} 及其 n 阶导数都是光滑有界的，即对于任何 $t>0$，存在正常数 Y_0 使得参考指令 H_{ref} 满足 $\left|H_{\text{ref}}(t)\right|\leqslant Y_0 < k_{c_1}$，并且参考指令 H_{ref} 的各阶导数均满足 $\left|H_{\text{ref}}^{(\eta)}(t)\right|\leqslant Y_\eta$，$\eta=1,2,3,4$。

采用时间尺度坐标映射方法，因此高度子系统方程（10.141）改写为

$$
\begin{cases}
\dfrac{\mathrm{d}H}{\mathrm{d}\tau} = \lambda(\tau)\big(f_H(\tau) + g_H(\tau)\gamma(\tau) + d_H(\tau)\big) \\[2mm]
\dfrac{\mathrm{d}\gamma}{\mathrm{d}\tau} = \lambda(\tau)\big(f_\gamma(\tau) + g_\gamma(\tau)\alpha(\tau) + d_\gamma(\tau)\big) \\[2mm]
\dfrac{\mathrm{d}\alpha}{\mathrm{d}\tau} = \lambda(\tau)\big(f_\alpha(\tau) + g_\alpha(\tau)q(\tau) + d_\alpha(\tau)\big) \\[2mm]
\dfrac{\mathrm{d}q}{\mathrm{d}\tau} = \lambda(\tau)\left[f_q(\tau) + g_q(\tau)\sum_{j=1}^{m_2}\left(\rho_{jh}^2\delta_{ej}(\tau) + \psi_{jh}^2\right) + d_q(\tau)\right]
\end{cases}
\tag{10.142}
$$

自适应控制律的设计首先是基于跟踪误差的定义：

$$\begin{cases} e_H = H(\tau) - H_{\mathrm{ref}}(\tau) \\ e_\gamma = \gamma(\tau) - \alpha_1(\tau) \\ e_\alpha = \alpha(\tau) - \alpha_2(\tau) \\ e_q = q(\tau) - \alpha_3(\tau) \end{cases} \tag{10.143}$$

在执行反推过程设计之前，引入一个降阶函数 $\mathrm{sg}_{\chi_\eta}(\cdot)$ $(\eta = 1,2,3,4)$：

$$\mathrm{sg}_{\chi_\eta}(e_{\chi_\eta}) = \begin{cases} \dfrac{e_{\chi_\eta}}{\left|e_{\chi_\eta}\right|}, & \left|e_{\chi_\eta}\right| \geqslant \pi_{\chi_\eta} \\[3mm] \dfrac{e_{\chi_\eta}}{\left(\pi_\eta^2 - e_\eta^2\right)^2 + \left|e_{\chi_\eta}\right|}, & \left|e_{\chi_\eta}\right| < \pi_{\chi_\eta} \end{cases} \tag{10.144}$$

和一个切换函数：

$$\phi_{\chi_\eta}(e_{\chi_\eta}) = \begin{cases} 1, & \left|e_{\chi_\eta}\right| \geqslant \pi_{\chi_\eta} \\ 0, & \left|e_{\chi_\eta}\right| < \pi_{\chi_\eta} \end{cases} \tag{10.145}$$

式中，$\pi_{\chi_\eta} > 0$ 是设计者可以预先设计的常数。

根据式(10.121)和式(10.122)，可以得到以下结论：

$$\mathrm{sg}_{\chi_\eta}(e_{\chi_\eta})\phi_{\chi_\eta}(e_{\chi_\eta}) = \begin{cases} \dfrac{e_{\chi_\eta}}{\left|e_{\chi_\eta}\right|}, & \left|e_{\chi_\eta}\right| \geqslant \pi_{\chi_\eta} \\[3mm] 0, & \left|e_{\chi_\eta}\right| < \pi_{\chi_\eta} \end{cases} \tag{10.146}$$

且有

$$\left(\phi_{\chi_\eta}(e_{\chi_\eta})\right)^n = \phi_{\chi_\eta}(e_{\chi_\eta}) \tag{10.147}$$

式中，n 为正整数。

详细的基于反推技术的控制器设计过程如下。

步骤 1　考虑高度子系统并注意到高度 H 的跟踪误差 $e_H = H(\tau) - H_{\mathrm{ref}}(\tau)$，有

$$\frac{\mathrm{d}e_H}{\mathrm{d}\tau} = \lambda(\tau)\big(f_H(\tau) + g_H(\tau)\gamma(\tau) + d_H(\tau)\big) - \dot{H}_{\mathrm{ref}} \tag{10.148}$$

选择一个改进的二次型 Lyapunov 函数：

$$L_1^e = \frac{1}{2}\left(|e_H| - \pi_H\right)^2 \phi_H \tag{10.149}$$

引入 $e_\gamma = \gamma(\tau) - \alpha_1(\tau)$，则 L_1^e 的时间导数描述为

$$\frac{\mathrm{d}L_1^e}{\mathrm{d}\tau} = \left(|e_H| - \pi_H\right)\phi_H \mathrm{sg}_H(e_H)\left[\lambda(\tau)g_H(\tau)(e_\gamma + \alpha_1) + \lambda(\tau)f_H(\tau) + \lambda(\tau)d_H(\tau) - \dot{H}_{\mathrm{ref}}\right]$$

$$\tag{10.150}$$

定义一个未知非线性函数 $S_1(Z_1)$：

$$S_1(Z_1) = \lambda(\tau)f_H(\tau) + \lambda(\tau)d_H(\tau) - \dot{H}_{\mathrm{ref}} \tag{10.151}$$

采用神经网络的一般形式(10.2)去逼近未知函数 $S_1(Z_1)$，得到

$$\begin{aligned}
\frac{\mathrm{d}L_1^e}{\mathrm{d}\tau} &= \left(|e_H| - \pi_H\right)\phi_H \mathrm{sg}_H(e_H)\left[\Theta_1^{*\mathrm{T}}\psi_1(Z_1) + \varepsilon_1(Z_1) + \lambda(\tau)g_H(\tau)(e_\gamma + \alpha_1)\right] \\
&\leqslant \left(|e_H| - \pi_H\right)\phi_H \mathrm{sg}_H(e_H)\left[\theta_1^{\mathrm{T}}\varphi_1(Z_1) + \lambda(\tau)g_H(\tau)(e_\gamma + \alpha_1)\right] \\
&\leqslant \left(|e_H| - \pi_H\right)\phi_H \mathrm{sg}_H(e_H)\left[\theta\rho_1 + \lambda(\tau)g_H(\tau)(e_\gamma + \alpha_1)\right]
\end{aligned} \tag{10.152}$$

式中，$\theta_1 = \left[\Theta_1^{*\mathrm{T}}, \varepsilon_1(Z_1)\right]^{\mathrm{T}}$，$\varphi_1(Z_1) = \left[\psi_1^{\mathrm{T}}(Z_1), 1\right]^{\mathrm{T}}$。

定义

$$\theta = \sqrt{\max\left\{\Theta_i^{*\mathrm{T}}\Theta_i^* + \bar{\varepsilon}_i^2\right\}}, \quad i = 1,2,3,4 \tag{10.153}$$

$$\rho_1 = \mathrm{sg}_H(e_H)\sqrt{\varphi_1^{\mathrm{T}}(Z_1)\varphi_1(Z_1) + l_0} \tag{10.154}$$

式中，l_0 为一个正设计常数。

下面提出一种全新的切换调节函数 $\hbar_1$ 为

$$\hbar_1 = \begin{cases} \left(|e_H| - \pi_H\right)\mathrm{sg}_H(e_H)\rho_1, & |e_H| \geqslant \pi_H \\ 0, & |e_H| < \pi_H \end{cases} \tag{10.155}$$

设计一个虚拟控制器 $\alpha_1(\tau)$ 如下：

$$\alpha_1(\tau) = \frac{1}{\lambda(\tau)g_H(\tau)}\left[-\hat{\theta}\rho_1 - c_1 \mathrm{sg}_H(e_H) - k_1\left(\left|e_H\right| - \pi_H\right)^3 \mathrm{sg}_H(e_H)\right.$$
$$\left. - \frac{1}{4}\left(\left|e_H\right| - \pi_H\right)\mathrm{sg}_H(e_H) - (\pi_\gamma + 1)\mathrm{sg}_H(e_H) - \gamma^2\rho_1\hbar_1\right] \tag{10.156}$$

式中，$\hat{\theta}$ 是 θ 的估计；c_1、k_1 和 γ 均为正设计常数。

将式 (10.156) 代入式 (10.152)，得到

$$\frac{\mathrm{d}L_1^e}{\mathrm{d}\tau} \leqslant \left(\left|e_H\right| - \pi_H\right)\phi_H \mathrm{sg}_H(e_H)\tilde{\theta}\rho_1 - c_1\left(\left|e_H\right| - \pi_H\right)\phi_H \mathrm{sg}_H^2(e_H) - k_1\left(\left|e_H\right| - \pi_H\right)^4 \phi_H \mathrm{sg}_H^2(e_H)$$
$$- \frac{1}{4}\left(\left|e_H\right| - \pi_H\right)^2 \phi_H \mathrm{sg}_H^2(e_H) - \gamma^2\rho_1\left(\left|e_H\right| - \pi_H\right)\phi_H \mathrm{sg}_H(e_H)\left[\left(\left|e_H\right| - \pi_H\right)\mathrm{sg}_H(e_H)\rho_1\right]$$
$$+ \left(\left|e_H\right| - \pi_H\right)\phi_H \mathrm{sg}_H(e_H)\lambda(\tau)g_H(\tau)e_\gamma - (\pi_\gamma + 1)\left(\left|e_H\right| - \pi_H\right)\phi_H \mathrm{sg}_H^2(e_H)$$
$$\leqslant \hbar_1\tilde{\theta} - c_1\left(\left|e_H\right| - \pi_H\right)\phi_H - k_1\left(\left|e_H\right| - \pi_H\right)^4 \phi_H - \frac{1}{4}\left(\left|e_H\right| - \pi_H\right)^2 \phi_H - \gamma^2\hbar_1^2$$
$$+ \left(\left|e_H\right| - \pi_H\right)\phi_H\left(\lambda(\tau)g_H(\tau)\left|e_\gamma\right| - \pi_\gamma - 1\right) \tag{10.157}$$

式中，$\tilde{\theta} = \theta - \hat{\theta}$ 为广义神经网络权值估计误差。

步骤 2　考虑航迹倾斜角 $\gamma(\tau)$ 的跟踪误差 $e_\gamma = \gamma(\tau) - \alpha_1(\tau)$ 和 $e_\alpha = \alpha(\tau) - \alpha_2(\tau)$：

$$\frac{\mathrm{d}e_\gamma}{\mathrm{d}\tau} = \lambda(\tau)\left(f_\gamma(\tau) + g_\gamma(\tau)\alpha(\tau) + d_\gamma(\tau)\right) - \dot{\alpha}_1$$
$$= \lambda(\tau)\left(f_\gamma(\tau) + g_\gamma(\tau)\left(e_\alpha + \alpha_2(\tau)\right) + d_\gamma(\tau)\right) - \frac{\partial\alpha_1}{\partial H}\dot{H} \tag{10.158}$$
$$- \frac{\partial\alpha_1}{\partial\gamma(\tau)}\dot{\gamma}(\tau) - \sum_{m=0}^{2}\frac{\partial\alpha_1}{\partial H_{\mathrm{ref}}^{(m)}}H_{\mathrm{ref}}^{(m+1)} - \frac{\partial\alpha_1}{\partial\hat{\theta}}\dot{\hat{\theta}}$$

选择一个改进的二次型 Lyapunov 函数：

$$L_2^e = L_1^e + \frac{1}{2}\left(\left|e_\gamma\right| - \pi_\gamma\right)^2 \phi_\gamma \tag{10.159}$$

定义一个未知非线性函数 $S_2(Z_2)$：

$$S_2(Z_2) = \lambda(\tau)f_\gamma(\tau) + \lambda(\tau)d_\gamma(\tau) - \frac{\partial\alpha_1}{\partial H}\dot{H} - \frac{\partial\alpha_1}{\partial\gamma(\tau)}\dot{\gamma}(\tau) - \sum_{m=0}^{2}\frac{\partial\alpha_1}{\partial H_{\mathrm{ref}}^{(m)}}H_{\mathrm{ref}}^{(m+1)} \tag{10.160}$$

采用神经网络的一般形式 (10.2) 去逼近未知函数 $S_\eta(Z_\eta)(\eta = 1,2,3,4)$ 得到：

$$S_\eta(Z_\eta) = \Theta_\eta^{*\mathrm{T}}\psi_\eta(Z_\eta) + \varepsilon_\eta(Z_\eta) = \theta_\eta^{\mathrm{T}}\varphi_\eta(Z_\eta) \tag{10.161}$$

借助式 (10.158) 和式 (10.161)，L_2^e 的时间导数可通过式 (10.159) 得到:

$$\frac{\mathrm{d}L_2^e}{\mathrm{d}\tau} = \frac{\mathrm{d}L_1^e}{\mathrm{d}\tau} + \left(\left|e_\gamma\right| - \pi_\gamma\right)\phi_\gamma \mathrm{sg}_\gamma(e_\gamma)\frac{\mathrm{d}e_\gamma}{\mathrm{d}\tau}$$

$$\leqslant \frac{\mathrm{d}L_1^e}{\mathrm{d}\tau} + \left(\left|e_\gamma\right| - \pi_\gamma\right)\phi_\gamma \mathrm{sg}_\gamma(e_\gamma)\left[\lambda(\tau)g_\gamma(\tau)(e_\alpha + \alpha_2(\tau)) + \theta\rho_2 - \frac{\partial \alpha_1}{\partial \hat{\theta}}\dot{\hat{\theta}}\right]$$

$$(10.162)$$

式中，ρ_2 被设计为

$$\rho_2 = \mathrm{sg}_\gamma(e_\gamma)\sqrt{\varphi_2^{\mathrm{T}}(Z_2)\varphi_2(Z_2) + l_0} \tag{10.163}$$

类似地，提出一个切换调节函数 $\hbar_2$ 为

$$\hbar_2 = \begin{cases} \left(\left|e_\gamma\right| - \pi_\gamma\right)\mathrm{sg}_\gamma(e_\gamma)\rho_1 + \hbar_1, & \left|e_\gamma\right| \geqslant \pi_\gamma \\ \hbar_1, & \left|e_\gamma\right| < \pi_\gamma \end{cases} \tag{10.164}$$

设计一个虚拟控制器 $\alpha_2(\tau)$ 如下:

$$\alpha_2(\tau) = \frac{1}{\lambda(\tau)g_\gamma(\tau)}\left[-\hat{\theta}\rho_2 - c_2\mathrm{sg}_\gamma(e_\gamma) - k_2\left(\left|e_\gamma\right| - \pi_\gamma\right)^3\mathrm{sg}_\gamma(e_\gamma) - (\pi_\alpha + 1)\mathrm{sg}_\gamma(e_\gamma)\right.$$

$$-\frac{1}{4}\left(\left|e_\gamma\right| - \pi_\gamma\right)\mathrm{sg}_\gamma(e_\gamma) - \gamma^2\rho_2\left(\hbar_2 + \hbar_1\right) - \frac{\left(\lambda(\tau)g_h(\tau)\left|e_\gamma\right| - \pi_\gamma\right)^2}{\left|e_\gamma\right| - \pi_\gamma}\mathrm{sg}_\gamma(e_\gamma)$$

$$\left.-\frac{1}{4}\left(\left|e_\gamma\right| - \pi_\gamma\right)\mathrm{sg}_\gamma(e_\gamma)\left(\frac{\partial \alpha_1}{\partial \hat{\theta}}\right)^2\right]$$

$$(10.165)$$

式中，c_γ 和 k_γ 均为正设计常数。

将式 (10.165) 代入式 (10.162)，得到

$$\frac{\mathrm{d}L_2^e}{\mathrm{d}\tau} \leqslant -\sum_{\eta=1}^{2}c_\eta\left(\left|e_{\chi_\eta}\right| - \pi_{\chi_\eta}\right)\phi_{\chi_\eta} - \sum_{\eta=1}^{2}k_\eta\left(\left|e_{\chi_\eta}\right| - \pi_{\chi_\eta}\right)^4\phi_{\chi_\eta} + \tilde{\theta}\tau_1 - \frac{1}{4}\left(\left|e_\gamma\right| - \pi_\gamma\right)^2\phi_\gamma$$

$$+\left(\left|e_\gamma\right| - \pi_\gamma\right)\phi_\gamma\left(\lambda(\tau)g_\gamma(\tau)\left|e_\alpha\right| - \pi_\alpha - 1\right) + \tilde{\theta}\left(\left|e_\gamma\right| - \pi_\gamma\right)\phi_\gamma\mathrm{sg}_\gamma(e_\gamma)\rho_2$$

$$-\gamma^2\rho_2\left(\hbar_2 + \hbar_1\right)\left(\left|e_\gamma\right| - \pi_\gamma\right)\phi_\gamma\mathrm{sg}_\gamma(e_\gamma) - \frac{1}{4}\left(\left|e_\gamma\right| - \pi_\gamma\right)^2\phi_\gamma\left(\frac{\partial \alpha_1}{\partial \hat{\theta}}\right)^2$$

$$-\left(\left|e_\gamma\right| - \pi_\gamma\right)\phi_\gamma\mathrm{sg}_\gamma(e_\gamma)\frac{\partial \alpha_1}{\partial \hat{\theta}}\dot{\hat{\theta}} - \gamma^2\hbar_1^2 + \Upsilon_2$$

$$(10.166)$$

式中，

$$\varUpsilon_2 = -\frac{1}{4}\left(\left|e_H\right| - \pi_H\right)^2 \phi_H - \left(\lambda(\tau)g_H(\tau)\left|e_\gamma\right| - \pi_\gamma\right)^2 \phi_\gamma$$
$$+ \left(\left|e_H\right| - \pi_H\right)\phi_H\left(\lambda(\tau)g_H(\tau)\left|e_\gamma\right| - \pi_\gamma - 1\right) \tag{10.167}$$

值得一提的是，通过分析可以得出 $\varUpsilon_2 \le 0$ 的结果。若 $\lambda(\tau)g_H(\tau)\left|e_\gamma\right| \le \pi_\gamma + 1$，显然有 $\left(\left|e_H\right| - \pi_H\right)\phi_H\left(\lambda(\tau)g_H(\tau)\left|e_\gamma\right| - \pi_\gamma - 1\right) \le 0$，因此 $\varUpsilon_2 \le 0$；若 $\lambda(\tau)g_H(\tau)\left|e_\gamma\right| > \pi_\gamma + 1$，有 $\phi_\gamma = 1$，利用杨氏不等式，得到

$$\varUpsilon_2 \le -\frac{1}{4}\left(\left|e_H\right| - \pi_H\right)^2 \phi_H - \left(\lambda(\tau)g_H(\tau)\left|e_\gamma\right| - \pi_\gamma\right)^2 + \frac{1}{4}\left(\left|e_H\right| - \pi_H\right)^2 \phi_H$$
$$+ \left(\lambda(\tau)g_H(\tau)\left|e_\gamma\right| - \pi_\gamma - 1\right)^2 \le 0 \tag{10.168}$$

根据式（10.164）中的定义，得到

$$-\gamma^2 \rho_2\left(\hbar_2 + \hbar_1\right)\left(\left|e_\gamma\right| - \pi_\gamma\right)\phi_\gamma \mathrm{sg}_\gamma(e_\gamma) - \gamma^2\hbar_1^2$$
$$= -\gamma^2\left[\rho_2\left(\left(\left|e_\gamma\right| - \pi_\gamma\right)\mathrm{sg}_\gamma(e_\gamma)\rho_2 + 2\hbar_1\right)\left(\left|e_\gamma\right| - \pi_\gamma\right)\phi_\gamma \mathrm{sg}_\gamma(e_\gamma) + \hbar_1^2\right]$$
$$= -\gamma^2\left[\left(\rho_2\left(\left|e_\gamma\right| - \pi_\gamma\right)\mathrm{sg}_\gamma(e_\gamma)\right)^2 + 2\hbar_1\rho_2\left(\left|e_\gamma\right| - \pi_\gamma\right)\mathrm{sg}_\gamma(e_\gamma) + \hbar_1^2\right] \tag{10.169}$$
$$= -\gamma^2\hbar_2^2$$

将式（10.167）和式（10.169）代入式（10.166），得到

$$\frac{\mathrm{d}L_2^e}{\mathrm{d}\tau} \le \tilde{\theta}\hbar_2 - \sum_{\eta=1}^{2} c_\eta\left(\left|e_{\chi_\eta}\right| - \pi_{\chi_\eta}\right)\phi_{\chi_\eta} - \sum_{\eta=1}^{2} k_\eta\left(\left|e_{\chi_\eta}\right| - \pi_{\chi_\eta}\right)^4 \phi_{\chi_\eta} - \gamma^2\hbar_2^2$$
$$-\frac{1}{4}\left(\left|e_\gamma\right| - \pi_\gamma\right)^2 \phi_\gamma + \left(\left|e_\gamma\right| - \pi_\gamma\right)\phi_\gamma\left(\lambda(\tau)g_\gamma(\tau)\left|e_\alpha\right| - \pi_\alpha - 1\right) \tag{10.170}$$
$$-\frac{1}{4}\left(\left|e_\gamma\right| - \pi_\gamma\right)^2 \phi_\gamma\left(\frac{\partial \alpha_1}{\partial \hat{\theta}}\right)^2 - \left(\left|e_\gamma\right| - \pi_\gamma\right)\phi_\gamma \mathrm{sg}_\gamma(e_\gamma)\frac{\partial \alpha_1}{\partial \hat{\theta}}\dot{\hat{\theta}}$$

步骤 3　考虑迎角 $\alpha(\tau)$ 的跟踪误差 $e_\alpha = \alpha(\tau) - \alpha_2(\tau)$：

$$\frac{\mathrm{d}e_\alpha}{\mathrm{d}\tau} = \lambda(\tau)\left(f_\alpha(\tau) + g_\alpha(\tau)q(\tau) + d_\alpha(\tau)\right) - \dot{\alpha}_2$$
$$= \lambda(\tau)\left[f_\alpha(\tau) + g_\alpha(\tau)\left(e_q + \alpha_3(\tau)\right) + d_\alpha(\tau)\right] \tag{10.171}$$
$$- \sum_{\eta=1}^{3}\frac{\partial \alpha_2}{\partial \chi_\eta}\dot{\chi}_\eta - \sum_{m=0}^{3}\frac{\partial \alpha_2}{\partial H_{\mathrm{ref}}^{(m)}}H_{\mathrm{ref}}^{(m+1)} - \frac{\partial \alpha_2}{\partial \hat{\theta}}\dot{\hat{\theta}}$$

选择一个改进的二次型 Lyapunov 函数：

$$L_3^e = L_2^e + \frac{1}{2}\left(\left|e_\alpha\right| - \pi_\alpha\right)^2 \phi_\alpha \tag{10.172}$$

定义一个未知非线性函数 $S_3(Z_3)$：

$$S_3(Z_3) = \lambda(\tau)f_\alpha(\tau) + \lambda(\tau)d_\alpha(\tau) - \sum_{\eta=1}^{3}\frac{\partial \alpha_2}{\partial \chi_\eta}\dot{\chi}_\eta - \sum_{m=0}^{3}\frac{\partial \alpha_2}{\partial H_{\text{ref}}^{(m)}}H_{\text{ref}}^{(m+1)} \tag{10.173}$$

借助式 (10.158) 和式 (10.161)，L_3^e 的时间导数可通过式 (10.159) 得到：

$$\frac{\mathrm{d}L_3^e}{\mathrm{d}\tau} = \frac{\mathrm{d}L_2^e}{\mathrm{d}\tau} + \left(\left|e_\alpha\right| - \pi_\alpha\right)\phi_\alpha \mathrm{sg}_\alpha(e_\alpha)\frac{\mathrm{d}e_\alpha}{\mathrm{d}\tau}$$

$$\leqslant \frac{\mathrm{d}L_1^e}{\mathrm{d}\tau} + \left(\left|e_\alpha\right| - \pi_\alpha\right)\phi_\alpha \mathrm{sg}_\alpha(e_\alpha)\left[\lambda(\tau)g_\alpha(\tau)\left(e_q + \alpha_3(\tau)\right) + \theta\rho_3 - \frac{\partial \alpha_2}{\partial \hat{\theta}}\dot{\hat{\theta}}\right] \tag{10.174}$$

式中，ρ_3 被设计为

$$\rho_3 = \mathrm{sg}_\alpha(e_\alpha)\sqrt{\varphi_3^{\mathrm{T}}(Z_3)\varphi_3(Z_3) + l_0} \tag{10.175}$$

类似地，提出一个切换调节函数 $\hbar_3$ 为

$$\hbar_3 = \begin{cases} \left(\left|e_\alpha\right| - \pi_\alpha\right)\mathrm{sg}_\alpha(e_\alpha)\rho_2 + \hbar_2, & \left|e_\alpha\right| \geqslant \pi_\alpha \\ \hbar_2, & \left|e_\alpha\right| < \pi_\alpha \end{cases} \tag{10.176}$$

设计一个虚拟控制器 $\alpha_3(\tau)$ 如下：

$$\alpha_3(\tau) = \frac{1}{\lambda(\tau)g_\alpha(\tau)}\left[-\hat{\theta}\rho_3 - c_3\mathrm{sg}_\alpha(e_\alpha) - k_3\left(\left|e_\alpha\right| - \pi_\alpha\right)^3\mathrm{sg}_\alpha(e_\alpha) - \gamma^2\rho_3\left(\hbar_3 + \hbar_2\right)\right.$$

$$-\frac{1}{4}\left(\left|e_\alpha\right| - \pi_\alpha\right)\mathrm{sg}_\alpha(e_\alpha) - \frac{\left(\lambda(\tau)g_\gamma(\tau)\left|e_\alpha\right| - \pi_\alpha\right)^2}{\left|e_\alpha\right| - \pi_\alpha}\mathrm{sg}_\alpha(e_\alpha)$$

$$\left.-\left(\pi_q + 1\right)\mathrm{sg}_\alpha(e_\alpha) - \frac{1}{4}\left(\left|e_\alpha\right| - \pi_\alpha\right)\mathrm{sg}_\alpha(e_\alpha)\left(\frac{\partial \alpha_2}{\partial \hat{\theta}}\right)^2\right] \tag{10.177}$$

式中，c_3 和 k_3 均为正设计常数。

与步骤 2 类似，将式(10.177)代入式(10.174)，得到

$$
\begin{aligned}
\frac{\mathrm{d}L_3^e}{\mathrm{d}\tau} \leqslant\ & \tilde{\theta}\hbar_3 - \sum_{\eta=1}^{3} c_\eta \left(\left| e_{\chi_\eta} \right| - \pi_{\chi_\eta} \right) \phi_{\chi_\eta} - \sum_{\eta=1}^{3} k_\eta \left(\left| e_{\chi_\eta} \right| - \pi_{\chi_\eta} \right)^4 \phi_{\chi_\eta} - \frac{1}{4} \left(\left| e_\alpha \right| - \pi_\alpha \right)^2 \phi_\gamma \\
& - \sum_{\eta=2}^{3} \left(\left| e_{\chi_\eta} \right| - \pi_{\chi_\eta} \right) \phi_{\chi_\eta} \operatorname{sg}_{\chi_\eta}(e_{\chi_\eta}) \frac{\partial \alpha_{\eta-1}}{\partial \hat{\theta}} \dot{\hat{\theta}} - \frac{1}{4} \sum_{\eta=2}^{3} \left(\left| e_{\chi_\eta} \right| - \pi_{\chi_\eta} \right)^2 \phi_{\chi_\eta} \left(\frac{\partial \alpha_{\eta-1}}{\partial \hat{\theta}} \right)^2 \\
& + \left(\left| e_\alpha \right| - \pi_\alpha \right) \phi_\alpha \left(\lambda(\tau) g_\alpha(\tau) \left| e_q \right| - \pi_q - 1 \right) - \gamma^2 \hbar_3^2
\end{aligned}
\tag{10.178}
$$

步骤 4　考虑俯仰角速度 q 的跟踪误差 $e_q = q(\tau) - \alpha_3(\tau)$：

$$
\begin{aligned}
\frac{\mathrm{d}e_q}{\mathrm{d}\tau} =\ & \lambda(\tau) \left[f_q(\tau) + g_q(\tau) \sum_{j=1}^{m_2} \left(\rho_{jh}^2 \delta_{ej}(\tau) + \psi_{jh}^2 \right) + d_q(\tau) \right] - \dot{\alpha}_3(\tau) \\
=\ & \lambda(\tau) \left[f_q(\tau) + g_q(\tau) \sum_{j=1}^{m_2} \left(\rho_{jh}^2 \delta_{ej}(\tau) + \psi_{jh}^2 \right) + d_q(\tau) \right] \\
& - \sum_{\eta=1}^{4} \frac{\partial \alpha_3}{\partial \chi_\eta} \dot{\chi}_\eta - \sum_{m=0}^{4} \frac{\partial \alpha_3}{\partial H_{\text{ref}}^{(m)}} H_{\text{ref}}^{(m+1)} - \frac{\partial \alpha_3}{\partial \hat{\theta}} \dot{\hat{\theta}}
\end{aligned}
\tag{10.179}
$$

选择一个改进的二次型 Lyapunov 函数：

$$
L_4^e = L_3^e + \frac{1}{2} \left(\left| e_q \right| - \pi_q \right)^2 \phi_q
\tag{10.180}
$$

定义一个未知非线性函数 $S_4(Z_4)$：

$$
S_4(Z_4) = \lambda(\tau) f_q(\tau) + \lambda(\tau) d_q(\tau) - \sum_{\eta=1}^{4} \frac{\partial \alpha_3}{\partial \chi_\eta} \dot{\chi}_\eta - \sum_{m=0}^{4} \frac{\partial \alpha_3}{\partial H_{\text{ref}}^{(m)}} H_{\text{ref}}^{(m+1)}
\tag{10.181}
$$

接着，定义

$$
\begin{aligned}
& s_2 = \inf_{t>0} \sum_{j=1}^{m_2} \rho_{jh}^2, \quad \vartheta_2 = \frac{1}{s_2} \\
& \zeta_2 = \sup_{t>0} \left(\sum_{j=1}^{m_2} \psi_{jh}^2 \right)
\end{aligned}
\tag{10.182}
$$

式中，未知参数 ϑ_2 和 ζ_2 将通过设计自适应律进行估计。

借助式(10.179)和式(10.181)，L_4^e 的时间导数可通过式(10.180)得到

$$\frac{\mathrm{d}L_4^e}{\mathrm{d}\tau} = \frac{\mathrm{d}L_3^e}{\mathrm{d}\tau} + \left(|e_q| - \pi_q\right)\phi_q \mathrm{sg}_q(e_q)\frac{\mathrm{d}e_q}{\mathrm{d}\tau}$$

$$\leqslant \frac{\mathrm{d}L_3^e}{\mathrm{d}\tau} + \left(|e_q| - \pi_q\right)\phi_q \mathrm{sg}_q(e_q)\left[\lambda(\tau)g_q(\tau)\left(s_2\delta_{ej}(\tau) + \zeta_2\right) + \theta\rho_4 - \frac{\partial\alpha_3}{\partial\hat{\theta}}\dot{\hat{\theta}}\right]$$

$$(10.183)$$

式中，ρ_4 被设计为

$$\rho_4 = \mathrm{sg}_q(e_q)\sqrt{\varphi_4^{\mathrm{T}}(Z_4)\varphi_4(Z_4) + l_0} \tag{10.184}$$

接下来，构建一个辅助控制律 $v_2(\tau)$ 如下：

$$v_2(\tau) = -\hat{\theta}\rho_4 - k_4\left(|e_q| - \pi_q\right)^3 \mathrm{sg}_q(e_q) - \gamma^2\rho_4\left(\hbar_4 + \hbar_3\right) + \frac{0.275\lambda(\tau)g_q(\tau)\epsilon\hat{\zeta}_2}{\left(|e_q| - \pi_q\right)\phi_q\mathrm{sg}_q(e_q)}$$

$$-\frac{1}{4}\left(|e_q| - \pi_q\right)\mathrm{sg}_q(e_q)\left(\frac{\partial\alpha_2}{\partial\hat{\theta}}\right)^2 - \frac{\left(\lambda(\tau)g_\alpha(\tau)|e_q| - \pi_q\right)^2}{|e_q| - \pi_q}\mathrm{sg}_q(e_q)$$

$$+ \lambda(\tau)g_q(\tau)\hat{\zeta}_2\tanh\left(\left(|e_q| - \pi_q\right)\phi_q\mathrm{sg}_q(e_q)\big/\epsilon\right) - c_4\mathrm{sg}_q(e_q)$$

$$(10.185)$$

式中，c_4 和 k_4 均为正设计常数，$\hat{\zeta}_2$ 是 ζ_2 的估计且有 $\tilde{\zeta}_2 = \zeta_2 - \hat{\zeta}_2$。

类似地，其中的切换调节函数 $\hbar_4$ 构造如下：

$$\hbar_4 = \begin{cases} \left(|e_q| - \pi_q\right)\mathrm{sg}_q(e_q)\rho_4 + \hbar_3, & |e_q| \geqslant \pi_q \\ \hbar_3, & |e_q| < \pi_q \end{cases} \tag{10.186}$$

结合式 (10.185)，对式 (10.183) 进行 $v_2(\tau)$ 项的加减运算得到

$$\frac{\mathrm{d}L_4^e}{\mathrm{d}\tau} \leqslant \tilde{\theta}\hbar_4 - \sum_{\eta=1}^{4}c_\eta\left(|e_{\chi_\eta}| - \pi_{\chi_\eta}\right)\phi_{\chi_\eta} - \sum_{\eta=1}^{4}k_\eta\left(|e_{\chi_\eta}| - \pi_{\chi_\eta}\right)^4\phi_{\chi_\eta} - 0.275\lambda(\tau)g_q(\tau)\epsilon\hat{\zeta}_2$$

$$-\frac{1}{4}\sum_{\eta=2}^{4}\left(|e_{\chi_\eta}| - \pi_{\chi_\eta}\right)^2\phi_{\chi_\eta}\left(\frac{\partial\alpha_{\eta-1}}{\partial\hat{\theta}}\right)^2 - \sum_{\eta=2}^{4}\left(|e_{\chi_\eta}| - \pi_{\chi_\eta}\right)\phi_{\chi_\eta}\mathrm{sg}_{\chi_\eta}(e_{\chi_\eta})\frac{\partial\alpha_{\eta-1}}{\partial\hat{\theta}}\dot{\hat{\theta}}$$

$$+ \left(|e_q| - \pi_q\right)\phi_q\mathrm{sg}_q(e_q)\left[-\lambda(\tau)g_q(\tau)\hat{\zeta}_2\tanh\left(\left(|e_q| - \pi_q\right)\phi_q\mathrm{sg}_q(e_q)/\epsilon\right)\right.$$

$$\left. + \lambda(\tau)g_q(\tau)\left(s_2\delta_{ej}(\tau) + \zeta_2\right) + v_2(\tau)\right] - \gamma^2\hbar_4^2$$

$$(10.187)$$

下一步，构造实际的平滑控制输入 $\delta_{ej}(\tau)$ 为

$$
\begin{aligned}
\delta_{ej}(\tau) = &-\frac{\left(\left|e_q\right|-\pi_q\right)\phi_q \mathrm{sg}_q(e_q)\hat{\vartheta}_2^2 v_2^2(\tau)}{\lambda(\tau)g_q(\tau)\sqrt{\left(\left|e_q\right|-\pi_q\right)^2 \phi_q^2 \mathrm{sg}_q{}^2(e_q)\hat{\vartheta}_2^2 v_2^2(\tau)+\sigma_2^2}} \\
&-\frac{\sigma_2}{\left(\left|e_q\right|-\pi_q\right)\phi_q \mathrm{sg}_q(e_q)\lambda(\tau)g_q(\tau)}
\end{aligned}
\tag{10.188}
$$

式中，σ_2 为一个正设计常数。

设计以下自适应更新律为

$$
\dot{\hat{\theta}} = \mathrm{Proj}(\gamma \hbar_4), \quad \hat{\theta}(0) \in \Omega_\theta
\tag{10.189}
$$

$$
\begin{aligned}
\dot{\hat{\zeta}}_2 = &\, r\left(\left|e_q\right|-\pi_q\right)\phi_q \mathrm{sg}_q(e_q)\lambda(\tau)g_q(\tau)\tanh\left(\left(\left|e_q\right|-\pi_q\right)\phi_q \mathrm{sg}_q(e_q)/\epsilon\right) \\
&+ 0.275 r\lambda(\tau)g_q(\tau)\epsilon
\end{aligned}
\tag{10.190}
$$

$$
\dot{\hat{\vartheta}}_2 = \Gamma\left(\left|e_q\right|-\pi_q\right)\phi_q \mathrm{sg}_q(e_q)v_2(\tau)
\tag{10.191}
$$

式中，$\hat{\vartheta}_2$ 为 ϑ_2 的估计且有估计误差 $\tilde{\vartheta}_2 = \vartheta_2 - \hat{\vartheta}_2$；$\Omega_\theta$ 是已知的紧集，满足 $\theta \in \Omega_\theta$。
至此，完成了高度子系统的自适应跟踪控制器在无限时间域上的设计过程。

10.3.3　闭环系统稳定性分析

1. 速度子系统的稳定性分析

定理 10.3　考虑假设 10.3 下的非线性系统(10.115)，通过引入辅助控制律式(10.135)和参数自适应更新律式(10.138)～式(10.140)，设计出了实际控制输入式(10.137)。该控制方法可以确保：①速度子系统的所有信号均有界；②跟踪误差在预先设定的固定时间 T^P 内可以收敛到设计者定义的区间，即 $\lim\limits_{t \to T^P}\left|e_v(t)\right| \leqslant \pi_v$，其中的参数 T^P 和 π_v 可以提前设计；③速度不会超过约束的集合 $\Omega_v := \left\{v \in \mathbf{R}^n : |v| < k_{c_v}\right\}$。

证明　为了分析速度子系统的稳定性，考虑构造以下 Lyapunov 函数：

$$
L_1 = L_v + L^\theta + L^\vartheta + L^\zeta
\tag{10.192}
$$

式中，$L^\theta = \dfrac{1}{2\gamma}\tilde{\theta}_v^2$；$L^\vartheta = \dfrac{s_1}{2\Gamma}\tilde{\vartheta}_1^2$；$L^\zeta = \dfrac{1}{2r}\tilde{\zeta}_1^2$。

结合 $\dot{\tilde{\theta}}_v = \dot{\theta}_v - \dot{\hat{\theta}}_v = -\dot{\hat{\theta}}_v$，将式 (10.138) 代入式 (10.136) 得到

$$
\begin{aligned}
\frac{\mathrm{d}L_1}{\mathrm{d}\tau} &\leqslant \tilde{\theta}_v \hbar_v - c_v \left(|e_v| - \pi_v\right)\phi_v - k_v \left(|e_v| - \pi_v\right)^4 \phi_v - 0.275\lambda(\tau)g_v(\tau)\epsilon\hat{\zeta}_1 - \frac{s_1}{\Gamma}\tilde{\vartheta}_1\dot{\hat{\vartheta}}_1 \\
&- \frac{1}{r}\tilde{\zeta}_1\dot{\hat{\zeta}}_1 + \left(|e_v| - \pi_v\right)\phi_v \mathrm{sg}_v(e_v)\Big[\lambda(\tau)g_v(\tau)s_1\Phi_j(\tau) + \lambda(\tau)g_v(\tau)\zeta_1 + v_1(\tau) \\
&- \lambda(\tau)g_v(\tau)\hat{\zeta}_1 \tanh\left(\left(|e_v| - \pi_v\right)\phi_v \mathrm{sg}_v(e_v)/\epsilon\right)\Big] - \frac{1}{\gamma}\tilde{\theta}_v \operatorname{Proj}(\gamma\hbar_v)
\end{aligned}
$$

$$(10.193)$$

已知紧集 Ω_{θ_v} 内投影算子的性质 $-\operatorname{Proj}(\hbar_v) \leqslant -\hbar_v$，因此得到

$$
\begin{aligned}
\frac{\mathrm{d}L_1}{\mathrm{d}\tau} &\leqslant \frac{1}{r}\tilde{\zeta}_1 \Big[r\left(|e_v| - \pi_v\right)\phi_v \mathrm{sg}_v(e_v)\lambda(\tau)g_v(\tau)\tanh\left(\left(|e_v| - \pi_v\right)\phi_v \mathrm{sg}_v(e_v)/\epsilon\right) - \dot{\hat{\zeta}}_1 \Big] \\
&+ \left(|e_v| - \pi_v\right)\phi_v \mathrm{sg}_v(e_v)\lambda(\tau)g_v(\tau)s_1\Phi_j(\tau) + \left(|e_v| - \pi_v\right)\phi_v \mathrm{sg}_v(e_v)v_1(\tau) \\
&- c_v\left(|e_v| - \pi_v\right)\phi_v - k_v\left(|e_v| - \pi_v\right)^4 \phi_v - 0.275\lambda(\tau)g_v(\tau)\epsilon\hat{\zeta}_1 - \frac{s_1}{\Gamma}\tilde{\vartheta}_1\dot{\hat{\vartheta}}_1 \\
&+ \lambda(\tau)g_v(\tau)\zeta_1 \Big[\left|\left(|e_v| - \pi_v\right)\phi_v \mathrm{sg}_v(e_v)\right| - \left(|e_v| - \pi_v\right)\phi_v \mathrm{sg}_v(e_v) \\
&\times \tanh\left(\left(|e_v| - \pi_v\right)\phi_v \mathrm{sg}_v(e_v)/\epsilon\right)\Big]
\end{aligned}
$$

$$(10.194)$$

根据式 (10.137) 和引理 10.6，得到

$$
\begin{aligned}
&\left(|e_v| - \pi_v\right)\phi_v \mathrm{sg}_v(e_v)\lambda(\tau)g_v(\tau)s_1\Phi_j(\tau) \\
&\leqslant -\frac{s_1\left(|e_v| - \pi_v\right)^2 \phi_v^2 \mathrm{sg}_v{}^2(e_v)\hat{\vartheta}_1^2 v_1^2(\tau)}{\sqrt{\left(|e_v| - \pi_v\right)^2 \phi_v^2 \mathrm{sg}_v{}^2(e_v)\hat{\vartheta}_1^2 v_1^2(\tau) + \sigma_1^2}} - s_1\sigma_1 \\
&\leqslant -s_1\left(|e_v| - \pi_v\right)\phi_v \mathrm{sg}_v(e_v)\hat{\vartheta}_1 v_1(\tau)
\end{aligned}
$$

$$(10.195)$$

借助不等式 $0 \leqslant |q| - q\tanh(q/\epsilon) \leqslant 0.2785\epsilon$，有

$$
\begin{aligned}
&\lambda(\tau)g_v(\tau)\zeta_1 \Big[\left|\left(|e_v| - \pi_v\right)\phi_v \mathrm{sg}_v(e_v)\right| - \left(|e_v| - \pi_v\right)\phi_v \mathrm{sg}_v(e_v) \\
&\times \tanh\left(\left(|e_v| - \pi_v\right)\phi_v \mathrm{sg}_v(e_v)/\epsilon\right)\Big] \leqslant 0.275\lambda(\tau)g_v(\tau)\zeta_1\epsilon
\end{aligned}
$$

$$(10.196)$$

将式 (10.139)、式 (10.140)、式 (10.195) 和式 (10.196) 代入式 (10.194)，得到

$$\frac{dL_1}{d\tau} \leqslant -c_v\left(|e_v|-\pi_v\right)\phi_v - k_v\left(|e_v|-\pi_v\right)^4\phi_v - 0.275\lambda(\tau)g_v(\tau)\epsilon\hat{\zeta}_1$$
$$- s_1\left(|e_v|-\pi_v\right)\phi_v\mathrm{sg}_v(e_v)\hat{\vartheta}_1v_1(\tau) + \left(|e_v|-\pi_v\right)\phi_v\mathrm{sg}_v(e_v)v_1(\tau)$$
$$+ 0.275\lambda(\tau)g_v(\tau)\epsilon\zeta_1 - 0.275\lambda(\tau)g_v(\tau)\epsilon\tilde{\zeta}_1 \qquad (10.197)$$
$$- s_1\tilde{\vartheta}_1\left(|e_v|-\pi_v\right)\phi_v\mathrm{sg}_v(e_v)v_1(\tau)$$
$$\leqslant -c_v\left[\left(|e_v|-\pi_v\right)^2\phi_v\right]^{1/2} - k_v\left[\left(|e_v|-\pi_v\right)^2\phi_v\right]^2$$

根据式(10.197)的结果，得到 L_1 具有非递增的性质，因此保证了 e_v、$\tilde{\theta}_v$、$\tilde{\vartheta}_1$ 和 $\tilde{\zeta}_1$ 的有界性。由于 $\tilde{\theta}_v = \theta_v - \hat{\theta}_v$，且 θ_v 是有界常数，因此 $\hat{\theta}_v \in \mathcal{L}_\infty$。因为 v_{ref} 及其导数是有界的，所以 $v \in \mathcal{L}_\infty$。通过类似的分析，所有的闭环信号都是有界的。

现在证明所提出的控制方法可以允许跟踪误差在预先规定的时间内收敛到设计者可定义的区间。

在式(10.197)的帮助下，下列不等式成立：

$$k_v\left[\left(|e_v|-\pi_v\right)^2\phi_v\right]^2 \leqslant -\frac{dL_1}{d\tau} - c_v\left[\left(|e_v|-\pi_v\right)^2\phi_v\right]^{1/2} \leqslant -\frac{dL_1}{d\tau} \qquad (10.198)$$

对式(10.198)两边进行积分，得到

$$\int_0^\infty\left[\left(|e_v|-\pi_v\right)^2\phi_v\right]^2 d\tau \leqslant \frac{1}{k_v}\left(-L_1(\infty)+L_1(0)\right) \leqslant \frac{1}{k_v}L_1(0) \qquad (10.199)$$

这表明 $\left(|e_v|-\pi_v\right)^2\phi_v \in \mathcal{L}_2$。

通过应用 Barbalat 引理，有

$$\lim_{\tau\to\infty}\left(|e_v(\tau)|-\pi_v\right)^2\phi_v = 0 \qquad (10.200)$$

因此，跟踪误差 $e_v(\tau)$ 在无限域的时间 τ 内逐渐接近一个预先设定的区间 π_v 中。

反过来，设计原始非线性速度子系统(10.115)中的自适应控制器。根据时间尺度的逆变换，将 10.3.2 节中控制律中的 τ 替换为 t，因此从时间尺度通过映射函数实现预设时间控制。

设计辅助控制律 $v_1(t)$ 和实际控制输入 $\Phi_j(t)$ 如下：

$$v_1(t) = \hat{\theta}_v\rho_v + c_v\mathrm{sg}_v(e_v) + k_v\left(|e_v|-\pi_v\right)^3\mathrm{sg}_v(e_v) + \frac{0.275\lambda(\tau)g_v(\tau(t))\epsilon\hat{\zeta}_1}{\left(|e_v|-\pi_v\right)\phi_v\mathrm{sg}_v(e_v)}$$
$$+ \gamma^2\rho_v\tau_v + \lambda(\tau)g_v(\tau(t))\hat{\zeta}_1\tanh\left(\left(|e_v|-\pi_v\right)\phi_v\mathrm{sg}_v(e_v)/\epsilon\right) \qquad (10.201)$$

$$\Phi_j(t) = -\frac{\left(\left|e_v\right| - \pi_v\right)\phi_v\mathrm{sg}_v(e_v)\hat{\vartheta}_1^2 v_1^2(\tau(t))}{\lambda(\tau)g_v(\tau(t))\sqrt{\left(\left|e_v\right| - \pi_v\right)^2\phi_v^2\mathrm{sg}_v^2(e_v)\hat{\vartheta}_1^2 v_1^2(\tau(t)) + \sigma_1^2}}$$
$$-\frac{\sigma_1}{\left(\left|e_v\right| - \pi_v\right)\phi_v\mathrm{sg}_v(e_v)(e_v)\lambda(\tau)g_v(\tau(t))} \tag{10.202}$$

参数的自适应更新律为

$$\dot{\hat{\theta}}_v(t) = \mathrm{Proj}\left(\gamma\tau_v\left(\tau(t)\right)\right), \quad \hat{\theta}_v(0) \in \Omega_{\theta_v} \tag{10.203}$$

$$\dot{\hat{\zeta}}_1(t) = r\left(\left|e_v\right| - \pi_v\right)\phi_v\mathrm{sg}_v(e_v)\lambda(\tau)g_v\left(\tau(t)\right)\tanh\left(\left(\left|e_v\right| - \pi_v\right)\phi_v\mathrm{sg}_v(e_v)/\epsilon\right)$$
$$+ 0.275r\lambda(\tau)g_v\left(\tau(t)\right)\epsilon \tag{10.204}$$

$$\dot{\hat{\vartheta}}_1(t) = \Gamma\left(\left|e_v\right| - \pi_v\right)\phi_v\mathrm{sg}_v(e_v)v_1\left(\tau(t)\right) \tag{10.205}$$

与上述证明过程类似，考虑以下 Lyapunov 函数：

$$V_1(t) = V_v(t) + V^\theta(t) + V^\vartheta(t) + V^\zeta(t) \tag{10.206}$$

式中，$V^\theta(t) = \frac{1}{2\gamma}\tilde{\theta}_v^2(t)$；$V^\vartheta(t) = \frac{s_1}{2\Gamma}\tilde{\vartheta}_1^2(t)$；$V^\zeta(t) = \frac{1}{2r}\tilde{\zeta}_1^2(t)$。

沿着同样的思路，可以得出结论：

$$\frac{\mathrm{d}V_1}{\mathrm{d}t} \leqslant -c_v\left[\left(\left|e_v(t)\right| - \pi_v\right)^2\phi_v\right]^{1/2} - k_v\left[\left(\left|e_v(t)\right| - \pi_v\right)^2\phi_v\right]^2 \tag{10.207}$$

由于采用了时间尺度坐标映射方法，将有限域的预设时间 $t \in [0, T^P)$ 映射到无限域的时间 $\tau \in [0, +\infty)$，由式（10.198）～式（10.200）得到

$$\lim_{t \to T^P}\left|e_v(t)\right| \leqslant \pi_v \tag{10.208}$$

因此，实际的速度跟踪误差 $e_v(t)$ 可以在预先设定的时间 T^P 内收敛到设计者定义的区间 π_v 内。接下来，证明速度不会超过约束的集合 $\Omega_v := \left\{v \in \mathbf{R}^n : \left|v\right| < k_{c_v}\right\}$。由于 $\lim_{t \to T^P}\left|e_v(t)\right| \leqslant \pi_v$ 且 π_v 可以提前设计，若定义 $\pi_v = k_{b_v} \leqslant k_{c_v} - Y_v$，则对于 $t \to T^P$，有 $\left|v(t)\right| \leqslant \left|e_v(t)\right| + \left|v_{\mathrm{ref}}(t)\right| \leqslant \pi_v + Y_v \leqslant k_{c_v}$，结论得证。

至此，完成了定理 10.3 的证明。

2. 高度子系统的稳定性分析

定理 10.4　考虑假设 10.4 下的非线性系统(10.141)，通过引入辅助控制律式(10.185)和参数自适应更新律式(10.189)～式(10.191)，设计出了实际控制输入式(10.188)。该控制方法可以确保：①高度子系统的所有信号均有界；②跟踪误差在预先设定的固定时间 T^P 内可以收敛到设计者定义的区间，即 $\lim\limits_{t\to T^P}\left|e_{\chi_\eta}(t)\right|\leqslant\pi_{\chi_\eta}$，$\eta=1,2,3,4$，其中的参数 T^P 和 π_{χ_η} 可以提前设计；③所有状态量 χ_η 不会超过约束的集合 $\varOmega_{\chi_\eta}:=\left\{\chi_\eta\in\mathbf{R}^n:\left|\chi_\eta\right|<k_{c_\eta}\right\}$。

证明　为了分析速度子系统的稳定性，考虑构造以下 Lyapunov 函数：

$$L_2=L_4^e+L_2^\theta+L_2^\vartheta+L_2^\zeta \tag{10.209}$$

式中，$L_2^\theta=\dfrac{1}{2\gamma}\tilde{\theta}^2$；$L_2^\vartheta=\dfrac{s_2}{2\varGamma}\tilde{\vartheta}_2^2$；$L_2^\zeta=\dfrac{1}{2r}\tilde{\zeta}_2^2$。

结合 $\dot{\tilde{\theta}}=\dot{\theta}-\dot{\hat{\theta}}=-\dot{\hat{\theta}}$，将式(10.189)和式(10.187)代入式(10.209)得到

$$
\begin{aligned}
\frac{\mathrm{d}L_2}{\mathrm{d}\tau}\leqslant\;&\frac{\tilde{\theta}}{\gamma}\left[\gamma\hbar_4-\mathrm{Proj}(\gamma\hbar_4)\right]-\sum_{\eta=1}^4 c_\eta\left(\left|e_{\chi_\eta}\right|-\pi_{\chi_\eta}\right)\phi_{\chi_\eta}-\sum_{\eta=1}^4 k_\eta\left(\left|e_{\chi_\eta}\right|-\pi_{\chi_\eta}\right)^4\phi_{\chi_\eta}-\frac{s_2}{\varGamma}\tilde{\vartheta}_2\dot{\hat{\vartheta}}_2\\
&-\frac{1}{r}\tilde{\zeta}_2\dot{\hat{\zeta}}_2+\aleph+\left(\left|e_q\right|-\pi_q\right)\phi_q\mathrm{sg}_q(e_q)\left[\lambda(\tau)g_q(\tau)\left(s_2\delta_{ej}(\tau)+\zeta_2\right)+v_2(\tau)\right.\\
&\left.-\lambda(\tau)g_q(\tau)\hat{\zeta}_2\tanh\left(\left(\left|e_q\right|-\pi_q\right)\phi_q\mathrm{sg}_q(e_q)/\epsilon\right)\right]-0.275\lambda(\tau)g_q(\tau)\epsilon\hat{\zeta}_2
\end{aligned}
\tag{10.210}
$$

式中，

$$
\begin{aligned}
\aleph=\;&-\sum_{\eta=2}^4\left(\left|e_{\chi_\eta}\right|-\pi_{\chi_\eta}\right)\phi_{\chi_\eta}\mathrm{sg}_{\chi_\eta}(e_{\chi_\eta})\frac{\partial\alpha_{\eta-1}}{\partial\hat{\theta}}\mathrm{Proj}(\gamma\hbar_4)\\
&-\gamma^2\hbar_4^2-\frac{1}{4}\sum_{\eta=2}^4\left(\left|e_{\chi_\eta}\right|-\pi_{\chi_\eta}\right)^2\phi_{\chi_\eta}\left(\frac{\partial\alpha_{\eta-1}}{\partial\hat{\theta}}\right)^2
\end{aligned}
\tag{10.211}
$$

已知紧集 $\varOmega_\theta$ 内投影算子存在性质 $\left[\mathrm{Proj}(\hbar_4)\right]^2\leqslant\hbar_4^2$ 和 $-\mathrm{Proj}(\hbar_4)\leqslant-\hbar_4$，有

$$
\begin{aligned}
&-\sum_{\eta=2}^4\left(\left|e_{\chi_\eta}\right|-\pi_{\chi_\eta}\right)\phi_{\chi_\eta}\mathrm{sg}_{\chi_\eta}(e_{\chi_\eta})\frac{\partial\alpha_{\eta-1}}{\partial\hat{\theta}}\mathrm{Proj}(\gamma\hbar_4)\\
&\leqslant\frac{1}{4}\sum_{\eta=2}^4\left(\left|e_{\chi_\eta}\right|-\pi_{\chi_\eta}\right)^2\phi_{\chi_\eta}\left(\frac{\partial\alpha_{\eta-1}}{\partial\hat{\theta}}\right)^2+\gamma^2\hbar_4^2
\end{aligned}
\tag{10.212}
$$

根据式(10.212)，得到 $\aleph \leqslant 0$。因此，$\mathrm{d}L_2/\mathrm{d}\tau$ 可以进一步表示为

$$
\begin{aligned}
\frac{\mathrm{d}L_2}{\mathrm{d}\tau} \leqslant & \left(\left|e_q\right|-\pi_q\right)\phi_q\mathrm{sg}_q(e_q)\lambda(\tau)g_q(\tau)s_2\delta_{ej}(\tau)-\sum_{\eta=1}^{4}c_\eta\left(\left|e_{\chi_\eta}\right|-\pi_{\chi_\eta}\right)\phi_{\chi_\eta}-\frac{s_2}{\varGamma}\tilde{\vartheta}_2\dot{\hat{\vartheta}}_2 \\
& +\left(\left|e_q\right|-\pi_q\right)\phi_q\mathrm{sg}_q(e_q)v_2(\tau)+\frac{1}{r}\tilde{\zeta}_2\Big[r\left(\left|e_q\right|-\pi_q\right)\phi_q\mathrm{sg}_q(e_q)\lambda(\tau)g_q(\tau) \\
& \times\tanh\left(\left(\left|e_q\right|-\pi_q\right)\phi_q\mathrm{sg}_q(e_q)/\epsilon\right)-\dot{\hat{\zeta}}_2\Big]-0.275\lambda(\tau)g_q(\tau)\epsilon\hat{\zeta}_2 \\
& +\lambda(\tau)g_q(\tau)\zeta_2\Big[\left|\left(\left|e_q\right|-\pi_q\right)\phi_q\mathrm{sg}_q(e_q)\right|-\left(\left|e_q\right|-\pi_q\right)\phi_q\mathrm{sg}_q(e_q) \\
& \times\tanh\left(\left(\left|e_q\right|-\pi_q\right)\phi_q\mathrm{sg}_q(e_q)/\epsilon\right)\Big]-\sum_{\eta=1}^{4}k_\eta\left(\left|e_{\chi_\eta}\right|-\pi_{\chi_\eta}\right)^4\phi_{\chi_\eta}
\end{aligned}
\tag{10.213}
$$

根据式(10.188)和引理10.6，得到

$$
\begin{aligned}
& \left(\left|e_q\right|-\pi_q\right)\phi_q\mathrm{sg}_q(e_q)\lambda(\tau)g_q(\tau)s_2\delta_{ej}(\tau) \\
& \leqslant -\frac{s_2\left(\left|e_q\right|-\pi_q\right)^2\phi_q^2\mathrm{sg}_q{}^2(e_q)\hat{\vartheta}_2^2v_2^2(\tau)}{\sqrt{\left(\left|e_q\right|-\pi_q\right)^2\phi_q^2\mathrm{sg}_q{}^2(e_q)\hat{\vartheta}_2^2v_2^2(\tau)+\sigma_2^2}}-s_2\sigma_2 \\
& \leqslant -s_2\left(\left|e_q\right|-\pi_q\right)\phi_q\mathrm{sg}_q(e_q)\hat{\vartheta}_2v_2(\tau)
\end{aligned}
\tag{10.214}
$$

借助不等式 $0\leqslant|q|-q\tanh(q/\epsilon)\leqslant 0.2785\epsilon$，有

$$
\begin{aligned}
& \lambda(\tau)g_q(\tau)\zeta_2\Big[\left|\left(\left|e_q\right|-\pi_q\right)\phi_q\mathrm{sg}_q(e_q)\right|-\left(\left|e_q\right|-\pi_q\right)\phi_q\mathrm{sg}_q(e_q) \\
& \times\tanh\left(\left(\left|e_q\right|-\pi_q\right)\phi_q\mathrm{sg}_q(e_q)/\epsilon\right)\Big]\leqslant 0.275\lambda(\tau)g_q(\tau)\zeta_2\epsilon
\end{aligned}
\tag{10.215}
$$

类似地，将式(10.190)、式(10.191)、式(10.214)和式(10.215)代入式(10.213)，得到

$$
\frac{\mathrm{d}L_2}{\mathrm{d}\tau}\leqslant -\sum_{\eta=1}^{4}c_\eta\left[\left(\left|e_{\chi_\eta}\right|-\pi_{\chi_\eta}\right)^2\phi_{\chi_\eta}\right]^{1/2}-\sum_{\eta=1}^{4}k_\eta\left[\left(\left|e_{\chi_\eta}\right|-\pi_{\chi_\eta}\right)^2\phi_{\chi_\eta}\right]^2
\tag{10.216}
$$

根据式(10.216)的结果，得到 L_2 具有非递增的性质，因此保证了 e_{χ_η}、$\tilde{\theta}$、$\tilde{\vartheta}_2$ 和 $\tilde{\zeta}_2$ 的有界性。由于 $\tilde{\theta}=\theta-\hat{\theta}$，且 θ 是有界常数，$\hat{\theta}\in\mathcal{L}_\infty$。因为 H_{ref} 及其导数是有界的，所以 $H\in\mathcal{L}_\infty$。由于 α_1 是由有界信号构成的函数，则有 $\alpha_1\in\mathcal{L}_\infty$，所以 $\gamma=$

$e_\gamma + \alpha_1 \in \mathcal{L}_\infty$。通过类似的分析可以依次推导出 α 和 q 的有界性，因此所有的闭环信号都是有界的。

现在证明所提出的控制方法可以允许高度跟踪误差在预先规定的时间内收敛到设计者可定义的区间。

在式 (10.216) 的帮助下，下列不等式成立：

$$\sum_{\eta=1}^4 k_\eta \left[\left(\left| e_{\chi_\eta} \right| - \pi_{\chi_\eta} \right)^2 \phi_{\chi_\eta} \right]^2 \leqslant -\frac{\mathrm{d}L_2}{\mathrm{d}\tau} - \sum_{\eta=1}^4 c_\eta \left[\left(\left| e_{\chi_\eta} \right| - \pi_{\chi_\eta} \right)^2 \phi_{\chi_\eta} \right]^{1/2} \leqslant -\frac{\mathrm{d}L_2}{\mathrm{d}\tau} \qquad (10.217)$$

取 $\eta = 1$，对式 (10.217) 两边进行积分，得到

$$\int_0^\infty \left[\left(\left| e_H \right| - \pi_H \right)^2 \phi_H \right]^2 \mathrm{d}\tau \leqslant \frac{1}{k_1} \left(-L_2(\infty) + L_2(0) \right) \leqslant \frac{1}{k_1} L_2(0) \qquad (10.218)$$

这表明 $\left(\left| e_H \right| - \pi_H \right)^2 \phi_H \in \mathcal{L}_2$。

通过应用 Barbalat 引理，有

$$\lim_{\tau \to \infty} \left(\left| e_H(\tau) \right| - \pi_H \right)^2 \phi_H = 0 \qquad (10.219)$$

因此，跟踪误差 $e_H(\tau)$ 在无限域的时间 τ 内逐渐接近一个预先设定的区间 π_H 中。

反过来，设计原始非线性速度子系统 (10.141) 中的自适应控制器。根据时间尺度的逆变换，将 10.3.2 节控制律中的 τ 替换为 t，因此从时间尺度通过映射函数实现预设时间控制。同理，设计辅助控制律 $v_2(t)$ 和实际控制输入 $\delta_{ej}(t)$ 如下：

$$v_2(t) = -\hat{\theta}\rho_4 - c_4 \mathrm{sg}_q(e_q) - k_4 \left(\left| e_q \right| - \pi_q \right)^3 \mathrm{sg}_q(e_q) + \frac{0.275\lambda(\tau(t)) g_q(\tau(t)) \epsilon \hat{\zeta}_2}{\left(\left| e_q \right| - \pi_q \right) \phi_q \mathrm{sg}_q(e_q)}$$

$$- \frac{1}{4} \left(\left| e_q \right| - \pi_q \right) \mathrm{sg}_q(e_q) \left(\frac{\partial \alpha_2}{\partial \hat{\theta}} \right)^2 - \frac{\left(\lambda(\tau(t)) g_\alpha(\tau(t)) \left| e_q \right| - \pi_q \right)^2}{\left| e_q \right| - \pi_q} \mathrm{sg}_q(e_q)$$

$$+ \lambda(\tau(t)) g_q(\tau(t)) \hat{\zeta}_2 \tanh \left(\left(\left| e_q \right| - \pi_q \right) \phi_q \mathrm{sg}_q(e_q) / \epsilon \right) - \gamma^2 \rho_4 (\hbar_4 + \hbar_3) \qquad (10.220)$$

$$\delta_{ej}(t) = -\frac{\left(\left| e_q \right| - \pi_q \right) \phi_q \mathrm{sg}_q(e_q) \hat{\vartheta}_2^2 v_2^2(\tau(t))}{\lambda(\tau(t)) g_q(\tau(t)) \sqrt{\left(\left| e_q \right| - \pi_q \right)^2 \phi_q^2 \mathrm{sg}_q^2(e_q) \hat{\vartheta}_2^2 v_2^2(\tau(t)) + \sigma_2^2}}$$

$$- \frac{\sigma_2}{\left(\left| e_q \right| - \pi_q \right) \phi_q \mathrm{sg}_q(e_q) \lambda(\tau(t)) g_q(\tau(t))} \qquad (10.221)$$

其中的参数自适应更新律为

$$\dot{\hat{\theta}}(t) = \text{Proj}(\gamma \hbar_4(t)), \quad \hat{\theta}(0) \in \Omega_\theta \tag{10.222}$$

$$\begin{aligned}
\dot{\hat{\zeta}}_2(t) &= r\left(\left|e_q\right| - \pi_q\right)\phi_q \text{sg}_q(e_q)\lambda(\tau(t))g_q(\tau(t))\tanh\left(\left(\left|e_q\right| - \pi_q\right)\phi_q \text{sg}_q(e_q)/\epsilon\right) \\
&\quad + 0.275r\lambda(\tau(t))g_q(\tau(t))\epsilon
\end{aligned} \tag{10.223}$$

$$\dot{\hat{\vartheta}}_2(t) = \Gamma\left(\left|e_q\right| - \pi_q\right)\phi_q \text{sg}_q(e_q)v_2(\tau(t)) \tag{10.224}$$

与上述证明过程类似，考虑以下 Lyapunov 函数：

$$V_2(t) = V_4^e(t) + \frac{1}{2\gamma}\tilde{\theta}^2(t) + \frac{s_2}{2\Gamma}\tilde{\vartheta}_2^2(t) + \frac{1}{2r}\tilde{\zeta}_2^2(t) \tag{10.225}$$

沿着同样的思路，可以得出结论：

$$\frac{\mathrm{d}V_2}{\mathrm{d}t} \leqslant -\sum_{\eta=1}^{4} c_\eta\left[\left(\left|e_{\chi_\eta}\right| - \pi_{\chi_\eta}\right)^2 \phi_{\chi_\eta}\right]^{1/2} - \sum_{\eta=1}^{4} k_\eta\left[\left(\left|e_{\chi_\eta}\right| - \pi_{\chi_\eta}\right)^2 \phi_{\chi_\eta}\right]^2 \tag{10.226}$$

由于采用了时间尺度坐标映射方法，将有限域的预设时间 $t \in [0, T^P)$ 映射到无限域的时间 $\tau \in [0, +\infty)$，由式（10.217）～式（10.219）得到

$$\lim_{t \to T^P}\left|e_H(t)\right| \leqslant \pi_H \tag{10.227}$$

因此，实际的高度误差 $e_H(t)$ 可以在预先设定的时间 T^P 内收敛到设计者定义的区间 π_H 内。

接下来，证明所有状态量 χ_η 不会超过约束的集合 $\Omega_{\chi_\eta} := \left\{\chi_\eta \in \mathbf{R}^n : \left|\chi_\eta\right| < k_{c_\eta}\right\}$。

由于 $\lim\limits_{t \to T^P}\left|e_H(t)\right| \leqslant \pi_H$ 且 π_H 可以提前设计，若定义 $\pi_H = k_{b_1} \leqslant k_{c_1} - Y_0$，则可以推断出对于 $t \to T^P$，有 $\left|H(t)\right| \leqslant \left|e_H(t)\right| + \left|H_{\text{ref}}(t)\right| \leqslant \pi_H + Y_0 \leqslant k_{c_1}$。由于 Lyapunov 函数 $V_2(t)$ 的有界性，可以得到 $\lim\limits_{t \to T^P}\left|e_{\chi_\eta}(t)\right| \leqslant \pi_{\chi_\eta}$。借助 $\alpha_1 \in \mathcal{L}_\infty$ 的结论，必定存在正常数 $\bar{\alpha}_1$ 使得 $\left|\alpha_1\right| \leqslant \bar{\alpha}_1$，若定义 $\pi_\gamma = k_{b_2} \leqslant k_{c_2} - \bar{\alpha}_1$，则有 $\left|\gamma(t)\right| \leqslant \left|e_\gamma(t)\right| + \left|\alpha_1\right| \leqslant \pi_\gamma + \bar{\alpha}_1 \leqslant k_{c_2}$。采取类似方法，通过设计者预先定义 π_{χ_η} 的取值，完全可以保证 $\left|\chi_\eta\right| < k_{c_\eta} (\eta = 1, 2, 3, 4)$ 的结论成立，即所有状态量 χ_η 不会超过约束集合。

至此，完成了定理 10.4 的证明。

10.3.4 数值仿真与分析

本节将给出高超声速飞行器的仿真结果来验证所提出控制器的有效性。

对于纵向动态模型，初始状态设为速度 $v(0)=7700\text{ft/s}$、高度 $H(0)=88000\text{ft}$、初始速度误差为 $e_v(0)=1\text{ft/s}$，高度误差为 $e_H(0)=2\text{ft/s}$，航迹倾斜角 $\gamma(0)=0\text{ rad}$，迎角 $\alpha(0)=0.0284926\text{rad}$，俯仰角速度 $q(0)=0\text{rad/s}$，弹性状态量 $\eta_1(0)=0.97008$、$\eta_2(0)=0.796696$、$\dot{\eta}_1(0)=\dot{\eta}_2(0)=0$。参考轨迹 $v_{\text{ref}}(t)$ 和 $H_{\text{ref}}(t)$ 由二阶滤波器

$$\frac{v_{\text{ref}}(s)}{v_c(s)}=\frac{H_{\text{ref}}(s)}{H_c(s)}=\frac{0.03^2}{s^2+2\times0.95\times0.03s+0.03^2}$$

生成，其中 $v_c=1000\text{ft/s}$ 和 $H_c=3000\text{ft}$。控制器参数设置为 $c_v=2$，$k_v=5$，$\gamma=1$，$\sigma_1=0.1$；$c_4=2$，$k_H=55$，$\sigma_2=0.1$。

设置的场景要求速度是跟踪误差在预先设定的时间 $T^P=20\text{s}$ 收敛到预先设定的范围 $|e_v(t)|\leqslant0.02$，要求高度跟踪误差在预先设定的时间 $T^P=25\text{s}$ 收敛到预先设定的范围 $|e_H(t)|\leqslant0.1$。模拟执行器在第 100s 开始发生故障，其中的故障参数设置为 $\rho_{jh}^1=\rho_{jh}^2=0.8$，$\psi_{jh}^1=0.1$，$\psi_{jh}^2=2/57.3\text{rad}$。为了证明所提出方法的优越性，将其与传统的控制方法对比，其中 PCS（proposed control scheme）表示本节提出的控制方法，CCS（conventional control scheme）表示传统的控制方法。

仿真结果如图 10.12～图 10.17 所示。从图 10.12 和图 10.13 可以看出，即使考虑执行器故障，速度和高度跟踪误差都在预先设定的时间内收敛到预先设定的范围内。此外，注意到在系统运行之初对跟踪误差没有约束。这意味着，与现有的误差约束实现方法相比，本节所提出的控制方法不需要预先了解初始跟踪条件，也可以实现预设时间跟踪性能。除了预先设定的时间跟踪性能外，从图 10.12 和图 10.13 还可以验证即使发生未知的执行器故障，速度和高度对其指令的跟踪也具有较强的鲁棒性，不会发生较大的误差变化并且跟踪误差能较快收敛到设计者预设的范围内。图 10.14 表示高超声速飞行器的三个刚体状态量 γ、α 和 q，仿真结果表明状态信号均为有界信号。图 10.15 和图 10.16 分别刻画的是高超声速飞行器速度子系统和高度子系统的自适应参数相应曲线，可以看出 $\hat{\theta}$、$\hat{\theta}_v$、$\hat{\zeta}_1$、$\hat{\zeta}_2$、$\hat{\vartheta}_1$ 和 $\hat{\vartheta}_2$ 在系统控制过程中均为有界的。图 10.17 描述的是设计的高超声速飞行器的控制输入信号 $\varPhi$ 和 δ_e，以及柔性状态量 η_i（$i=1,2$），可以得到信号均为有界的结论。与传统的控制方法相比，本节所提出的控制方法能够满足不同的跟踪性能要求，具备更快的收敛速度和更高的收敛精度，较好地解决了带有执行器故障的自适应预设时间跟踪问题。

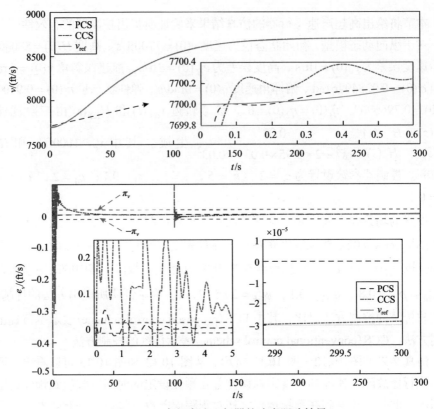

图 10.12　高超声速飞行器的速度跟踪结果

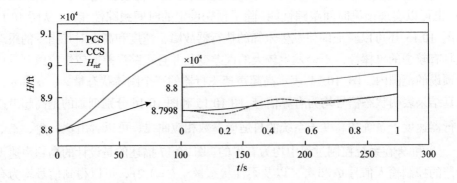

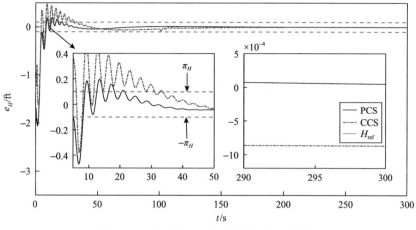

图 10.13　高超声速飞行器的高度跟踪结果

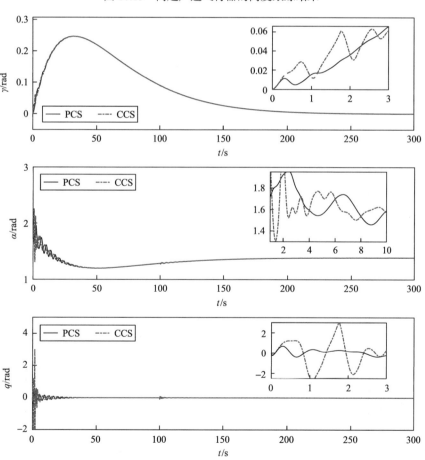

图 10.14　高超声速飞行器的刚体状态量 γ、α 和 q 的响应曲线

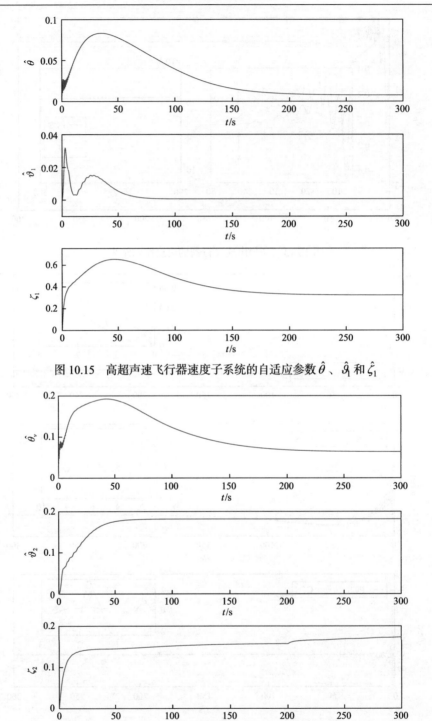

图 10.15　高超声速飞行器速度子系统的自适应参数 $\hat{\theta}$、$\hat{\vartheta}_1$ 和 $\hat{\zeta}_1$

图 10.16　高超声速飞行器高度子系统的自适应参数 $\hat{\theta}_v$、$\hat{\vartheta}_2$ 和 $\hat{\zeta}_2$

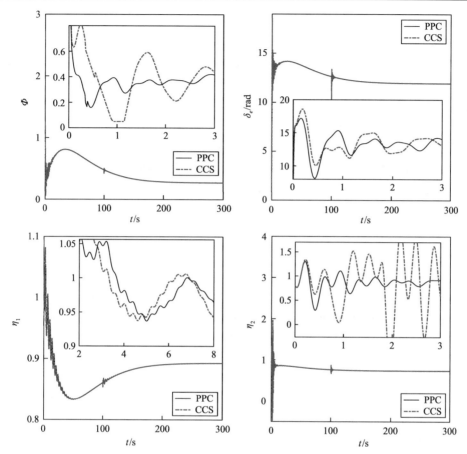

图 10.17 高超声速飞行器的实际燃料当量比 Φ 和升降舵偏转角 δ_e 以及柔性状态量 η_i

10.4 本 章 小 结

本章首先针对一类严反馈非线性系统，研究了基于宽松扰动约束条件下新型扰动观测器的非线性系统有限时间跟踪控制方法。采用一阶滑模微分估计器对可导的非扰动项进行估计，引入双曲正切函数来改进滑模微分估计器使得控制信号平滑。进而，利用函数关系获得未知扰动项的估计值，可以在复合扰动的任何先验知识未知的情况下设计新型扰动观测器，因此无须采用神经网络或模糊逻辑系统技术。与现有方法相比，本章所提仅仅需要假设扰动函数是连续的，消除未知、快变、复杂非线性的复合扰动对控制系统性能的不利影响，放宽了复合扰动必须是有界的、可微的或慢时变等的限制性假设，提高了控制系统的鲁棒性。基于该扰动观测器进行控制器设计，实现了系统在有限时间内的跟踪控制。基于 Lyapunov

稳定性定理严格证明了跟踪误差可以在有限时间内收敛到原点的邻域内。

随后研究了具有预设时间和跟踪误差的高超声速飞行器容错跟踪控制。引入一个时间尺度坐标映射函数并在转换后的无限时域中设计控制器，构造了一种改进的 Lyapunov 函数和改进的调谐函数，在初始跟踪条件完全未知的情况下，结合 Barbalat 引理实现了跟踪误差在设计者可定义的区间内达到收敛。同时设计了在线估计参数，保证了系统的自适应容错控制。在此基础上，保证了速度、高度、航迹倾斜角、迎角、俯仰角速度的实际跟踪误差可以在预设时间内收敛到设计者可提前定义的区间，有效解决了初始误差先验知识未知的限制，同时满足实际场景的特定需要。

参 考 文 献

[1] Sun H B, Li S H, Sun C Y. Finite time integral sliding mode control of hypersonic vehicles[J]. Nonlinear Dynamics, 2013, 73(1-2): 229-244.

[2] Sun J L, Yi J Q, Pu Z Q, et al. Fixed-time sliding mode disturbance observer-based nonsmooth backstepping control for hypersonic vehicles[J]. IEEE Transactions on Systems, Man, and Cybernetics: Systems, 2020, 50(11): 4377-4386.

[3] Liu J X, An H, Gao Y B, et al. Adaptive control of hypersonic flight vehicles with limited angle-of-attack[J]. IEEE/ASME Transactions on Mechatronics, 2018, 23(2): 883-894.

[4] Xu B, Yang C G, Pan Y P. Global neural dynamic surface tracking control of strict-feedback systems with application to hypersonic flight vehicle[J]. IEEE Transactions on Neural Networks and Learning Systems, 2015, 26(10): 2563-2575.

[5] Wang X, Guo J, Tang S J, et al. Fixed-time disturbance observer based fixed-time back-stepping control for an air-breathing hypersonic vehicle[J]. ISA Transactions, 2019, 88: 233-245.

[6] Shen Q K, Jiang B, Cocquempot V. Fault-tolerant control for T-S fuzzy systems with application to near-space hypersonic vehicle with actuator faults[J]. IEEE Transactions on Fuzzy Systems, 2012, 20(4): 652-665.

[7] Yu X, Li P, Zhang Y M. The design of fixed-time observer and finite-time fault-tolerant control for hypersonic gliding vehicles[J]. IEEE Transactions on Industrial Electronics, 2018, 65(5): 4135-4144.

[8] Xu B. Robust adaptive neural control of flexible hypersonic flight vehicle with dead-zone input nonlinearity[J]. Nonlinear Dynamics, 2015, 80(3): 1509-1520.

[9] Xu B, Wang X, Shi Z K. Robust adaptive neural control of nonminimum phase hypersonic vehicle model[J]. IEEE Transactions on Systems, Man, and Cybernetics: Systems, 2021, 51(2): 1107-1115.

[10] Bu X W, Lei H M. A fuzzy wavelet neural network-based approach to hypersonic flight vehicle

direct nonaffine hybrid control[J]. Nonlinear Dynamics, 2018, 94(3): 1657-1668.

[11] Wang Y Y, Yang X X, Yan H C. Reliable fuzzy tracking control of near-space hypersonic vehicle using aperiodic measurement information[J]. IEEE Transactions on Industrial Electronics, 2019, 66(12): 9439-9447.

[12] Hu X X, Xu B, Hu C H. Robust adaptive fuzzy control for HFV with parameter uncertainty and unmodeled dynamics[J]. IEEE Transactions on Industrial Electronics, 2018, 65(11): 8851-8860.

[13] An H, Liu J X, Wang C H, et al. Disturbance observer-based antiwindup control for air-breathing hypersonic vehicles[J]. IEEE Transactions on Industrial Electronics, 2016, 63(5): 3038-3049.

[14] Xu B, Wang D W, Zhang Y M, et al. DOB-based neural control of flexible hypersonic flight vehicle considering wind effects[J]. IEEE Transactions on Industrial Electronics, 2017, 64(11): 8676-8685.

[15] Yang J, Li S H, Sun C Y, et al. Nonlinear-disturbance-observer-based robust flight control for airbreathing hypersonic vehicles[J]. IEEE Transactions on Aerospace and Electronic Systems, 2013, 49(2): 1263-1275.

[16] Sun J G, Xu S L, Song S M, et al. Finite-time tracking control of hypersonic vehicle with input saturation[J]. Aerospace Science and Technology, 2017, 71: 272-284.

[17] Zhang X Y, Zong Q, Dou L Q, et al. Improved finite-time command filtered backstepping fault-tolerant control for flexible hypersonic vehicle[J]. Journal of the Franklin Institute, 2020, 357(13): 8543-8565.

[18] Ding Y B, Wang X G, Bai Y L, et al. Robust fixed-time sliding mode controller for flexible air-breathing hypersonic vehicle[J]. ISA Transactions, 2019, 90: 1-18.

[19] Wang F, Li Y P, Zhou C, et al. Composite practically fixed time controller design for a hypersonic vehicle with multisource uncertainty and actuator fault[J]. IEEE Transactions on Aerospace and Electronic Systems, 2021, 57(6): 4375-4389.

[20] Xu B, Shi Z K, Sun F C, et al. Barrier Lyapunov function based learning control of hypersonic flight vehicle with AOA constraint and actuator faults[J]. IEEE Transactions on Cybernetics, 2019, 49(3): 1047-1057.

[21] Bu X W, Wu X Y, Zhu F J, et al. Novel prescribed performance neural control of a flexible air-breathing hypersonic vehicle with unknown initial errors[J]. ISA Transactions, 2015, 59: 149-159.

[22] Liu Z C, Dong X M, Xie W J, et al. Adaptive fuzzy control for pure-feedback nonlinear systems with nonaffine functions being semibounded and indifferentiable[J]. IEEE Transactions on Fuzzy Systems, 2018, 26(2): 395-408.

[23] Lv M L, Yu W W, Baldi S. The set-invariance paradigm in fuzzy adaptive DSC design of large-scale nonlinear input-constrained systems[J]. IEEE Transactions on Systems, Man, and

Cybernetics: Systems, 2021, 51(2): 1035-1045.

[24] Haykin S S. Neural Networks-A Comprehensive Foundation[M]. Upper Saddle River: Prentice Hall, 1998.

[25] Levant A. Robust exact differentiation via sliding mode technique[J]. Automatica, 1998, 34(3): 379-384.

[26] Liu Z C, Dong X M, Xue J P, et al. Adaptive neural control for a class of pure-feedback nonlinear systems via dynamic surface technique[J]. IEEE Transactions on Neural Networks and Learning Systems, 2016, 27(9): 1969-1975.

[27] Qian C J, Lin W. Non-Lipschitz continuous stabilizers for nonlinear systems with uncontrollable unstable linearization[J]. Systems & Control Letters, 2001, 42(3): 185-200.

[28] Kim E. A fuzzy disturbance observer and its application to control[J]. IEEE Transactions on Fuzzy Systems, 2002, 10(1): 77-84.